机械设计基础课程导思与导考

杨东亚　李朝晖　刘洪芹　主　编

清華大学出版社
北　京

内 容 简 介

本书共有 15 章，分别包含绪论，平面机构的结构分析，平面连杆机构，凸轮机构，其他机构，连接，带传动与链传动，齿轮机构，齿轮传动，蜗杆传动，轮系，滚动轴承，轴，联轴器、离合器和制动器，机械设计基础课程设计。各章包括六部分，即主要内容与学习要求、重点与难点、思维导图、典型例题解析、自测题及其参考答案。课程设计指导部分以常见的齿轮减速器为例，总结性地梳理了课程设计涉及的内容、思维导图、课程设计任务书及课程设计注意事项与说明书内容要求。

本书可作为高等工科院校本科近机类，高职高专机械类、近机类专业学生学习机械设计基础课程及考研人员复习备考的辅导教材，也可作为教师备课命题的参考资料。

图书在版编目(CIP)数据

机械设计基础课程导思与导考/杨东亚，李朝晖，刘洪芹主编. —北京：清华大学出版社，2022.8
ISBN 978-7-302-60465-5

Ⅰ. ①机… Ⅱ. ①杨… ②李… ③刘… Ⅲ. ①机械设计—高等学校—教学参考资料 Ⅳ. ①TH122

中国版本图书馆 CIP 数据核字(2022)第 051348 号

责任编辑：石 伟
封面设计：李 坤
责任校对：周剑云
责任印制：刘海龙
出版发行：清华大学出版社
网 址：http://www.tup.com.cn, http://www.wqbook.com
地 址：北京清华大学学研大厦 A 座 **邮 编**：100084
社 总 机：010-83470000 **邮 购**：010-62786544
投稿与读者服务：010-62776969, c-service@tup.tsinghua.edu.cn
质量反馈：010-62772015, zhiliang@tup.tsinghua.edu.cn
课件下载：http://www.tup.com.cn, 010-62791865
印 装 者：三河市铭诚印务有限公司
经 销：全国新华书店
开 本：185mm×260mm **印 张**：16.75 **字 数**：406 千字
版 次：2022 年 8 月第 1 版 **印 次**：2022 年 8 月第 1 次印刷
定 价：49.00 元

产品编号：094364-01

前　言

机械设计基础课程是高等工科学校近机类、非机类专业开设的一门技术基础课。为了帮助读者更好地学习机械设计基础课程，掌握更多的知识，本书根据高等院校人才培养目标、教育部制定的机械设计基础课程教学基本要求和新国家标准，并总结多年的教学辅导经验和教改实践经验编写而成，是针对当前大学生课堂普遍不做笔记且对课程内容欠缺梳理能力的客观现状，借用流行且简洁的思维导图方式为学生清晰梳理、呈现课程内容，在此基础上再通过典型例题详解，将课程知识点及所涉及的标准规则等予以集中强化。

本书作为辅导教材，具有较强的针对性、启发性、引导性和强化性。特点如下。

(1) 明确每章的教学主要内容与学习要求及重点与难点。

(2) 通过思维导图将知识结构予以清晰梳理与呈现。

(3) 典型例题解析针对考点内容详尽剖析，总结解题规律、解题思路和解题技巧。

(4) 详尽的自测题及其解答，便于学习总结和自我检验。

本书充分参考郭润兰主编的《机械设计基础》教材，在课程内容梳理和典型例题筛选上作了精心编排，主要作为高等工科院校近机类和非机类各专业机械设计基础课程的配套教材，也可供有关专业的教师、学生和工程技术人员参考使用，还可作为考研辅导书。

由于编者水平有限，书中难免存在疏漏和不妥之处，敬请同行和读者批评指正。

编　者

目　录

第 1 章　绪　　论

1.1　主要内容与学习要求

1. 主要内容

(1) 机械设计基础研究的对象及内容。
(2) 机械设计的基本要求和一般程序。
(3) 机械零件的主要失效形式和设计准则。

2. 学习要求

(1) 明确本课程研究的对象。
(2) 了解本课程的内容、性质与任务。
(3) 了解机械设计的基本要求、内容与步骤。
(4) 了解机械设计的最新动态，树立正确的设计思想。
(5) 掌握机械零件的失效形式与设计计算准则。

1.2　重点与难点

1. 重点

(1) 本课程研究的对象。
(2) 机械零件的失效形式与设计计算准则。

2. 难点

(1) 机器与机构的相同之处和根本区别。
(2) 机构、构件和机械零件的区别与联系。

1.3 思维导图

第 1 章思维导图.docx

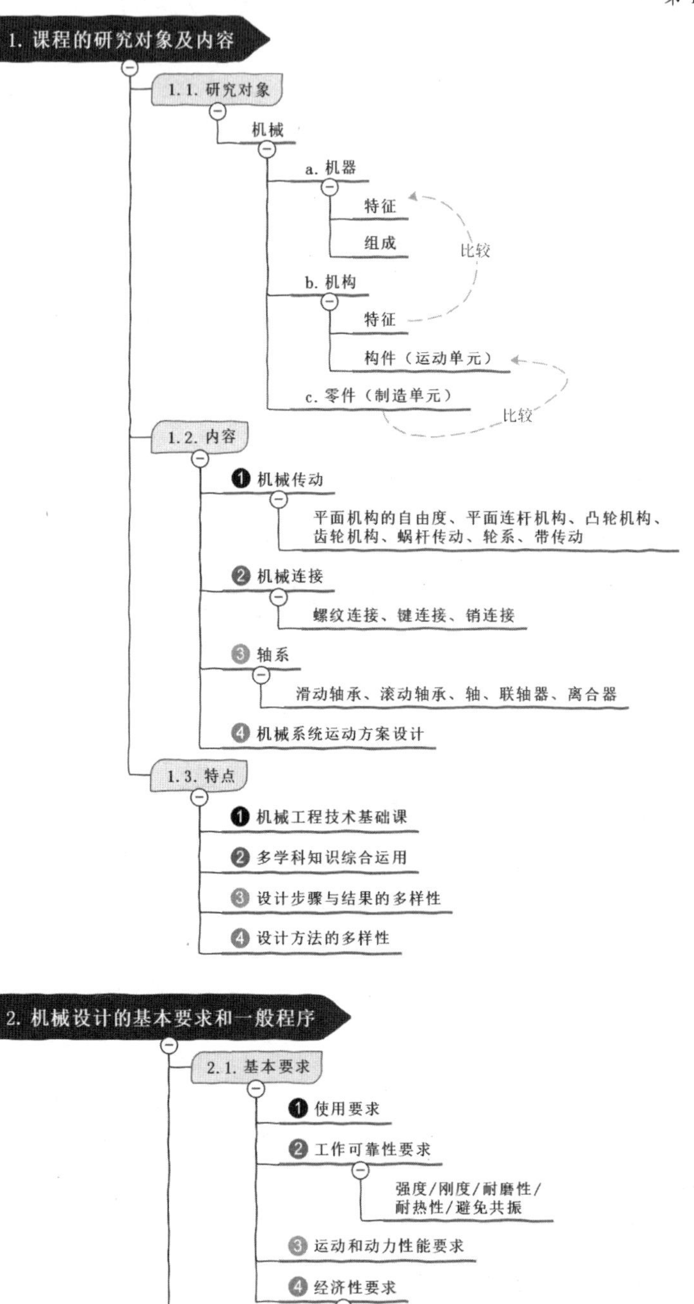

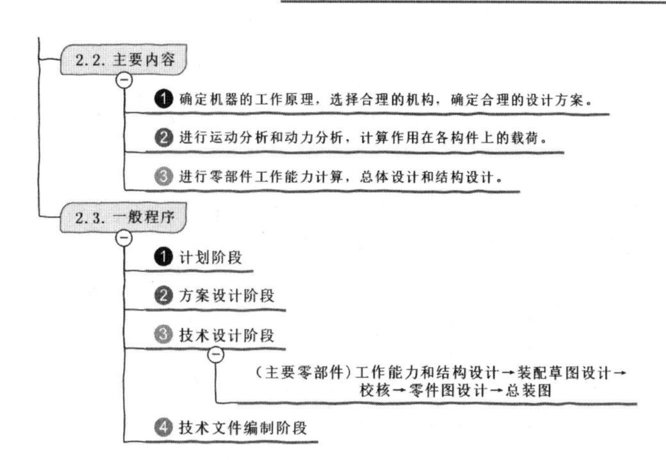

3. 机械零件的主要失效形式和设计准则

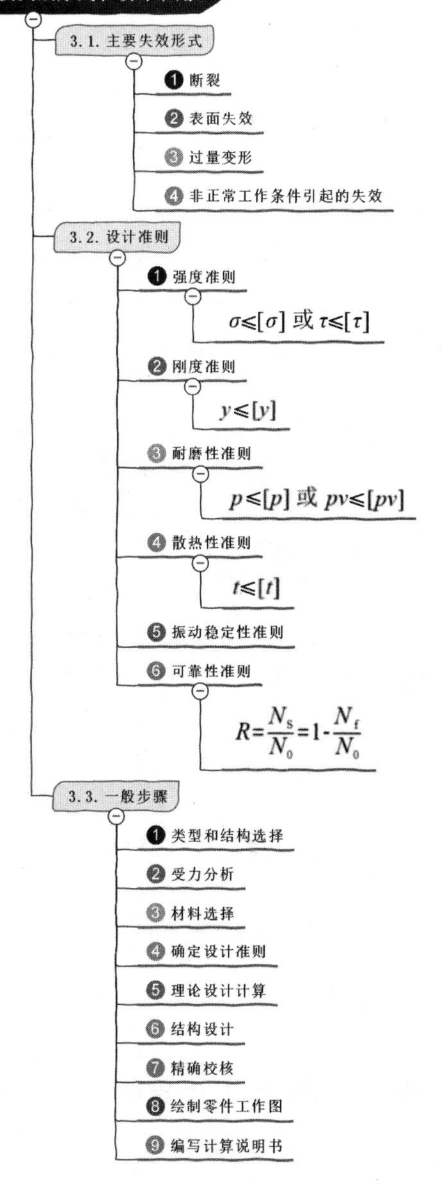

1.4 典型例题解析

例题 1.1 简述机器与机构的区别与联系。

分析：机器是一种执行机械运动的装置，可用来变换或传递能量、物料和信息。例如，电动机、内燃机等用来变换能量；机床用来变换物料的状态；汽车用来传递物料；计算机等用来变换信息。机构是一种用来传递与变换运动和力的可动装置，如带传动机构、链传动机构、齿轮机构、凸轮机构、连杆机构、螺旋机构等。

解：机器与机构的区别：机器能变换或传递能量、物料和信息，而机构不能，机构只能用来传递运动和力，改变运动形式和参数。

机器与机构的联系：机器包含着机构，机构是机器的主要组成部分。一部机器可以只含有一个机构或多个机构。

1.5 自 测 题

1. 简答题

(1) 什么是构件？什么是零件？试说明两者的区别和联系。

(2) 什么是机械零件的失效？机械零件的主要失效形式有哪些？何谓设计准则？

(3) 机械零件设计时应满足哪些基本要求？

2. 选择填空

(1) 构件是机械中的独立(　　)单元。

A. 制造　　B. 装配
C. 运动　　D. 分析

(2) 零件是机械中的独立(　　)单元。

A. 制造　　B. 装配
C. 运动　　D. 分析

(3) 一般机械钟表应属于(　　)。

A. 机器　　B. 机构
C. 通用零件　　D. 专用零件

(4) 缝纫机应属于(　　)。

A. 机器　　B. 机构
C. 通用零件　　D. 专用零件

(5) 自行车车轮、电风扇叶片、起重机上的起重吊钩、台虎钳上的螺杆、柴油机上的曲轴和减速器中的齿轮，以上零件中有(　　)种是通用零件。

A. 2　　B. 3
C. 4　　D. 5

(6) 下列实物：(a)螺钉，(b)螺母，(c)起重机上的起重吊钩，(d)键，(e)缝纫机脚踏板，其中(　　)属于通用零件。

A. (a)、(b)和(e)　　B. (a)、(c)和(d)
C. (b)、(c)和(d)　　D. (a)、(b)和(d)

(7) 滚筒洗衣机中的滚筒是机器的(　　)。
A. 动力部分　　B. 传动部分
C. 执行部分　　D. 控制部分

(8) 汽车的变速箱是机器的(　　)。
A. 动力部分　　B. 传动部分
C. 执行部分　　D. 控制部分

(9) 当零件可能出现疲劳断裂时，应按照(　　)准则计算。
A. 强度　　B. 刚度
C. 耐磨性准则　　D. 散热性准则

(10) 当零件可能出现过度磨损而降低精度和效率时，应按照(　　)准则计算。
A. 强度　　B. 刚度
C. 耐磨性准则　　D. 散热性准则

3. 判断题

(1) 机构和机器统称为机械。(　　)
(2) 机器的传动部分都是机构。(　　)
(3) 只从运动方面讲，机构是具有确定相对运动构件的组合。(　　)
(4) 机构的作用是传递或转换运动的形式。(　　)
(5) 构件和零件没有区别。(　　)
(6) 机械零件的刚度是指机械零件在载荷作用下抵抗塑性变形的能力。(　　)
(7) 机械零件一旦出现磨损，该零件就发生了失效。(　　)
(8) 当零件可能出现塑性变形时，应按刚度准则计算。(　　)

1.6 自测题参考答案

1. 简答题

(1) 构件是机器中独立的运动单元；零件是机器中独立的制造单元；构件可以是一个独立运动的零件，也可以是若干个零件固连在一起的一个独立运动的整体。

(2) 机械零件丧失预定功能或预定功能指标降低到许用值以下的现象，称为机械零件的失效。机械零件的主要失效形式有：①整体断裂；②过大的残余变形；③零件表面破坏；④破坏正常工作条件引起的失效。根据零件不同的失效形式建立起来的工作能力的判定条件，称为设计准则。

(3) 机械零件设计时应满足的基本要求有避免在预期寿命期内失效的要求、工作可靠性要求、结构工艺性要求、质量小的要求和经济性要求。

2. 选择填空

(1)C　(2)A　(3)B　(4)A　(5)B　(6)D　(7)C　(8)B　(9)A　(10)C

3. 判断题

(1) √　(2) √　(3) √　(4)×　(5)×　(6)×　(7)×　(8)×

第 2 章　平面机构的结构分析

2.1　主要内容与学习要求

1. 主要内容

(1) 机构组成要素的基本概念。
(2) 平面机构运动简图的绘制。
(3) 机构具有确定运动的条件。
(4) 平面机构自由度的计算。

2. 学习要求

(1) 搞清运动副、运动链、机构和自由度等重要概念。
(2) 能正确绘制复杂程度不高的平面机械、机构的运动简图。
(3) 掌握平面机构自由度的计算方法，能正确区分复合铰链、局部自由度和虚约束。
(4) 掌握机构具有确定运动的条件。

2.2　重点与难点

1. 重点

(1) 机构组成中的构件、运动副、运动链、机构和自由度等概念。
(2) 机构运动简图的绘制。
(3) 机构具有确定运动的条件。
(4) 平面机构自由度的计算。

2. 难点

(1) 机构运动简图的绘制。
(2) 在计算机构自由度时虚约束的判断。

2.3 思维导图

第2章思维导图.docx

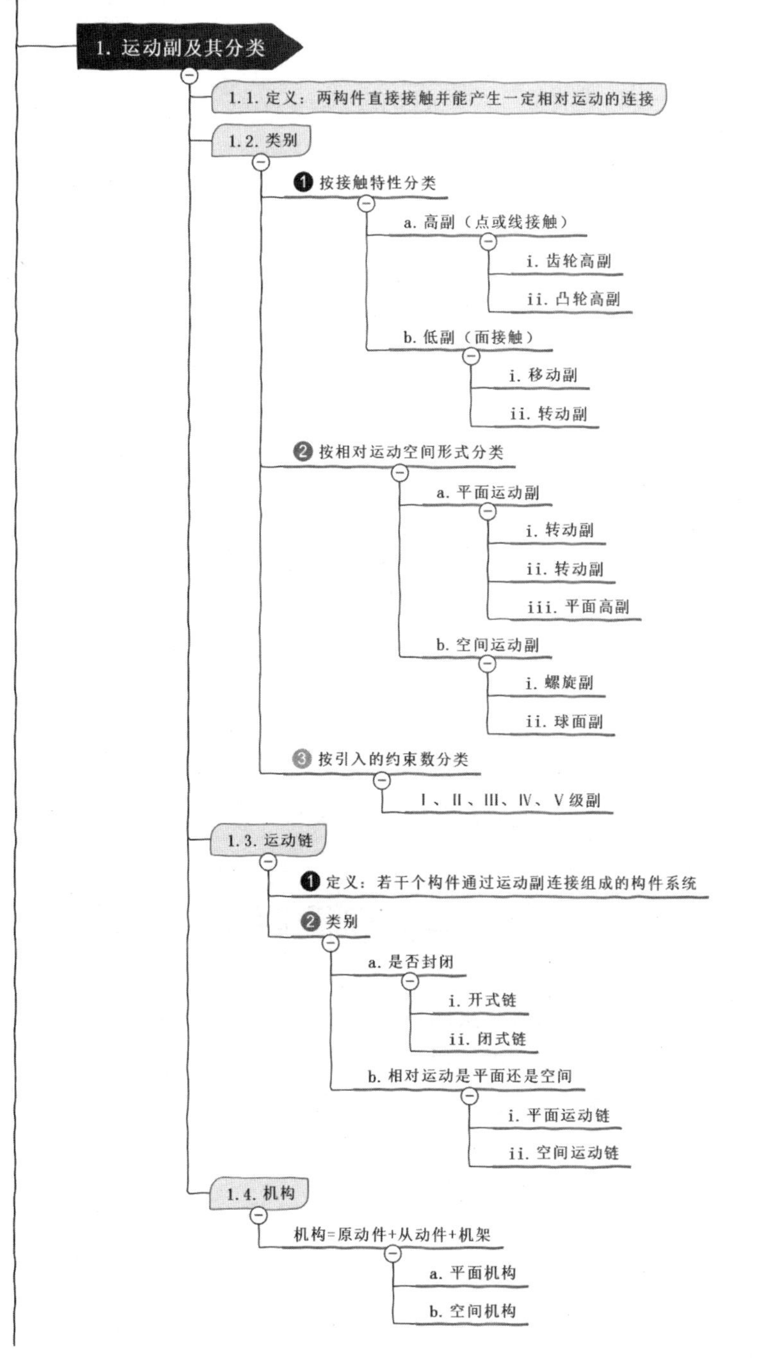

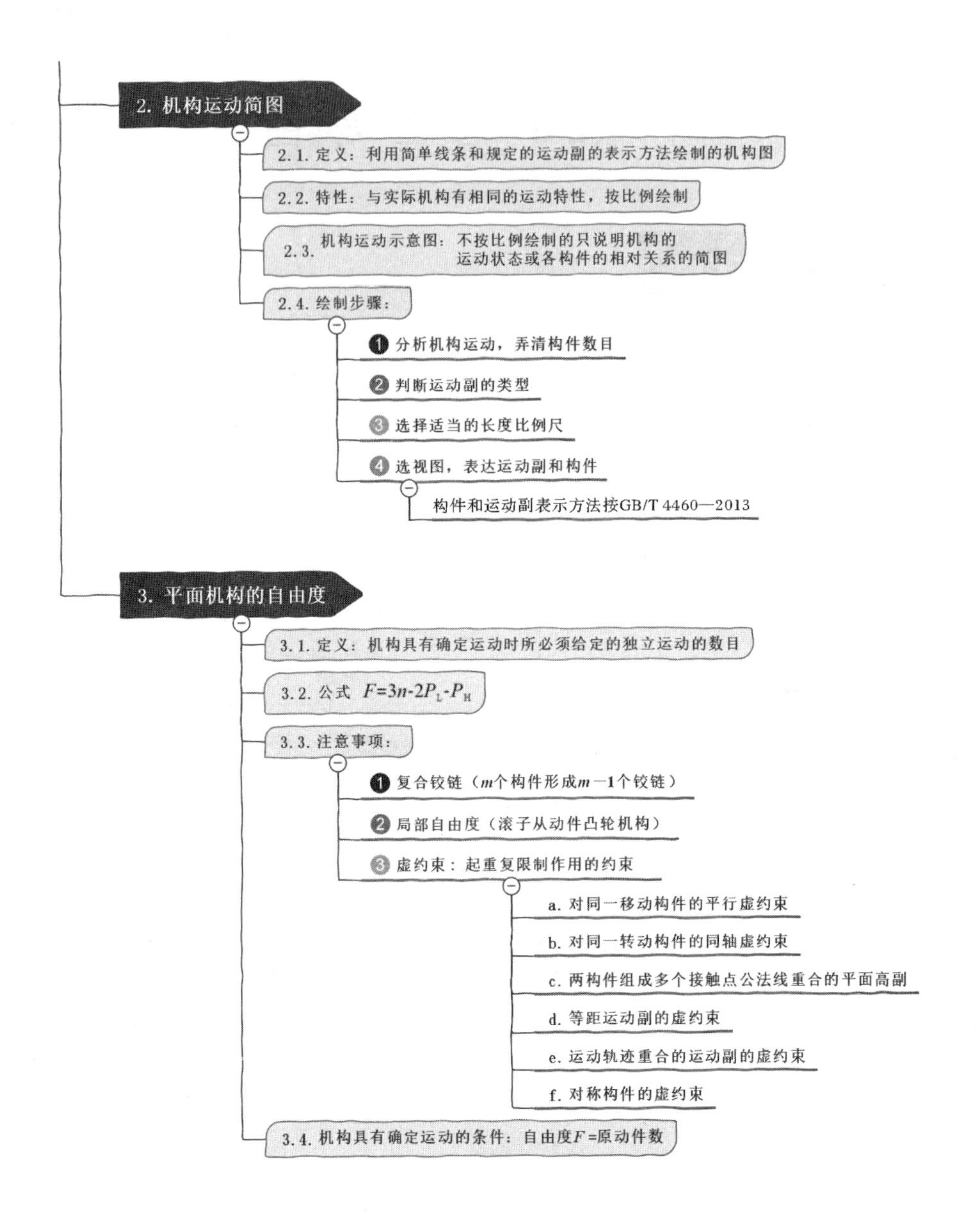

2.4　典型例题解析

例题 2.1　绘制图 2.1(a)所示偏心泵的机构运动简图，图 2.1(b)中 l_{AB}=20 mm，l_{BC}=80 mm。

解： 正确绘制机构运动简图，可按以下步骤进行。

(1)　认真分析机构的结构及工作原理，找出原动件和机架。

图 2.1(a)所示机构由构件 1(为一偏心轮)、带环的构件 2、构件 3(带孔的圆柱体)和构件 4 组成，构件 1 为原动件，构件 4 为机架。

(2)　沿着运动传递路线，分析两构件相对运动的性质，确定运动副的类型和数目。

在图 2.1(a)所示机构中，原动件 1 与构件 2、机架 4 均以转动副相连接，其回转中心分别在 A、B 点。构件 2 在构件 3 的孔中来回移动，即构件 2 与构件 3 构成移动副。构件 3 与机架 4 构成转动副，回转中心在 C 点。

(3) 测量各运动副之间的尺寸。

(4) 选择投影平面。

一般选择机构的运动平面或与运动平面相平行的平面为投影面。

(5) 选取比例尺 μ_l(m/mm)，绘制机构运动简图。

具体画法：根据各运动副之间的运动尺寸，确定出各运动副的位置(转动副的回转中心、移动副的导路以及高副的接触点)，画出相应的运动副符号。用简单的线条将各运动副连接起来，最后标出原动件的运动方向箭头。图 2.1(b)所示为偏心泵的机构运动简图。

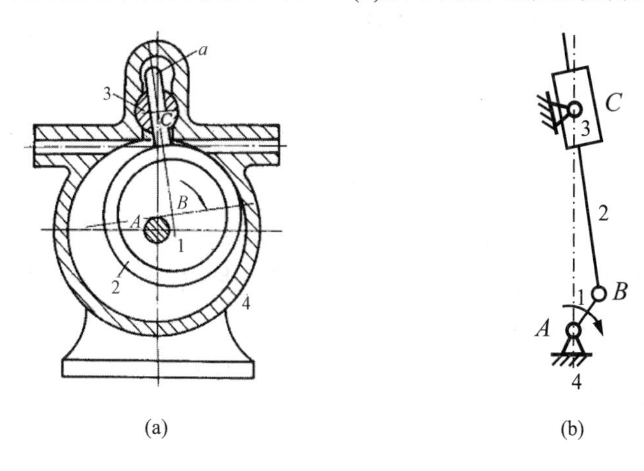

图 2.1

例题 2.2　如图 2.2 所示机构中，构件 *AB* 为原动件，试计算机构的自由度。若存在复合铰链、局部自由度、虚约束应指出。

分析：在图 2.2 所示机构中，由 1、2 和 3 构件在 *B* 位置以转动副连接，为复合铰链，即 *B* 位置处有两个转动副。机构中无局部自由度，无虚约束。

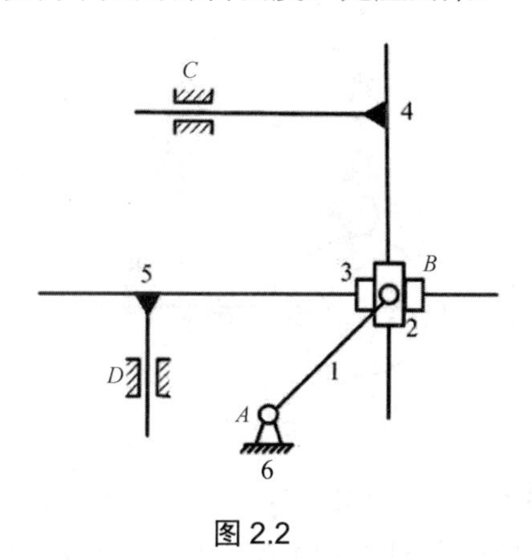

图 2.2

解：*B* 处存在复合铰链，机构中无局部自由度，无虚约束。

活动构件数：n=5(构件 6 为机架)。

低副数：P_L =7。

高副数：P_H =0。

$$F = 3n-(2P_L + P_H) =3\times5-(2\times7 + 0) = 1$$

例题 2.3 在图 2.3 所示机构中，凸轮为原动件。试：

(1) 计算机构的自由度，若存在复合铰链、局部自由度、虚约束应指出。

(2) 判断机构的运动是否确定。

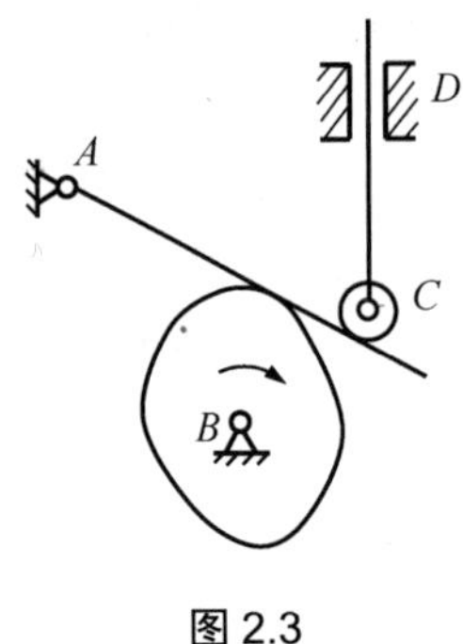

图 2.3

分析：在图 2.3 所示机构中，C 处滚子的转动为局部自由度(在计算机构自由度时，局部自由度按刚化法处理，即滚子不计入活动构件的数目中，滚子中心的转动副也不计入低副的数目中)。机构中无复合铰链，无虚约束。

解：(1) C 处为局部自由度，机构中无复合铰链，无虚约束。

活动构件数：n=3。

低副数：P_L =3。

高副数：P_H =2。

$$F = 3n-(2P_L + P_H) =3\times3-(2\times3 + 2) = 1$$

(2) 机构具有确定运动的条件是：机构的自由度数目等于机构的原动件数目，图 2.3 所示机构的原动件数为 1，机构的自由度数 F=1，所以具有确定运动。

例题 2.4 图 2.4 所示为凸轮—连杆机构，凸轮为原动件。试计算机构的自由度，若存在复合铰链、局部自由度、虚约束应指出。

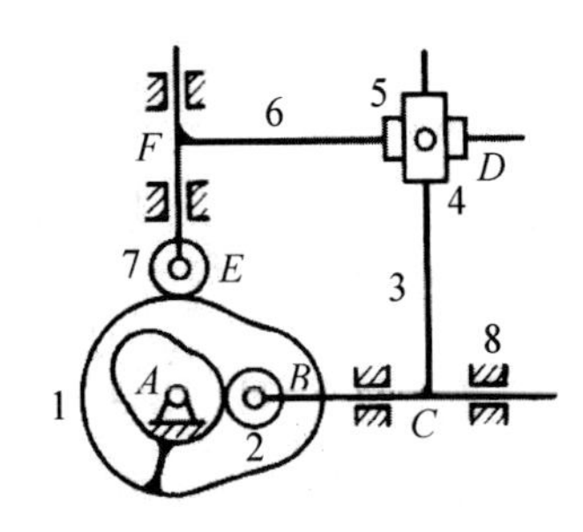

图 2.4

分析：在图 2.4 所示机构中，B、E 处两滚子的转动均为局部自由度(在计算机构自由度时，局部自由度按刚化法处理)。构件 3 和机架 8 构成两个移动副，且两个移动副的导路平行，为虚约束的情况，计算机构自由度时只能算作一个移动副。同理，构件 6 和机架 8 构成两个运动副，也为虚约束的情况，计算机构自由度时只能算作一个移动副。机构中无复合铰链。

解：B、E 两处均为局部自由度，C、F 两处均有虚约束，无复合铰链。

活动构件数：n=5。

低副数：$P_L=6$。

高副数：$P_H=2$。

$$F=3n-(2P_L+P_H)=3\times5-(2\times6+2)=1$$

例题 2.5　在图 2.5 所示的机构中，*AB* 杆为原动件，试：

(1) 计算该机构的自由度，若存在复合铰链、局部自由度、虚约束应指出。

(2) 判断该机构是否具有确定的运动。

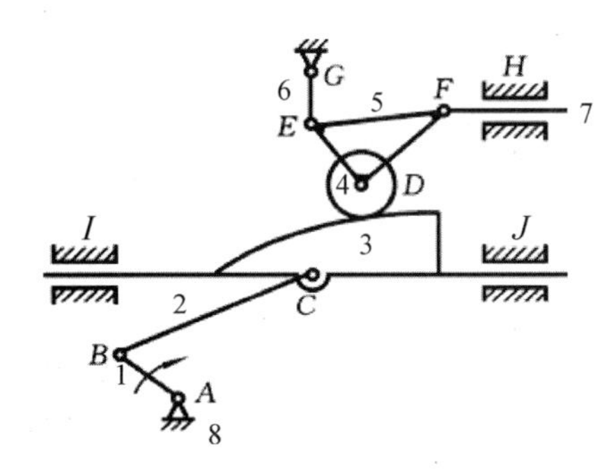

图 2.5

分析：在图 2.5 所示机构中，*D* 处滚子的转动为局部自由度(在计算机构自由度时，局部自由度按刚化法处理)；构件 3 和机架 8 构成两个移动副，且两个移动副的导路平行，为虚约束的情况，计算机构自由度时只能算作一个移动副；构件 5 为三副构件；该机构中无复合铰链。

解：(1) *D* 处为局部自由度，*I*(或 *J*)处为虚约束，无复合铰链。

活动构件数：$n=6$。

低副数：$P_L=8$。

高副数：$P_H=1$。

$$F=3n-(2P_L+P_H)=3\times6-(2\times8+1)=1$$

(2) 图 2.5 所示机构的原动件数为 1，机构的自由度数 $F=1$，所以该机构具有确定运动。

例题 2.6　图 2.6 所示为齿轮—连杆机构，齿轮 1 为原动件。试计算机构的自由度，若存在复合铰链、局部自由度、虚约束应指出。

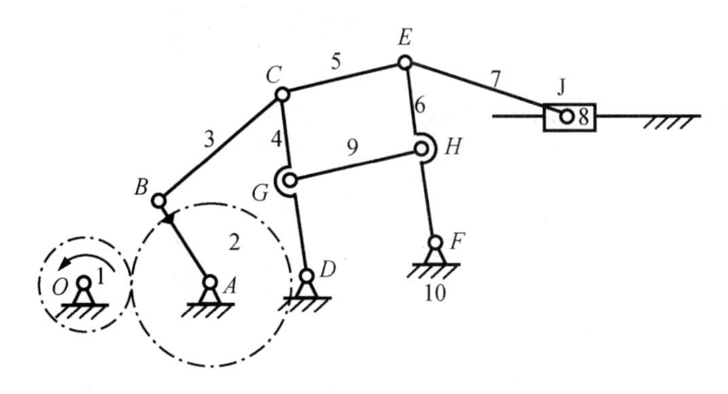

图 2.6

分析：在图 2.6 所示机构中，*AB* 构件与齿轮 2 固连，为同一构件；*C*、*E* 两处均为复合铰链；而且不难分析机构运动时，*G*、*H* 两点间的距离始终保持不变，因而用构件 9 将 *G*、

H通过转动副连接起来将引入一个虚约束(在计算机构自由度时，预先排除虚约束，即将引起虚约束的附加构件 9 和与此构件相关的运动副 G、H 去除)；该机构中无局部自由度。

解： C、E 处为复合铰链，构件 9 引入 1 个虚约束，无局部自由度。

活动构件数：n=8。

低副数：P_L =11。

高副数：P_H =1。

$$F = 3n-(2P_L + P_H) =3\times8-(2\times11 + 1) = 1$$

2.5 自 测 题

1. 选择填空

(1) 两个构件直接接触而构成的(　　)，称为运动副。

A. 可动连接　　B. 连接

C. 接触　　D. 表面

(2) 两构件通过点或线接触的运动副称为(　　)。

A. 转动副　　B. 移动副

C. 低副　　D. 高副

(3) 下列运动副属于平面低副的是(　　)。

A. 齿轮副　　B. 转动副

C. 凸轮副　　D. 球面副

(4) 两构件之间通过(　　)接触的运动副，称为高副。

A. 点或面　　B. 点或线

C. 线或面　　D. 面

(5) 平面运动副的最大约束数为(　　)。

A. 1　　B. 2

C. 3　　D. 5

(6) 一个做平面运动的自由构件的自由度数为(　　)。

A. 1　　B. 2

C. 3　　D. 0

(7) 一个平面运动副所提供的约束数为(　　)。

A. 1　　B. 2

C. 3　　D. 1 或 2

(8) 机构中只有一个(　　)。

A. 原动件　　B. 从动件

C. 机架　　D. 闭式运动链

(9) 低副的优点：制造和维修(　　)，单位面积压力(　　)，承载能力(　　)。

A. 简单，小，小　　B. 简单，小，大

C. 复杂，大，小　　D. 复杂，小，大

(10) 一构件的实际长度 l=0.5m，画在机构运动简图中的长度为 20 mm，则画此机构运

动简图时所取的长度比例尺 u_l 是(　　)。

A. 25m/mm　　B. 25

C. 0.025m/mm　　D. 1:25

(11) 图 2.7 所示为一机构模型，其对应的机构运动简图为(　　)。

A. 图(a)　　B. 图(b)

C. 图(c)　　D. 图(d)

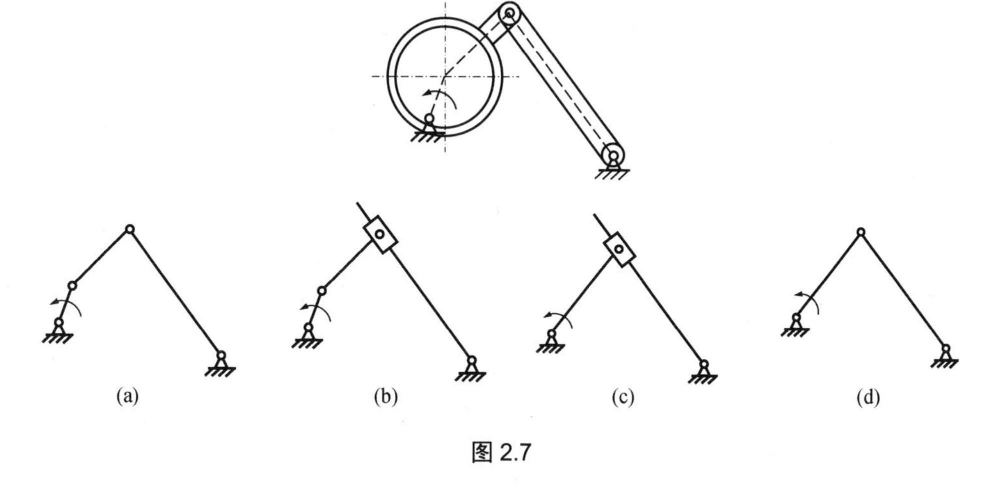

图 2.7

(12) 若两构件以低副连接，则其接触形式为(　　)。

A. 面接触　　B. 点、线接触

C. 线、面接触　　D. 点、面接触。

(13) 在平面内用一个低副连接两个做平面运动的构件所构成的运动链共有(　　)个自由度。

A. 2　　B. 3

C. 4　　D. 5

(14) 在平面内用一个高副连接两个做平面运动的构件所构成的运动链共有(　　)个自由度。

A. 2　　B. 3

C. 4　　D. 5

(15) 机构具有确定运动的条件是(　　)。

A. 机构的自由度数目等于原动件数目

B. 机构的自由度数目大于等于原动件数目

C. 机构的自由度数目小于原动件数目

D. 机构的自由度数目大于原动件数目

(16) 当机构的自由度数大于原动件数目时，机构(　　)。

A. 具有确定运动　　B. 运动不确定

C. 构件被破坏　　D. 运动不确定或构件被破坏

(17) 当机构的自由度数小于原动件数目时，机构(　　)。

A. 具有确定运动　　B. 运动不确定

C. 构件被破坏　　D. 运动不确定或构件被破坏

(18) 平面机构中，如引入 1 个转动副，将引入(　　)个约束，保留了(　　)个自由度。

A. 1，2　　B. 2，1

C. 1，1　　D. 2，2

(19) 平面机构中，如引入 1 个移动副，将引入(　　)个约束，保留了(　　)个自由度。

A. 1，2　　B. 2，1

C. 1，1　　D. 2，2

(20) 平面机构中，如引入 1 个高副，将引入(　　)个约束，保留了(　　)个自由度。

A. 1，2　　B. 2，1

C. 1，1　　D. 2，2

(21) 火车车轮在轨道上转动，车轮与轨道间构成(　　)。

A. 转动副　　B. 移动副

C. 低副　　D. 高副

(22) 由 m 个构件所组成的复合铰链包含的转动副个数为(　　)。

A. m　　B. $m+1$

C. $m-2$　　D. $m-1$

(23) 图 2.8 中，A 处构成复合铰链的是图(　　)。

A. (a)　　B. (b)

C. (c)　　D. (d)

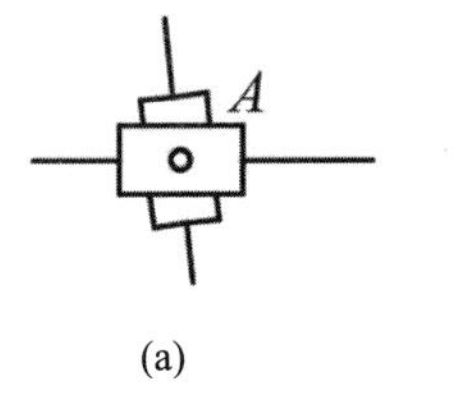

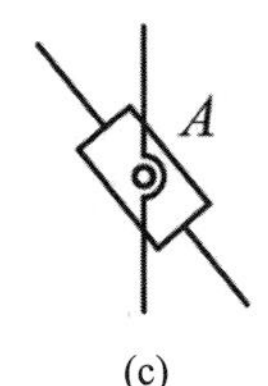

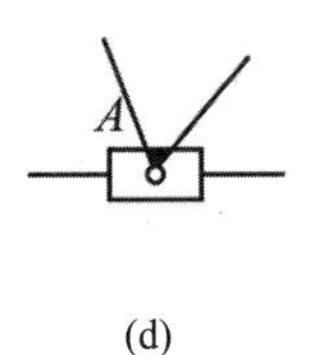

图 2.8

(24) 在图 2.9 所示机构中，不存在虚约束的是图(　　)。

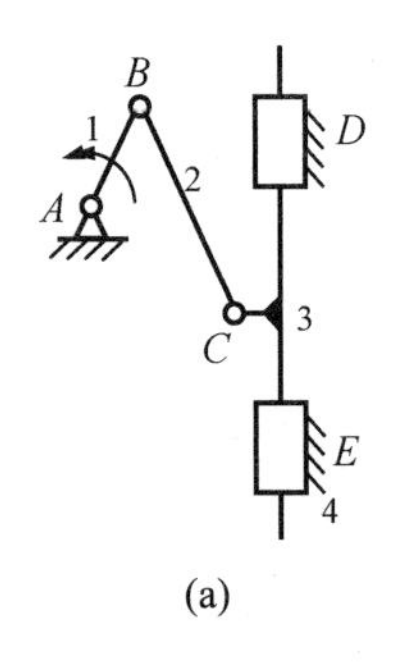

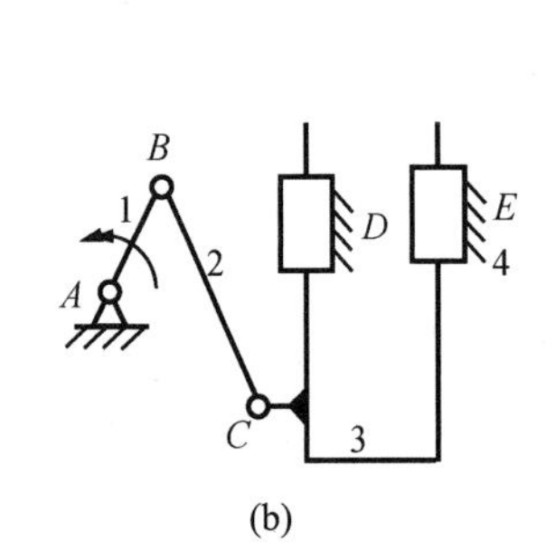

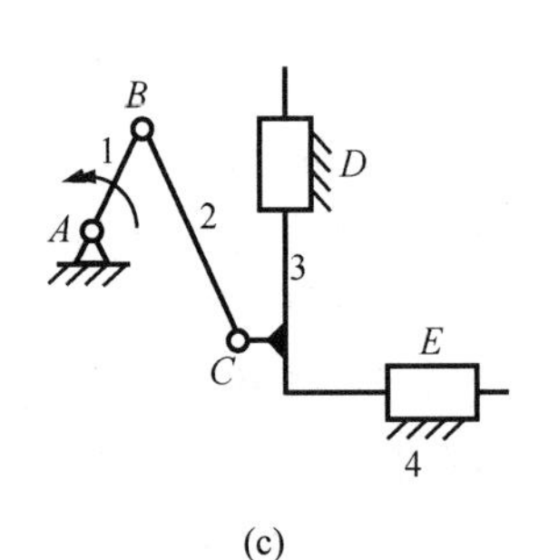

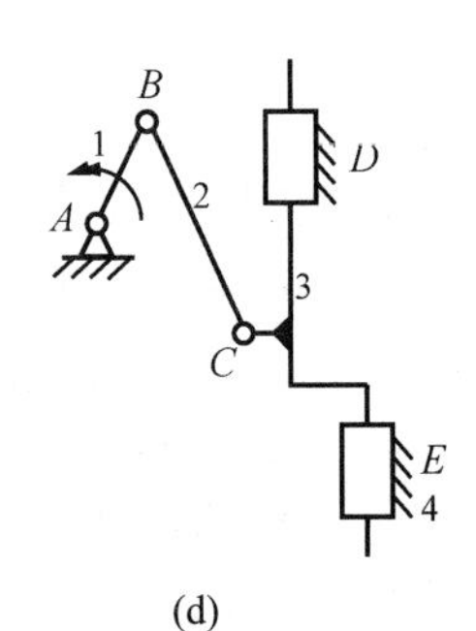

图 2.9

A. (a)　　B. (b)

C. (c)　　D. (d)

(25) 一般情况下，机构的对称部分可能引入(　　)。

A. 复合铰链　　　　　　　　　　B. 局部自由度

C. 虚约束　　　　　　　　　　　D. 有效约束

(26) 通常门与门框之间有两个铰链，这是(　　)。

A. 复合铰链　　　　　　　　　　B. 局部自由度

C. 虚约束　　　　　　　　　　　D. 有效约束

(27) 若设计方案中，构件系统的自由度 F=0，改进方案使 F=1，可以在机构中适当位置(　　)，以使其具有确定的运动。

A. 增加一个构件带一低副　　　　B. 增加一个构件带一高副

C. 减少一个构件带一低副　　　　D. 增加一个原动件

(28) 若设计方案中，构件系统的自由度 F=2，构件系统的运动不确定，可以采用(　　)，使其具有确定的运动。

A. 增加一个构件　　　　　　　　B. 增加一个构件带一高副

C. 增加一个低副　　　　　　　　D. 增加一个原动件

2. 判断题

(1) 在平面机构中一个高副引入 2 个约束。　　(　　)

(2) 机器中独立运动的单元体，称为零件。　　(　　)

(3) 在绘制机构运动简图时，必须按比例绘制；否则，不能表明构件之间的相对运动关系。　　(　　)

(4) 机构中的虚约束，如果制造、安装精度不够时，会成为真约束。　　(　　)

(5) 两个以上的构件在同一位置以运动副相互构成的连接，叫复合铰链。　　(　　)

(6) 运动副的作用，是用来限制或约束构件自由运动的。　　(　　)

(7) 组成移动副的两构件之间的接触形式，只有平面接触。　　(　　)

(8) 由于两构件间的接触形式不同，运动副分为转动副和运动副。　　(　　)

(9) 机构运动简图是用来表示机构结构的简单图形。　　(　　)

(10) 局部自由度和虚约束都是多余的，在计算机构的自由度时应将其去掉。所以，设计机构时应尽量避免局部自由度和虚约束，从而省去不必要的麻烦。　　(　　)

3. 试画出题 2.10 图所示平面机构的运动简图，并计算其自由度。

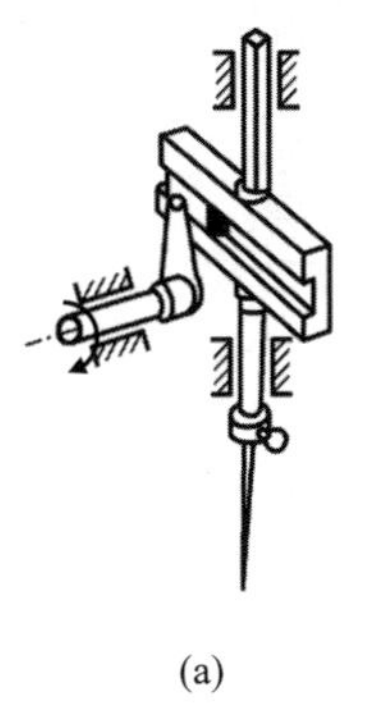

(a)

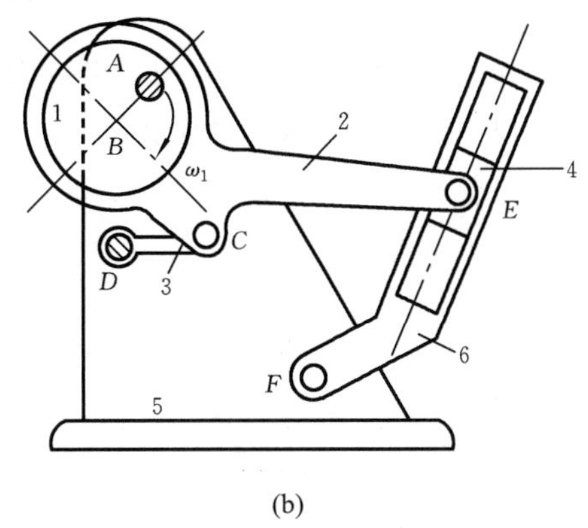

(b)

题 2.10 图

4. 计算题 2.11 图所示机构的自由度。

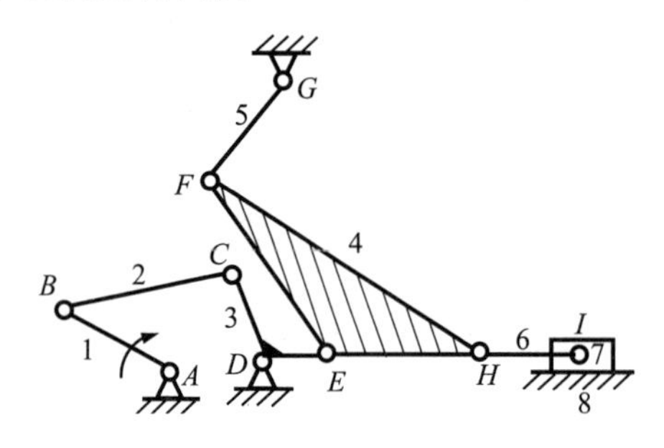

题 2.11 图

5. 计算题 2.12 图所示机构的自由度，若有复合铰链、局部自由度、虚约束应指出。

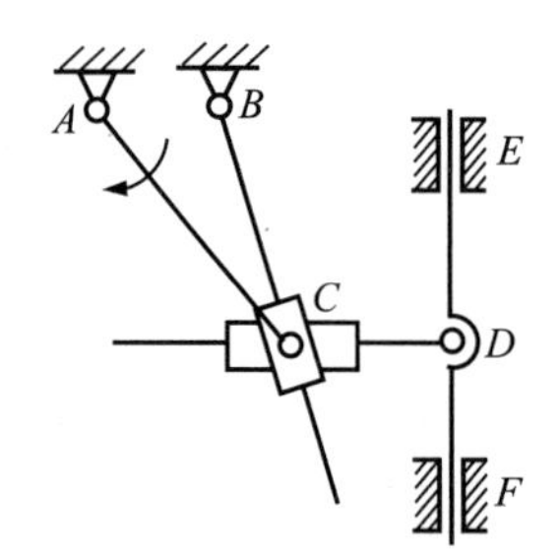

题 2.12 图

6. 指出题 2.13 图所示机构中的复合铰链、局部自由度和虚约束，并计算自由度。

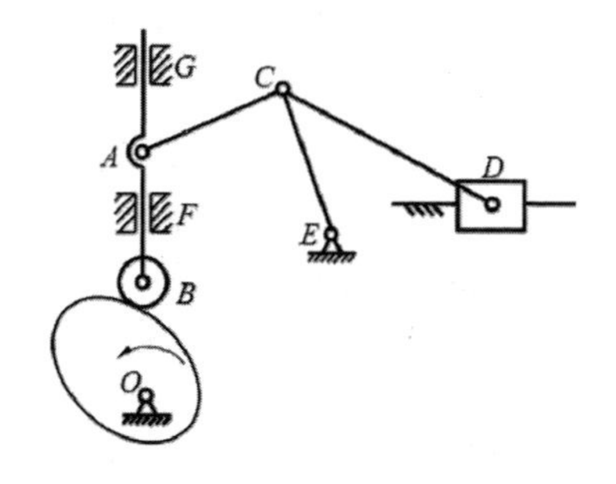

题 2.13 图

7. 分析题 2.14 图所示机构，要求写出机构自由度计算公式，求出机构自由度，若有复合铰链、局部自由度、虚约束应明确指出。

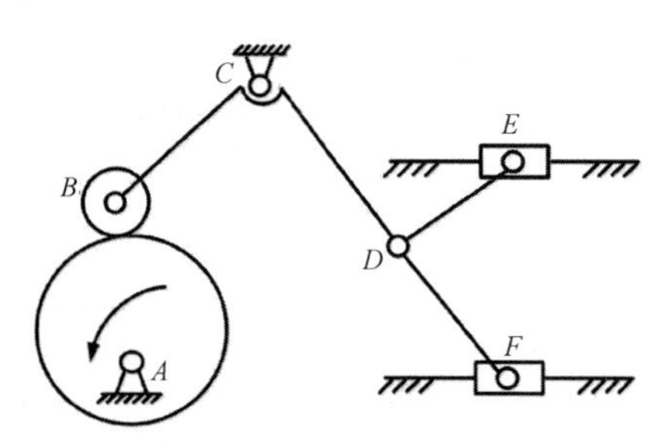

题 2.14 图

8. 计算题 2.15 图所示机构的自由度，若存在复合铰链、局部自由度、虚约束应指出；并判断该机构是否具有确定的运动。

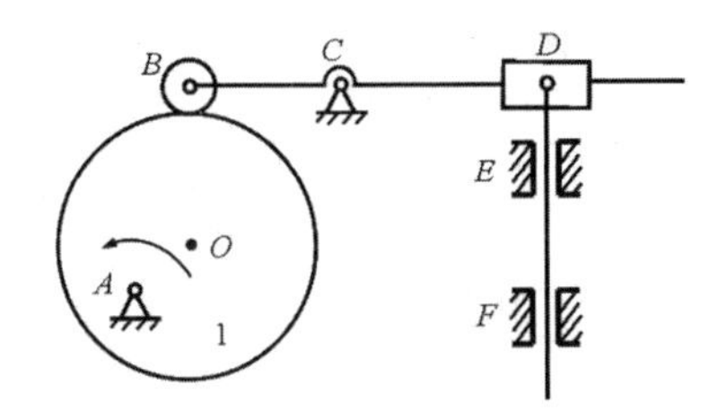

题 2.15 图

9. 对于题 2.16 图所示机构。

(1) 计算该机构的自由度，若存在复合铰链、局部自由度、虚约束应指出。

(2) 判断该机构是否具有确定的运动。

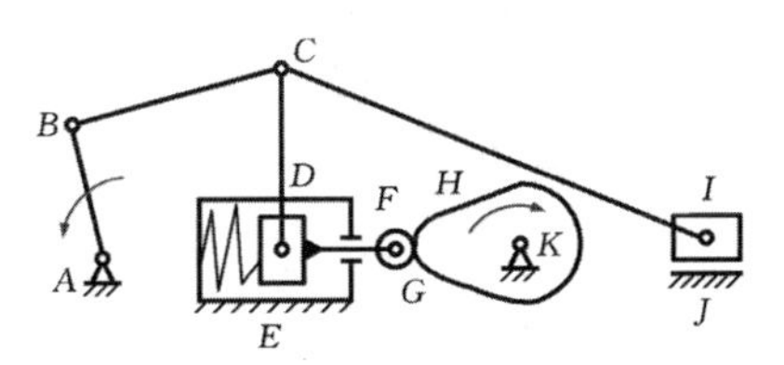

题 2.16 图

10. 计算题 2.17 图所示机构的自由度，若存在复合铰链、局部自由度、虚约束应指出；并判断该机构是否具有确定的运动。

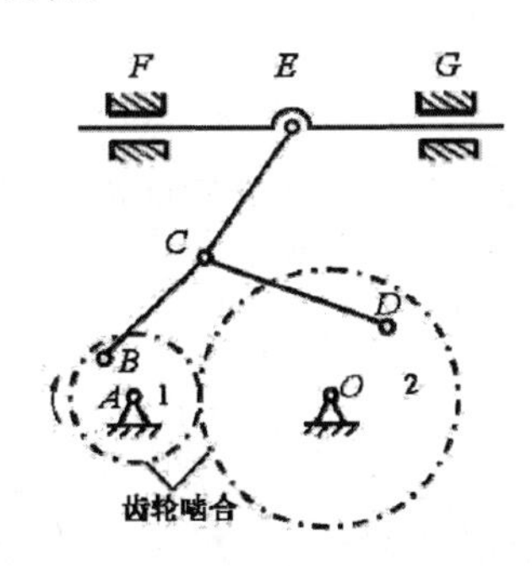

题 2.17 图

11. 分析题 2.18 图所示机构，计算图示机构的自由度，若存在复合铰链、局部自由度、虚约束应指出；并判断该机构是否具有确定的运动。

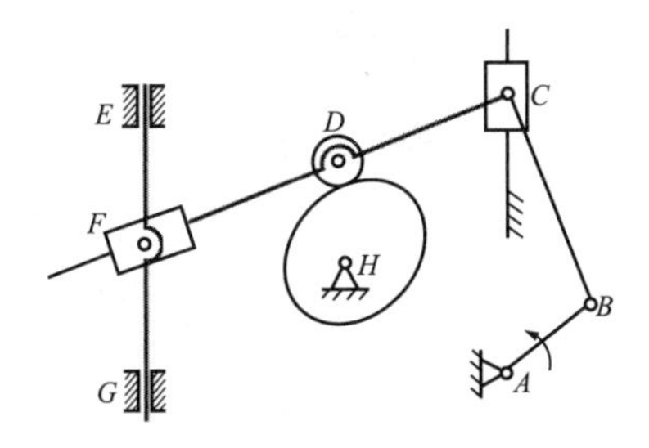

题 2.18 图

12. 对于题 2.19 图所示机构。

(1) 计算该机构的自由度，若存在复合铰链、局部自由度、虚约束应指出。

(2) 判断该机构是否具有确定的运动。

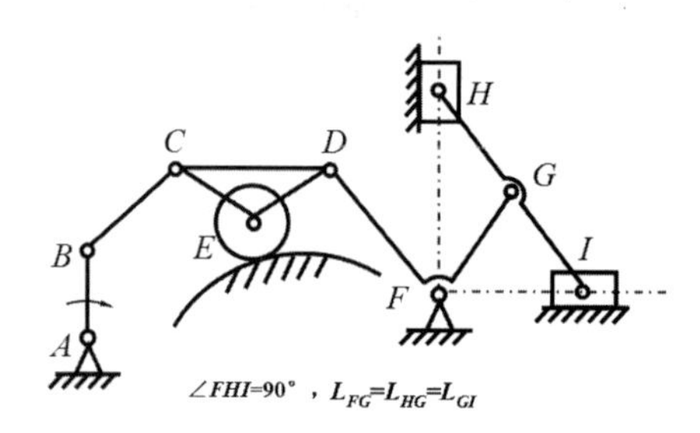

题 2.19 图

13. 题 2.20 图所示机构中滑块 1 为原动件，试：

(1) 计算该机构的自由度，若存在复合铰链、局部自由度、虚约束应指出。

(2) 判断该机构是否具有确定的运动。

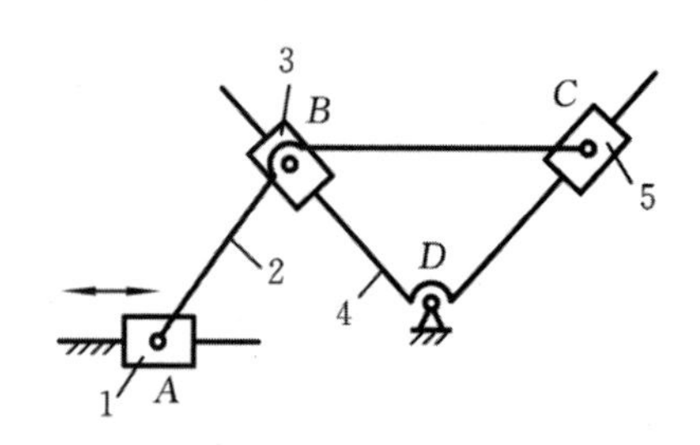

题 2.20 图

14. 计算题 2.21 图所示机构的自由度，并分析该机构在什么条件下具有确定的运动，若机构中存在复合铰链、局部自由度、虚约束应指出。

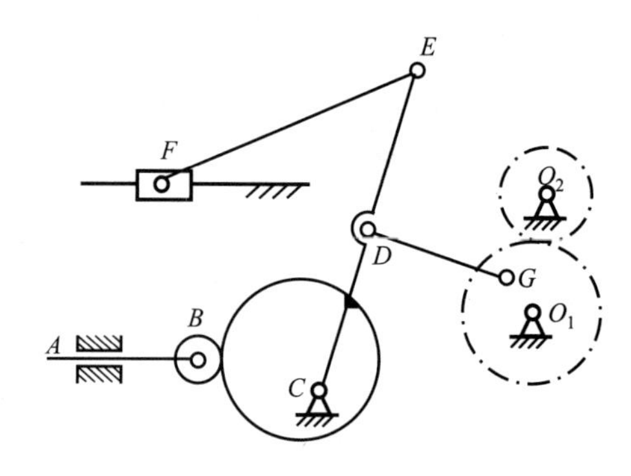

题 2.21 图

15. 对于题 2.22 图所示机构。

(1) 计算该机构的自由度，若存在复合铰链、局部自由度、虚约束应指出。

(2) 分析该机构在什么条件下具有确定的运动。

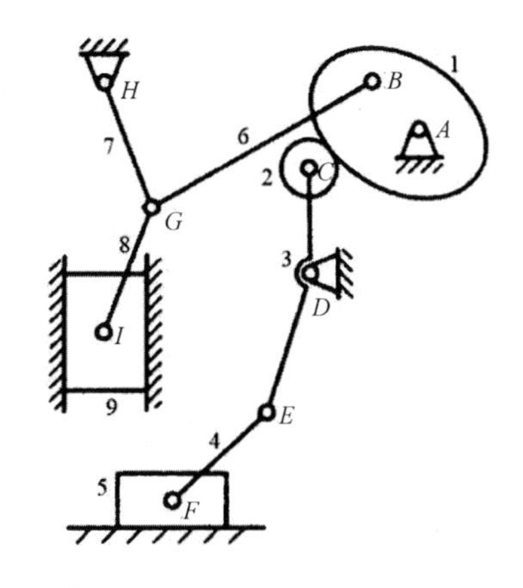

题 2.22 图

16. 计算题 2.23 图所示机构的自由度，并分析该机构在什么条件下具有确定的运动，若机构中存在复合铰链、局部自由度、虚约束应指出。

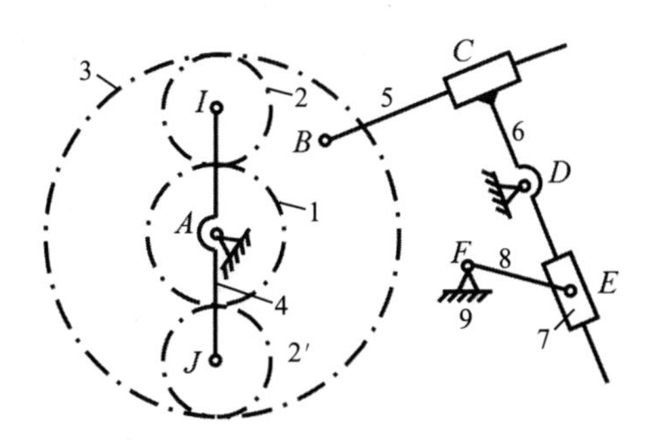

题 2.23 图

17. 对于题 2.24 图所示机构。

(1) 计算该机构的自由度，若存在复合铰链、局部自由度、虚约束应指出。

(2) 分析该机构具有确定运动的条件。

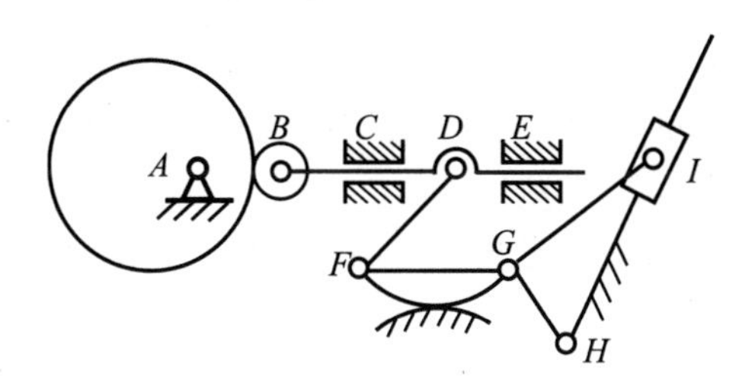

题 2.24 图

2.6 自测题参考答案

1. 选择填空

(1)A (2)D (3)B (4)B (5)B (6)C (7)D (8)C (9)B

(10)C (11)A (12)A (13)C (14)D (15)A (16)B (17)C (18)B
(19)B (20)A (21)D (22)D (23)B (24)C (25)C (26)C (27)A
(28)D

2. 判断题

(1)× (2)× (3) √ (4) √ (5)× (6) √ (7)× (8)× (9)×
(10)×

3.

解：(a) 机构运动简图如题 3 答图(a)所示。机构中无复合铰链，无局部自由度，无虚约束。

n=3，P_L =4，P_H =0

机构自由度 $F = 3n-(2P_L + P_H) =3\times3-(2\times4 + 0) = 1$

(b) 机构运动简图如题 2.3 答图(b)所示。机构中无复合铰链，无局部自由度，无虚约束。

n=5，P_L =7，P_H =0

机构自由度 $F = 3n-(2P_L + P_H) =3\times5-(2\times7 + 0) = 1$

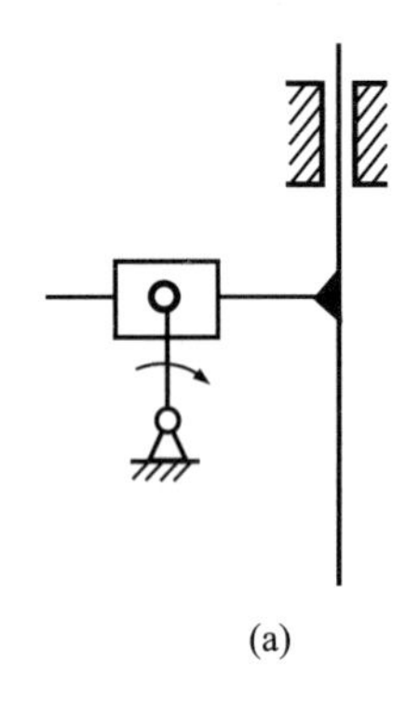

(a)

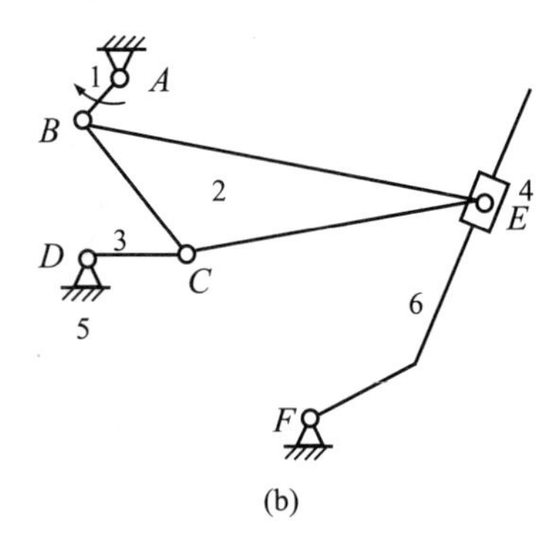

(b)

题 3 答图

4.

解：机构中无复合铰链，无局部自由度，无虚约束。

n=7；P_L =10；P_H =0

机构自由度 $F = 3n-(2P_L + P_H) =3\times7-(2\times10 + 0) = 1$

5.

解：机构中，C 处有复合铰链，无局部自由度，E(或 F 处)有虚约束。

n=6，P_L =8，P_H =0

机构自由度 $F = 3n-(2P_L + P_H) =3\times6-(2\times8 + 0) = 2$

6.

解：机构中，C 处为复合铰链，B 处为局部自由度，G(或 F 处)有虚约束。

n=6，P_L =8，P_H =1

机构自由度 $F = 3n-(2P_L + P_H) =3\times6-(2\times8 + 1) = 1$

7.

解：机构中，D 处为复合铰链，B 处为局部自由度，无虚约束。

n=6，P_L =8，P_H =1

机构自由度 $F = 3n-(2P_L + P_H) = 3\times6-(2\times8 + 1) = 1$

8.

解：机构中，B 处为局部自由度，E(或 F 处)有虚约束，无复合铰链。

n=4，P_L =5，P_H =1

机构自由度 $F = 3n-(2P_L + P_H) = 3\times4-(2\times5 + 1) = 1$

机构的原动件数为 1，自由度数 F=1，机构的原动件数目等于机构的自由度数，所以该机构具有确定运动。

9.

解：(1) 机构中，C 处为复合铰链，G 处为局部自由度，无虚约束。

n=7，P_L =9，P_H =1

机构自由度 $F = 3n-(2P_L + P_H) = 3\times7-(2\times9 + 1) = 2$

(2) 机构的原动件数为 2，自由度数 F=2，机构的原动件数目等于机构的自由度数，所以该机构具有确定运动。

10.

解：机构中，C 处为复合铰链，G(或 F 处)有虚约束，无局部自由度。

n=6，P_L =8，P_H =1

机构自由度 $F = 3n-(2P_L + P_H) = 3\times6-(2\times8 + 1) = 1$

机构的原动件数为 1，自由度数 F=1，机构的原动件数目等于机构的自由度数，所以该机构具有确定运动。

11.

解：机构中，C 处为复合铰链，D 处为局部自由度，G(或 E 处)有虚约束。

n=7，P_L =9，P_H =1

机构自由度 $F = 3n-(2P_L + P_H) = 3\times7-(2\times9 + 1) = 2$

机构的原动件数为 1，自由度数 F=2，机构的原动件数目不等于机构的自由度数，所以该机构运动不确定。

12.

解：(1) 机构中，E 处为局部自由度，H(或 I)处滑块引入一个虚约束，无复合铰链。

n=6，P_L =8，P_H =1

机构自由度 $F = 3n-(2P_L + P_H) = 3\times6-(2\times8 + 1) = 1$

(2) 机构的原动件数为 1，自由度数 F=1，机构的原动件数目等于机构的自由度数，所以该机构具有确定运动。

13.

解：(1) 机构中，无复合铰链，无局部自由度，无虚约束。

n=5，P_L =7，P_H =0

机构自由度 $F = 3n-(2P_L + P_H) = 3\times5-(2\times7 + 0) = 1$

(2) 机构的原动件数为 1，自由度数 F=1，机构的原动件数目等于机构的自由度数，所以该机构具有确定运动。

14.

解：机构中，B 处为局部自由度，无复合铰链，无虚约束。

n=7，P_L=9，P_H=2

机构自由度　　$F = 3n-(2P_L + P_H) = 3\times7-(2\times9 + 2) = 1$

机构具有确定运动的条件是机构的原动件数目等于机构自由度数，由于该机构的自由度数为1，所以机构给定1个原动件，机构就具有确定运动。

15.

解：(1)　机构中，G处为复合铰链，C处为局部自由度，无虚约束。

n=8，P_L=11，P_H=1

机构自由度　　$F = 3n-(2P_L + P_H) = 3\times8-(2\times11 + 1) = 1$

(2)　机构具有确定运动的条件是机构的原动件数目等于机构自由度数，由于机构的自由度数为1，所以机构给定1个原动件，机构就具有确定运动。

16.

解：机构中，A处为复合铰链(齿轮1、齿轮3，系杆4和机架9在A点构成3个转动副)，行星齿轮2(或2′)引入一个虚约束，无局部自由度。

n=8，P_L=10，P_H=2

机构自由度　　$F = 3n-(2P_L + P_H) = 3\times8-(2\times10 + 2) = 2$

机构具有确定运动的条件是机构的原动件数目等于机构自由度数，由于机构的自由度数为2，所以机构给定2个原动件，机构就具有确定运动。

17.

解：(1)　机构中，G处为复合铰链，B处有局部自由度，C(或E)处为虚约束。

n=7，P_L=9，P_H=2

机构自由度　　$F = 3n-(2P_L + P_H) = 3\times7-(2\times9 + 2) = 1$

(2)　机构具有确定运动的条件是机构的原动件数目等于机构自由度数，由于该机构的自由度数为1，所以机构给定1个原动件，机构就具有确定运动。

第 3 章　平面连杆机构

3.1　主要内容与学习要求

1. 主要内容

(1)　平面连杆机构的组成、特点和应用。

(2)　铰链四杆机构的基本形式及演化。

(3)　平面四杆机构的工作特性。

(4)　平面四杆机构的设计。

2. 学习要求

(1)　了解平面连杆机构的主要特点和应用场合。

(2)　掌握铰链四杆机构的 3 种基本形式及其演化方法。

(3)　熟练掌握平面四杆机构的 4 种基本特性。

(4)　能够根据具体的设计条件及实际需要，选择合适的机构形式和合理的设计方法，解决实际问题。

3.2　重点与难点

1. 重点

(1)　铰链四杆机构的基本形式及演化的基本方法。

(2)　平面四杆机构的工作特性。

(3)　平面四杆机构的基本设计方法。

2. 难点

用图解法设计四杆机构。

3.3 思维导图

第 3 章思维导图.docx

平面连杆机构

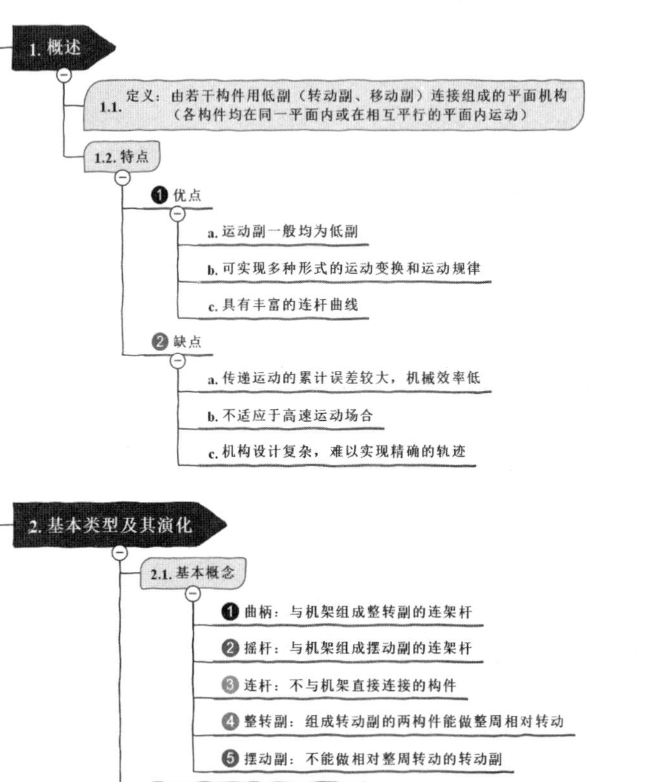

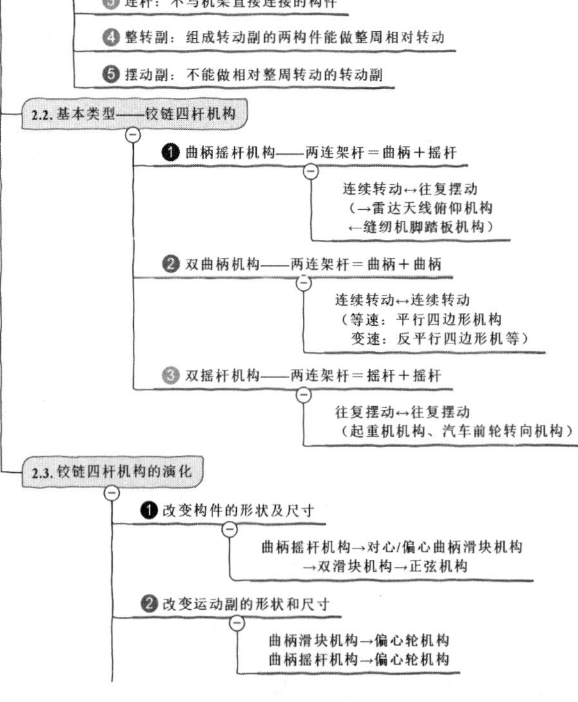

③ 选不同的构件为机架

曲柄摇杆机构→双曲柄机构→双摇杆机构
曲柄滑块机构→转动/摆动导杆机构
→摇块机构→定块机构（抽水唧筒）

3. 平面四杆机构的基本特性

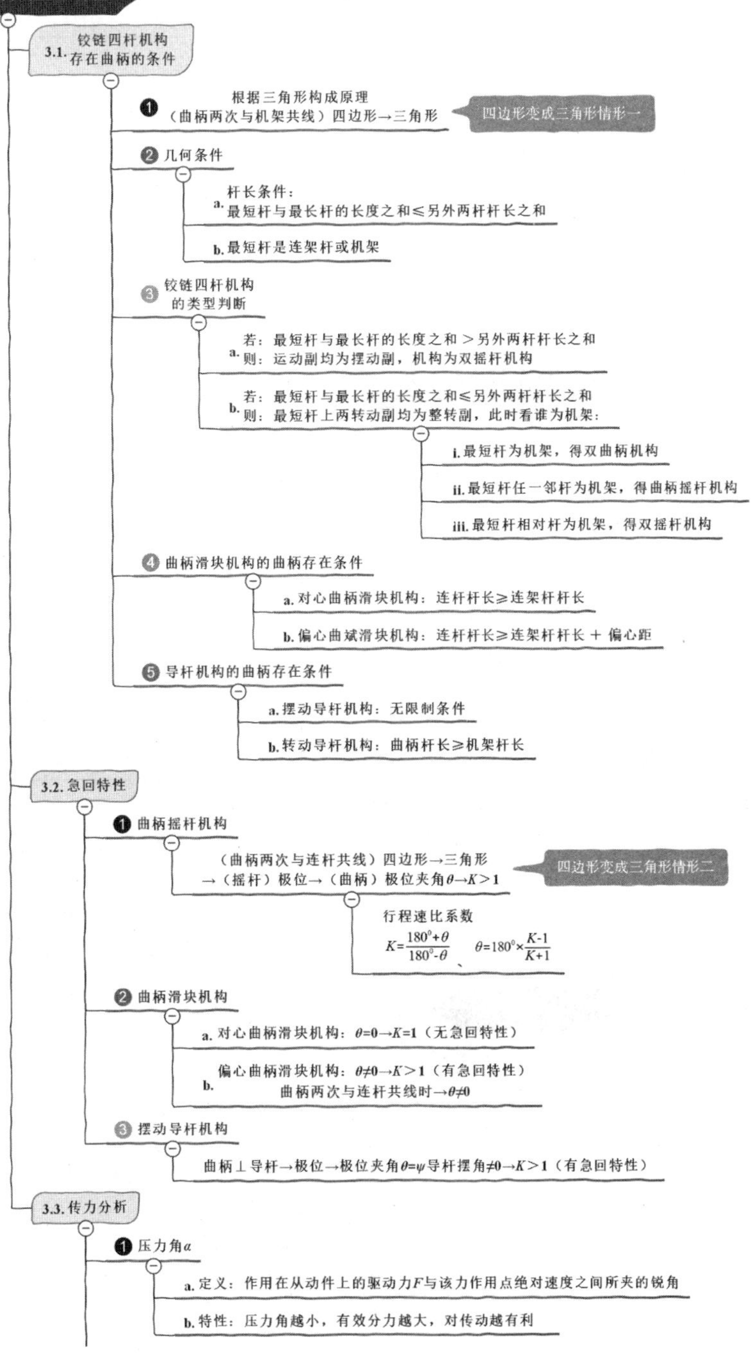

b. 特性：压力角越小，有效分力越大，对传动越有利

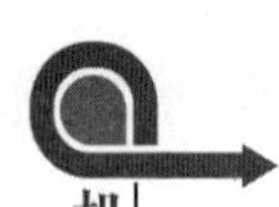

❷ 传动角γ

a. 定义：压力角的余角，即$\gamma=90°-\alpha$

b. 特性：α越小，γ越大，机构传力性能越好
α越大，γ越小，机构传力性能越费劲，传动效率越低

四边形变成三角形情形三

c. 曲柄摇杆机构最小传动角出现位置：曲柄与机架共线的位置

❸ 死点位置

a. 定义：机构的传动角为零的位置，即$\gamma=0°$

b. 常见机构出现死点位置的情形

a. 曲柄摇杆机构：摇杆原动，曲柄与连杆共线时

b. 曲柄滑块机构：滑块原动，曲柄与连杆共线时

c. 摆动导杆机构：导杆原动，曲柄与导杆垂直时

c. 解决办法：加装飞轮利用惯性、机构错位排列

d. 利用范例：飞机起落架、连杆式快速夹具

4. 平面四杆机构的图解法设计

4.1. 按给定连杆位置设计四杆机构

关键所在：连杆上两活动铰链中心的轨迹均为圆弧
故：给定两连杆位置的有无数解；给定连杆3个位置的有唯一解

4.2. 按给定行程速比系数K设计四杆机构

❶ 曲柄摇杆机构

关键所在：基于极位几何条件（连杆与曲柄共线）和“定弦对定角，必有隐藏圆”数学常识进行设计（“定弦”为摇杆上活动铰链两极位连线；“定角”为极位夹角θ）

❷ 曲柄滑块机构

关键所在：基于极位几何条件（连杆与曲柄共线）和“定弦对定角，必有隐藏圆”数学常识进行设计（“定弦”为滑块两极位对应的位移；“定角”为极位夹角θ）

❸ 摆动导杆机构

关键所在：导杆摆角＝极位夹角；曲柄⊥导杆时为极位

4.3. 给定两连架杆的对应位置设计四杆机构

关键所在：一个确定的机构不会因为选取不同的构件作为机架而改变各构件之间既定的运动关系

5. 多杆机构简介

5.1. 常见功用

❶ 扩大从动件的行程

❷ 取得有利的传动角

❸ 获得较大的机械效益

❹ 改变从动件的运动特性

❺ 实现机构从动件的停歇运动

❻ 使机构从动件的行程可调

❼ 实现特定要求下的平面导引

3.4　典型例题解析

例题 3.1　图 3.1 所示的铰链四杆机构 *ABCD* 中，已知 l_{BC}=70 mm，l_{CD}=80 mm，l_{AD}=60 mm，构件 *AD* 为机架。

(1)　若此机构为曲柄摇杆机构，且 *AB* 为曲柄，求 l_{AB} 的值。

(2)　若此机构为双曲柄机构，求 l_{AB} 的值。

(3)　若此机构为双摇杆机构，求 l_{AB} 的值。

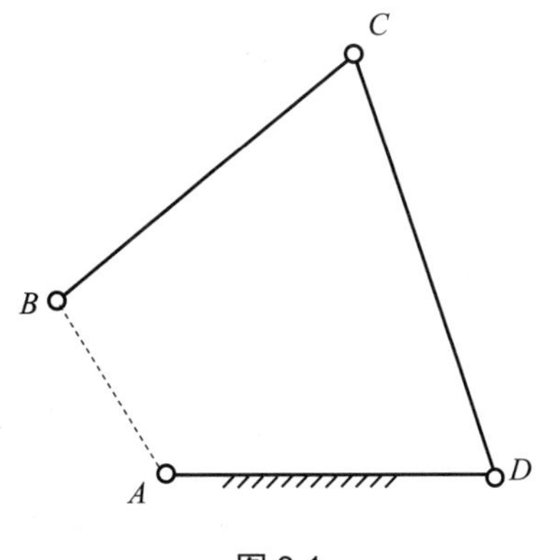

图 3.1

分析：本题考核了平面四杆机构曲柄存在的条件，铰链四杆机构有 3 种基本形式，包括曲柄摇杆机构、双曲柄机构和双摇杆机构。3 种机构的区别在于是否存在曲柄和存在几个曲柄，取决于铰链四杆机构各杆的长度，以及选取哪个构件作为机架。①若铰链四杆机构中“最短杆与最长杆长度之和大于其余两杆长度之和(杆长条件)”时，机构中不存在曲柄，即为双摇杆机构；②若铰链四杆机构中“最短杆与最长杆长度之和不大于其余两杆长度之和(杆长条件)”。当以最短杆的邻杆为机架时，为曲柄摇杆机构。以最短杆为机架时，为双曲柄机构。当以最短杆的对边为机架时，为双摇杆机构。

解：(1)　若此机构为曲柄摇杆机构，且 *AB* 为曲柄，则该机构必须满足“杆长条件，且 *AB* 为最短杆”。有

$$l_{AB} + l_{CD} \leqslant l_{BC} + l_{AD}$$

$$l_{AB} \leqslant l_{BC} + l_{AD} - l_{CD} = 70 + 60 - 80 = 50(\text{mm})$$

故当机构为曲柄摇杆机构且 *AB* 为曲柄时，$0 < l_{AB} \leqslant 50\text{mm}$

(2)　若此机构为双曲柄机构, 则该机构必须满足“杆长条件，且 *AD* 为最短杆”，则

①　若 *CD* 为最长杆，即 $l_{AB} \leqslant 80$ mm，有

$$l_{AD} + l_{CD} \leqslant l_{AB} + l_{BC}$$

$$l_{AB} \geqslant l_{AD} + l_{CD} - l_{BC} = 60 + 80 - 70 = 70(\text{mm})$$

所以　　$70\text{ mm} \leqslant l_{AB} \leqslant 80\text{ mm}$

②　若 *AB* 为最长杆，即 $l_{AB} \geqslant 80$ mm，有

$$l_{AB} + l_{AD} \leqslant l_{BC} + l_{CD}$$

$$l_{AB} \leqslant l_{BC} + l_{CD} - l_{AD} = 70 + 80 - 60 = 90(\text{mm})$$

所以　　　　$80\text{ mm} \leqslant l_{AB} \leqslant 90\text{ mm}$

综合上述两种情况，l_{AB}的值应在以下范围内选取，即

$$70\text{ mm} \leqslant l_{AB} \leqslant 90\text{ mm}$$

(3) 若此机构为双摇杆机构，则应分以下两种情况。

第一种情况，机构应满足“杆长条件，且以最短杆的对边为机架”。因为在该机构中，无论l_{AB}取何值，BC构件都不可能是最短杆，因此这种情况不存在。

第二种情况，机构不满足“杆长条件”，则

① 若AB为最短杆，即$l_{AB} \leqslant 60\text{ mm}$，有

$$l_{AB} + l_{CD} > l_{AD} + l_{BC}$$

$$l_{AB} > l_{AD} + l_{BC} - l_{CD} = 60 + 70 - 80 = 50(\text{mm})$$

所以　　　　$50\text{ mm} < l_{AB} \leqslant 60\text{ mm}$

② 若AB既不是最短杆，也不是最长杆，即$60\text{ mm} < l_{AB} < 80\text{ mm}$，有

$$l_{AD} + l_{CD} > l_{AB} + l_{BC}$$

$$l_{AB} < l_{AD} + l_{CD} - l_{BC} = 60 + 80 - 70 = 70(\text{mm})$$

所以　　　　$60\text{ mm} < l_{AB} < 70\text{ mm}$

③ 若AB是最长杆，即$l_{AB} \geqslant 80\text{ mm}$，有

$$l_{AD} + l_{AB} > l_{BC} + l_{CD}$$

$$l_{AB} > l_{BC} + l_{CD} - l_{AD} = 70 + 80 - 60 = 90(\text{mm})$$

所以　　　　$l_{AB} > 90\text{ mm}$

又因为要使机构成立，则应有$l_{AB} < l_{BC} + l_{CD} + l_{AD} = 210(\text{mm})$

则　　　　$90\text{ mm} < l_{AB} < 210\text{ mm}$

综合上述3种情况，l_{AB}的值应在以下范围内选取，即

$$50\text{ mm} < l_{AB} < 70\text{ mm} \text{ 和 } 90\text{ mm} < l_{AB} < 210\text{ mm}$$

例题 3.2　在图3.2所示的曲柄摇杆机构$ABCD$中，已知各杆长度分别为l_{AB}=28 mm，l_{BC}=52 mm，l_{CD}=50 mm，l_{AD}=72 mm。要求：

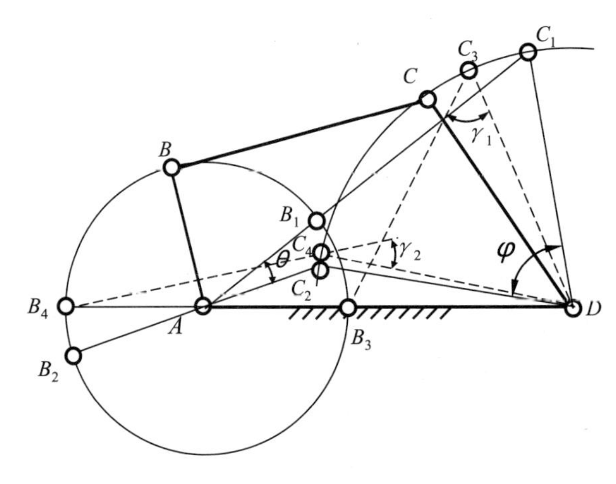

图 3.2

(1) 若以曲柄AB为原动件，请用作图法求出摇杆CD的最大摆角φ，此机构的极位夹角θ，并确定行程速比系数K。

(2) 若以曲柄 AB 为原动件，请用作图法求出该机构的最小传动角 γ_{min}。

(3) 分析此机构有无死点位置。

分析：本题考核了平面四杆机构的急回运动特性、压力角、传动角和死点等基本工作特性。①关键是确定找准摇杆的极限位置，对曲柄摇杆机构，当原动件曲柄 AB 和连杆 BC 两次共线时，摇杆 CD 处于两极限位置，此时原动曲柄对应位置之间所夹的锐角为极位夹角。根据极位夹角 θ 可求得行程速比系数 K。②压力角 α 是当不考虑摩擦时从动件上所受驱动力 F 的方向线与受力点速度方向线之间所夹的锐角。传动角 γ 是压力角的余角。当传动角 γ=0º 时，为机构的死点位置。对曲柄摇杆机构，当原动件曲柄 AB 与机架 AD 两次共线时，是机构最小传动角可能出现的位置。

解：(1) 作出原动件曲柄 AB 和连杆 BC 两次共线时的机构位置图 AB_1C_1D 和 AB_2C_2D，由图中量得

$$\varphi = 70.6^\circ$$

$$\theta = 18.6^\circ$$

可求得行程速比系数

$$K = \frac{180^\circ + \theta}{180^\circ - \theta} = 1.23$$

(2) 用作图法作出原动件曲柄 AB 与机架 AD 两次共线时的机构位置图 AB_3C_3D 和 AB_4C_4D，由图中量得

$$\gamma_1 = 51.1^\circ$$

$$\gamma_2 = 22.7^\circ$$

故 $\gamma_{min} = \gamma_2 = 22.7^\circ$

(3) 若以曲柄 AB 为原动件，机构不存在传动角 γ=0º 的位置，故机构无死点位置，若以摇杆 CD 为原动件，当连杆 BC 和从动件曲柄 AB 两次共线时，机构传动角 γ=0º，故机构存在两个死点位置。

例题 3.3 已知连杆 BC 的两位置(图 3.3(a)中的 B_1C_1 和 B_2C_2)，连杆长度 l_{BC}，要求活动铰链 A 在 B_2C_2 连线上，铰链 C_2 处压力角为 55º，试用图解法设计此铰链四杆机构。

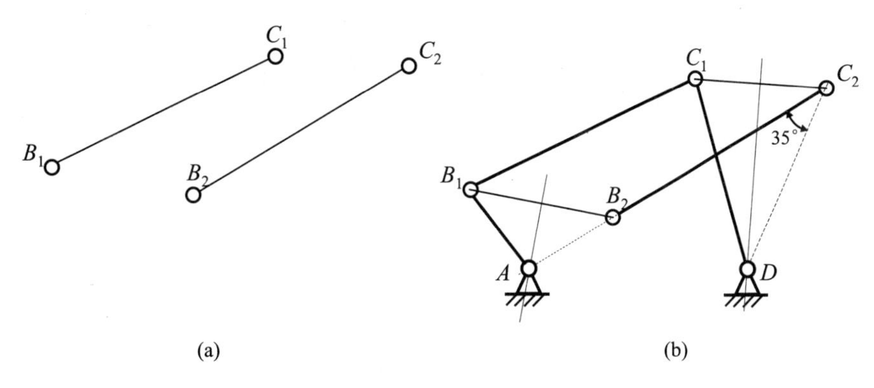

图 3.3

分析：本题考核了按连杆的对应位置设计铰链四杆机构，固定铰链 A 应在 B_1B_2 的中垂线上，又在 B_2C_2 连线上，可确定 A 铰链的位置；固定铰链 D 应在 C_1C_2 的中垂线上，再根据铰链 C_2 处压力角为 55º，即可确定 D 铰链的位置。

解：① 连接 B_1B_2，作 B_1B_2 的中垂线；再作 B_2C_2 的延长线，交中垂线于 A 点，即 A 点为固定铰链点。

② 连接 C_1C_2，作 C_1C_2 的中垂线；再作$\angle B_2C_2D$=90º−55º=35º，交中垂线于 D 点，即 D 点为固定铰链点。

③ 连接 AB_1、C_1D，则 AB_1C_1D 为满足设计要求的铰链四杆机构，如图 3.3(b)所示。

例题 3.4 用图解法设计一曲柄摇杆机构 $ABCD$，已知摇杆长度 l_{CD}=60 mm，其摆角 φ=50º，行程速比系数 K=1.5，机架长度 l_{AD}=45 mm。试确定曲柄的长度 l_{AB} 和连杆的长度 l_{BC}。

分析：本题为按行程速比系数设计曲柄摇杆机构的问题。可先根据 θ=180º(K−1)/(K+1) 计算出极位夹角 θ，再作图求解。

解：① 计算极位夹角 θ=180º(K−1)/(K+1) =36º。

② 选择长度比例尺 μ_l=0.001m/mm，作图(图 3.4)。

③ 任取一点 D，根据摇杆长度 l_{CD} 及摆角 φ=50º 作出摇杆的两极位 C_1D 及 C_2D。

④ 作$\angle C_1C_2O$=90º−θ=54º，作$\angle C_2C_1O$=54º，C_1O 与 C_2O 交于 O 点。

⑤ 以 O 为圆心 OC_1(或 OC_2)为半径作圆；再以 D 为圆心、l_{AD} 为半径作圆，两圆的交点即为 A 铰链的位置。

⑥ 以 A 为圆心、AC_2 为半径作弧交 AC_1 于 E 点。

⑦ 以 A 为圆心、$EC_1/2$ 为半径作圆交 AC_1 于 B_1 点。

⑧ 连接 AB_1、B_1C_1、C_1D，则 AB_1C_1D 为满足设计要求的曲柄摇杆机构。

得：$l_{AB}=\mu_l\overline{AB_1}=1\times18=18(\text{mm})$；

$l_{BC}=\mu_l\overline{B_1C_1}=1\times63=63(\text{mm})$；

$l_{AD}=\mu_l\overline{AD}=1\times45=45(\text{mm})$。

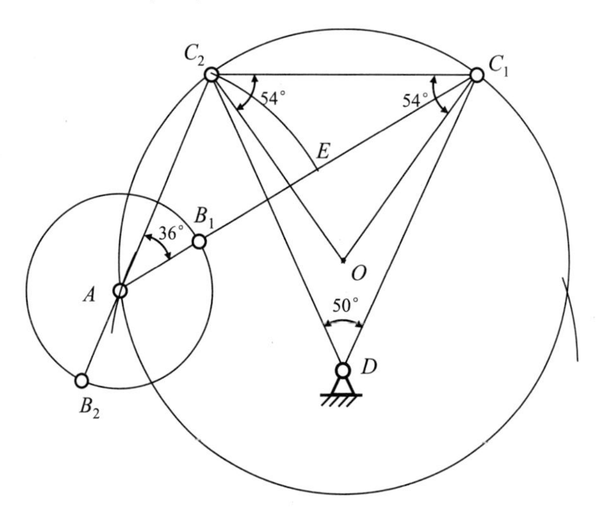

图 3.4

例题 3.5 设计一偏置曲柄滑块机构 ABC，如图 3.5(a)所示。已知滑块的行程速比系数 K=1.5，滑块的行程 $l_{C_1C_2}$=50 mm，导路的偏距 e=20 mm，试用图解法确定曲柄的长度 l_{AB} 和连杆的长度 l_{BC}。

分析：本题为按行程速比系数设计偏置曲柄滑块机构的问题。可先根据 θ=180º(K−1)/

$(K+1)$计算出极位夹角 θ，再作图求解。

解：① 计算极位夹角 $\theta=180^\circ(K-1)/(K+1)=36^\circ$。

② 选择长度比例尺 $\mu_l=0.001\text{m/mm}$，作图(图 3.5(b))。

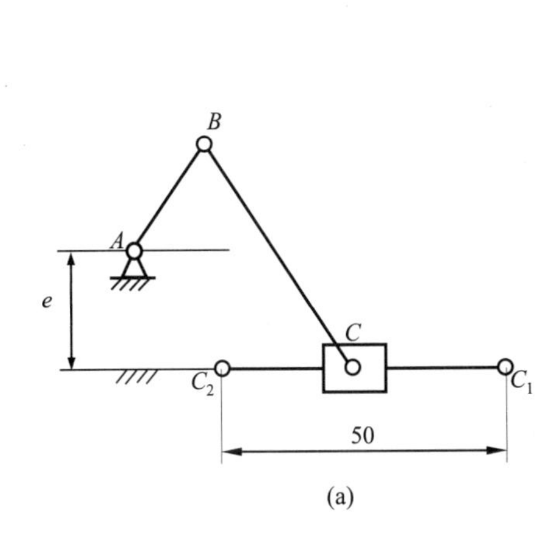

(a)

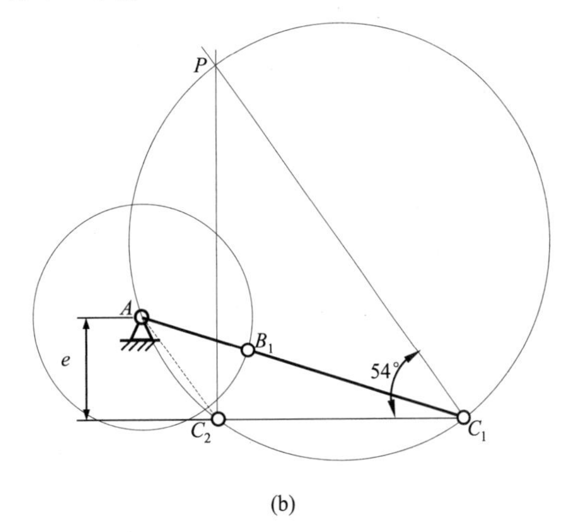

(b)

图 3.5

③ 作直线 C_1C_2，取 $C_1C_2=50/\mu_l=50\text{ mm}$。

④ 作 $C_2P\perp C_1C_2$，作$\angle C_2C_1P=90^\circ-\theta=54^\circ$，$C_2P$ 与 C_1P 交于 P 点。

⑤ 作$\triangle PC_1C_2$的外接圆，再作 C_1C_2 的平行线，与 C_1C_2 相距 $20/\mu_l=20\text{ mm}$，该平行线交外接圆于 A 点，即为 A 铰链的位置。

⑥ 连接 AC_1、AC_2。

$$l_{AB}+l_{BC}=\mu_l\overline{AC_1}=68\text{ mm}$$

$$l_{BC}-l_{AB}=\mu_l\overline{AC_2}=24\text{ mm}$$

得：$l_{AB}=22\text{ mm}$；$l_{BC}=46\text{ mm}$。

3.5 自 测 题

1. 选择填空

(1) 平面连杆机构中的运动副(　　)。

A. 全是低副　　B. 全是转动副

C. 全是移动副　　D. 全是高副

(2) 铰链四杆机构中不和机架直接连接的构件称为(　　)。

A. 曲柄　　B. 摇杆

C. 连杆　　D. 连架杆

(3) 铰链四杆机构的转动副中，如果构成转动副的两构件之间能做 360° 的整周转动，则称其为(　　)。

A. 摆转副　　B. 摇转副

C. 周转副　　D. 铰链副

(4) 铰链四杆机构的转动副中，如果构成转动副的两构件之间不能做360º的整周转动，则称其为(　　)。

A. 周转副　　B. 摆转副

C. 整转副　　D. 铰链副

(5) 在铰链四杆机构中，能绕机架做整周回转的连架杆称为(　　)。

A. 曲柄　　B. 摇杆

C. 连杆　　D. 导杆

(6) 铰链四杆机构中，不能绕机架做整周回转的连架杆称为(　　)。

A. 曲柄　　B. 摇杆

C. 连杆　　D. 导杆

(7) 若将一曲柄摇杆机构转化为双曲柄机构，可将(　　)。

A. 原机构曲柄为机架　　B. 原机构连杆为机架

C. 原机构摇杆为机架　　D. 以上都可以

(8) 若将一曲柄摇杆机构转化为双摇杆机构，可将(　　)。

A. 原机构曲柄为机架　　B. 原机构连杆为机架

C. 原机构摇杆为机架　　D. 以上都可以

(9) 图3.6所示为曲柄摇杆机构(图3.6(a))取不同构件为机架的机构演化过程，其中题图3.6(c)所示机构为(　　)。

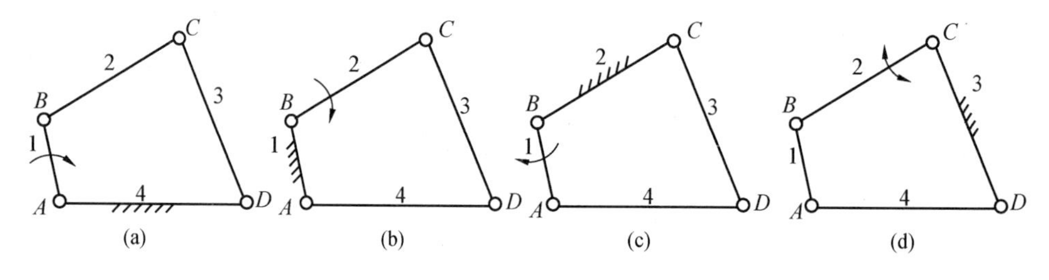

(a)　(b)　(c)　(d)

图3.6

A. 曲柄摇杆机构　　B. 双曲柄机构

C. 双摇杆机构　　D. 无法确定

(10) 图3.7所示为曲柄滑块机构(图3.7(a))取不同构件为机架的机构演化过程，其中题图3.7(b)所示机构为(　　)。

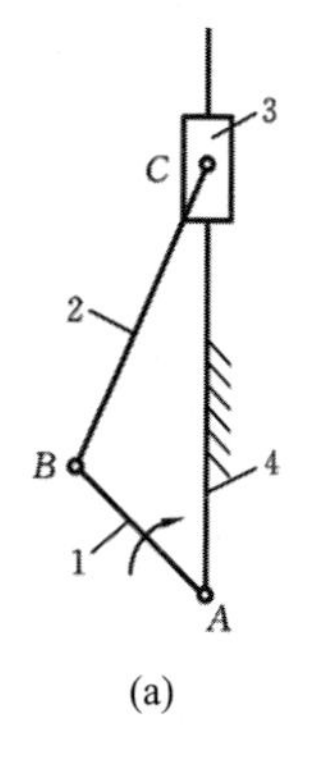

(a)

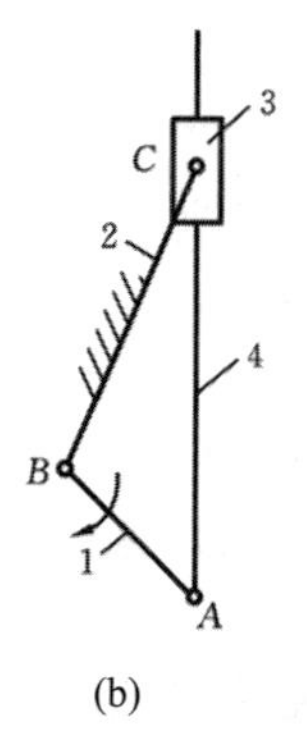

(b)

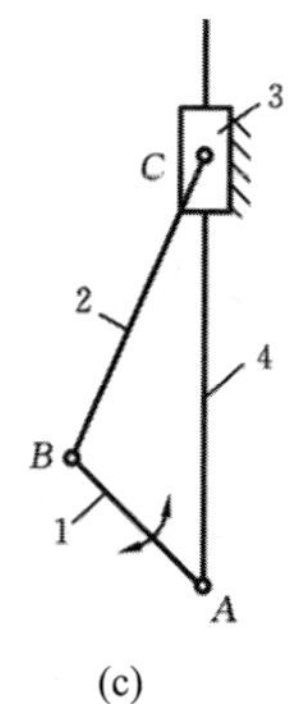

(c)

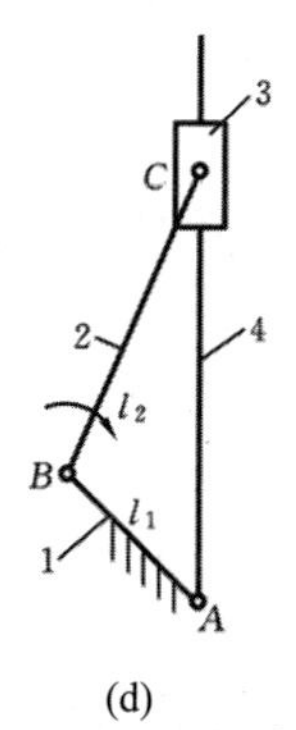

(d)

图3.7

A. 曲柄滑块机构　　B. 定块机构
C. 摇块机构　　D. 导杆机构

(11) 铰链四杆机构中，如果最短杆与最长杆的长度之和大于其余两杆的长度之和，则该机构中(　　)。

A. 有一个曲柄　　B. 不存在曲柄
C. 有两个曲柄　　D. 无法判断

(12) 铰链四杆机构中，如果最短杆与最长杆的长度之和不大于其余两杆的长度之和，且最短杆为机架，则该机构为(　　)。

A. 曲柄摇杆机构　　B. 双曲柄机构
C. 双摇杆机构　　D. 平行四边形机构

(13) 铰链四杆机构中，如果最短杆与最长杆的长度之和大于其余两杆的长度之和，且最短杆为机架，则该机构为(　　)。

A. 平行四边形机构　　B. 双曲柄机构
C. 双摇杆机构　　D. 曲柄摇杆机构

(14) 铰链四杆机构中，如果最短杆与最长杆的长度之和不大于其余两杆长度之和，且最短杆是连杆，则该机构为(　　)。

A. 曲柄摇杆机构　　B. 双曲柄机构
C. 双摇杆机构　　D. 平行四边形机构

(15) 铰链四杆机构中，如果最短杆与最长杆的长度之和不大于其余两杆长度之和，且最短杆是连架杆，则该机构为(　　)。

A. 曲柄摇杆机构　　B. 双曲柄机构
C. 双摇杆机构　　D. 平行四边形机构

(16) 铰链四杆机构有曲柄的条件是各杆的长度应满足杆长条件，且其最短杆为(　　)。

A. 连架杆　　B. 机架
C. 连杆　　D. 连架杆或机架

(17) 根据图 3.8 中各杆所标注尺寸，若以 *AD* 为机架，则该铰链四杆机构是(　　)。

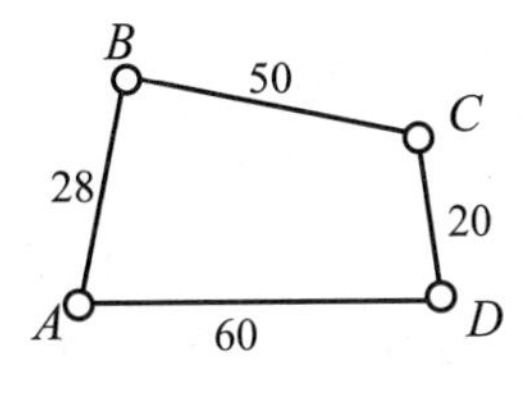

图 3.8

A. 曲柄摇杆机构　　B. 双曲柄机构
C. 双摇杆机构　　D. 无法确定

(18) 根据图 3.9 中各杆所标注尺寸，若以 *AD* 为机架，则该铰链四杆机构是(　　)。

A. 曲柄摇杆机构　　B. 双曲柄机构
C. 双摇杆机构　　D. 无法确定

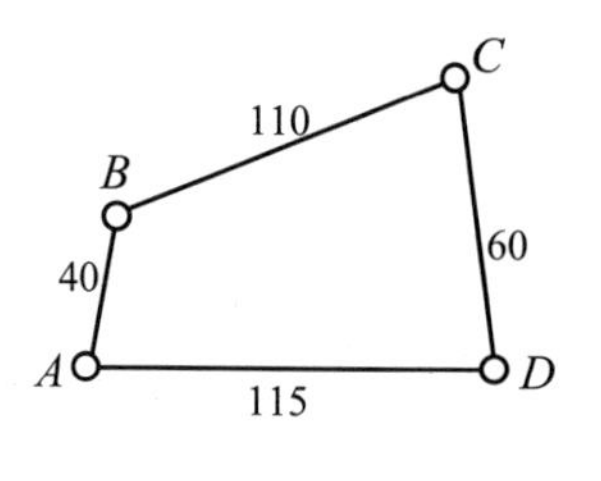

图 3.9

(19) 根据图 3.10 中各杆所标注尺寸，若以 *AD* 为机架，则该铰链四杆机构是(　　)。

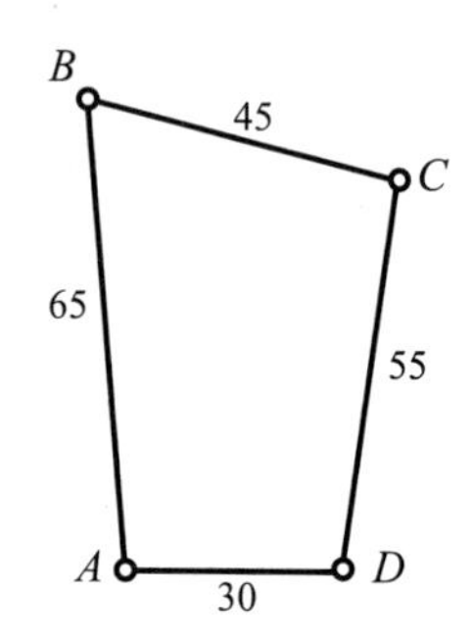

图 3.10

A. 曲柄摇杆机构　　B. 双曲柄机构

C. 双摇杆机构　　D. 无法确定

(20) 根据图 3.11 中各杆所标注尺寸，若以 *AD* 为机架，则该铰链四杆机构是(　　)。

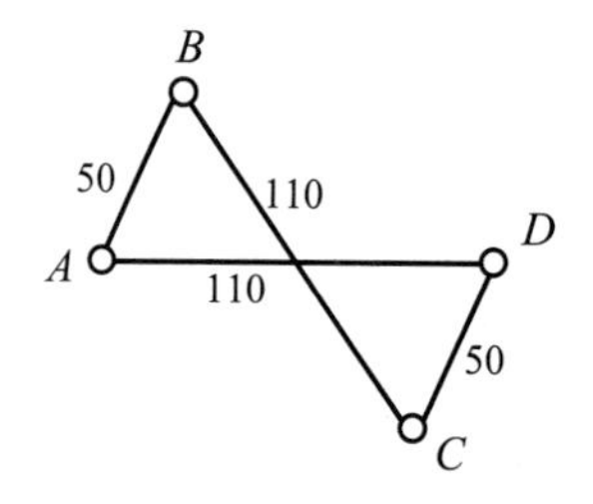

图 3.11

A. 曲柄摇杆机构　　B. 双曲柄机构

C. 双摇杆机构　　D. 无法确定

(21) 当行程速比系数(　　)时，曲柄摇杆机构才有急回运动特性。

A. $K<1$　　B. $K=1$

C. $K>1$　　D. $K\geqslant1$

(22) 偏置曲柄滑块机构中，从动滑块的行程速比系数(　　)。

A. $K<1$　　B. $K=1$

C. $K>1$　　D. $K\geqslant1$

(23) 对心曲柄滑块机构中，从动滑块的行程速比系数(　　)。

A. $K<1$　　B. $K=1$

C. $K>1$　　D. $K\geqslant1$

(24) 图 3.12 所示为一曲柄滑块机构 ABC，若以曲柄 AB 为原动件，其中图 3.12(　　)虚线位置为机构的一个极限位置。

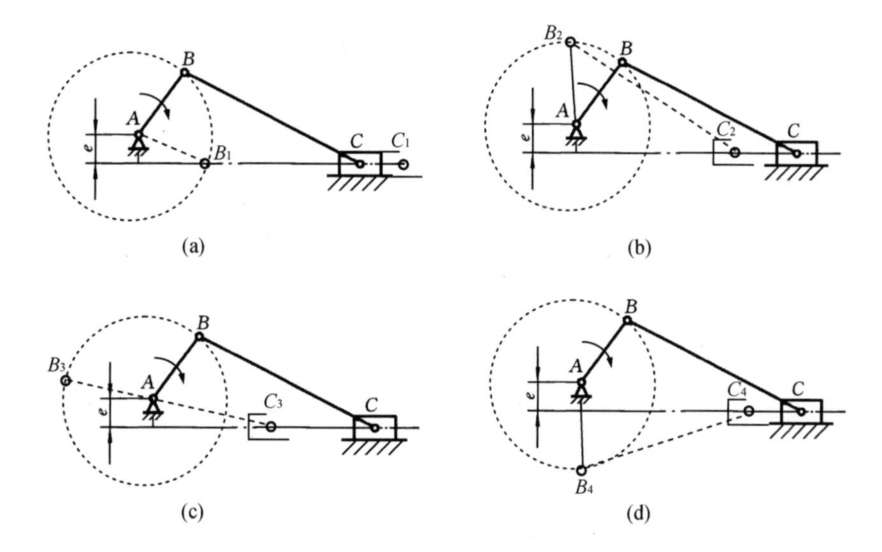

图 3.12

A. (a)　　B. (b)

C. (c)　　D. (d)

(25) 图 3.13 所示为一曲柄摇杆机构 $ABCD$，若以曲柄 AB 为原动件，其中图 3.13(　　)虚线位置为机构的一个极限位置。

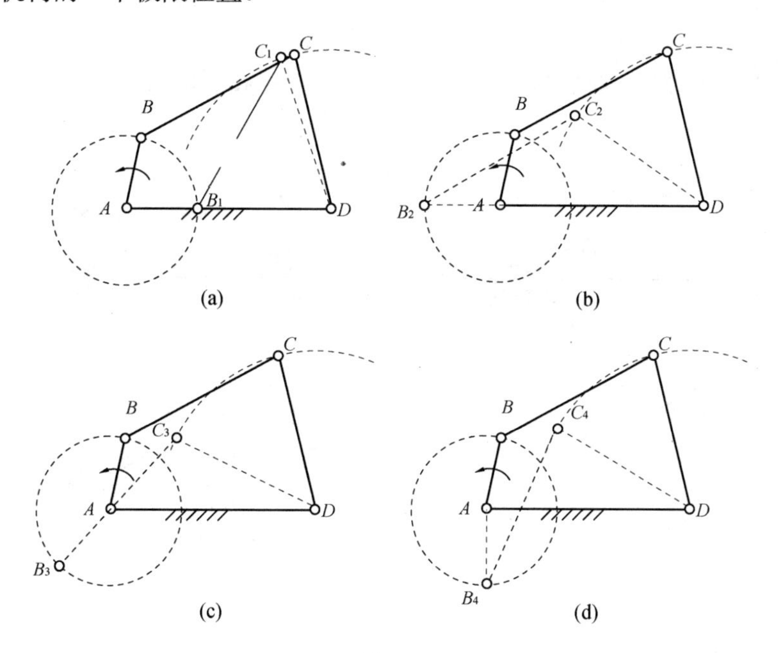

图 3.13

A. (a)　　B. (b)

C. (c)　　D. (d)

(26) 当极位夹角(　　)时，平面连杆机构才有急回运动。

A. $\theta>0^{\circ}$　　B. $\theta=0^{\circ}$

C. $\theta<0^{\circ}$　　D. $\theta\geqslant0^{\circ}$

(27) 下列机构中，具有急回运动特性的平面连杆机构有(　　)。

A. 曲柄摇杆机构　　B. 对心曲柄滑块机构

C. 双曲柄机构　　D. 导杆机构

(28) 下列机构中不可能具有急回运动特性的是(　　)。

A. 偏置曲柄滑块机构　　B. 曲柄摇杆机构

C. 摆动导杆机构　　D. 对心曲柄滑块机构

(29) 曲柄摇杆机构的传动角是(　　)。

A. 极位夹角的余角　　B. 摆角的余角

C. 压力角的余角　　D. 压力角的补角

(30) 在摆动导杆机构中，若以曲柄为原动件时，该机构的压力角和传动角分别为(　　)。

A. 0º，90º　　B. 90º，0º

C. 0º，0º　　D. 90º，90º

(31) 当曲柄为原动件时，曲柄摇杆机构的最小传动角总是出现在(　　)。

A. 连杆与曲柄共线时　　B. 连杆与机架共线时

C. 曲柄与机架共线时　　D. 摇杆与机架共线时

(32) 在设计铰链四杆机构时，应使最小传动角(　　)。

A. 尽可能小一些　　B. 尽可能大一些

C. 为 45º　　D. 为 0º

(33) 图 3.14 所示偏置曲柄滑块机构 *ABC*，若以曲柄 *AB* 为原动件，对机构的传动角标示正确的是(　　)。

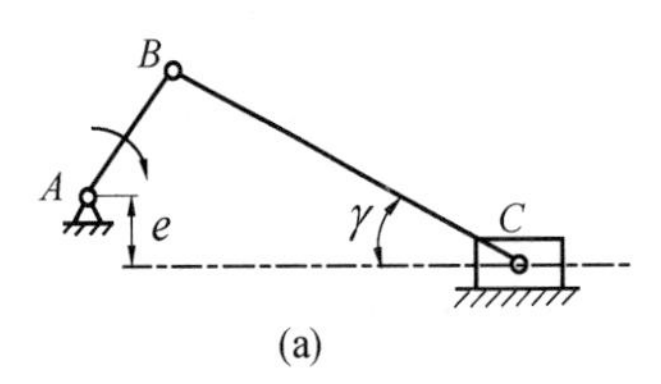

(a)

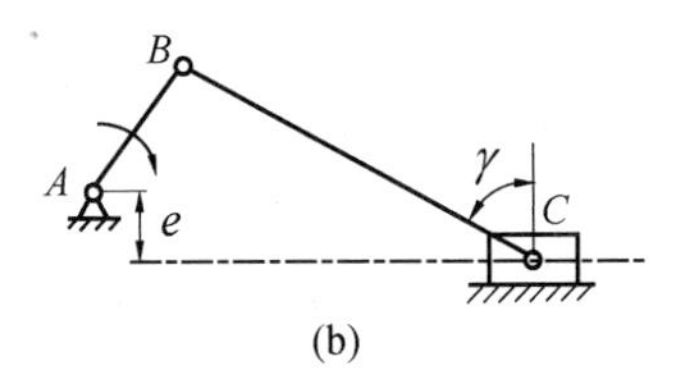

(b)

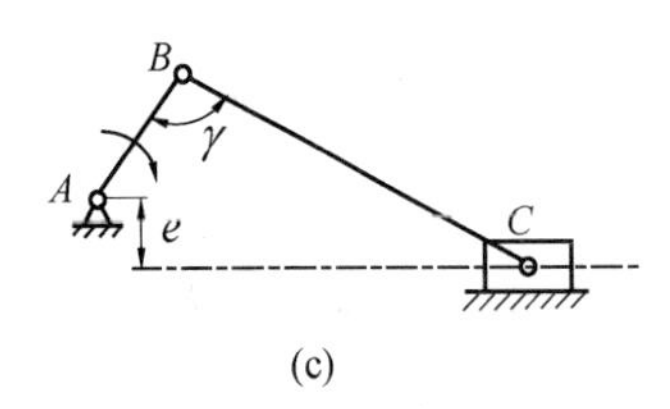

(c)

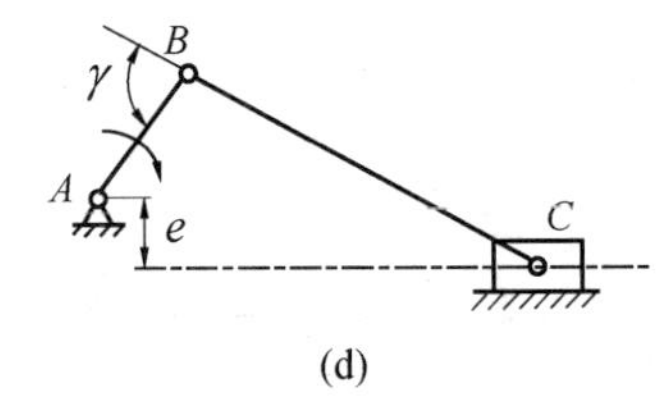

(d)

图 3.14

A. (a)　　B. (b)

C. (c)　　D. (d)

(34) 图 3.15 所示摆动导杆机构 *ABC*，若以曲柄 *AB* 为原动件，对机构的传动角标示正确的是(　　)。

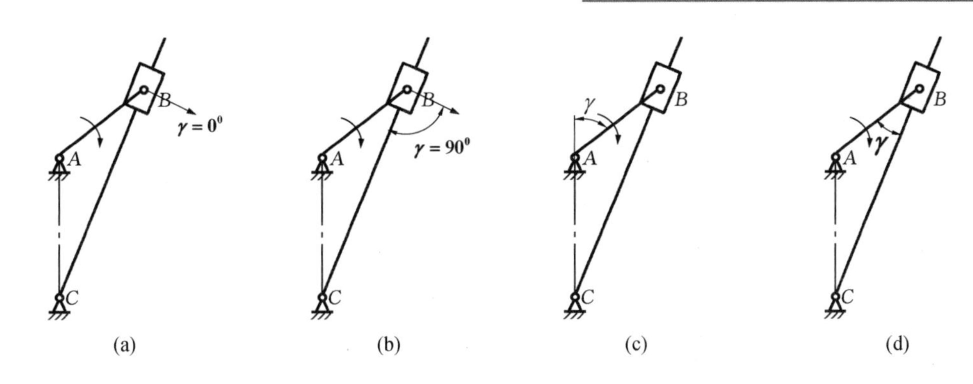

图 3.15

A. (a)　　　　　　　　　　B. (b)

C. (c)　　　　　　　　　　D. (d)

(35) 图 3.16 所示为一曲柄摇杆机构 *ABCD*，若以摇杆 *CD* 为原动件，对机构传动角的标示正确的是(　　)。

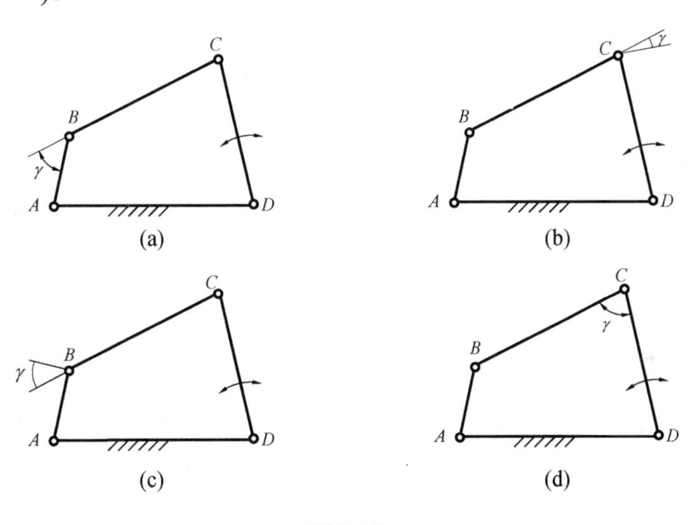

图 3.16

A. (a)　　　　　　　　　　B. (b)

C. (c)　　　　　　　　　　D. (d)

(36) 图 3.17 所示为一偏置曲柄滑块机构 *ABC*，若以曲柄 *AB* 为原动件，则机构在(　　)虚线位置具有最小的传动角。

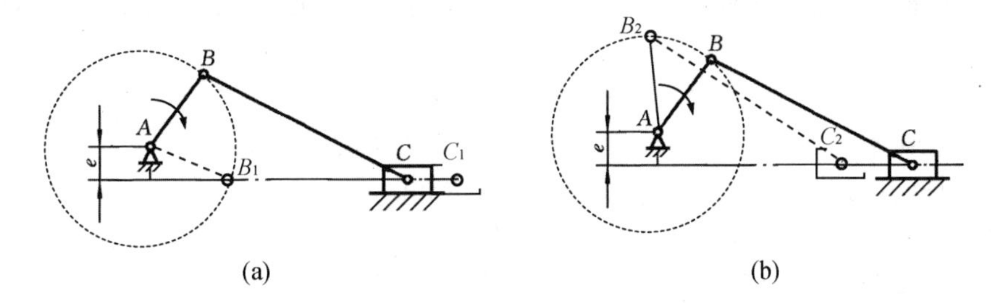

图 3.17

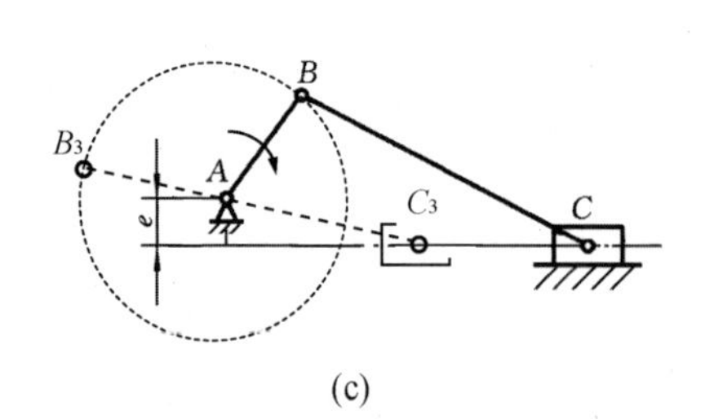

(c)

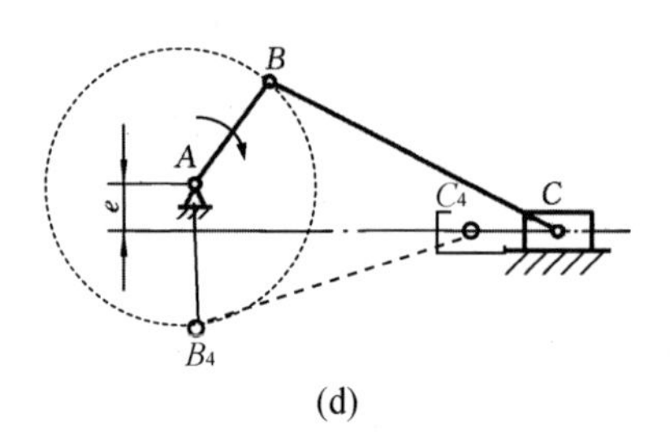

(d)

图 3.17(续)

A. (a)　　B. (b)

C. (c)　　D. (d)

(37) 图 3.18 所示为一曲柄摇杆机构 *ABCD*，若以曲柄 *AB* 为原动件，则机构在(　　)虚线位置可能具有最小的传动角。

A. (a)　　B. (b)

C. (c)　　D. (d)

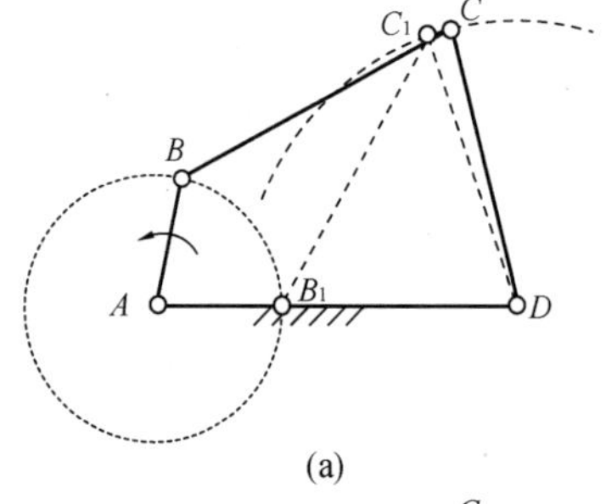

(a)

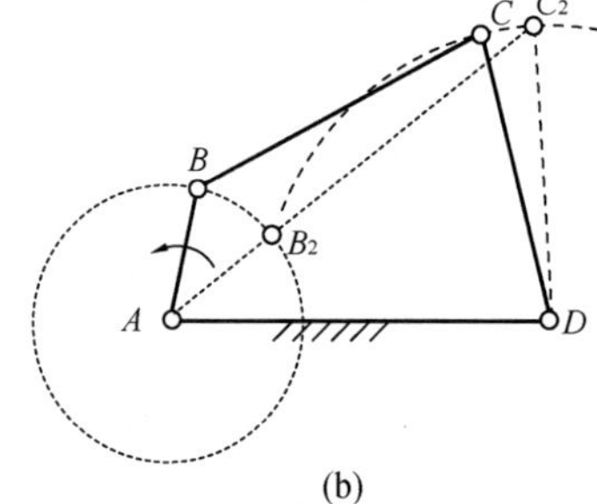

(b)

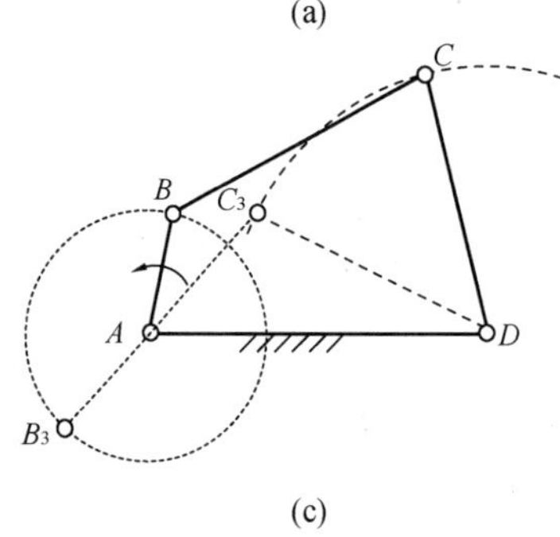

(c)

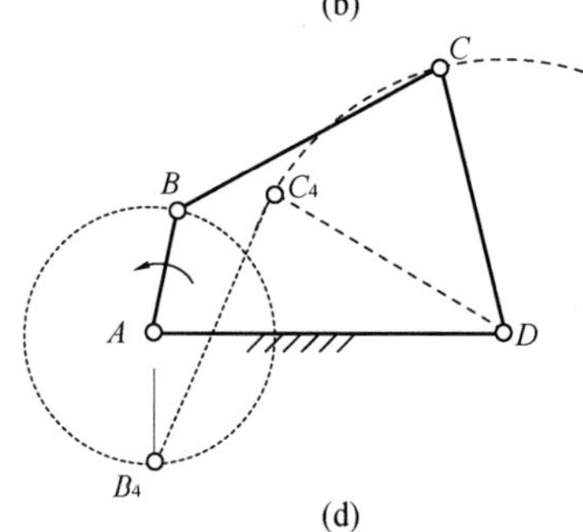

(d)

图 3.18

(38) 曲柄摇杆机构的摇杆带动曲柄运动时，曲柄在“死点”位置的瞬时运动方向是(　　)。

A. 原运动方向　　B. 反方向

C. 不确定　　D. 静止不动

(39) 当四杆机构处于死点位置时，机构的压力角(　　)。

A. 等于 0º　　B. 等于 90º

C. 与构件尺寸有关　　D. 等于 45º

(40) 曲柄摇杆机构处于死点位置时，机构的(　　)等于 0º。

A. 压力角　　B. 传动角
C. 极位夹角　　D. 摆角

(41) 在曲柄摇杆机构中，只有当(　　)为主动件时，机构才会出现“死点”位置。
A. 连杆　　B. 曲柄
C. 摇杆　　D. 连架杆

(42) 在摆动导杆机构中，只有当(　　)为主动件时，机构才会出现“死点”位置。
A. 导杆　　B. 曲柄
C. 滑块　　D. 连杆

2. 图 3.19 所示铰链四杆机构 $ABCD$，设已知各杆的长度为 a=24 mm，b=60 mm，c=40 mm，d=50 mm。试问：

(1) 当取杆 4 为机架时，是否存在曲柄？

(2) 若各杆长度不变，能否采用选不同杆为机架的办法获得双曲柄和双摇杆机构？如何获得？

(3) 若 a、b、c 三杆的长度不变，取杆 4 为机架，要获得曲柄摇杆机构，d 的取值范围应为何值？

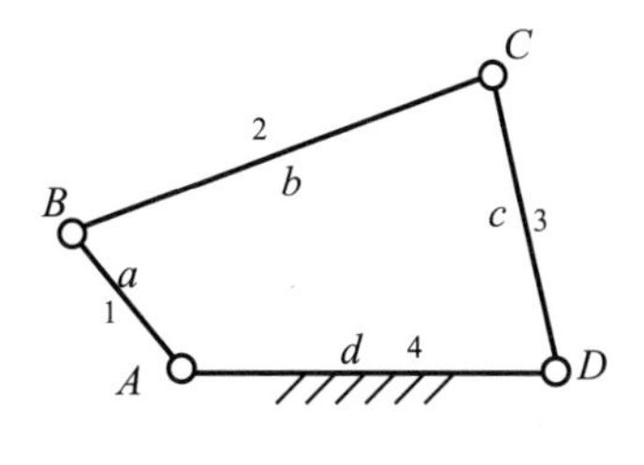

图 3.19

3. 图 3.20 所示铰链四杆机构 $ABCD$ 中，已知 l_{BC}=50 mm，l_{CD}=35 mm，l_{AD}=30 mm。构件 AD 为机架。

(1) 若此机构为曲柄摇杆机构，且 AB 杆为曲柄，求 l_{AB} 的最大值。

(2) 若此机构为双曲柄机构，求 l_{AB} 的最小值。

(3) 若此机构为双摇杆机构，求 l_{AB} 的取值范围。

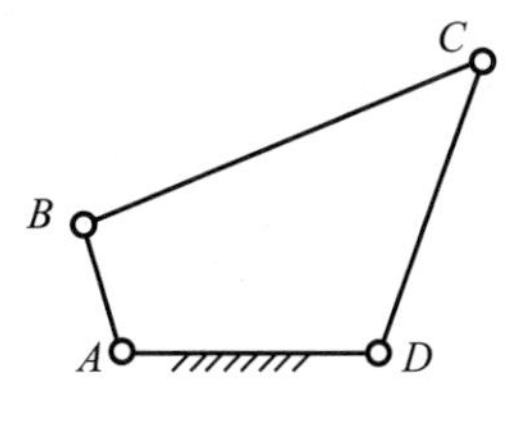

图 3.20

4. 图 3.21 所示为一偏置曲柄滑块机构 ABC，已知连杆长为 l_{BC}=80 mm，偏心距 e=20 mm。试求：

(1) 杆 AB 为曲柄的条件；

(2) 若偏心距 e=0，则杆 AB 为曲柄的条件是什么？

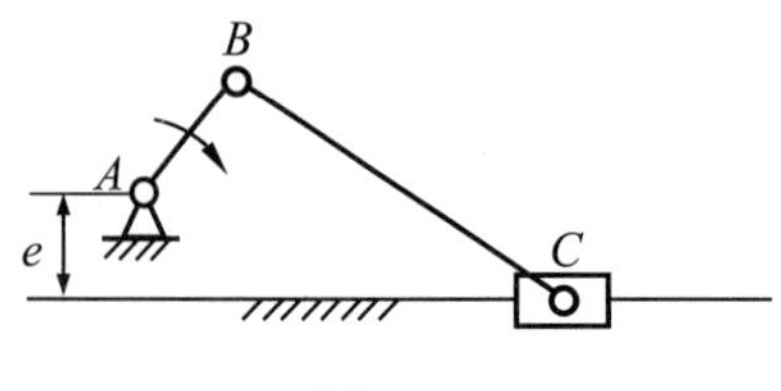

图 3.21

5. 一铰链四杆机构 *ABCD*，已知各杆长度 l_{AB}=35 mm，l_{BC}=60 mm，l_{CD}=85 mm，l_{AD}=70 mm，*AD* 为机架。试：

(1) 绘制任一位置机构运动简图，并判断机构类型；

(2) 若以 *CD* 为原动件，绘制机构两死点位置。

6. 在图 3.22 所示的曲柄摇杆机构 *ABCD* 中，已知各杆长度分别为 l_{AB}=42 mm，l_{BC}=78 mm，l_{CD}=75 mm，l_{AD}=108 mm。试：

(1) 判断该机构为何种类型；

(2) 若以曲柄 *AB* 为原动件，请用作图法求出摇杆 *CD* 的最大摆角 φ、此机构的极位夹角 θ，并确定行程速比系数 *K*；

(3) 若以曲柄 *AB* 为原动件，请用作图法求出该机构的最小传动角 $\gamma_{\min}$；

(4) 分析此机构有无死点位置。

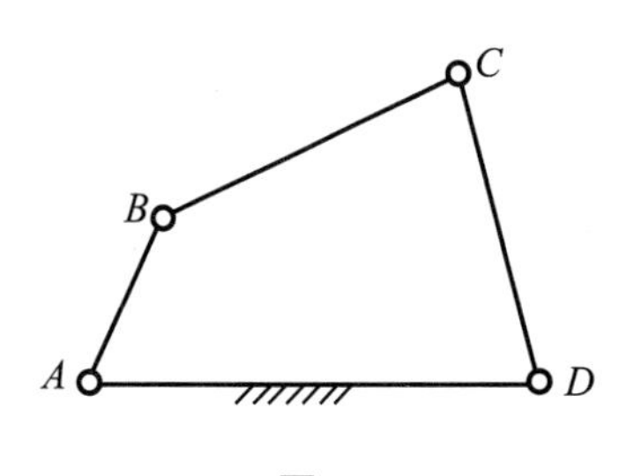

图 3.22

7. 在图 3.23 所示的曲柄滑块机构 *ABC* 中，已知各杆长度分别为 l_{AB}=30 mm，l_{BC}=80 mm，偏距 e=20 mm。试：

(1) 若以曲柄 *AB* 为原动件，请用作图法求出滑块的最大行程 *H*、此机构的极位夹角 θ，并确定行程速比系数 *K*；

(2) 若以曲柄 *AB* 为原动件，请用作图法求出该机构的最小传动角 $\gamma_{\min}$；

(3) 分析此机构有无死点位置。

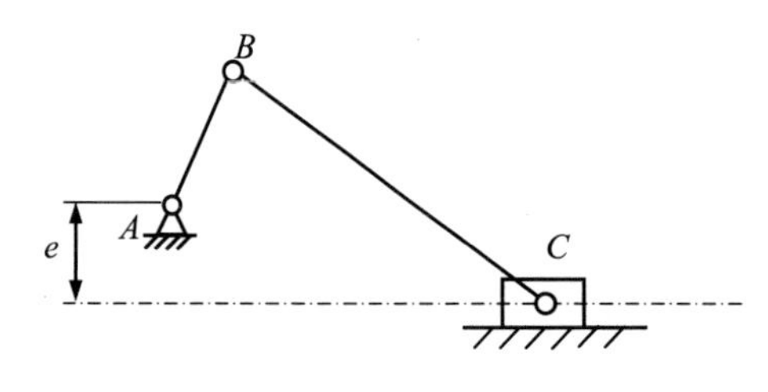

图 3.23

8. 图 3.24 所示为一摆动导杆机构 *ABC* 中。已知曲柄的长度为 l_{AB}=20 mm，机架的长度

为 l_{BC}=80 mm。试：

(1) 若以曲柄 AB 为原动件，作图确定该机构的极位夹角 θ；

(2) 若以曲柄 AB 为原动件，在图中标示该位置时机构的传动角 γ；

(3) 若以导杆 BC 为原动件，作图确定该机构的死点位置。

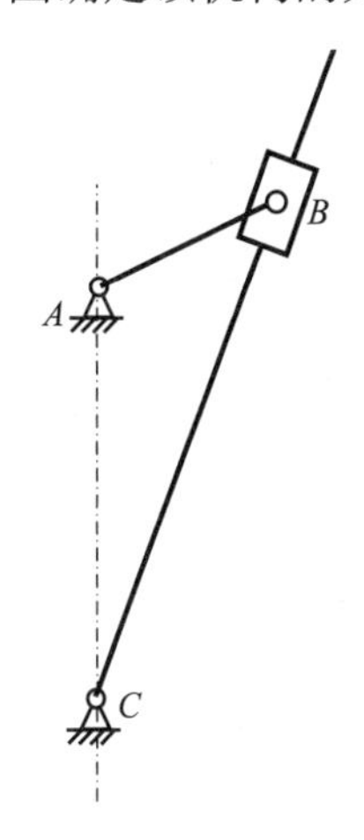

图 3.24

9. 用图解法设计一曲柄摇杆机构 $ABCD$，已知摇杆长度 l_{CD}=40 mm，其摆角 φ=45°，行程速比系数 K=1.2，机架 AD 的长度 l_{AD}=53 mm。试确定曲柄的长度 l_{AB} 和连杆的长度 l_{BC}。

10. 用图解法设计一曲柄摇杆机构 $ABCD$，已知摇杆长度 l_{CD}=290 mm，其摆角 φ=32°，行程速比系数 K=1.25，连杆 BC 的长度 l_{BC}=260 mm。试确定曲柄的长度 l_{AB} 和机架的长度 l_{AD}。

11. 设计一偏置曲柄滑块机构 ABC，已知：行程速比系数 K=1.4，滑块的行程 H=400 mm，偏距 e=200 mm。试用图解法设计此机构，确定曲柄 AB 和连杆 BC 的长度。

12. 设计一偏置曲柄滑块机构 ABC，已知：滑块的行程 H=80 mm，当滑块处于两极限位置时，机构的压力角各为 30° 和 60°。试用图解法设计此机构，确定曲柄 AB 和连杆 BC 的长度以及偏距 e。

13. 用图解法设计一摆动导杆机构 ABC，已知：机架 AC 的长度 l_{AC}=100 mm，行程速比系数 K=1.4。确定曲柄 AB 的长度 l_{AB}。

14. 如图 3.25 所示，现欲设计一铰链四杆机构，设已知摇杆 CD 的长度 l_{CD}=75 mm，行程速比系数 K=1.5，机架 AD 的长度 l_{AD}=100 mm，摇杆的一个极限位置与机架之间的夹角 φ=45°。试用作图法求出曲柄的长度 l_{AB} 和连杆的长度 l_{BC}。

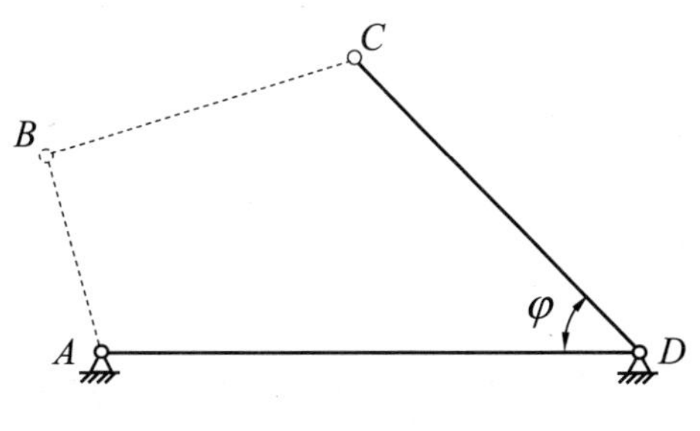

图 3.25

15. 图 3.26 所示为铰链四杆机构，已知机架 AD 长度，构件 AB 两个位置 AB_1、AB_2 及对应摆杆的两个位置Ⅰ、Ⅱ，而且构件在 AB_1 位置时与连杆共线。试用图解法求解活动铰链 C。

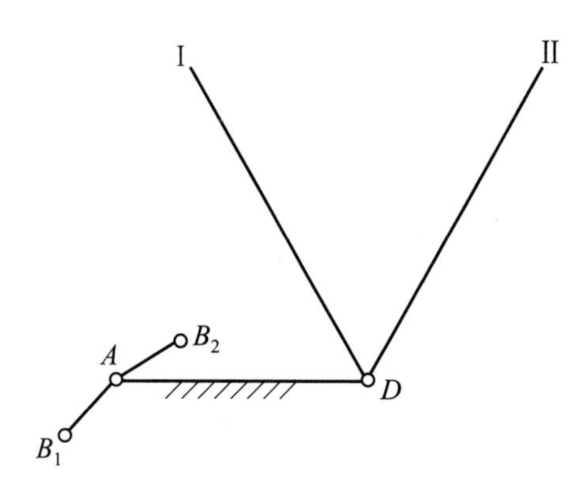

图 3.26

3.6 自测题参考答案

1. 选择填空

(1)C (2)A (3)D (4)D (5)A (6)D (7)D (8)C (9)C
(10)C (11)B (12)B (13)C (14)C (15)A (16)D (17)C (18)A
(19)B (20)B (21)C (22)C (23)B (24)C (25)C (26)A (27)A
(28)D (29)C (30)A (31)C (32)B (33)B (34)B (35)A (36)B
(37)A (38)C (39)B (40)B (41)C (42)A

2.

解：(1) 当取杆 4 为机架时，最短杆长度+最短杆长度之和($a+b$=24+60=84(mm))≤其余两杆长度之和($c+d$=40+50=90(mm))，满足杆长条件；且最短杆 1 为连架杆，所以取杆 4 为机架时，杆 1 为曲柄。

(2) 可以；当取杆 1 为机架时，可获得双曲柄机构；当取构件 3 为机架时，可获得双摇杆机构。

(3) 要获得曲柄摇杆机构，必须满足杆长条件且最短杆为连架杆，因此杆 4 不能为最短杆。

若杆 4 为最长杆，即 $d \geqslant 60$ mm，有

$$a+d \leqslant c+b$$

$$d \leqslant c+b-a=40+60-24=76(\text{mm})$$

所以 $$60\text{ mm} \leqslant d \leqslant 76\text{ mm}$$

若杆 4 既不是最短杆，也不是最长杆，24 mm≤d<60 mm，有

$$a+b \leqslant c+d$$

$$d \geqslant a+b-c=24+60-40=44(\text{mm})$$

所以 $$44\text{ mm} \leqslant d < 60\text{ mm}$$

综合上述两种情况，d 的值应在以下范围内选取，即

$$44\ \text{mm} \leqslant l_{AB} \leqslant 76\ \text{mm}$$

3.

解：(1) 若此机构为曲柄摇杆机构，且 AB 为曲柄，AB 必为最短杆，则

$$l_{AB} + l_{BC} \leqslant l_{CD} + l_{AD}$$

$$l_{AB} \leqslant l_{CD} + l_{AD} - l_{BC} = 35 + 30 - 50 = 15(\text{mm})$$

故当机构为曲柄摇杆机构且 AB 为曲柄时，$l_{AB\max}=15\ \text{mm}$

(2) 若此机构为双曲柄机构，则该机构必须满足“杆长条件，且 AD 必为最短杆”，则

① 若 BC 为最长杆，即 $l_{AB} \leqslant 50\ \text{mm}$，有

$$l_{AD} + l_{BC} \leqslant l_{AB} + l_{CD}$$

$$l_{AB} \geqslant l_{AD} + l_{BC} - l_{CD} = 30 + 50 - 35 = 45(\text{mm})$$

所以 $$45\ \text{mm} \leqslant l_{AB} \leqslant 50\ \text{mm}$$

② 若 AB 为最长杆，即 $l_{AB} \geqslant 50\ \text{mm}$，有

$$l_{AB} + l_{AD} \leqslant l_{BC} + l_{CD}$$

$$l_{AB} \leqslant l_{BC} + l_{CD} - l_{AD} = 50 + 35 - 30 = 55(\text{mm})$$

所以 $$50\ \text{mm} \leqslant l_{AB} \leqslant 55\ \text{mm}$$

综合上述两种情况，l_{AB} 的值应在以下范围内选取，即

$$45\ \text{mm} \leqslant l_{AB} \leqslant 55\ \text{mm}$$

故当机构为双曲柄机构时，$l_{AB\min}=45\ \text{mm}$。

(3) 若此机构为双摇杆机构，机构不满足“杆长条件”，则

① 若 AB 为最短杆，即 $l_{AB} \leqslant 30\ \text{mm}$，有

$$l_{AB} + l_{BC} > l_{AD} + l_{CD}$$

$$l_{AB} > l_{AD} + l_{CD} - l_{BC} = 30 + 35 - 50 = 15(\text{mm})$$

所以 $$15\ \text{mm} < l_{AB} \leqslant 30\ \text{mm}$$

② 若 AB 既不是最短杆，也不是最长杆，即 $30\ \text{mm} < l_{AB} < 50\ \text{mm}$，有

$$l_{AD} + l_{BC} > l_{AB} + l_{CD}$$

$$l_{AB} < l_{AD} + l_{BC} - l_{CD} = 30 + 50 - 35 = 45(\text{mm})$$

所以 $$30\ \text{mm} < l_{AB} < 45\ \text{mm}$$

③ 若 AB 是最长杆，即 $l_{AB} \geqslant 50\ \text{mm}$，有

$$l_{AD} + l_{AB} > l_{BC} + l_{CD}$$

$$l_{AB} > l_{BC} + l_{CD} - l_{AD} = 50 + 35 - 30 = 55(\text{mm})$$

所以 $$l_{AB} > 55\ \text{mm}$$

又因为要使机构成立，则应有 $l_{AB} < l_{BC} + l_{CD} + l_{AD} = 115\ \text{mm}$

则 $$55\ \text{mm} < l_{AB} < 115\ \text{mm}$$

综合上述 3 种情况，l_{AB} 的值应在以下范围内选取，即

$$15\ \text{mm} < l_{AB} < 45\ \text{mm} \text{ 和 } 55\ \text{mm} < l_{AB} < 115\ \text{mm}$$

4.

解：(1) 当 $e \neq 0$ 时，要使杆 AB 成为曲柄，AB 杆必能绕 A 点做整周回转，AB 杆应能占据在整周回转中的任何位置，题 4 答图中 B_1 为离滑块导路最远位置，B_2 为离滑块导路

最近位置。

在 B_1 点时应满足 $l_{AB}+e\leqslant l_{BC}$ 即

$l_{AB}\leqslant l_{BC}-e=80-20=60(\text{mm})$

在 B_2 点时应满足 $l_{AB}-e\leqslant l_{BC}$ 即

$l_{AB}\leqslant l_{BC}+e=80+20=100(\text{mm})$

所以杆 AB 为曲柄的条件是：$l_{AB}\leqslant 60$ mm

(2) 同理，当 $e\neq 0$ 时，杆 AB 为曲柄的条件是：$l_{AB}\leqslant l_{BC}=80$ mm。

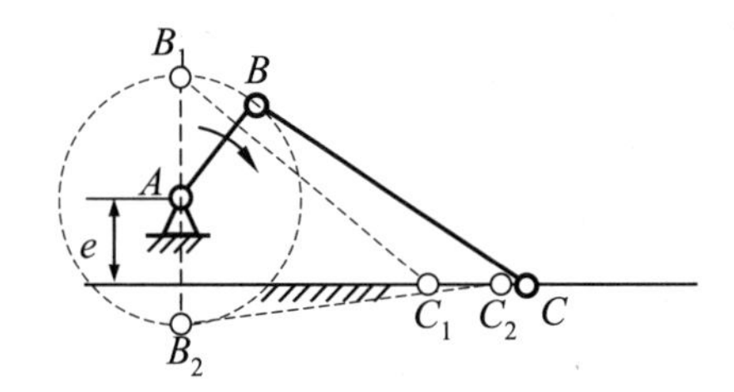

题 4 答图

5.

解：(1) 选取长度比例尺 μ_l=0.002m/mm，绘制铰链四杆机构 $ABCD$ 的机构运动简图；最短杆长度+最短杆长度之和($l_{AB}+l_{CD}=35+85=120$ mm)≤其余两杆长度之和($l_{BC}+l_{AD}=60+70=130$ mm)，满足杆长条件；且最短杆 AB 为连架杆，所以为曲柄摇杆机构。

(2) 以 CD 为原动件时，机构的两死点位置的机构位置如题 3.5 答图中 AB_1C_1D 和 AB_2C_2D 所示。

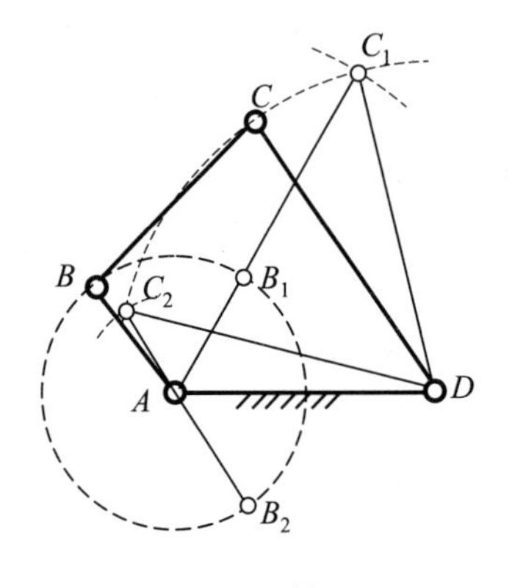

题 5 答图

6.

解：(1) 最短杆长度+最短杆长度之和($l_{AB}+l_{AD}=150$ mm)≤其余两杆长度之和($l_{BC}+l_{CD}=153$ mm)，满足杆长条件；且最短杆 AB 为连架杆，所以为曲柄摇杆机构。

(2) 选取长度比例尺 μ_l =0.002m/mm，作出原动件曲柄 AB 和连杆 BC 两次共线时的机构位置，如题 6 答图中 AB_1C_1D 和 AB_2C_2D 所示，由图中量得

$\varphi=70^{\circ}$

$\theta=16^{\circ}$

可求得行程速比系数

$$K=\frac{180°+\theta}{180°-\theta}\approx1.19$$

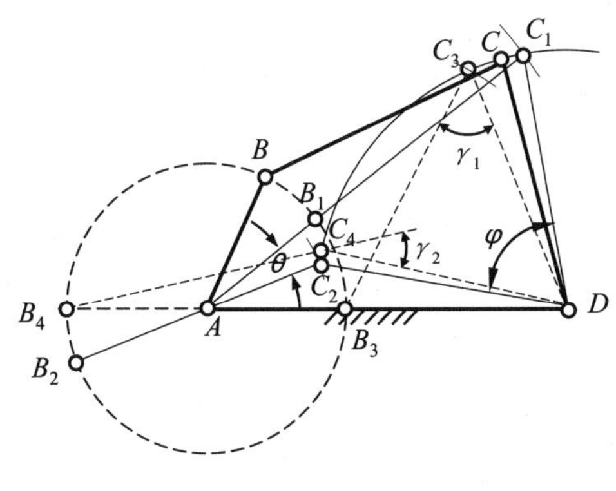

题 6 答图

(3) 用作图法作出原动件曲柄 AB 与机架 AD 两次共线时的机构位置，如题 6 答图中 AB_3C_3D 和 AB_4C_4D 所示，由图中量得

$\gamma_1=50°$

$\gamma_2=27°$

故　$\gamma_{min}=\gamma_2=27°$。

(4) 若以曲柄 AB 为原动件，机构不存在传动角γ=0 的位置，故机构无死点位置，若以摇杆 CD 为原动件，当连杆 BC 和从动件曲柄 AB 两次共线时，机构传动角γ=0，故机构存在两个死点位置。

7.

解：(1) 选取长度比例尺 μ_l=0.002m/mm，作出原动件曲柄 AB 和连杆 BC 两次共线时的机构位置图 AB_1C_1 和 AB_2C_2，由题 7 答图中量得

H=62.3 mm

θ=13.1°

可求得行程速比系数

$$K=\frac{180°+\theta}{180°-\theta}=1.16$$

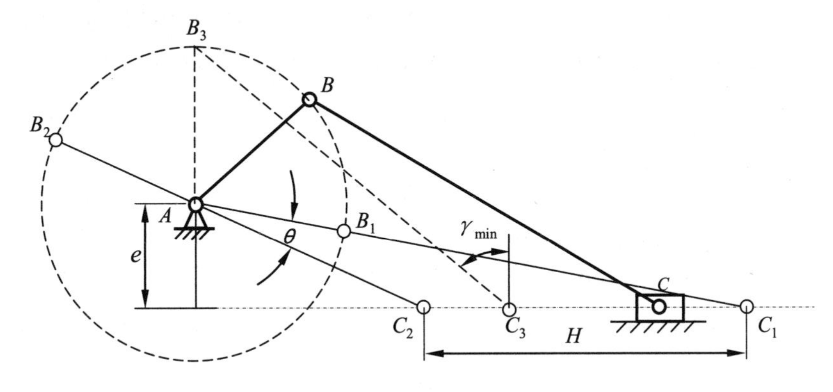

题 7 答图

(2) 最小传动角出现在曲柄 AB 垂直于滑块导路位置 AB_3C_3，由题 3.7 答图中量得

γ_{min}= 51.3º

(3) 若以曲柄 AB 为原动件，机构不存在传动角γ=0 的位置，故机构无死点位置，若以滑块为原动件，当连杆 BC 和从动件曲柄 AB 两次共线时，机构传动角γ=0，故机构存在两个死点位置。

8.

解：(1) 选取长度比例尺μ_1=0.001m/mm，作出原动曲柄 AB 和导杆 BC 两次垂直时的机构位置图 AB_1C 和 AB_2C，由题 8 答图中量得 θ=60º。

(2) 机构的传动角如题 8 答图所示。

(3) 以导杆为原动件，当导杆 BC 和从动件曲柄 AB 两次垂直时，为机构的两个死点位置(如题 8 答图中 AB_1C 和 AB_2C 所示)。

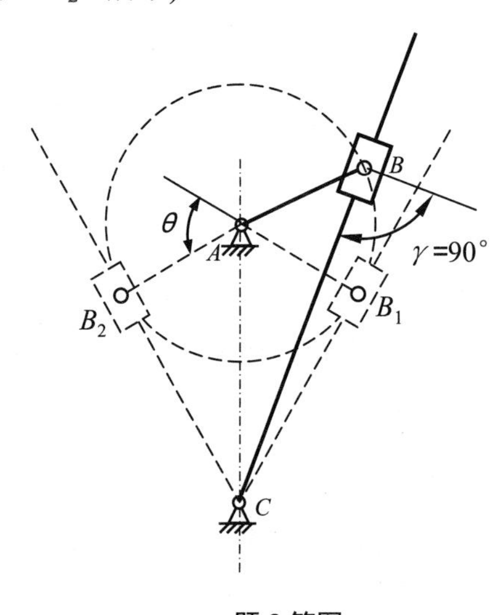

题 8 答图

9.

解：① 计算极位夹角 θ=180º(K − 1)/(K + 1) =16.36º。

② 选择长度比例尺μ_l=0.001m/mm，作图(见题 9 答图)。

③ 任取一点 D，根据摇杆长度 l_{CD} 及摆角 φ=45º，作出摇杆的两极限位置 C_1D 及 C_2D。

④ 作∠C_1C_2O = 90º−θ = 73.64º，作∠C_2C_1O = 90º−θ = 73.64º，C_1O 与 C_2O 交于 O 点。

⑤ 以 O 为圆心、OC_1(或 OC_2)为半径作圆；再以 D 为圆心 l_{AD} 为半径作圆，两圆的交点即为 A 铰链的位置。

⑥ 连接 AC_1、AC_2。

$$l_{AB}+l_{BC}=\mu_l\overline{AC_1}=80\text{ mm}$$

$$l_{BC}-l_{AB}=\mu_l\overline{AC_2}=53\text{ mm}$$

得：$l_{AB}=13.5\text{ mm}$；$l_{BC}=66.5\text{ mm}$；$l_{AD}=63\text{ mm}$

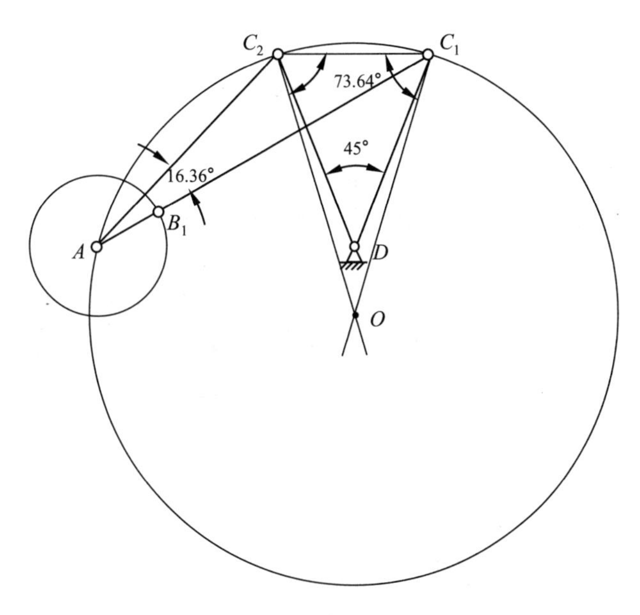

题 9 答图

10.

解： ① 计算极位夹角θ=180º(K − 1)/(K + 1) = 20º。

② 选择长度比例尺μ_l=0.005m/mm，作图(见题 10 答图)。

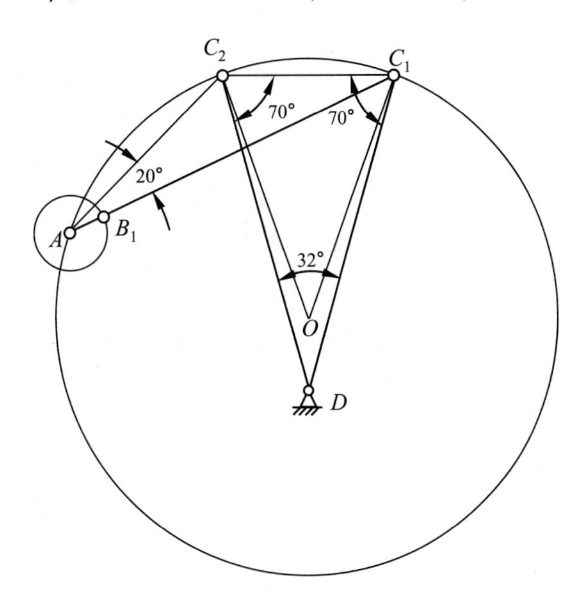

题 10 答图

③ 任取一点 D，根据摇杆长度 l_{CD} 及摆角 φ=32º 作出摇杆的两极位 C_1D 及 C_2D。

④ 作$\angle C_1C_2O$ = 90º−θ= 70º，作$\angle C_2C_1O$ = 90º−θ= 70º，C_1O 与 C_2O 交于 O 点。

⑤ 以 O 为圆心、OC_1(或 OC_2)为半径作圆。

$$C_1C_2^2 = (l_{AB} + l_{BC})^2 + (l_{BC} - l_{AB})^2 - 2(l_{AB} + l_{BC})(l_{BC} - l_{AB})\cos\theta$$

其中 C_1C_2=2l_{CD}cos$\angle C_1C_2D$=159.87 mm。

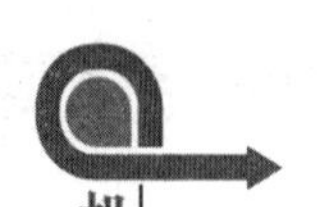

解得：l_{AB}=67 mm。

⑥ 以 C_2 为圆心、$l_{BC}-l_{AB}$ 为半径作弧交圆 O 于 A 点，故 $l_{AD}=\mu_l\cdot\overline{AD}$=250 mm。

11.

解：① 计算极位夹角 θ=180º$(K-1)/(K+1)$ = 30º。

② 选择长度比例尺μ_1=0.01m/mm 作图(见题 11 答图)。

③ 作直线 C_1C_2，取 C_1C_2=400/μ_1 =40 mm。

④ 作$\angle C_1C_2O$ = 90º−θ= 60º，作$\angle C_2C_1O$ = 90º−θ=60º，C_1O 与 C_2O 交于 O 点。

⑤ 以 O 为圆心、OC_1(或 OC_2)为半径作圆，再作 C_1C_2 的平行线，与 C_1C_2 相距 200/μ_1 =20 mm，该平行线交外接圆于 A 点，即为 A 铰链的位置。

⑥ 连接 AC_1、AC_2

$$l_{AB}+l_{BC}=\mu_l\overline{AC_1}=600\text{ mm}$$

$$l_{BC}-l_{AB}=\mu_l\overline{AC_2}=250\text{ mm}$$

得：$l_{AB}=175\text{ mm}$；$l_{BC}=425\text{ mm}$

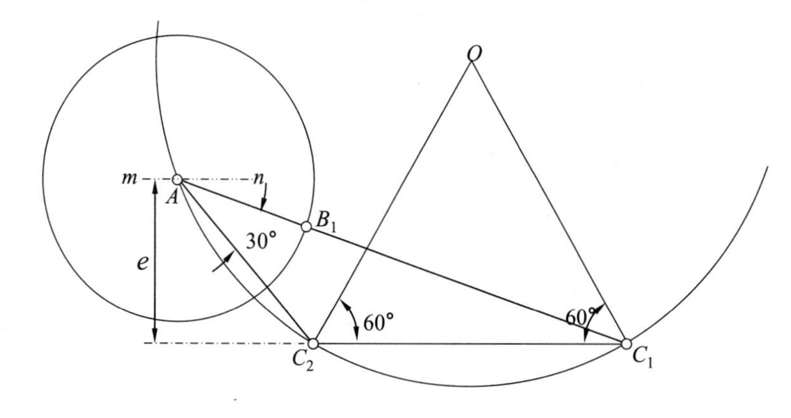

题 11 答图

12.

解：① 选择长度比例尺μ_1=0.002m/mm 作图(见题 12 答图)。

② 作直线 C_1C_2，取 C_1C_2=80/μ_1 =40 mm。

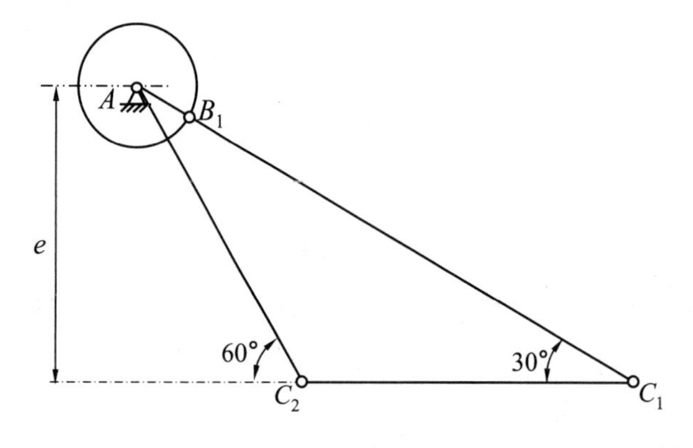

题 12 答图

③ 作$\angle AC_1C_2=60°$，作$\angle AC_2C_1=120°$，C_1A 与 C_2A 交于 A 点，即为 A 铰链的位置。

$$l_{AB}+l_{BC}=\mu_l\overline{AC_1}=138.56\text{ mm}$$

$$l_{BC}-l_{AB}=\mu_l\overline{AC_2}=80\text{ mm}$$

得： $l_{AB}=29.28\text{ mm}$；$l_{BC}=109.28\text{ mm}$；

$$e=\mu_l\overline{BC_2}\sin 60°=69.28\text{ mm}$$

13.

解：① 计算极位夹角$\theta=180°(K-1)/(K+1)=30°$。

② 选择长度比例尺μ_1=0.002m/mm 作图(见题 13 答图)。

③ 作直线 AC，取 $AC=80/\mu_1=40\text{ mm}$。

④ 作$\angle ACB=15°$，再作 $AB\perp BC$，垂足 B 点即为 B 铰链的位置。

得： $l_{AB}=\mu_l\overline{AB}=25.88\text{ mm}$

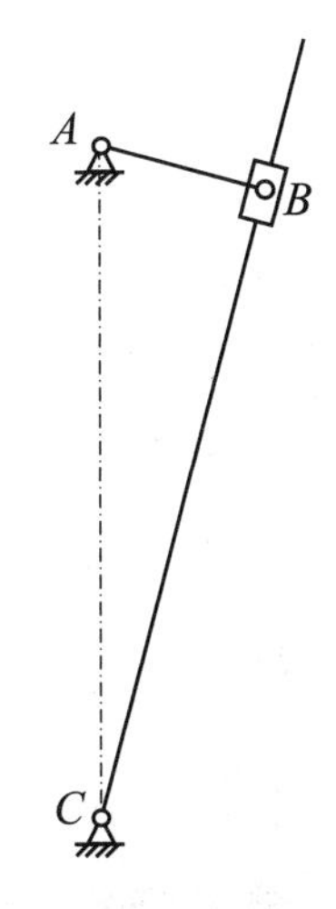

题 13 答图

14.

解：① 计算极位夹角$\theta=180°(K-1)/(K+1)=36°$。

② 选择长度比例尺μ_1=0.002m/mm 作图(见题 14 答图)。

③ 作直线 AD，取 $AD=100/\mu_1=50\text{ mm}$。

④ 作$\angle ADC=45°$，且 $DC=37.5\text{ mm}$。

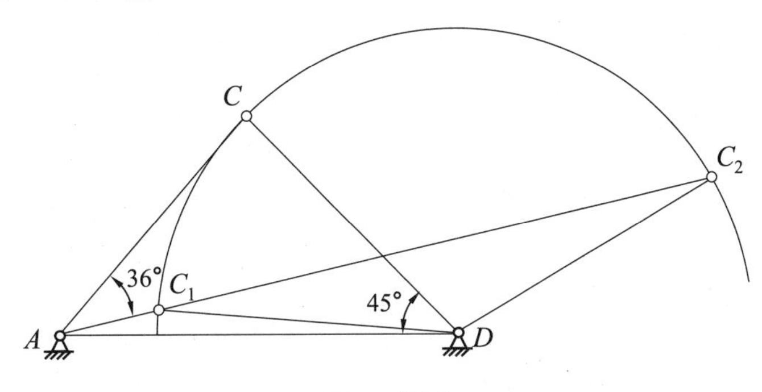

题 14 答图

⑤ 以 D 为圆心、CD 为半径画圆，再作 $\angle ACB = 36°$，交圆 D 于 C_1 和 C_2 两点，摇杆 CD 的另一极限位置为 DC_1 或 DC_2。

得：$l_{AB} = 22\,\text{mm}$，$l_{BC} = 48\,\text{mm}$

或 $l_{AB} = 50\,\text{mm}$，$l_{BC} = 120\,\text{mm}$。

15.

解：① 在Ⅰ、Ⅱ线上各取一点 E_1、E_2，使 $DE_1=DE_2$，并连接 B_1E_1、B_2E_2。

② 将 AB_2E_2D 刚化，让其绕 D 点旋转，使 B_2E_2 与 B_1E_1 重合位置，得 $AB_2'E_1D$。

③ 连接 B_1B_2'，作 B_1B_2' 的中垂线，与 B_1A 的延长线相交于 C_1 点。

④ 连接 C_1D，则 C_1 点为 AB_1C_1D 四杆机构在Ⅰ位置时活动铰链 C 的位置。

参见题 15 答图。

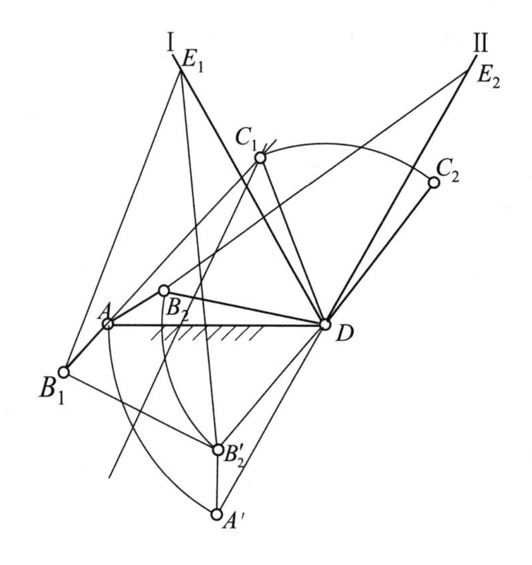

题 15 答图

第4章　凸 轮 机 构

4.1　主要内容与学习要求

1. 主要内容

(1)　凸轮的组成、应用和分类。

(2)　凸轮机构从动件常用的运动规律。

(3)　盘形凸轮轮廓曲线的图解法设计。

(4)　凸轮机构基本尺寸的确定。

2. 学习要求

(1)　了解凸轮机构的类型及各类凸轮机构的特点和适用场合，学会根据工作要求和使用场合选择凸轮机构的类型。

(2)　掌握凸轮机构从动件的几种常用运动规律及其特征。

(3)　学会反转法原理，并能根据这一原理设计各类凸轮的轮廓曲线。

(4)　定性地了解选择滚子半径的原则以及凸轮基圆半径对压力角的影响。

4.2　重点与难点

1. 重点

(1)　从动件运动规律的特征及其选择原则。

(2)　凸轮轮廓曲线的设计。

2. 难点

正确运用反转法绘制凸轮轮廓线以及确定凸轮轮廓线各点的压力角。

4.3 思维导图

第4章思维导图.docx

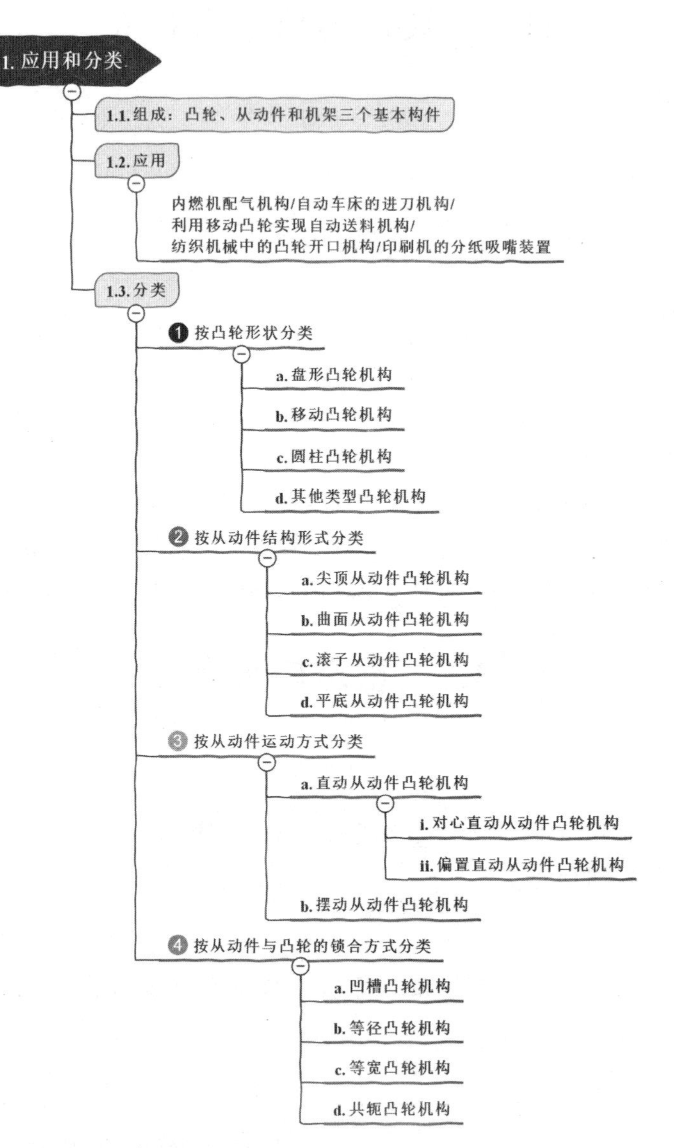

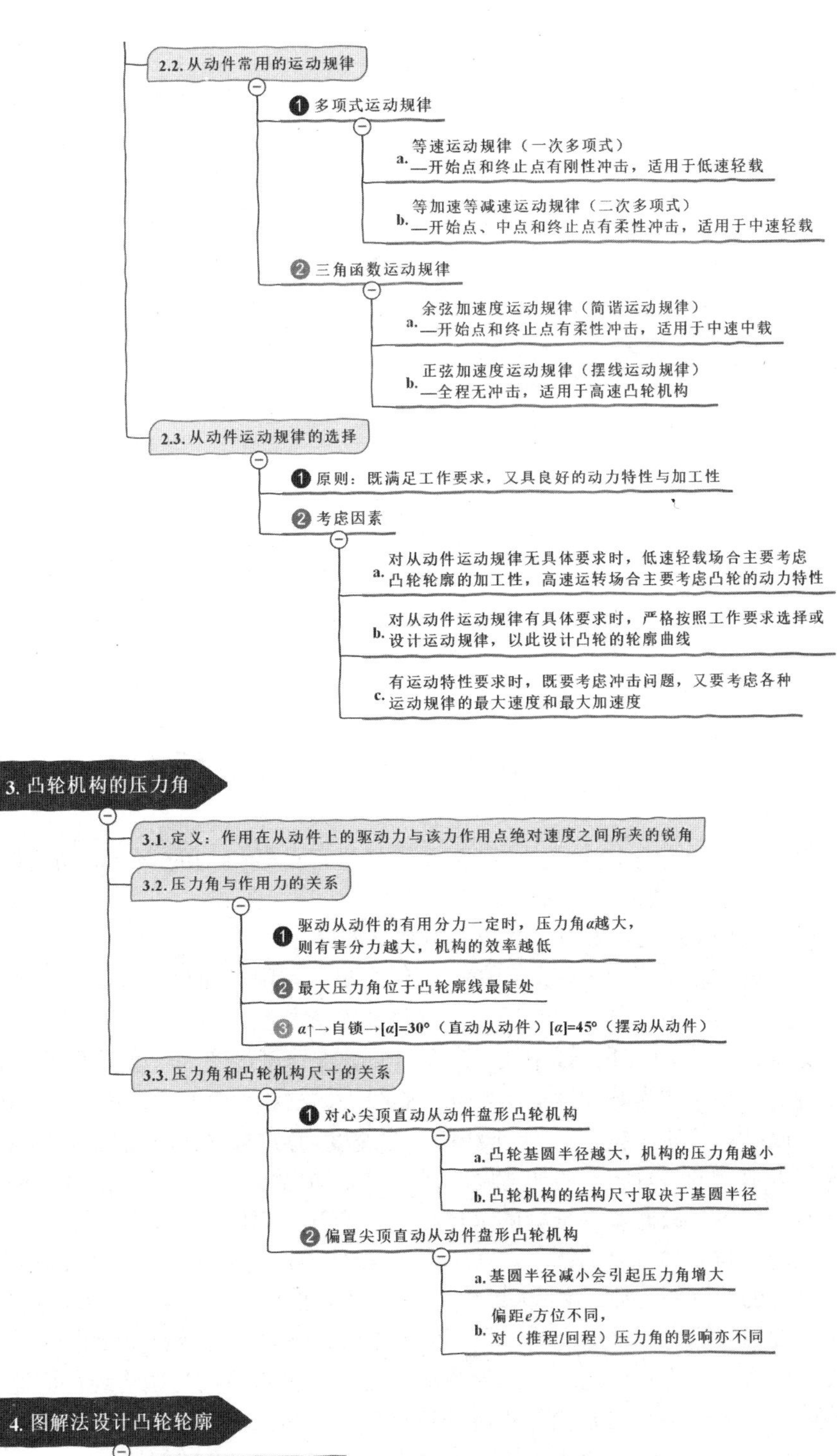

2.2. 从动件常用的运动规律
1 多项式运动规律
a. 等速运动规律（一次多项式）—开始点和终止点有刚性冲击，适用于低速轻载
b. 等加速等减速运动规律（二次多项式）—开始点、中点和终止点有柔性冲击，适用于中速轻载
2 三角函数运动规律
a. 余弦加速度运动规律（简谐运动规律）—开始点和终止点有柔性冲击，适用于中速中载
b. 正弦加速度运动规律（摆线运动规律）—全程无冲击，适用于高速凸轮机构
2.3. 从动件运动规律的选择
1 原则：既满足工作要求，又具良好的动力特性与加工性
2 考虑因素
a. 对从动件运动规律无具体要求时，低速轻载场合主要考虑凸轮轮廓的加工性，高速运转场合主要考虑凸轮的动力特性
b. 对从动件运动规律有具体要求时，严格按照工作要求选择或设计运动规律，以此设计凸轮的轮廓曲线
c. 有运动特性要求时，既要考虑冲击问题，又要考虑各种运动规律的最大速度和最大加速度
3. 凸轮机构的压力角
3.1. 定义：作用在从动件上的驱动力与该力作用点绝对速度之间所夹的锐角
3.2. 压力角与作用力的关系
1 驱动从动件的有用分力一定时，压力角α越大，则有害分力越大，机构的效率越低
2 最大压力角位于凸轮廓线最陡处
3 α↑→自锁→[α]=30°（直动从动件）[α]=45°（摆动从动件）
3.3. 压力角和凸轮机构尺寸的关系
1 对心尖顶直动从动件盘形凸轮机构
a. 凸轮基圆半径越大，机构的压力角越小
b. 凸轮机构的结构尺寸取决于基圆半径
2 偏置尖顶直动从动件盘形凸轮机构
a. 基圆半径减小会引起压力角增大
b. 偏距e方位不同，对（推程/回程）压力角的影响亦不同
4. 图解法设计凸轮轮廓
4.1. 设计原理：“反转法”
1 关键所在：给系统整体施加一公共角速度不会改变机构各构件间原有的相对运动规律
2 “反转法”原理——给整个机构加上绕凸轮轮心O的公共角速度 −ω，则凸轮不动，而从动件边转动边移动，尖顶的复合轨迹即为凸轮轮廓

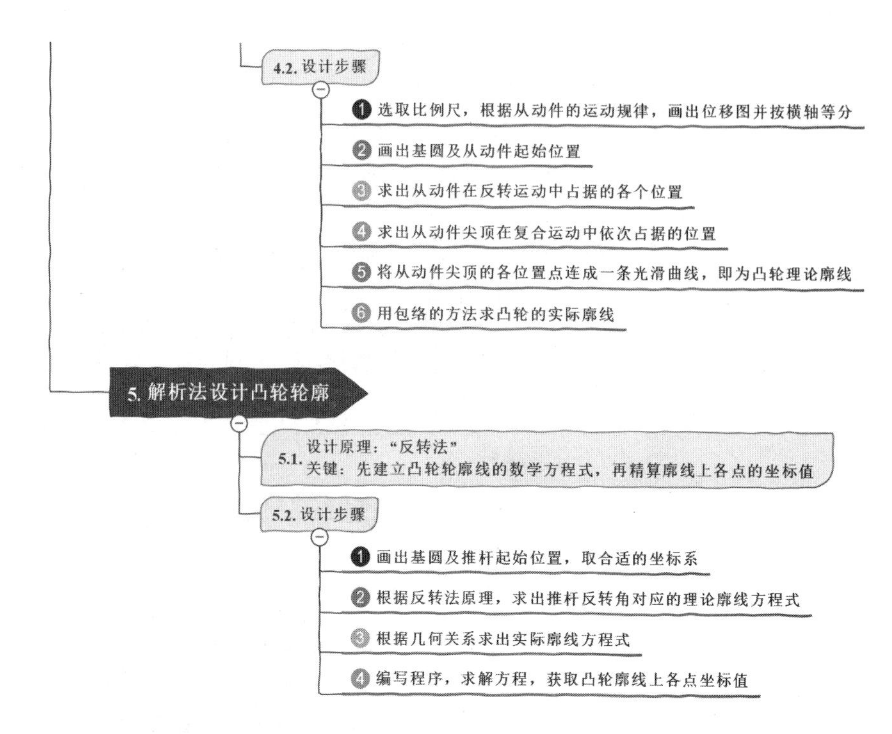

4.4　典型例题解析

例题 4.1　图 4.1(a)所示为某直动推杆盘形凸轮机构的一个运动周期(0~2π)不完整的 s-δ、v-δ 和 a-δ 曲线图。要求：

(1) 补全 s-δ、v-δ 和 a-δ 曲线图不完整部分。

(2) 该凸轮机构的推程运动角、远休止角、回程运动角和近休止角各为多少？

(3) 指出哪些地方有刚性冲击，哪些地方有柔性冲击。

分析：如图 4.1(a)所示，在 $0\leqslant\delta\leqslant\pi/3$ 内，加速度线图为一水平线段，即加速度为常数，故推杆的运动形式为等加速运动，位移曲线为抛物线，而速度曲线为上升的斜直线。在 $\pi/3\leqslant\delta\leqslant2\pi/3$ 内，速度线图为一水平线段，即速度为常数，故推杆的运动形式为等速运动，位移曲线为上升的斜直线，而加速度曲线为与 δ 轴重合的线段。在 $2\pi/3\leqslant\delta\leqslant\pi$ 内，位移线图为一水平线段，故此段为推杆的远休止段，推杆的速度及加速度均为零，位移曲线和加速度曲线均为与 δ 轴重合的线段。在 $\pi\leqslant\delta\leqslant4\pi/3$ 内，速度线图为一水平线段，且 $v<0$，故此段为推杆的回程段，且速度线图为一水平线段，推杆等速下降，位移曲线为下降的斜直线，而加速度曲线为与 δ 轴重合的线段。在 $4\pi/3\leqslant\delta\leqslant5\pi/3$ 内，加速度线图为一水平线段，即加速度为常数，故推杆的运动形式为等加速运动，位移曲线为抛物线，而速度曲线为上升的斜直线。在 $5\pi/3\leqslant\delta\leqslant2\pi$ 内，推杆的位移为零，故此段为从动件的近休止段，推杆的速度及加速度均为零，位移曲线和加速度曲线均为与 δ 轴重合的线段。

解：(1) 根据以上分析过程，绘制出完整的 s-δ、v-δ 和 a-δ 曲线图，如图 4.1(b)所示。

(2) 凸轮机构的推程运动角、远休止角、回程运动角和近休止角分别为 $2\pi/3$、$\pi/3$、$2\pi/3$、$\pi/3$。

(3) 在 A、B、E、F 处有加速度值的突变，存在柔性冲击；在 C、D 处有速度值的突变，存在刚性冲击。

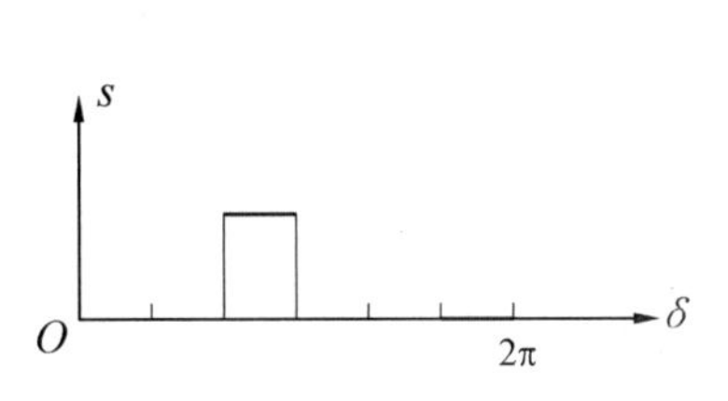

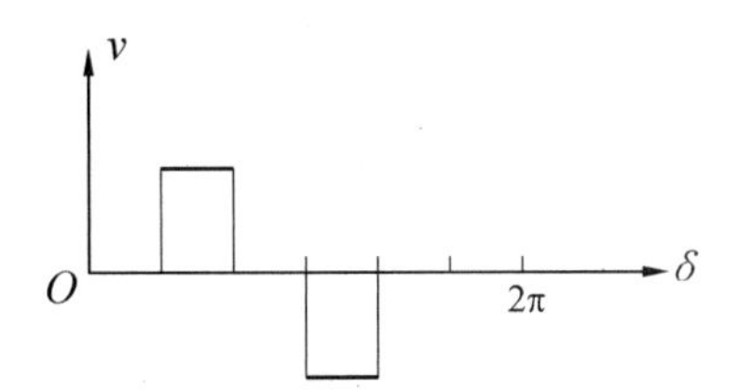

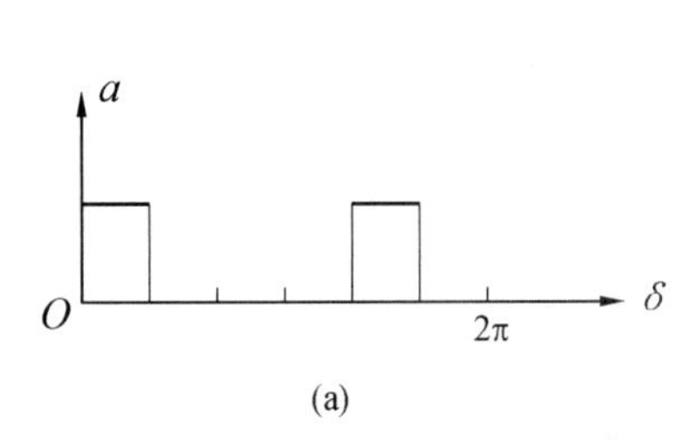

(a)

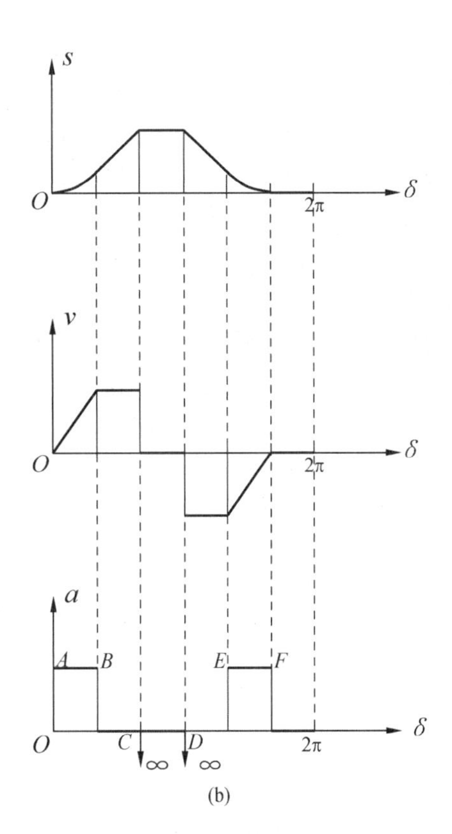

(b)

图 4.1

例题 4.2 图 4.2(a)所示为一对心直动尖端从动件盘形凸轮机构。试用描点法绘制出从动件的位移曲线图 s-δ。

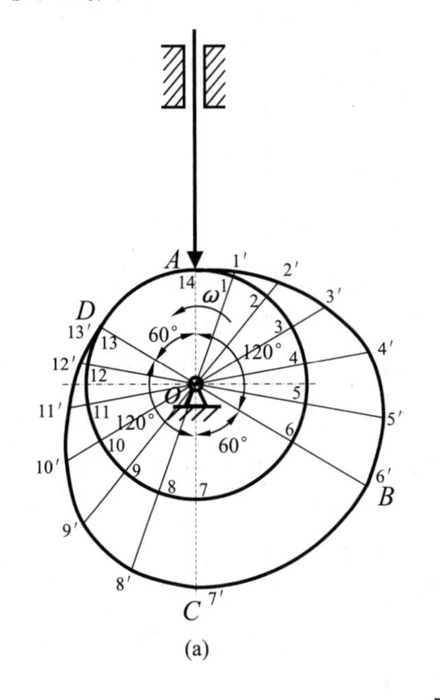

(a)

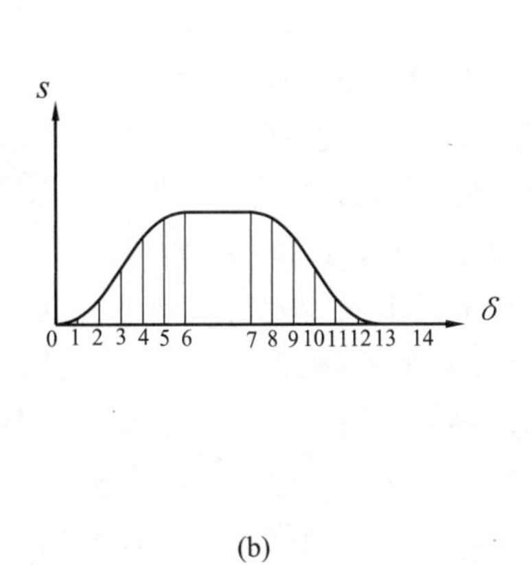

(b)

图 4.2

分析：如图 4.2(a)所示，凸轮的推程运动角、远休止角、回程运动角和近休止角分别为 120º、60º、120º 和 60º。以凸轮上最小向径 OA 为半径作基圆，以 A 点为起始位置，按与凸轮角速度 ω 相反的转向($-\omega$)将推程运动角和回程运动角等分，等分线与基圆和凸轮轮廓线分别交于 1、2、3、…点和 1′、2′、3′、…点。沿等分线量得的 11′、22′、33′、…各线段的长度即为凸轮每转一角度从动件所对应的位移。将各对应的转角和位移绘制在直角坐标系中，可得凸轮从动件的位移曲线图 s-δ。

解：取长度比例尺μ_1=0.001m/mm，根据以上分析过程绘制出从动件的位移曲线图 s-δ，如图 4.2(b)所示。

例题 4.3 图 4.3(a)所示为一对心直动滚子从动件盘形凸轮机构，凸轮的实际轮廓曲线为一半径为 R 的圆，圆心在 O_1 点，滚子半径为 r_r，凸轮绕轴心 O 沿逆时针方向转动。要求：

(1) 在图上画出凸轮的理论轮廓线；

(2) 在图上画出凸轮的基圆，并标出基圆半径 r_0；

(3) 在图上标出图示位置时凸轮机构的压力角 α 和从动件的位移 s；

(4) 在图上标出从动件的行程 h；

(5) 该凸轮机构有无远休和近休？推程运动角和回程运动角各为多少度？

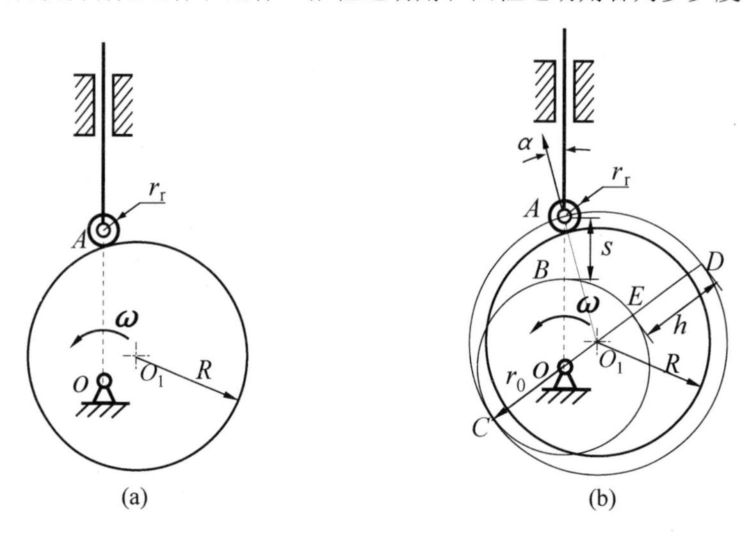

图 4.3

分析：如图 4.3(b)所示，凸轮的理论轮廓线与实际轮廓线是两条法向等距曲线，其法向距离为滚子半径 r_r。题目中凸轮实际轮廓线是圆，因此理论轮廓线为以 O_1 点为圆、R+r 为半径的圆。连接 O_1O 并延长，与凸轮理论轮廓线相交于 C、D 两点，则 OC 为凸轮理论轮廓线上的最小向径，即基圆半径 r_0。以 O 为圆心、r_0(OC)为半径所作的圆为基圆。OD 为凸轮理论轮廓线上的最大向径，OD 与基圆相交于 E 点，则线段 DE 的长度为凸轮从动件的行程 h。从动件的导路方向 OA 与基圆相交于 B 点，则线段 AB 的长度为机构在图示位置时从动件的位移 s。连接 O_1A，O_1A 即为凸轮理论轮廓线上 A 点的法线方向，O_1A 与导路方向 OA 之间所夹的锐角 α 即为凸轮机构在图示位置时的压力角。沿顺时针方向从 C 点到 D 点圆盘上各点的向径逐渐增大，从 D 点到 C 点圆盘上各点的向径逐渐减小，所以该凸轮机构无远休和近休，推程运动角和回程运动角各为 180º。

解：取长度比例尺μ_1=0.001m/mm 根据以上分析过程完成以下各项(图 4.3(b))。

(1) 以 O_1 点为圆心、$R+r$ 为半径作圆，即为凸轮的理论轮廓线。

(2) 以 O 为圆心、OC 为半径作圆，即为凸轮的基圆，并标出基圆半径 r_0。

(3) 标出机构在图示位置时从动件的位移 s、凸轮机构的压力角 α。

(4) 标出从动件的行程 h。

(5) 该凸轮机构无远休和近休，推程运动角和回程运动角各为 180º。

例题 4.4　图 4.4(a)所示为一对心直动尖端从动件盘形凸轮机构，凸轮的实际轮廓曲线为一偏心圆盘，圆心在 O_1 点，凸轮绕轴心 O 沿逆时针方向转动。要求：

(1) 在图上画出凸轮的基圆，并标出基圆半径 r_0；

(2) 在图上标出从动件的行程 h；

(3) 在图上标出凸轮在 A 点接触时机构的压力角 α 和从动件的位移 s；

(4) 在图上标出凸轮在 A'点接触时机构的压力角 α'和从动件的位移 s'；

(5) 在图上标出从 A 点接触转到 A'点接触时凸轮的转角 δ。

分析：如图 4.4(b)所示，连接圆盘 O_1O 并延长，与凸轮轮廓线相交于 C、D 两点，则 OC 为凸轮轮廓线上的最小半径，即基圆半径 r_0。以 O 为圆心，r_0 为半径所作的圆为基圆。OD 为凸轮轮廓线上的最大半径，OD 与基圆相交于 E 点，则线段 DE 的长度为从动件的行程 h。从动件的导路方向 OA 与基圆相交于 B 点，则线段 AB 的长度为机构在图示位置时从动件的位移 s。连接 O_1A，O_1A 即为凸轮轮廓线上 A 点的法线方向，O_1A 与导路方向 OA 之间所夹的锐角 α 即为机构在图示位置时的压力角。连接 OA'，OA'即为凸轮在 A'点接触时从动件的导路方向，OA'与基圆相交于 B'点，则线段 $A'B'$的长度为凸轮在 A'点接触时从动件的位移 s'。连接 O_1A'，O_1A'即为凸轮轮廓线上 A'点的法线方向，O_1A'与导路方向 OA'之间所夹的锐角即为凸轮在 A'点接触时机构的压力角 α'。

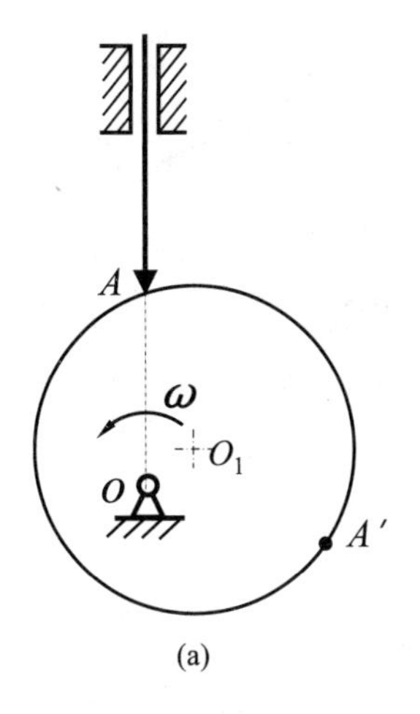

(a)

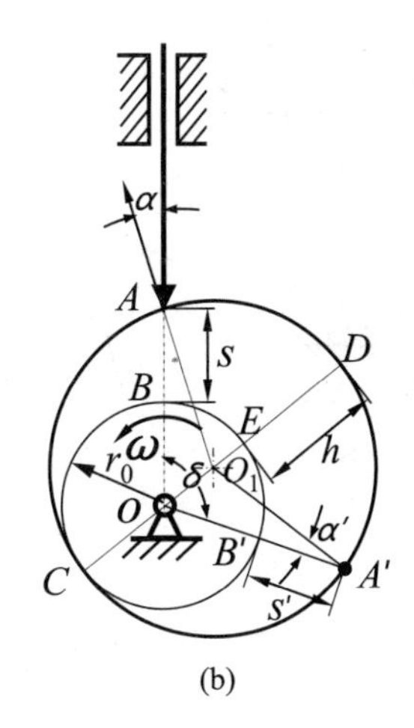

(b)

图 4.4

解：取长度比例尺μ_1=0.001m/mm，根据以上分析过程完成以下各项(图 4.4(b))。

(1) 以 O 为圆心、OC 为半径作圆，即为凸轮的基圆，并标出基圆半径 r_0。

(2) 标出从动件的行程 h。

(3) 标出凸轮在 A 点接触时机构的压力角 α、从动件的位移 s。

(4) 标出凸轮在 A'点接触时机构的压力角 α'和从动件的位移 s'。

(5) 标出从 A 点接触转到 A'点接触时凸轮的转角 δ。

例题 4.5 图 4.5(a)所示为一偏置直动滚子从动件盘形凸轮机构，凸轮的实际轮廓曲线为一半径为 R=70 mm 的圆，凸轮回转中心 O 到圆盘的圆心 O_1 点的距离为 OO_1=30 mm，滚子半径为 r_r=10 mm，凸轮沿逆时针方向转动。要求：

(1) 在图上画出凸轮的理论轮廓线；

(2) 确定凸轮的基圆半径，并在图上画出基圆；

(3) 确定凸轮的偏距，并在图上画出偏距圆；

(4) 确定从动件的行程 h；

(5) 确定机构在图示位置时从动件的位移 s 和凸轮机构的压力角 α。

分析：如图 4.5(b)所示，凸轮的理论轮廓线与实际廓线是两条法向等距曲线，其法向距离为滚子半径 r_r，题目中凸轮实际轮廓线是圆，因此理论轮廓线为以 O_1 点为圆心、$R+r_r$=80 mm 为半径的圆。以 O 点为圆心，偏距 $e=OO_1$=30 mm 为半径所作的圆为凸轮的偏距圆。连接 O_1O 并延长与凸轮理论轮廓线相交于 C、A'两点，则 OC 为凸轮理论轮廓线上的最小向径，即基圆半径 $r_0=OC=O_1C-OO_1$=50 mm。以 O 为圆心、r_0 为半径所作的圆为基圆。过 A'作偏距圆的切线 $A'K'$，$A'K'$上基圆与理论轮廓线之间的线段 $A'B'$的长度为从动件的行程 h。从动件的导路方向 AK 与基圆相交于 B 点，则线段 AB 的长度为机构在图示位置时从动件的位移 s。连接 O_1A，O_1A 即为凸轮理论轮廓线上 A 点的法线方向，O_1A 与导路方向之间所夹的锐角 $\alpha=0°$，即为凸轮机构在图示位置时的压力角。

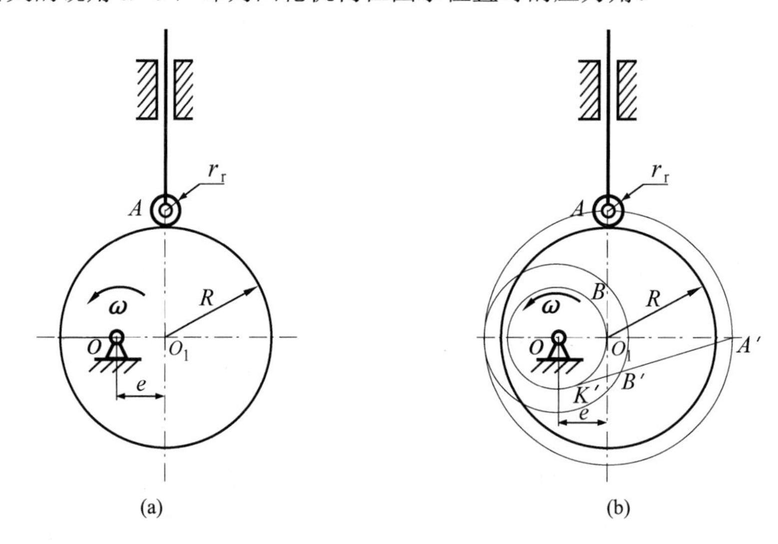

图 4.5

解：取长度比例尺μ_1=0.001m/mm，根据以上分析过程完成以下各项(图 4.5(b))。

(1) 以 O_1 点为圆心、$R+r$=80 mm 为半径作圆，即为凸轮的理论轮廓线。

(2) 基圆半径 r_0= 50 mm，以 O 为圆心、r_0 为半径作圆，即为凸轮的基圆。

(3) 凸轮的偏距 $e=OO_1$=30 mm，以 O 为圆心、e 为半径作圆，即为偏距圆。

(4) 从动件的行程 h=65.83 mm。

(5) 凸轮机构在图示位置时，从动件的位移 s=40 mm、凸轮机构的压力角α=0°。

4.5 自 测 题

1. 选择填空

(1) 与连杆机构相比，凸轮机构最大的缺点是(　　)。

A. 惯性力难以平衡　　B. 点、线接触，易磨损

C. 设计较为复杂　　D. 不能实现间歇运动

(2) 与其他机构相比，凸轮机构最大优点是(　　)。

A. 可实现各种预期的运动规律　　B. 便于润滑

C. 制造方便，易获得较高的精度　　D. 从动件的行程较大

(3) (　　)凸轮机构的摩擦阻力较小，传力能力大。

A. 尖端从动件　　B. 滚子从动件

C. 平底从动件　　D. 直动从动件

(4) (　　)对于较复杂的凸轮轮廓曲线，也能准确地获得所需要的运动规律。

A. 尖端从动件　　B. 滚子从动件

C. 平底从动件　　D. 直动从动件

(5) 图 4.6 所示凸轮机构的名称，正确的是(　　)。

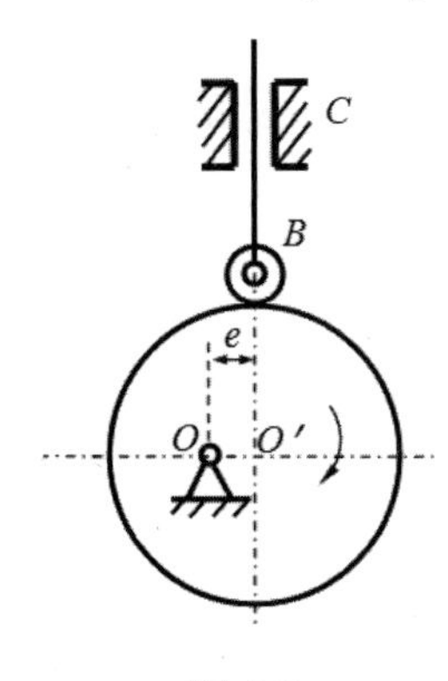

图 4.6

A. 摆动滚子从动件盘形凸轮机构

B. 对心直动滚子从动件移动凸轮机构

C. 对心直动滚子从动件盘形凸轮机构

D. 偏置直动滚子从动件盘形凸轮机构

(6) 图 4.7 所示凸轮机构的名称，正确的是(　　)。

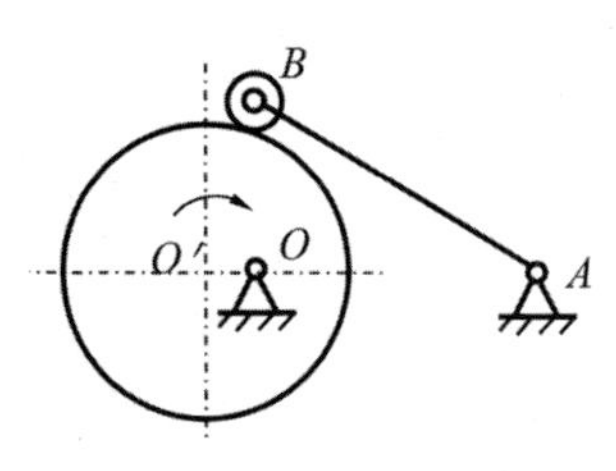

图 4.7

A. 摆动滚子从动件盘形凸轮机构

B. 对心直动滚子从动件移动凸轮机构

C. 对心直动滚子从动件盘形凸轮机构

D. 偏置直动滚子从动件盘形凸轮机构

(7) 图 4.8 所示凸轮机构中，能把原动件的转动运动转换为从动件的往复摆动运动的是(　　)。

A. (a)　　B. (b)

C. (c)　　D. (d)

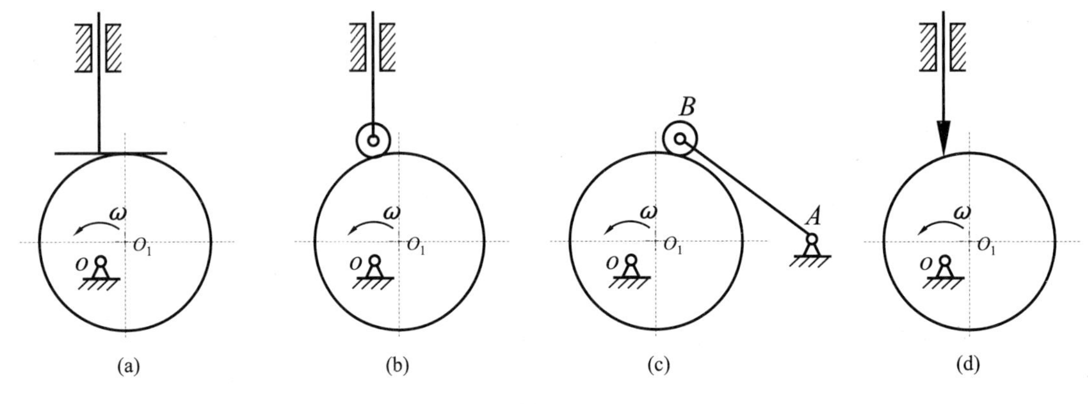

图 4.8

(8) 若要盘形凸轮机构的从动件在某段时间内静止不动，对应的凸轮轮廓曲线是(　　)。

A. 一段直线　　B. 一段圆弧

C. 一段抛物线　　D. 以凸轮转动中心为圆心的圆弧

(9) (　　)为无穷大引起的冲击为刚性冲击。

A. 位移　　B. 速度

C. 加速度　　D. 加速度的导数

(10) 下述几种运动规律中，(　　)既不会产生柔性冲击，也不会产生刚性冲击，可用于高速场合。

A. 等速运动规律　　B. 正弦加速度运动规律

C. 等加速等减速运动规律　　D. 余弦加速度运动规律

(11) 下述几种运动规律中，(　　)产生刚性冲击，用于低速轻载场合。

A. 等速运动规律　　B. 正弦加速度运动规律

C. 等加速等减速运动规律　　D. 余弦加速度运动规律

(12) 对于转速较高的凸轮机构，为了减小冲击和振动，从动件运动规律最好采用(　　)运动规律。

A. 等速　　B. 余弦加速度

C. 等加速等减速　　D. 正弦加速度

(13) 凸轮从动件按等速运动规律上升时，冲击出现在(　　)。

A. 推程开始点　　B. 推程结束点
C. 推程中点　　D. 推程开始点和结束点

(14) 凸轮机构中，从动件做等加速等减速运动时将产生(　　)冲击。它适用于中速轻载场合。

A. 刚性　　B. 柔性
C. 无刚性也无柔性　　D. 有刚性也有柔性

(15) 某凸轮机构从动件用来控制刀具的进给运动，则处在切削阶段时，从动件宜采用(　　)规律。

A. 等速运动　　B. 等加速等减速运动
C. 余弦加速度运动　　D. 正弦加速度运动

(16) 对于从动件既无近休又无远休的凸轮机构，在凸轮机构正常连续运动时，从动件采用(　　)规律才不会发生冲击。

A. 推程和回程均采用等速运动
B. 推程和回程均采用等加速等减速运动
C. 推程和回程均采用余弦加速度运动
D. 推程采用正弦加速度运动，回程采用等加速等减速运动

(17) 当从动件的推程按余弦加速度运动规律运动时，在一般情况下，从动件在行程的(　　)。

A. 起始位置有柔性冲击，终止位置有刚性冲击
B. 起始和终止位置都有刚性冲击
C. 起始位置有刚性冲击，终止位置有柔性冲击
D. 起始和终止位置都有柔性冲击

(18) 在凸轮机构中，决定从动件运动规律的因素是(　　)。

A. 凸轮的转速　　B. 凸轮的基圆半径
C. 凸轮的轮廓曲线　　D. 凸轮与从动件始终保持接触的形式

(19) 凸轮机构的压力角是指凸轮轮廓线接触点处的(　　)。

A. 法线方向与凸轮上该点的速度方向之间所夹的锐角
B. 切线与从动件速度方向之间所夹的锐角
C. 速度方向与从动件速度方向之间所夹的锐角
D. 法线方向与从动件速度方向之间所夹的锐角

(20) 为了保证从动件的工作顺利，凸轮轮廓曲线推程段的压力角应取(　　)为好。

A. 大些　　B. 小些
C. 40º　　D. 90º

(21) (　　)盘形凸轮机构的压力角恒等于常数。

A. 对心直动尖顶从动件　　B. 对心直动滚子从动件
C. 偏置直动平底从动件　　D. 偏置直动尖顶从动件

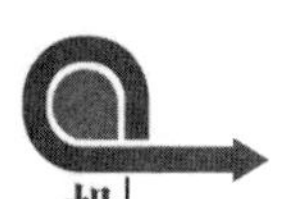

(22) 在(　　)凸轮机构中，凸轮的理论轮廓曲线与实际轮廓曲线不是同一条曲线。

A. 尖端从动件　　B. 滚子从动件

C. 平底从动件　　D. 摆动从动件

(23) 若增大凸轮机构的推程压力角 α，从动件上所受的有害分力将(　　)。

A. 增大　　B. 减小

C. 不变　　D. 可能增大也可能减小

(24) 直动平底从动件盘形凸轮机构的压力角(　　)。

A. 恒等于 0º　　B. 恒等于 90º

C. 等于常数　　D. 随凸轮转角而变化

(25) 对心直动尖端推杆盘形凸轮机构的推程压力角超过许用值时，可采用(　　)措施来解决。

A. 改用滚子推杆　　B. 改为偏置直动尖端推杆

C. 改变凸轮转向　　D. 增大基圆半径

(26) 在某一瞬时，从动件运动规律不变的情况下，要减小凸轮的基圆半径，则压力角(　　)。

A. 增大　　B. 减小

C. 保持不变　　D. 与基圆半径无关

(27) 增大基圆半径，直动从动件凸轮机构的压力角(　　)。

A. 增大　　B. 保持不变

C. 减小　　D. 与基圆半径无关

(28) 减小基圆半径，凸轮轮廓曲线曲率半径(　　)。

A. 增大　　B. 减小

C. 保持不变　　D. 与基圆半径无关

(29) 增大滚子半径，滚子从动件盘形凸轮实际轮廓曲线外凸部分的曲率半径(　　)。

A. 增大　　B. 减小

C. 保持不变　　D. 与滚子半径无关

(30) 为保证滚子从动件凸轮机构从动件的运动规律不“失真”，滚子半径应(　　)。

A. 小于凸轮理论轮廓曲线外凸部分的最小曲率半径

B. 小于凸轮实际轮廓曲线外凸部分的最小曲率半径

C. 大于凸轮实际轮廓曲线外凸部分的最小曲率半径

D. 大于凸轮理论轮廓曲线外凸部分的最小曲率半径

2. 判断题

(1) 凸轮机构的主要运动功能是将凸轮的连续运动(移动或转动)转变成从动件的按一定规律的往复移动或摆动运动。　　(　　)

(2) 凸轮机构从动件按等加速等减速运动规律，是指从动件在推程中按等加速运动，而在回程中按等减速运动。　　(　　)

(3) 凸轮机构从动件按等加速等减速运动规律时会引起柔性冲击，因而这种运动规律

适用于中速、轻载的场合。 (　　)

(4) 凸轮机构易于实现各种预定的运动，且结构简单、紧凑，便于设计。 (　　)

(5) 对于相同的理论轮廓，从动件滚子半径取不同的值，所作出的实际轮廓是相同的。 (　　)

(6) 滚子从动件滚子半径过小，将会使从动件的运动规律“失真”。 (　　)

(7) 对于同一种从动件运动规律，使用不同类型的从动件所设计出来的凸轮的实际轮廓是相同的。 (　　)

(8) 滚子从动件凸轮机构，凸轮的实际轮廓曲线和理论轮廓曲线是一条。 (　　)

(9) 压力角的大小影响从动件的正常工作和凸轮机构的传动效率。 (　　)

(10) 凸轮轮廓曲线上各点的压力角是不变的。 (　　)

3. 某一直动从动件盘形凸轮机构，其从动件的位移曲线如图 4.9 所示。

(1) 该凸轮机构中凸轮的运动分为几个过程？推程运动角和回程运动角各为多少度？

(2) 推程阶段从动件是什么运动规律？该运动规律会产生什么冲击？

(3) 该凸轮机构从动件的行程 h 是多少？当凸轮转角为 90° 时，从动件的位移 s 是多少？

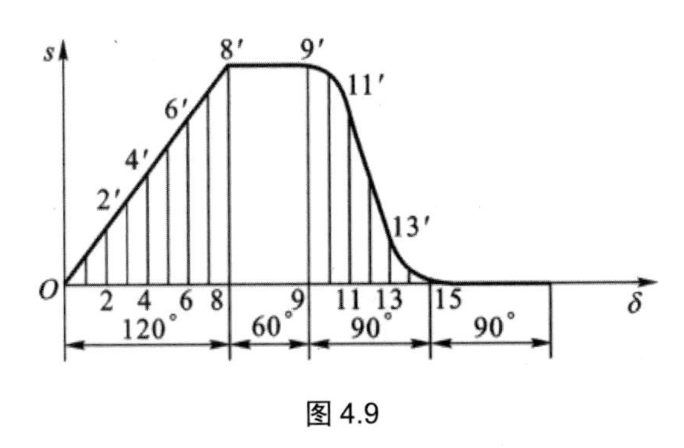

图 4.9

4. 图 4.10 所示为某直动推杆盘形凸轮机构一个运动周期(0~2π)的 v-δ 曲线图。试：

(1) 示意画出从动件的 a-δ 曲线图；

(2) 判断哪几个位置有冲击存在？是刚性冲击还是柔性冲击？

(3) 在图上 B 位置时，凸轮机构中有无惯性力？有无冲击存在？

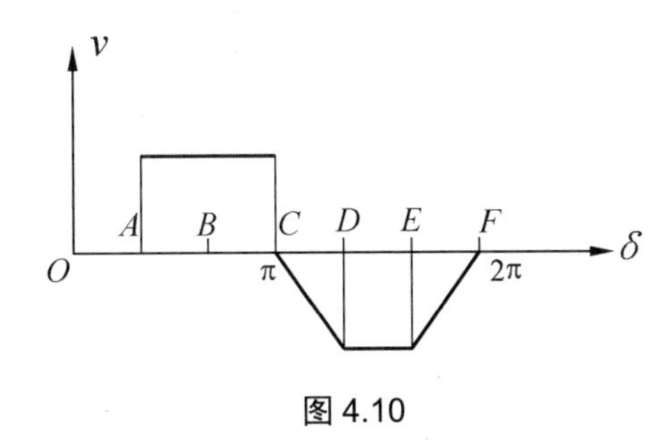

图 4.10

5. 图 4.11 所示为一对心直动尖端从动件盘形凸轮机构。凸轮的实际轮廓曲线为一半径为 R 的圆，圆心在 O 点，凸轮绕轴心 A 沿逆时针方向转动。试：

(1) 绘制出凸轮机构从动件的 s-δ 曲线图；

(2) 标出从动件的行程 h；

(3) 该凸轮机构的推程运动角 δ_0、回程运动角 δ_0'、远休止角 δ_{01} 和近休止角 δ_{02} 各是多少？

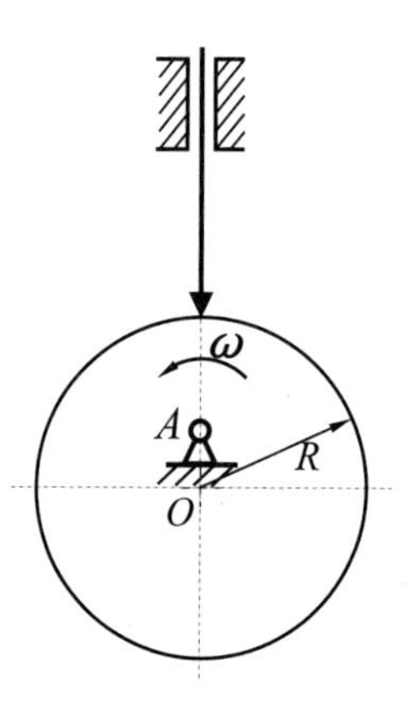

图 4.11

6. 图 4.12 所示为一对心直动尖端从动件盘形凸轮机构。凸轮的实际轮廓曲线为一半径为 R 的圆，圆心在 O 点，凸轮绕轴心 O_1 沿逆时针方向转动。要求：

(1) 在图上画出凸轮的基圆，并标出基圆半径 r_0；

(2) 在图上标出在图示位置时凸轮机构的压力角 α 和从动件的位移 s；

(3) 在图上标出推杆的最大行程 h。

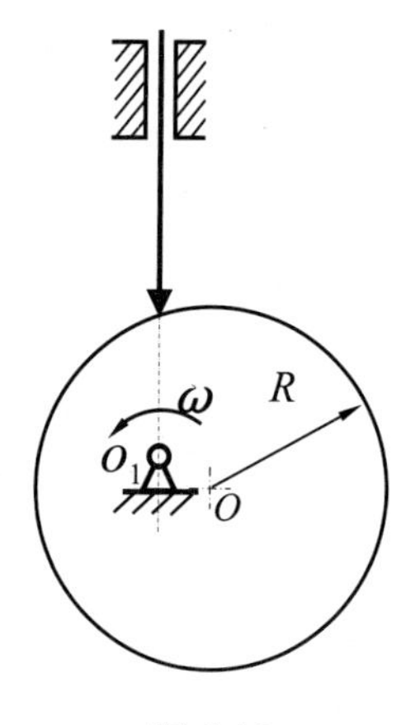

图 4.12

7. 在图 4.13 所示盘形凸轮机构中，凸轮为一偏心圆盘，圆心在 O 点，凸轮沿逆时针方向转动，要求：

(1) 直接在图中画出凸轮的基圆；

(2) 在图上标出在图示位置时从动件的位移 s 及凸轮机构的压力角 α。

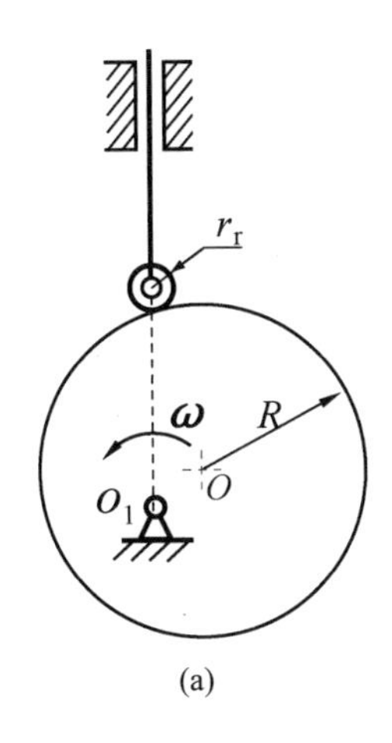

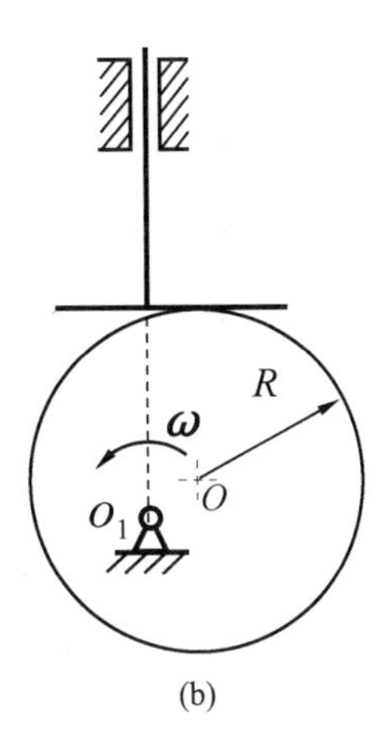

图 4.13

8. 在图 4.14 所示凸轮机构中，凸轮为一偏心圆盘，圆心在 O 点，凸轮沿逆时针方向转动，要求：

(1) 在图上画出凸轮的基圆；

(2) 在图上画出凸轮的偏距圆；

(3) 在图上标出图示位置时从动件的位移 s 及凸轮机构的压力角 α。

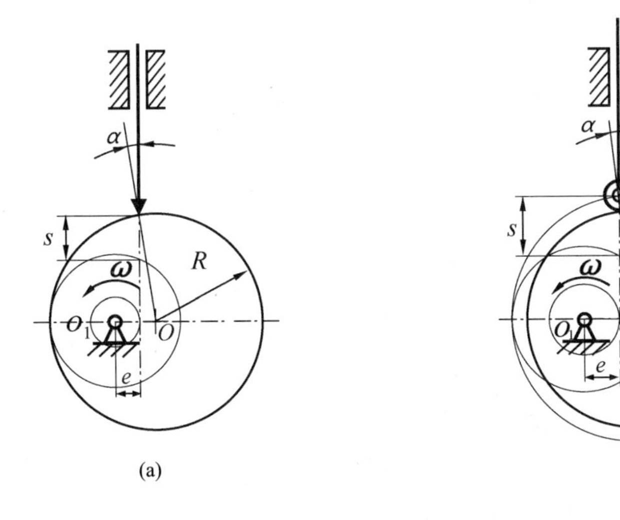

图 4.14

9. 在图 4.15 所示凸轮机构中，凸轮为一偏心圆盘，圆心在 O 点，凸轮沿逆时针方向转动，要求：

(1) 在图上画出凸轮的基圆；

(2) 在图中标出推杆的最大行程 h；

(3) 在图中标出凸轮转过 90° 时凸轮机构的压力角 α 及从动件的位移 s。

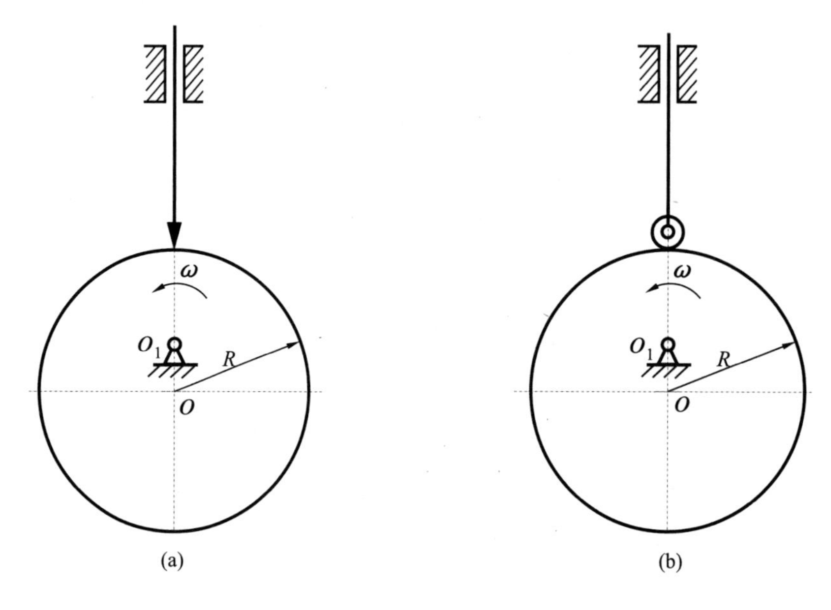

图 4.15

10. 如图 4.16 所示凸轮机构，凸轮轮廓线由 4 段圆弧组成，*BC* 段和 *DA* 段的圆心均在凸轮的回转中心 *O*，*AB* 段是以 *E* 为圆心的一段圆弧。已知凸轮的基圆半径 r_0=50 mm，凸轮沿逆时针方向转动。试用图解法求出(保留作图痕迹)：凸轮从动件运动的起始点(*A* 点)转过 90º 时凸轮机构的压力角 α 和从动件的位移 s。

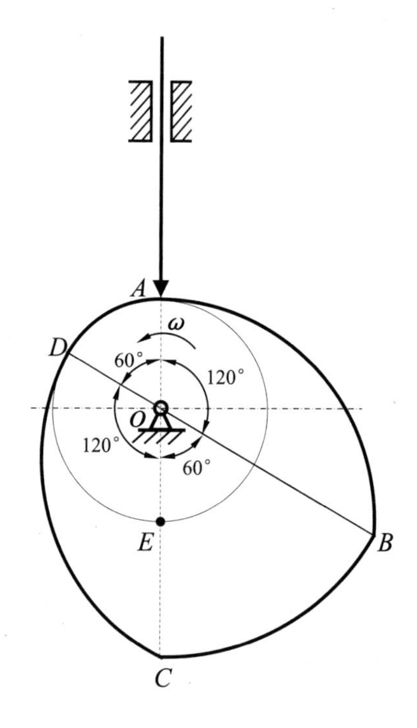

图 4.16

4.6 自测题参考答案

1. 选择填空

(1)B (2)A (3)B (4)A (5)D (6)A (7)C (8)D (9)C
(10)B (11)A (12)D (13)D (14)B (15)A (16)C (17)D (18)C
(19)D (20)B (21)C (22)B (23)A (24)C (25)D (26)A (27)C
(28)B (29)B (30)A

2. 判断题

(1) √ (2)× (3) √ (4) √ (5)× (6)× (7)× (8)× (9) √ (10)×

3.

解：(1) 该凸轮机构的运动分为推程、远休止、回程和近休止 4 个过程；推程运动角为 120º，回程运动角为 90º。

(2) 推程阶段从动件是等速运动规律；该运动规律会产生刚性冲击。

(3) 该凸轮机构从动件的行程 h=20 mm；当凸轮转角为 90º 时，从动件的位移 s=15 mm。

4.

解：(1) 从动件的 a-δ 曲线图如题 4 答图所示。

(2) 在 A、C 处有刚性冲击，在 D、E、F 处有柔性冲击。

(3) 在 B 位置时，凸轮机构中无惯性力存在，也无冲击存在。

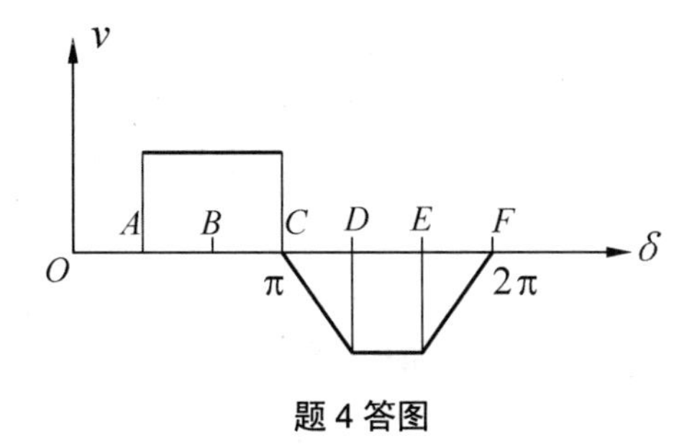

题 4 答图

5.

解：(1) 取长度比例尺μ_1=0.001m/mm，将各对应的转角和位移绘制在直角坐标系中，可得凸轮从动件的位移曲线图 s-δ。

(2) 从动件的行程 h。

(3) $\delta_0=\delta_0'$=180º，$\delta_{01}=\delta_{02}$=0º。

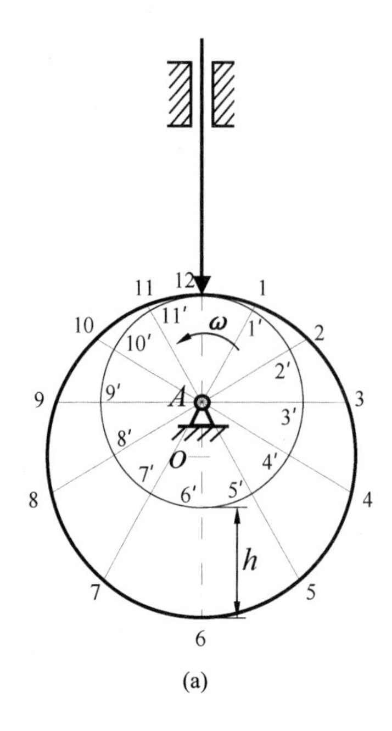

(a)

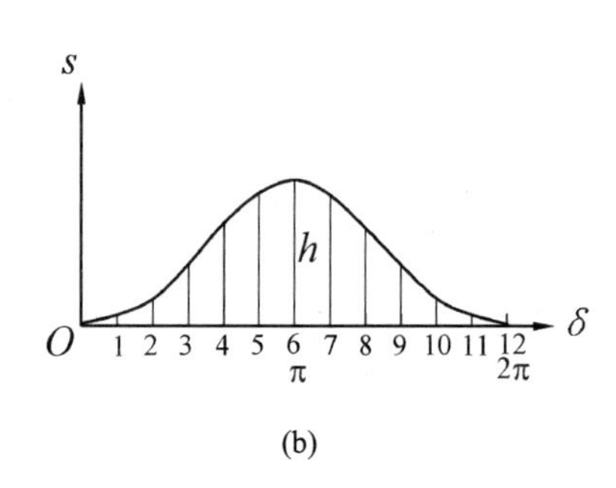

(b)

题 5 答图

6.

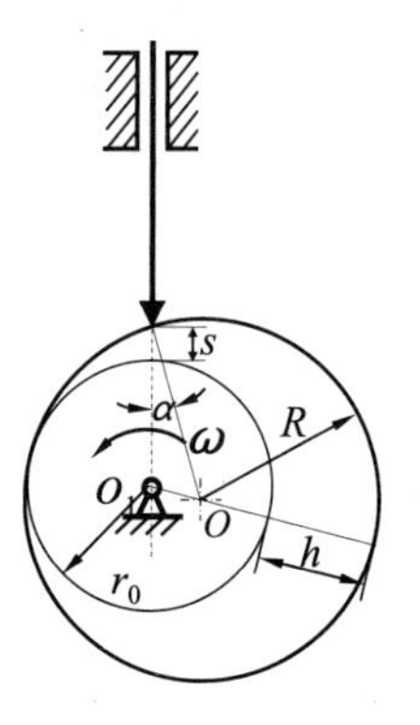

题 6 答图

7.

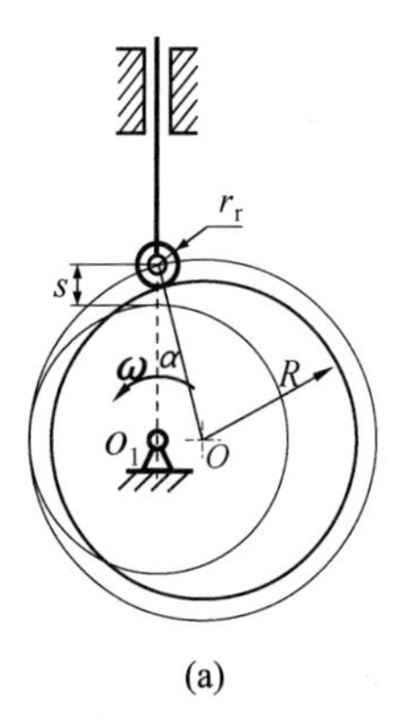

(a)

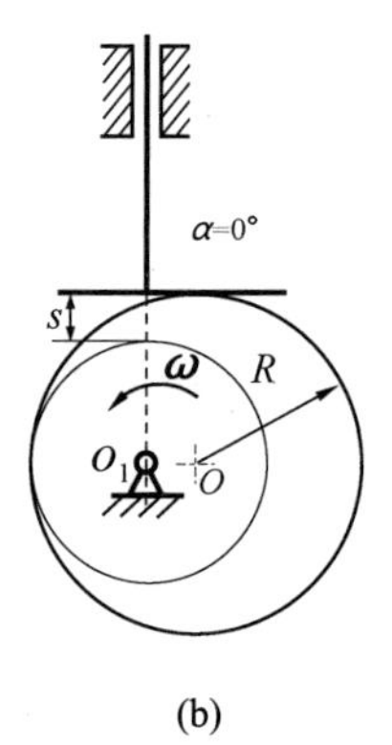

(b)

题 7 答图

8.

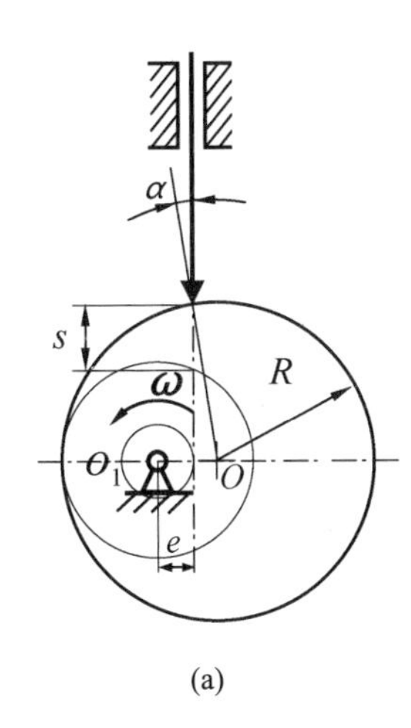

(a)

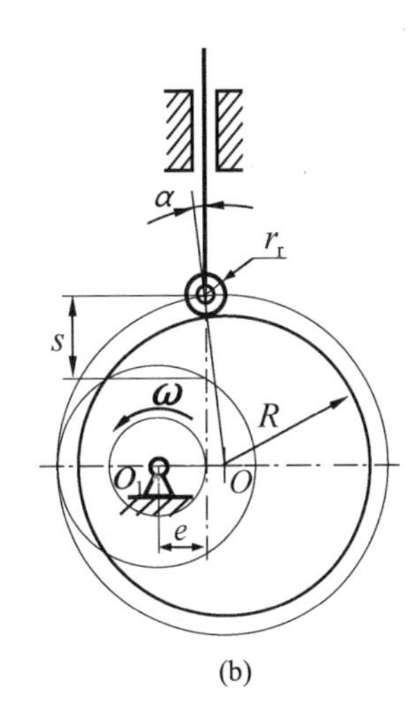

(b)

题8答图

9.

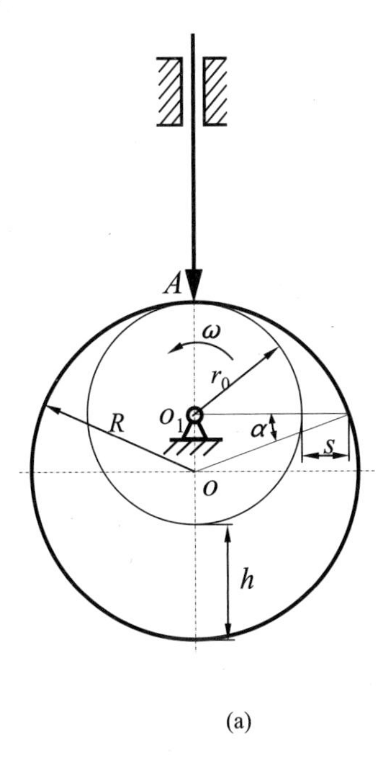

(a)

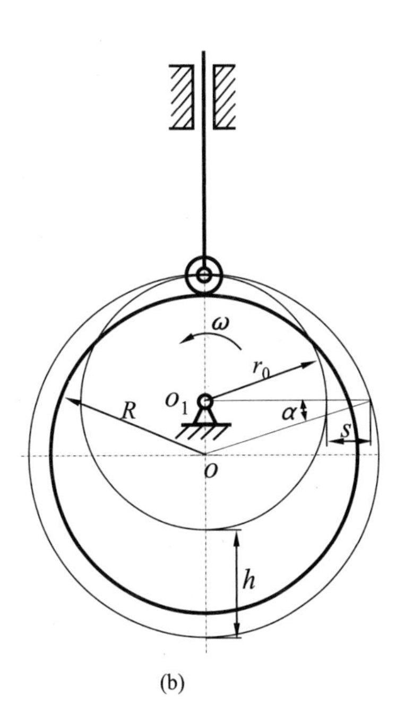

(b)

题9答图

10.

解：取长度比例尺μ_1=0.001m/mm，作图(题10答图)

如图 OE=50 mm；EF=100 mm；则 α=30º

s≈36.6 mm

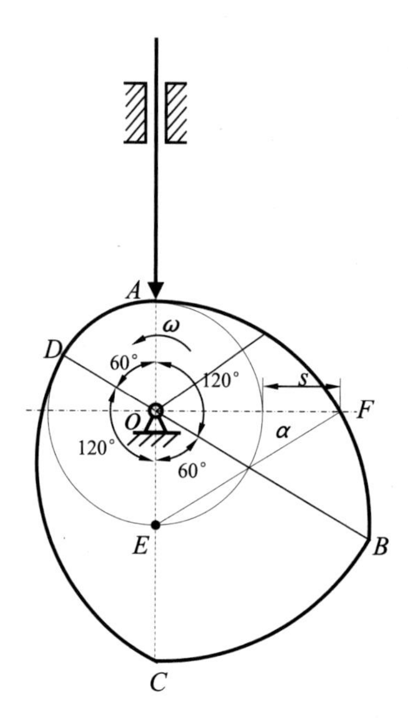

题 10 答图

第5章　其他机构

5.1　主要内容与学习要求

1. 主要内容

(1)　棘轮机构。

(2)　槽轮机构。

(3)　螺旋机构。

(4)　不完全齿轮机构。

(5)　凸轮式间歇机构。

2. 学习要求

(1)　了解常用间歇运动机构有哪些。

(2)　掌握槽轮机构、棘轮机构的工作原理、运动特点、功能和适用场合。

(3)　了解凸轮式间歇运动机构、不完全齿轮机构、螺旋机构的工作原理、运动特点及应用情况。

5.2　重点与难点

1. 重点

常用间歇运动机构的工作原理、运动特点、功能和适用场合。

2. 难点

棘轮机构和槽轮机构的主要参数选择。

5.3 思维导图

第5章思维导图.docx

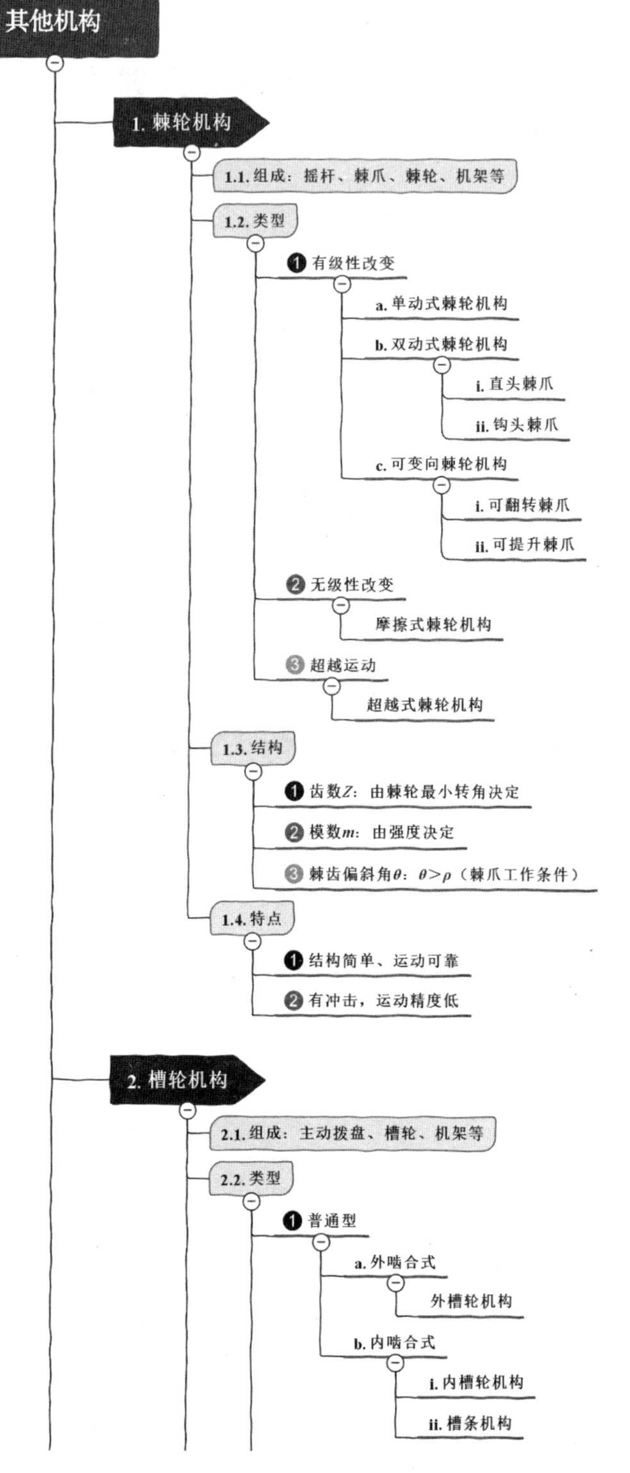

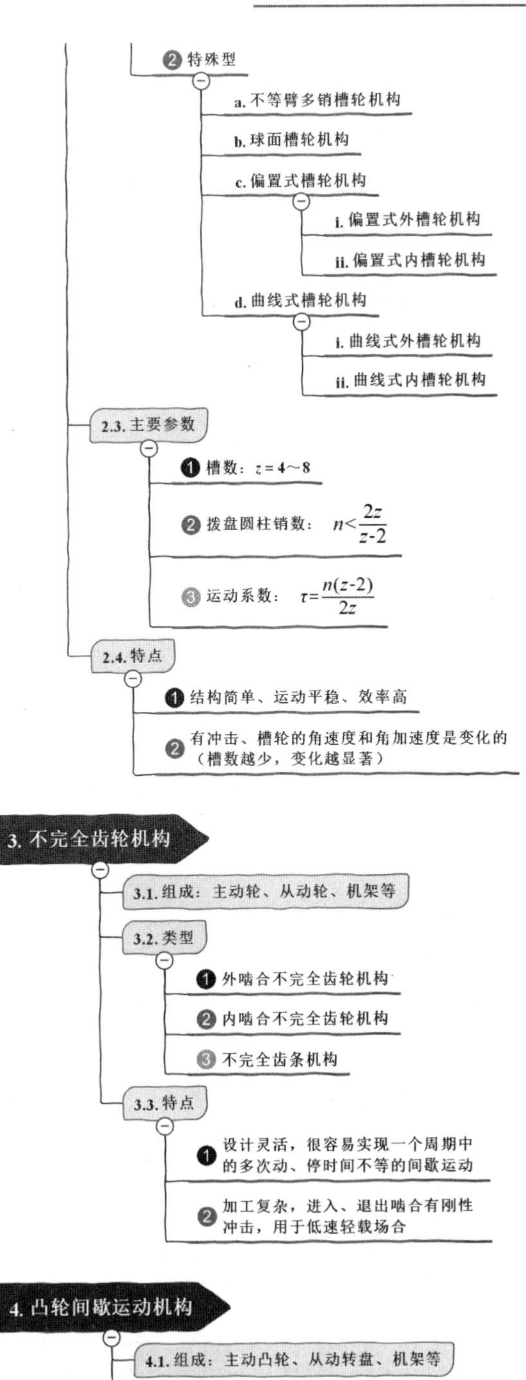
② 特殊型
a. 不等臂多销槽轮机构
b. 球面槽轮机构
c. 偏置式槽轮机构
i. 偏置式外槽轮机构
ii. 偏置式内槽轮机构
d. 曲线式槽轮机构
i. 曲线式外槽轮机构
ii. 曲线式内槽轮机构
2.3. 主要参数
① 槽数：$z=4\sim8$
② 拨盘圆柱销数：$n<\frac{2z}{z-2}$
③ 运动系数：$\tau=\frac{n(z-2)}{2z}$
2.4. 特点
① 结构简单、运动平稳、效率高
② 有冲击、槽轮的角速度和角加速度是变化的（槽数越少，变化越显著）
3. 不完全齿轮机构
3.1. 组成：主动轮、从动轮、机架等
3.2. 类型
① 外啮合不完全齿轮机构
② 内啮合不完全齿轮机构
③ 不完全齿条机构
3.3. 特点
① 设计灵活，很容易实现一个周期中的多次动、停时间不等的间歇运动
② 加工复杂，进入、退出啮合有刚性冲击，用于低速轻载场合
4. 凸轮间歇运动机构

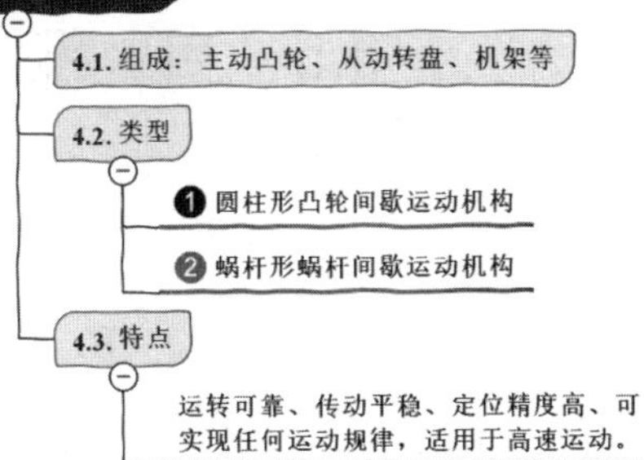
4.1. 组成：主动凸轮、从动转盘、机架等
4.2. 类型
① 圆柱形凸轮间歇运动机构
② 蜗杆形蜗杆间歇运动机构
4.3. 特点
运转可靠、传动平稳、定位精度高、可实现任何运动规律，适用于高速运动。

5.4 典型例题解析

例题 5.1 棘轮机构、槽轮机构、不完全齿轮机构和凸轮式间歇运动机构的从动构件均能获得间歇运动，试从各自的工作特点、运动及动力性能分析它们各种适用的场合。

解： 齿式棘轮机构具有结构简单、制造方便、工作可靠、转角可调等优点；但棘轮机构工作时有较大的冲击和噪声，运动精度较低，为保证棘轮机构能够正常工作，在棘轮机构设计时，对棘轮和棘爪的回转轴线的相对位置以及棘轮的齿面位置均有一定要求；适用于低速和载荷不大的场合。

槽轮机构具有结构简单、外形尺寸小、制造方便、工作可靠、效率高等优点；但槽轮机构的转角不能调节，从动槽轮在运动始末有较大的冲击，且槽数越少冲击越大。一般用于中速、转角不需要调节的自动转位和分度机械中。

不完全齿轮机构容易实现从动轮的停歇次数、停歇的时间以及转过的转角要求，并且动、停时间比可在较大范围内变化，设计比较灵活；但设计计算和加工工艺比较复杂，从动齿轮在运动始末有刚性冲击。适合于低速、轻载的场合。

凸轮式间歇运动机构具有结构紧凑、运转可靠、无须定位装置即可获得较高的定位精度、从动件可实现任意预期的运动规律、无刚性和柔性冲击，适合高速等优点；但加工精度要求高，装配与调整较困难，成本高。适合于高速、高精度的场合。

例题 5.2 有一外槽轮机构，已知槽轮的槽数 z=6，槽轮的停歇时间为每转 1s，槽轮的运动时间为 2s/r。试求：

(1) 该槽轮的运动系数 τ；

(2) 该槽轮所需的圆销数 n。

分析： 槽轮机构的运动系数 τ 是指在一个运动循环内，槽轮的运动时间(t_d)与主动拨盘转一周的运动时间(t)之比。

解： (1) 槽轮的运动系数 τ：

$$\tau=\frac{t_\mathrm{d}}{t}=\frac{2}{1+2}=\frac{2}{3}$$

(2) 槽轮所需的圆销数 n：

$$n=\frac{\tau}{1/2-1/z}=\frac{2/3}{1/2-1/6}=2$$

5.5 自 测 题

1. 选择填空

(1) 能实现间歇运动要求的机构，(　　)是间歇运动机构。

A. 一定　　　　B. 不一定

(2) 棘轮机构的主动件，是做(　　)的。

A. 往复摆动运动　　　　B. 直线往复运动

C. 等速旋转运动　　　　D. 间歇转动

(3) 棘轮机构的主动件是(　　)。

A. 棘轮　　B. 棘爪

C. 止回棘爪　　D. 带圆销的拨盘

(4) 棘轮机构的从动件是(　　)。

A. 棘轮　　B. 棘爪

C. 止回棘爪　　D. 摇杆

(5) 棘轮机构中采用了止回棘爪主要是为了(　　)。

A. 防止棘轮反转　　B. 对棘轮进行双向定位

C. 保证棘轮每次转过相同角度　　D. 改变棘轮的转角

(6) 棘轮机构的主要功能是(　　)。

A. 把主动件的连续转动转换为从动件的间歇转动

B. 把主动件的间歇转动转换为从动件的连续转动

C. 把主动件的摆动运动转换为从动件的间歇转动

D. 把主动件的间歇转动转换为从动件的摆动运动

(7) 单向运动的棘轮齿形是(　　)。

A. 梯形齿形　　B. 锯齿形齿形

(8) 双向运动的棘轮机构(　　)止回棘爪。

A. 有　　B. 没有

(9) 双向式运动的棘轮齿形是(　　)。

A. 梯形齿形　　B. 锯齿形齿形

(10) 当要求从动件的转角须经常改变时，下面的间歇运动机构中最合适的是(　　)。

A. 间歇齿轮机构　　B. 槽轮机构

C. 棘轮机构　　D. 凸轮式间歇机构

(11) 在单向间歇运动机构中，棘轮机构常用于(　　)的场合。

A. 低速轻载　　B. 高速轻载

C. 低速重载　　D. 高速重载

(12) 槽轮机构的主动件是(　　)。

A. 槽轮　　B. 摇杆

C. 带圆销的拨盘　　D. 棘爪

(13) 槽轮机构的从动件是(　　)。

A. 槽轮　　B. 摇杆

C. 带圆销的拨盘　　D. 棘爪

(14) 槽轮机构的主动件，是做(　　)的。

A. 往复摆动运动　　B. 直线往复运动

C. 等速旋转运动　　D. 间歇转动

(15) 槽轮机构的主要功能是(　　)。

A. 把主动件的连续转动转换为从动件的间歇转动

B. 把主动件的间歇转动转换为从动件的连续转动

C. 把主动件的摆动运动转换为从动件的间歇转动

D. 把主动件的间歇转动转换为从动件的连续转动

(16) 槽轮转角的大小是(　　)。

A. 能够调节的　　B. 不能调节的

(17) 槽轮机构主动件的锁止圆弧是(　　)。

A. 凹形锁止弧　　B. 凸形锁止弧

(18) 槽轮的槽形是(　　)。

A. 轴向槽　　B. 十字槽

C. 径向槽　　D. 弧形槽

(19) 外啮合槽轮机构从动件的转向与主动件的转向是(　　)。

A. 相同的　　B. 相反的

(20) 不完全齿轮间歇机构转角的大小是(　　)。

A. 不能调节的　　B. 能够调节的

(21) 利用(　　)可以防止间歇齿轮机构的从动件反转。

A. 锁止圆弧　　B. 止回棘爪

(22) 间歇运动机构(　　)把间歇运动转换成连续运动。

A. 能　　B. 不能

(23) 为了使单销槽轮机构的槽轮运动系数 K 大于零，槽轮的槽数 z 应(　　)。

A. 大于或等于 2　　B. 大于或等于 3

C. 小于 2　　D. 小于 3

(24) 只有一个曲柄销的外槽轮机构，槽轮的运动时间和停歇时间之比为(　　)。

A. 大于 1　　B. 大于 2

C. 等于 1　　D. 小于 1

(25) 单销外槽轮机构槽轮的运动时间总是(　　)静止时间。

A. 大于　　B. 等于

C. 小于　　D. 大于等于

(26) 槽轮机构的槽轮运动系数τ的取值范围是(　　)。

A. $\tau>0$　　B. $0<\tau<1$

C. $0<\tau<2$　　D. $1<\tau<2$

(27) 一外槽轮机构其拨盘上的圆柱销数为 2，槽轮的槽数为 4，则此中槽轮机构的运动特性系数应该是(　　)。

A. 0.25　　B. 0.5

C. 0.75　　D. 1

(28) 在单向间歇运动机构中，(　　)的间歇回转角可以在较大范围内调节。

A. 棘轮机构　　B. 槽轮机构

C. 不完全齿轮机构　　D. 凸轮式间歇机构

(29) 在单向间歇运动机构中，(　　)既可以避免刚性冲击，又可以避免柔性冲击。

A. 棘轮机构　　B. 槽轮机构

C. 不完全齿轮机构　　D. 圆柱凸轮间歇运动机构

(30) 不完全齿轮间歇机构的主齿轮和从齿轮，是(　　)互相调换的。

A. 能　　　　B. 不能

2. 判断题

(1) 能实现间歇运动要求的机构，一定都是间歇运动机构。(　　)

(2) 能使从动件得到周期性的时停、时动的机构，都是间歇运动机构。(　　)

(3) 棘轮机构，必须具有止回棘爪。(　　)

(4) 棘轮机构和槽轮机构的主动件，都是做往复摆动运动的。(　　)

(5) 棘轮机构的止回棘爪和槽轮机构的锁止圆弧的作用是相同的。(　　)

(6) 棘轮机构将往复摆动运动转变为单向间歇运动。(　　)

(7) 槽轮机构将连续转动运动转变为单向间歇运动。(　　)

(8) 槽轮的转角大小是可以调节的。(　　)

(9) 不论是内啮合还是外啮合的槽轮机构，其槽轮的槽形都是径向的。(　　)

(10) 不完全齿轮机构是齿轮传动的一种，所以在工作中是不会出现冲击现象的。(　　)

3. 棘轮机构与槽轮机构均可用来实现从动轴的单向间歇转动，但在具体使用选择上又有什么不同？

4. 槽轮机构运动系数的物理意义是什么？为什么运动系数必须大于零而小于1？

5. 牛头刨床工作台的横向进给螺杆的导程 l=3 mm，与螺杆固连的棘轮齿数 z=40。试求：

(1) 该棘轮的最小转动角度 $\varphi_{\min}$ 是多少？

(2) 该牛头刨床的最小进给量 $s_{\min}$ 是多少？

5.6 自测题参考答案

1. 选择填空

(1)B　(2)A　(3)B　(4)A　(5)A　(6)C　(7)B　(8)B　(9)A

(10)C　(11)A　(12)C　(13)A　(14)C　(15)A　(16)B　(17)B　(18)C

(19)B　(20)A　(21)A　(22)B　(23)B　(24)D　(25)C　(26)B　(27)B

(28)A　(29)D　(30)B

2. 判断题

(1)×　(2)×　(3)×　(4)×　(5) √　(6) √　(7) √　(8)×　(9) √　(10)×

3.

答：棘轮机构常用于速度较低和载荷不大的场合，而且棘轮转动的角度可以改变。槽轮机构较棘轮机构工作平稳，但转角不能改变，适用于中速场合。

4.

答：槽轮机构的运动系数的物理意义是指在一个运动循环内，槽轮的运动时间与转臂的运动时间之比。槽轮的运动是间歇运动，因此运动系数必须大于零而小于1。

5.

解：(1) 棘轮的最小转动角度

$$\varphi_{\min}=\frac{2\pi}{z}=\frac{2\pi}{40}=\frac{\pi}{20}(\text{rad})$$

(2) 牛头刨床的最小进给量

$$s_{\min}=\frac{\varphi_{\min}}{2\pi}l=\frac{\pi/20}{2\pi}\times 3=0.075(\text{mm})$$

第6章 连　接

6.1 主要内容与学习要求

1. 主要内容

(1) 常用螺纹的类型、特点和应用场合。

(2) 螺纹副的受力分析、效率及自锁。

(3) 螺纹连接的主要类型和螺纹连接件。

(4) 螺纹连接的防松原理及防松装置。

(5) 螺栓连接的强度及提高螺栓连接强度的措施。

(6) 常用键连接的结构及强度校核。

(7) 销连接、成型连接、铆接、焊接、胶接及过盈连接的工作原理、特点和应用。

2. 学习要求

(1) 掌握螺纹连接的基本类型、特点和应用场合；了解常用螺纹紧固件结构形式。

(2) 理解螺纹预紧和防松的目的；了解控制预紧力的方法、防松常用方法，能根据不同的情况选择合适的防松装置。

(3) 了解螺栓连接结构设计时应考虑的问题。

(4) 了解键、花键连接的类型、特点和应用。

(5) 掌握普通平键的类型及尺寸的选择方法，并能对平键连接进行强度校核计算。

6.2 重点与难点

1. 重点

(1) 螺纹的基本参数、连接的主要类型及应用。

(2) 平键的选择及强度校核。

2. 难点

螺纹副的受力分析、效率与自锁。

6.3 思维导图

第 6 章思维导图.docx

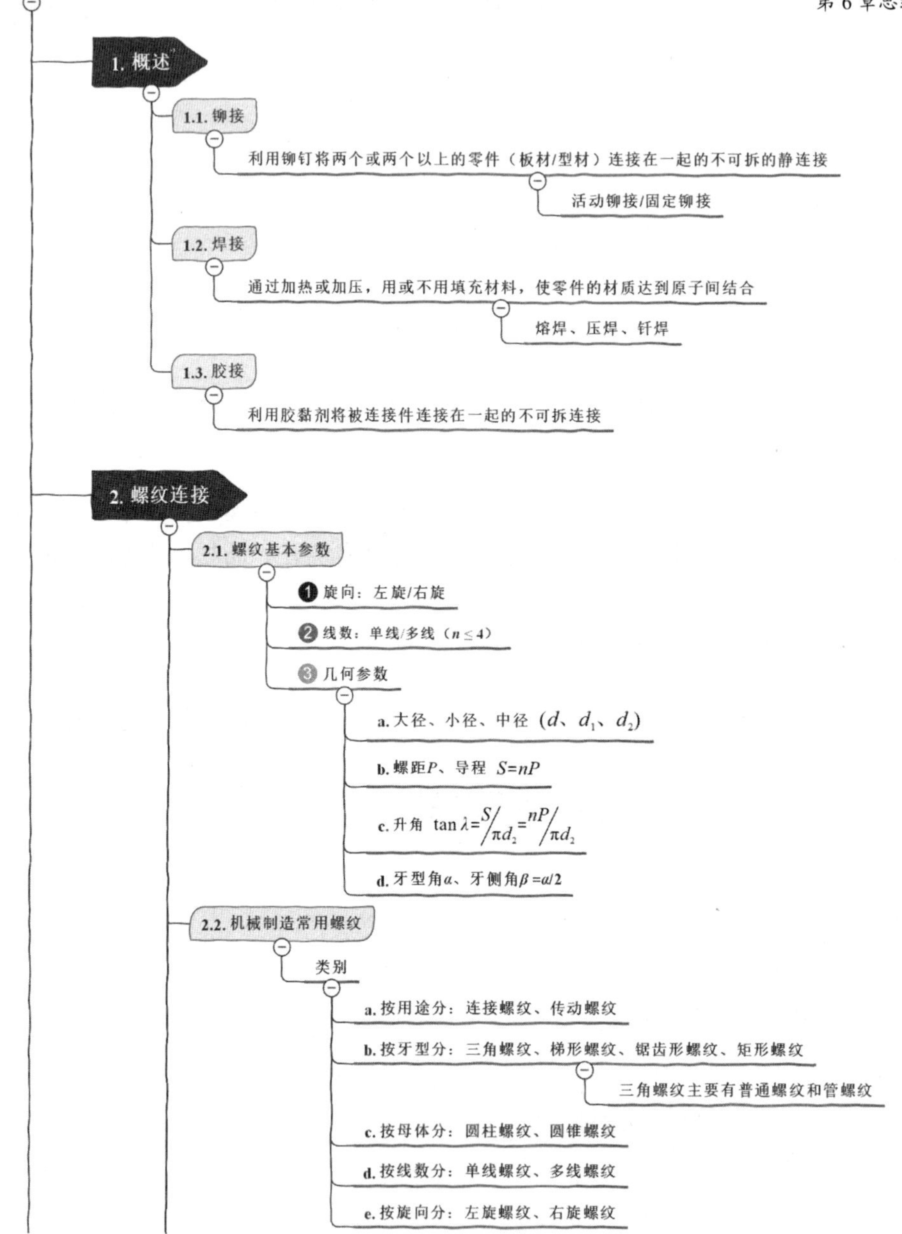

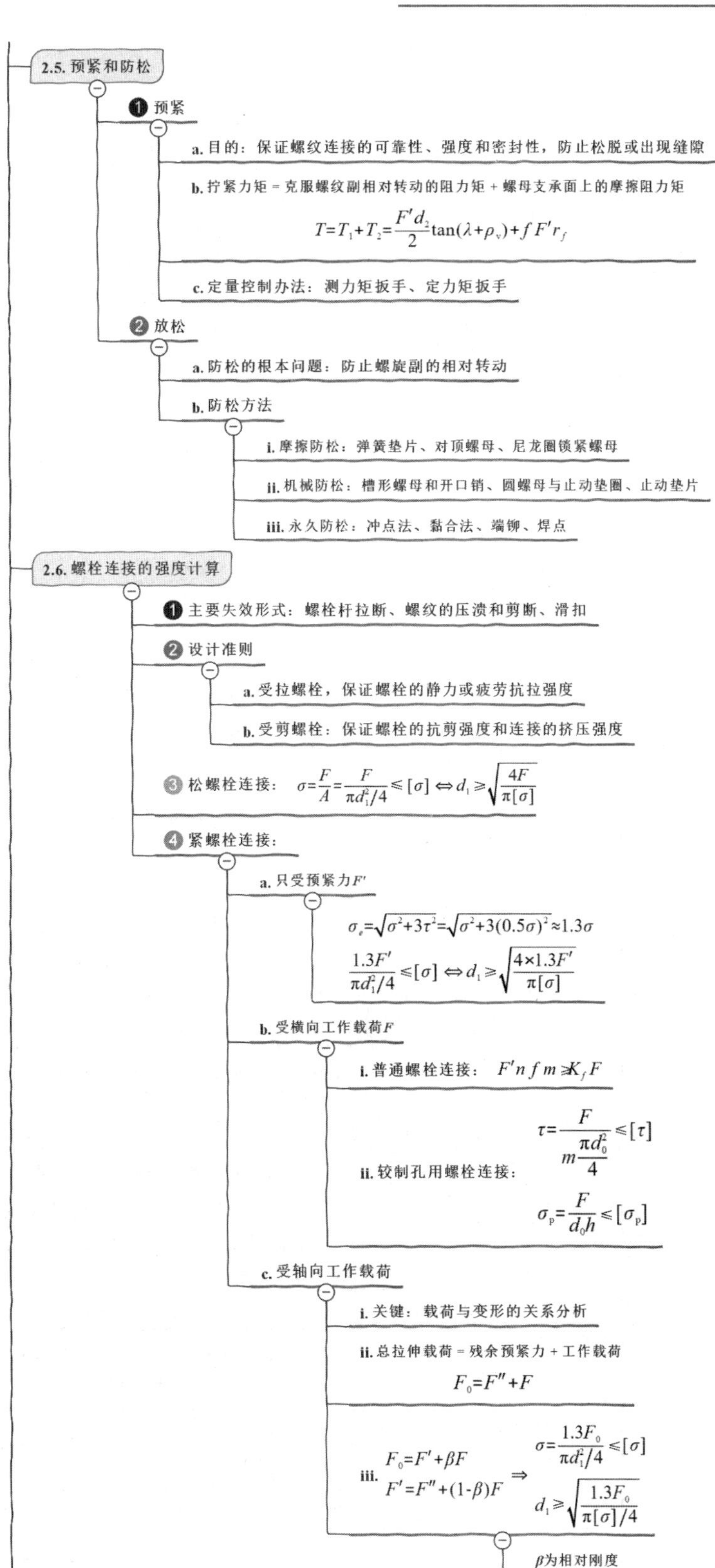

2.5. 预紧和防松
❶ 预紧
a. 目的：保证螺纹连接的可靠性、强度和密封性，防止松脱或出现缝隙
b. 拧紧力矩 = 克服螺纹副相对转动的阻力矩 + 螺母支承面上的摩擦阻力矩
$T=T_1+T_2=\frac{F'd_2}{2}\tan(\lambda+\rho_v)+fF'r_f$
c. 定量控制办法：测力矩扳手、定力矩扳手
❷ 放松
a. 防松的根本问题：防止螺旋副的相对转动
b. 防松方法
i. 摩擦防松：弹簧垫片、对顶螺母、尼龙圈锁紧螺母
ii. 机械防松：槽形螺母和开口销、圆螺母与止动垫圈、止动垫片
iii. 永久防松：冲点法、黏合法、端铆、焊点
2.6. 螺栓连接的强度计算
❶ 主要失效形式：螺栓杆拉断、螺纹的压溃和剪断、滑扣
❷ 设计准则
a. 受拉螺栓，保证螺栓的静力或疲劳抗拉强度
b. 受剪螺栓：保证螺栓的抗剪强度和连接的挤压强度
❸ 松螺栓连接： $\sigma=\frac{F}{A}=\frac{F}{\pi d_1^2/4}\leqslant[\sigma]\Leftrightarrow d_1\geqslant\sqrt{\frac{4F}{\pi[\sigma]}}$
❹ 紧螺栓连接：
a. 只受预紧力F'
$\sigma_e=\sqrt{\sigma^2+3\tau^2}=\sqrt{\sigma^2+3(0.5\sigma)^2}\approx1.3\sigma$
$\frac{1.3F'}{\pi d_1^2/4}\leqslant[\sigma]\Leftrightarrow d_1\geqslant\sqrt{\frac{4\times1.3F'}{\pi[\sigma]}}$
b. 受横向工作载荷F
i. 普通螺栓连接： $F'nfm\geqslant K_fF$
ii. 铰制孔用螺栓连接：
$\tau=\frac{F}{m\frac{\pi d_0^2}{4}}\leqslant[\tau]$
$\sigma_p=\frac{F}{d_0h}\leqslant[\sigma_p]$
c. 受轴向工作载荷
i. 关键：载荷与变形的关系分析
ii. 总拉伸载荷 = 残余预紧力 + 工作载荷
$F_0=F''+F$
iii. $F_0=F'+\beta F$
$F'=F''+(1-\beta)F$
$\Rightarrow$
$\sigma=\frac{1.3F_0}{\pi d_1^2/4}\leqslant[\sigma]$
$d_1\geqslant\sqrt{\frac{1.3F_0}{\pi[\sigma]/4}}$
β为相对刚度

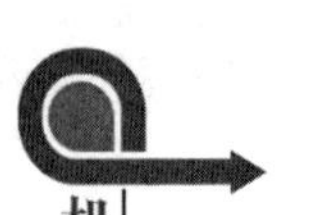

2.5. 预紧和防松

❶ 预紧

a. 目的：保证螺纹连接的可靠性、强度和密封性，防止松脱或出现缝隙

b. 拧紧力矩 = 克服螺纹副相对转动的阻力矩 + 螺母支承面上的摩擦阻力矩

$$T=T_1+T_2=\frac{F'd_2}{2}\tan(\lambda+\rho_v)+f\,F'r_f$$

c. 定量控制办法：测力矩扳手、定力矩扳手

❷ 放松

a. 防松的根本问题：防止螺旋副的相对转动

b. 防松方法

i. 摩擦防松：弹簧垫片、对顶螺母、尼龙圈锁紧螺母

ii. 机械防松：槽形螺母和开口销、圆螺母与止动垫圈、止动垫片

iii. 永久防松：冲点法、黏合法、端铆、焊点

2.6. 螺栓连接的强度计算

❶ 主要失效形式：螺栓杆拉断、螺纹的压溃和剪断、滑扣

❷ 设计准则

a. 受拉螺栓，保证螺栓的静力或疲劳抗拉强度

b. 受剪螺栓：保证螺栓的抗剪强度和连接的挤压强度

❸ 松螺栓连接： $\sigma=\frac{F}{A}=\frac{F}{\pi d_1^2/4}\le[\sigma]\Leftrightarrow d_1\ge\sqrt{\frac{4F}{\pi[\sigma]}}$

❹ 紧螺栓连接：

a. 只受预紧力 F'

$$\sigma_e=\sqrt{\sigma^2+3\tau^2}=\sqrt{\sigma^2+3(0.5\sigma)^2}\approx1.3\sigma$$

$$\frac{1.3F'}{\pi d_1^2/4}\le[\sigma]\Leftrightarrow d_1\ge\sqrt{\frac{4\times1.3F'}{\pi[\sigma]}}$$

b. 受横向工作载荷 F

i. 普通螺栓连接： $F'n\,f\,m\ge K_f F$

ii. 铰制孔用螺栓连接：

$$\tau=\frac{F}{m\frac{\pi d_0^2}{4}}\le[\tau]$$

$$\sigma_p=\frac{F}{d_0 h}\le[\sigma_p]$$

c. 受轴向工作载荷

i. 关键：载荷与变形的关系分析

ii. 总拉伸载荷 = 残余预紧力 + 工作载荷

$$F_0=F''+F$$

iii.

$$\begin{aligned}F_0&=F'+\beta F\\F'&=F''+(1-\beta)F\end{aligned}\Rightarrow\begin{aligned}&\sigma=\frac{1.3F_0}{\pi d_1^2/4}\le[\sigma]\\&d_1\ge\sqrt{\frac{1.3F_0}{\pi[\sigma]/4}}\end{aligned}$$

β 为相对刚度

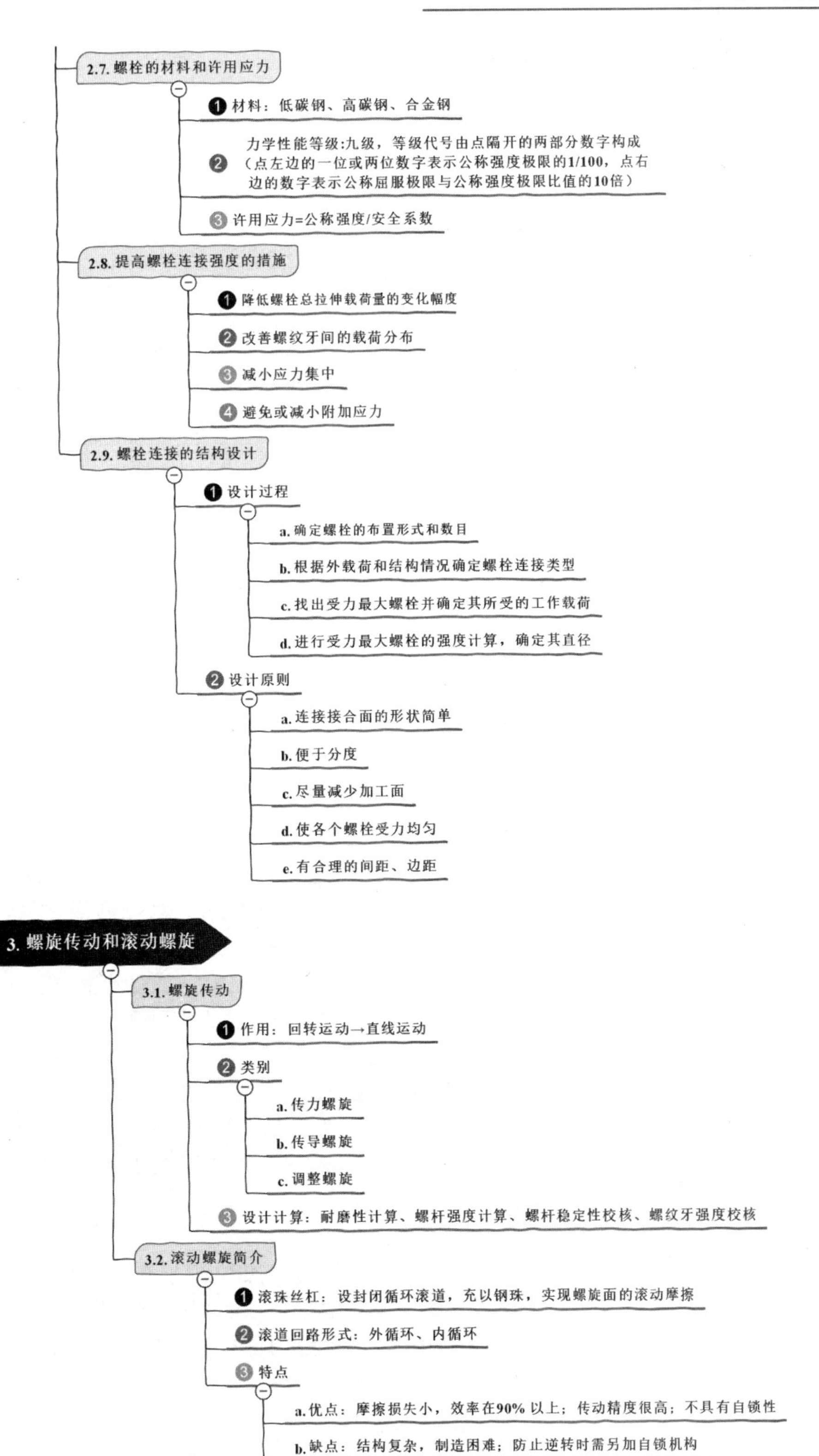
2.7. 螺栓的材料和许用应力
❶ 材料：低碳钢、高碳钢、合金钢
❷ 力学性能等级:九级，等级代号由点隔开的两部分数字构成（点左边的一位或两位数字表示公称强度极限的1/100，点右边的数字表示公称屈服极限与公称强度极限比值的10倍）
❸ 许用应力=公称强度/安全系数
2.8. 提高螺栓连接强度的措施
❶ 降低螺栓总拉伸载荷量的变化幅度
❷ 改善螺纹牙间的载荷分布
❸ 减小应力集中
❹ 避免或减小附加应力
2.9. 螺栓连接的结构设计
❶ 设计过程
a. 确定螺栓的布置形式和数目
b. 根据外载荷和结构情况确定螺栓连接类型
c. 找出受力最大螺栓并确定其所受的工作载荷
d. 进行受力最大螺栓的强度计算，确定其直径
❷ 设计原则
a. 连接接合面的形状简单
b. 便于分度
c. 尽量减少加工面
d. 使各个螺栓受力均匀
e. 有合理的间距、边距
3. 螺旋传动和滚动螺旋
3.1. 螺旋传动
❶ 作用：回转运动→直线运动
❷ 类别
a. 传力螺旋
b. 传导螺旋
c. 调整螺旋
❸ 设计计算：耐磨性计算、螺杆强度计算、螺杆稳定性校核、螺纹牙强度校核
3.2. 滚动螺旋简介
❶ 滚珠丝杠：设封闭循环滚道，充以钢珠，实现螺旋面的滚动摩擦
❷ 滚道回路形式：外循环、内循环
❸ 特点
a. 优点：摩擦损失小，效率在90% 以上；传动精度很高；不具有自锁性
b. 缺点：结构复杂，制造困难；防止逆转时需另加自锁机构

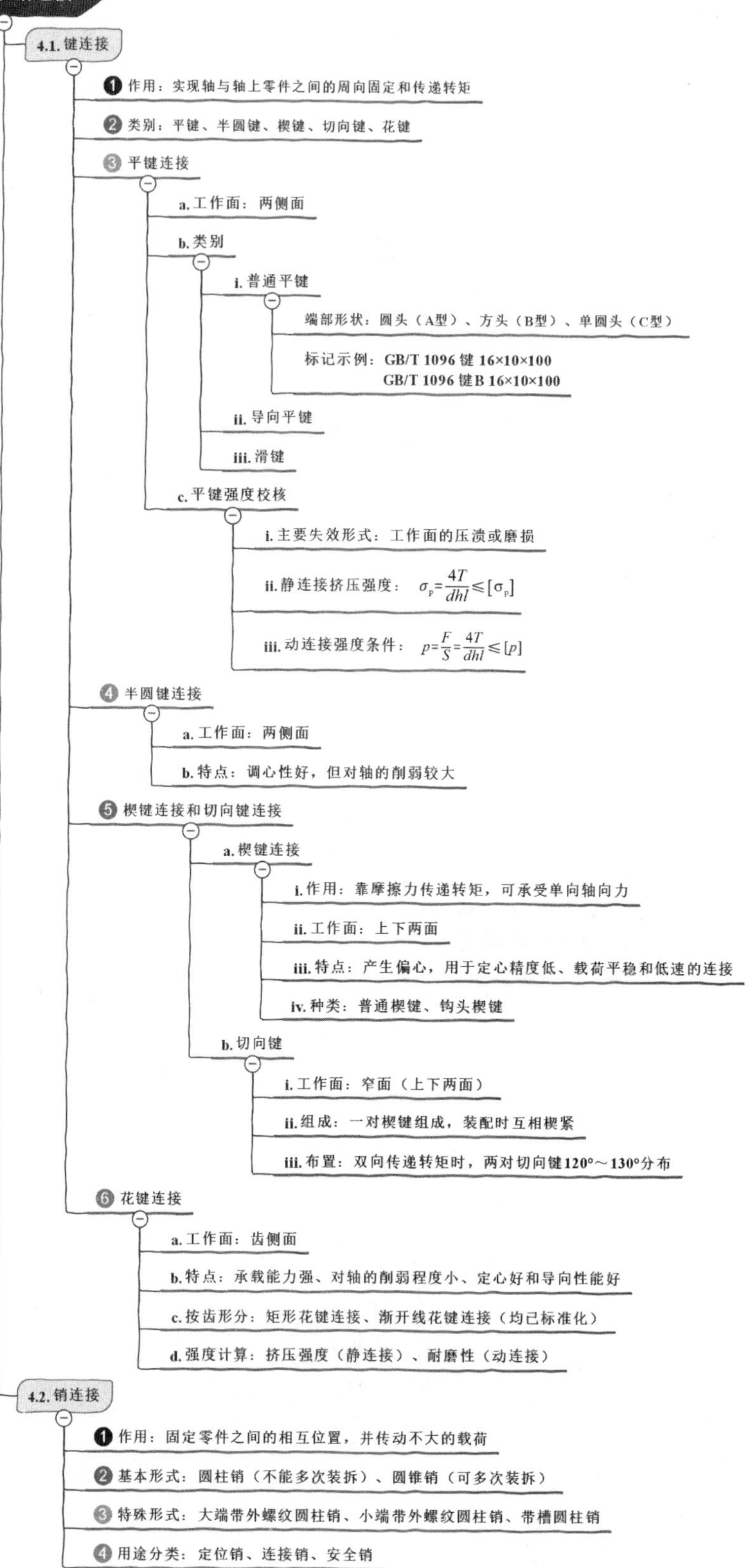

4. 键连接和销连接
4.1. 键连接
❶ 作用：实现轴与轴上零件之间的周向固定和传递转矩
❷ 类别：平键、半圆键、楔键、切向键、花键
❸ 平键连接
a. 工作面：两侧面
b. 类别
i. 普通平键
端部形状：圆头（A型）、方头（B型）、单圆头（C型）
标记示例：GB/T 1096 键 16×10×100
GB/T 1096 键B 16×10×100
ii. 导向平键
iii. 滑键
c. 平键强度校核
i. 主要失效形式：工作面的压溃或磨损
ii. 静连接挤压强度：$\sigma_p=\frac{4T}{dhl}\leq[\sigma_p]$
iii. 动连接强度条件：$p=\frac{F}{S}=\frac{4T}{dhl}\leq[p]$
❹ 半圆键连接
a. 工作面：两侧面
b. 特点：调心性好，但对轴的削弱较大
❺ 楔键连接和切向键连接
a. 楔键连接
i. 作用：靠摩擦力传递转矩，可承受单向轴向力
ii. 工作面：上下两面
iii. 特点：产生偏心，用于定心精度低、载荷平稳和低速的连接
iv. 种类：普通楔键、钩头楔键
b. 切向键
i. 工作面：窄面（上下两面）
ii. 组成：一对楔键组成，装配时互相楔紧
iii. 布置：双向传递转矩时，两对切向键120°～130°分布
❻ 花键连接
a. 工作面：齿侧面
b. 特点：承载能力强、对轴的削弱程度小、定心好和导向性能好
c. 按齿形分：矩形花键连接、渐开线花键连接（均已标准化）
d. 强度计算：挤压强度（静连接）、耐磨性（动连接）
4.2. 销连接
❶ 作用：固定零件之间的相互位置，并传动不大的载荷
❷ 基本形式：圆柱销（不能多次装拆）、圆锥销（可多次装拆）
❸ 特殊形式：大端带外螺纹圆柱销、小端带外螺纹圆柱销、带槽圆柱销
❹ 用途分类：定位销、连接销、安全销

6.4 典型例题解析

例题 6.1 如图 6.1 所示，图 6.1(a)和图 6.1(b)分别为普通螺栓连接和铰制孔螺栓连接，试分析两种螺栓连接在结构和承载特点上有何不同。

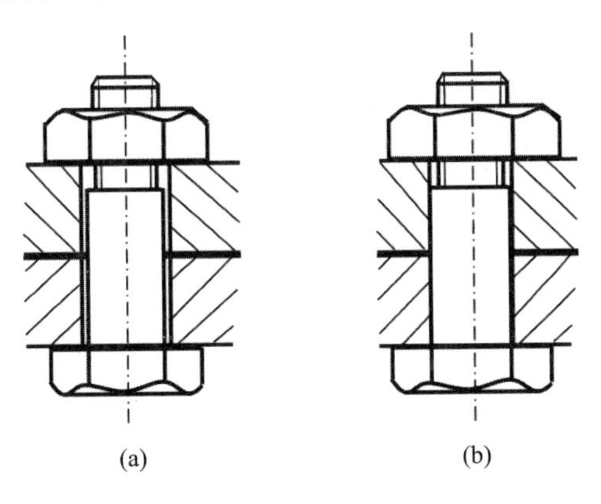

图 6.1

解：(1) 结构特点。

① 普通螺栓连接：两被连接件都比较薄，易加工成通孔，被连接件和通孔之间有间隙，通孔加工精度要求低，结构简单，装拆方便，使用时不受被连接件材料的限制，应用广泛。

② 铰制孔螺栓连接：两被连接件都比较薄，连接通孔易加工，被连接件和通孔之间无间隙，能够精确固定被连接件的相对位置，且可以承受很大的横向载荷，但孔的加工精度要求较高。

(2) 承载特点。

① 普通螺栓连接：受横向外载荷时，依靠被连接之间产生的摩擦力承载，受轴向外载荷时依靠螺栓的拉伸承载。

② 铰制孔螺栓连接：适用于承受横向载荷，受横向外载荷时依靠连接件与被连接件的孔壁之间的挤压和螺杆的剪切承载。

例题 6.2 在图 6.2 所示的螺栓连接中，采用一个 M20 的普通螺栓，其许用拉应力 $[\sigma]$=l60N/mm^2，连接件接合面间摩擦系数 f=0.20，防滑系数 K_s=1.2，计算该连接件允许的最大横向载荷 F 为多少？(M20 的螺栓 d_1=17.294 mm)。

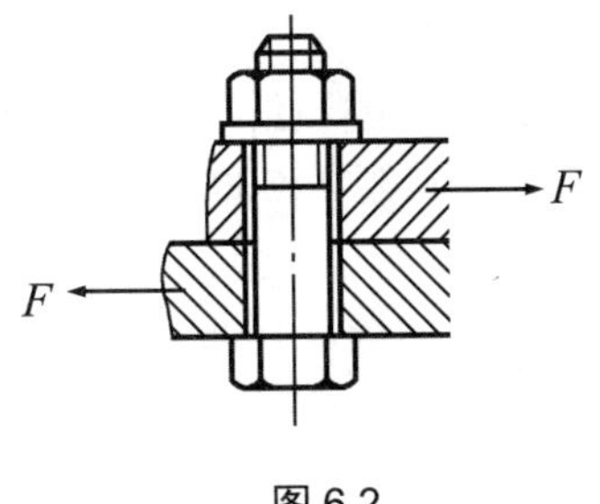

图 6.2

分析：本题是典型的受横向工作载荷作用的紧螺栓连接，在横向工作载荷作用下，可能发生的失效形式是被连接件间产生相对滑移，应先计算螺栓允许的最大预紧力 $F'_{\max}$，再根据滑移条件计算连接件允许的最大载荷 F。

解：(1) 计算螺栓允许的最大预紧力 $F'_{\max}$

由
$$\sigma=\frac{1.3F'}{\pi d_1^2/4}\leqslant[\sigma]$$

得
$$F'_{\max}=\frac{[\sigma]\pi d_1^2}{4\times1.3}=\frac{120\times\pi\times17.294^2}{4\times1.3}=21682.97(\text{N})$$

(2) 计算连接允许的最大横向载荷 F

由
$$fF'_{\max}=K_sF$$

得
$$F=\frac{fF'_{\max}}{K_s}=\frac{21671.97\times0.2}{1.2}=3613.83(\text{N})$$

例题 6.3 有一受预紧力 F' 和轴向工作载荷 F=1000N 作用的紧螺栓连接，已知预紧力 F'=1000 N，螺栓的刚度 C_b 与被连接件的刚度 C_m 相等。试计算该螺栓所受的总拉力 F_0 和残余预紧力 F''。在预紧力 F' 不变的条件下，若保证被连接件间不出现缝隙，该螺栓的最大轴向工作载荷 $F_{\max}$ 为多少?

分析：本题是典型的受轴向工作载荷作用的紧螺栓连接，螺栓首先是受预紧力作用，螺栓被拉伸，被连接件被压缩，然后受轴向工作载荷，螺栓进一步被拉伸，被连接件之间的压紧力由于预紧力减小至残余预紧力减小，螺栓所受总拉力为残余预紧力与工作载荷之和。

解：(1) 计算螺栓所受的总拉力 F_0，即

$$F_0=F'+\frac{C_b}{C_b+C_m}F=1000+0.5\times1000=1500(\text{N})$$

(2) 计算残余预紧力 F''，即

$$F''=F'-\left(1-\frac{C_b}{C_b+C_m}\right)F=1000-0.5\times1000=500(\text{N})$$

(3) 螺栓的最大轴向工作载荷 $F_{\max}$。

为保证被连接件间不出现缝隙，则 $F''\geqslant0$。由

$$F''=F'-\left(1-\frac{C_b}{C_b+C_m}\right)F\geqslant0$$

得
$$F\leqslant\frac{F'}{1-C_b/(C_b+C_m)}=\frac{1000}{1-0.5}=2000(\text{N})$$

所以 $F_{\max}=2000\ \text{N}$

例题 6.4 一齿轮装在轴上，采用 A 型普通平键连接。齿轮、轴、键均用 45 钢，轴径 d=80 mm，轮毂宽度 B=150 mm，传递转矩 T=2000 N·m，工作中有轻微冲击。试确定平键尺寸，并验算连接的强度。

分析：本题是普通平键连接的强度问题，普通平键的失效形式：键、轴上键槽、轮毂上键槽三者最弱的工作面被压溃。首先由轴径 d 查标准确定键的横截面尺寸 $b\times h$，由轮毂宽度 B 查标准确定键公称长度 L，再校核挤压强度。

解：(1) 确定平键尺寸。

根据轴径 d=80 mm，查表得 A 型平键剖面尺寸 b=22 mm，h=14 mm。

轮毂宽度 B=150 mm，取键的长度 $L=\left[150-\left(5\sim10\right)\right]\text{mm}=\left(145\sim140\right)\text{mm}$，参照键长度系列选取键长 L=140 mm。

(2) 挤压强度校核计算。

键的工作长度：$l=L-b=140-22=118(\text{mm})$

齿轮材料为45钢，工作中有轻微冲击，故取许用挤压应力：$[\sigma_{\text{p}}]$=100～120MPa

根据平键连接的强度公式，计算挤压应力，即

$$\sigma_{\text{p}}=\frac{4T}{hld}=\frac{4\times2000\times10^3}{14\times118\times80}=60.53(\text{MPa})$$

$\sigma_{\text{p}}\leqslant[\sigma_{\text{p}}]$，故安全。

例题 6.5 改正图 6.3 所示半圆键连接的结构错误，并画出正确结构。

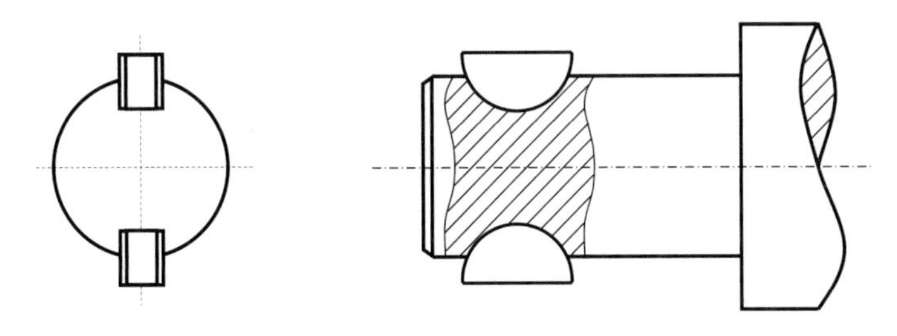

图 6.3

分析：本题是半圆键连接的结构改错题。半圆键的轴上键槽较深，对轴的强度削弱较大，当需要两个半圆键时，应将两个半圆键布置在同一条母线上，且半圆键的两侧面为工作表面，上表面与轮毂键槽底面间应留有间隙。

解：正确结构见图 6.4。

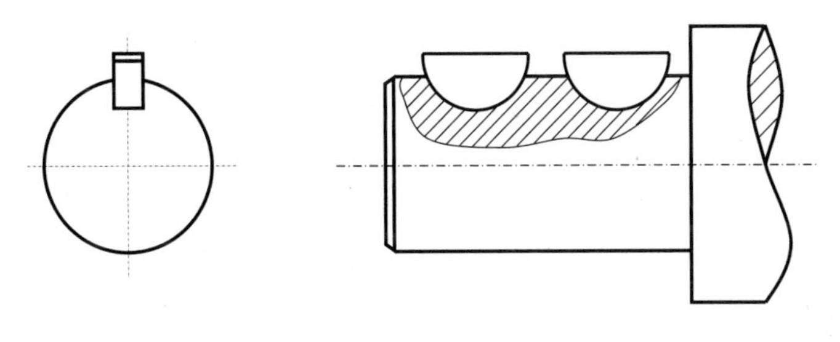

图 6.4

6.5 自 测 题

1. 选择填空

(1) 下列常见的连接中，属于可拆连接的是(　　)。

A. 焊接　　　　B. 铆接

C. 销连接　　D. 胶接

(2) 下列常见的连接中，属于不可拆连接的是(　　)。

A. 螺纹连接　　B. 键连接

C. 铆接　　D. 销连接

(3) 下列常见的连接中，属于动连接的是(　　)。

A. 螺纹连接　　B. 铰链连接

C. 焊接　　D. 普通平键

(4) 当螺纹公称直径、牙型角、螺纹线数相同时，细牙螺纹的自锁性能比粗牙螺纹的自锁性能(　　)。

A. 好　　B. 差

C. 相同　　D. 不一定

(5) 用于连接的螺纹牙型为三角形，这是因为三角形螺纹(　　)。

A. 牙根强度高，自锁性能好　　B. 传动效率高

C. 防震性能好　　D. 自锁性能差

(6) 用于薄壁零件连接的螺纹，应采用(　　)。

A. 多线的三角形粗牙螺纹　　B. 梯形螺纹

C. 锯齿形螺纹　　D. 三角形细牙螺纹

(7) 在下列 4 种具有相同公称直径和螺距，并采用相同配对材料的传动螺旋副中，传动效率最高的是(　　)。

A. 单线矩形螺旋副　　B. 单线梯形螺旋副

C. 双线矩形螺旋副　　D. 双线梯形螺旋副

(8) 一螺纹副(螺栓-螺母)相对转动一转时，沿轴线方向的相对位移是(　　)。

A. 一个螺距　　B. 一个导程

C. 导程×头数　　D. 导程/头数

(9) 采用螺纹连接时，若被连接件之一较厚、材料较软、强度较低且需经常装拆，则一般宜采用(　　)。

A. 螺栓连接　　B. 螺钉连接

C. 双头螺柱连接　　D. 紧定螺钉连接

(10) 采用螺纹连接时，若被连接件不太厚、容易加工通孔，则一般宜采用(　　)。

A. 普通螺栓连接　　B. 铰制孔用螺栓连接

C. 螺钉连接　　D. 紧定螺钉连接

(11) 采用螺纹连接时，若被连接件不太厚、容易加工通孔，但需精确固定被连接件的相对位置，承受横向载荷，则一般宜采用(　　)。

A. 普通螺栓连接　　B. 铰制孔用螺栓连接

C. 螺钉连接　　D. 紧定螺钉连接

(12) 采用螺纹连接时，若被连接件之一厚度大、不需经常拆装，则一般宜采用(　　)。

A. 螺栓连接　　B. 螺钉连接

C. 双头螺柱连接　　D. 紧定螺钉连接

(13) 采用螺纹连接时，若传递力或转矩较小，且需固定被连接件的相对位置，则一般

宜采用(　　)。

A. 螺栓连接　　B. 螺钉连接

C. 双头螺柱连接　　D. 紧定螺钉连接

(14) 大多数螺纹连接在装配时都必须拧紧，称为预紧。螺纹连接预紧的目的是(　　)。

A. 增强连接的可靠性　　B. 增强连接的紧密性

C. 提高连接的防松能力　　D. 以上全对

(15) 在螺栓连接中，有时在一个螺栓上采用双螺母，其目的是(　　)。

A. 提高强度　　B. 提高刚度

C. 防松　　D. 增大预紧力

(16) 在螺栓连接设计中，若被连接件为铸件，通常在螺栓孔处制作沉头座孔或凸台，其目的是(　　)。

A. 避免螺栓受附加弯曲应力作用　　B. 便于安装

C. 为安置防松装置　　D. 为避免螺栓受拉力过大

(17) 普通平键的主要用途是使轴与轮毂之间(　　)。

A. 沿轴向固定并传递轴向力　　B. 沿轴向可做相对滑动并具有导向作用

C. 沿周向固定并传递转矩　　D. 沿周向固定并传递轴向力

(18) 在图 6.5 中，轴、轮毂、平键三者的剖面配合关系，正确的是(　　)图。

A. (a)　　B. (b)

C. (c)　　D. (d)

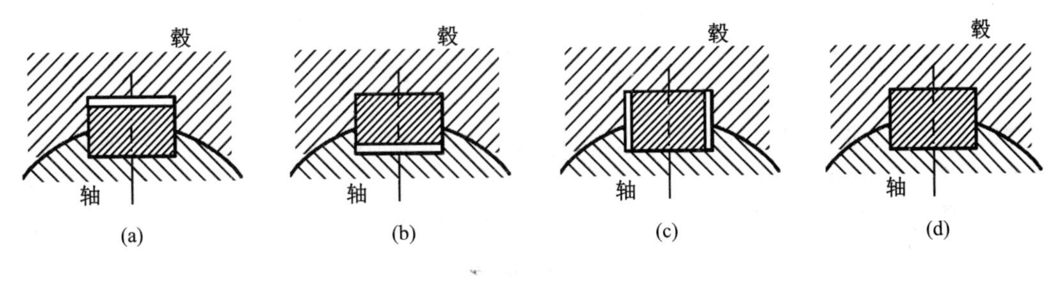

图 6.5

(19) 不属于普通平键特点的是(　　)。

A. 用于静连接　　B. 结构简单、装拆方便

C. 对中性较好　　D. 具有轴向固定的作用

(20) 键 B16×10×100(GB/T 1096—2003)中，16×10 是表示(　　)。

A. 键宽×轴径　　B. 键高×轴径

C. 键宽×键长　　D. 键宽×键高

(21) 普通平键连接的工作面是键的(　　)。

A. 一侧面　　B. 两侧面

C. 上、下表面　　D. 上表面或下表面

(22) 当轮毂轴向移动距离较小时，可采用(　　)连接。

A. 普通平键　　B. 半圆键

C. 导向平键　　D. 滑键

(23) 楔键连接的工作面是键的(　　)。

A. 一侧面　　B. 两侧面

C. 上、下表面　　D. 上表面

(24) 半圆键连接的优点是(　　)。

A. 对轴的强度削弱轻　　B. 工艺性好、安装方便

C. 传递的转矩大　　D. 键槽的应力集中较小

(25) 在轴与轮毂孔连接中，适用于定心精度要求高、传递载荷大的动或静连接宜用(　　)。

A. 普通平键　　B. 花键

C. 导向平键　　D. 切向键

(26) 在轴与轮毂孔连接中，(　　)键适用于定心精度要求不高、载荷较大的静连接。

A. 普通平键　　B. 花键

C. 导向平键　　D. 切向键

(27) 在轴与轮毂孔连接中，(　　)键适用于动连接。

A. 平键　　B. 半圆键

C. 导向平键　　D. 切向键

(28) 当要传递双向转矩时，需用两个切向键，则应将它们布置在(　　)。

A. 相隔 90º　　B. 相隔 120º~130º 位置

C. 轴的同一母线上　　D. 相隔 180º

(29) 设计普通平键连接时，键的截面尺寸 $b \times h$ 通常根据(　　)由标准中选择。

A. 传递转矩的大小　　B. 传递功率的大小

C. 轴的直径　　D. 轮毂的长度

(30) 设计普通平键连接时，键的长度通常根据(　　)而定，且键长符合标准规定的长度系列。

A. 传递转矩的大小　　B. 传递功率的大小

C. 轴的直径　　D. 轮毂的长度

(31) 设计普通平键连接时，若强度不足时可采用双键，则应将它们布置在(　　)。

A. 相隔 90º　　B. 相隔 120º~130º 位置

C. 轴的同一母线上　　D. 相隔 180º

(32) 如需在同一轴的不同轴段上安装多个普通平键，则应将它们布置在(　　)。

A. 相隔 90º　　B. 相隔 120º~130º 位置

C. 轴的同一母线上　　D. 相隔 180º

(33) 既可用于动连接又可用于静连接的键是(　　)。

A. 普通平键　　B. 楔键

C. 导向键　　D. 花键

(34) 当平键连接强度不足时可采用双键，在强度校核计算时，按(　　)个键计算。

A. 1　　B. 1.5

C. 2　　D. 2.5

(35) 普通平键连接的承载能力取决于(　　)。

A. 工作表面的剪切强度　　B. 工作表面的弯曲强度
C. 工作表面的压强　　D. 工作表面的挤压强度

(36) 设计普通平键连接的主要内容有：①按轮毂的长度选择键的长度；②进行必要的强度校核；③按轴的直径选择键的剖面尺寸；④按使用要求选择键的类型。具体设计时的一般顺序为(　　)。

A. ①②③④　　B. ①③④②
C. ④③①②　　D. ②③①④

(37) 花键连接的主要缺点是(　　)。

A. 应力集中大　　B. 成本高
C. 对中性与导向性差　　D. 轴的强度削弱大

(38) 渐开线花键的定心方式是(　　)。

A. 小径定心　　B. 大径定心
C. 中径定心　　D. 齿形定心

(39) 花键连接的强度取决于(　　)。

A. 齿根弯曲强度　　B. 齿侧接触强度
C. 齿侧挤压强度　　D. 齿根剪切强度

(40) 下列键连接中，定心性能最差的是(　　)。

A. 普通平键　　B. 半圆键
C. 楔键　　D. 花键

2. 判断题

(1) 三角形螺纹的牙型角比矩形螺纹的牙型角大，故三角形螺纹主要用于连接，矩形螺纹主要用于传动。　(　　)

(2) 当螺纹公称直径、牙型角、螺纹线数相同时，细牙螺纹比粗牙螺纹的自锁性好。　(　　)

(3) 若被连接件之一较厚、材料较软，强度较低且需经常装拆时，则一般宜采用螺钉连接。　(　　)

(4) 螺钉连接和螺栓连接的主要差别是被连接件上必须加工螺纹孔。　(　　)

(5) 在螺栓连接中，有时在一个螺栓上采用双螺母，其目的是提高螺栓连接的强度。　(　　)

(6) 普通平键连接可以实现轴与轮毂的周向和轴向固定。　(　　)

(7) 在轴端的轴毂连接中，为了便于安装，通常选用B型平键。　(　　)

(8) 普通平键连接设计时，若用一个平键强度不够，可采用两个按180º对称布置的平键。　(　　)

(9) 用两个切向键传递双向转矩时，应将它们相隔180º对称布置。　(　　)

(10) 花键连接主要用于定心精度高、载荷大或有滑移的连接中。　(　　)

3. 填空题

(1) 图6.6所示为几种常见螺纹连接的防松方法，图6.6(a)中螺纹连接采用的防松零件是(　　)，防松方式是(　　)；图 6.6(b)中螺纹连接采用的防松零件是(　　)，防松方式是

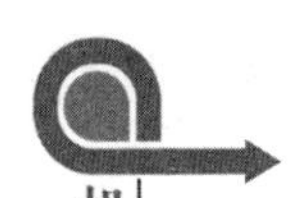

(　　)；图 6.6(c)中螺纹连接采用的防松零件是(　　)，防松方式是(　　)；图 6.6(d)中螺纹连接采用的防松零件是(　　)，防松方式是(　　)。

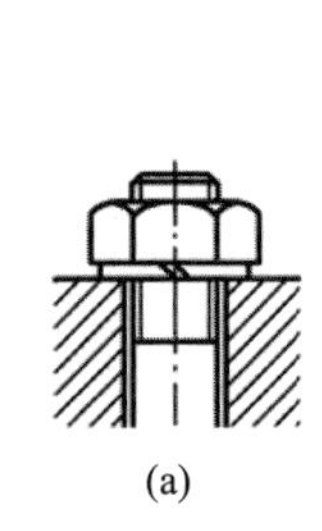

(a)

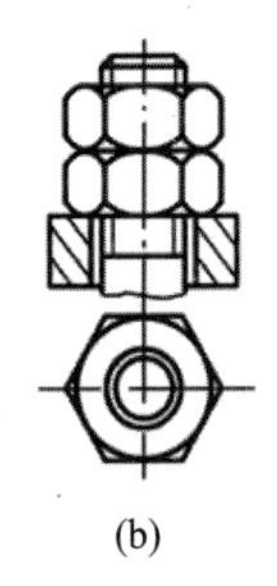

(b)

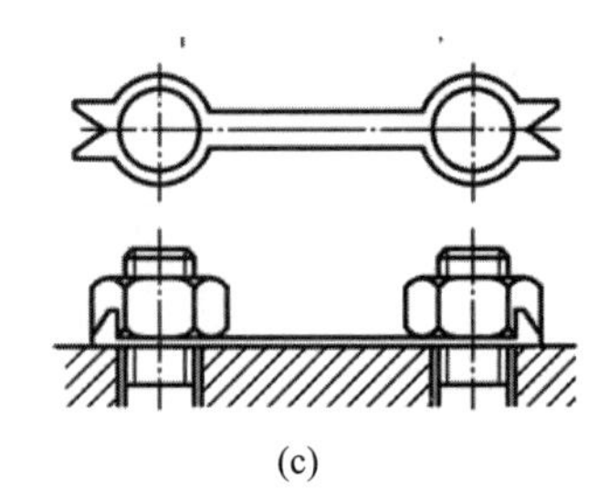

(c)

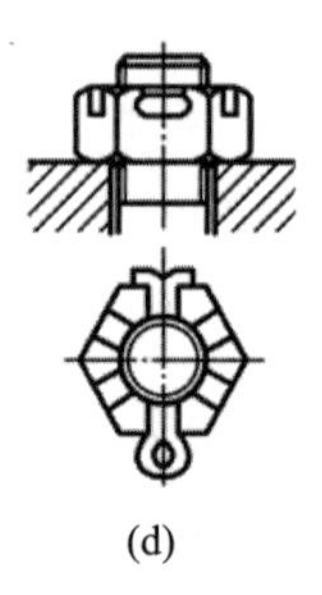

(d)

图 6.6

(2)　图 6.7 所示为几种常见的螺纹连接，图 6.7(a)中螺纹连接的类型是(　　)；图 6.7(b)中螺纹连接的类型是(　　)；图 6.7(c)中螺纹连接的类型是(　　)；图 6.7(d)中螺纹连接的类型是(　　)。减速器的轴承端盖与机座应该选用图(　　)连接方式，原因是(　　)。

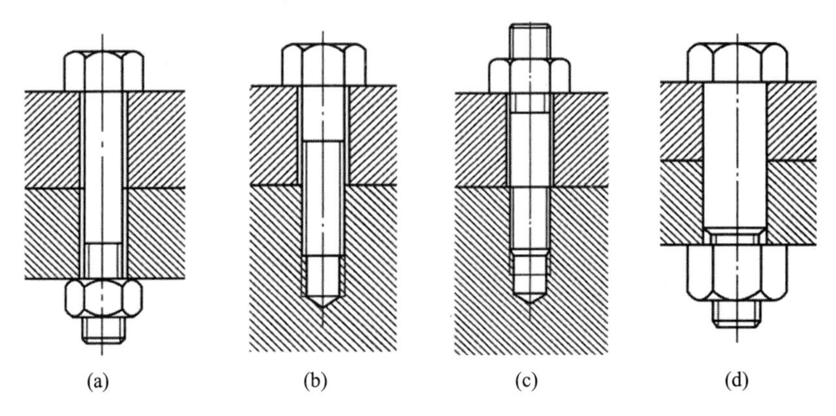

图 6.7

(3)　图 6.8 所示为 3 种轴端键连接。图 6.8(a)中键的类型为(　　)，其工作面是(　　)，主要失效形式为工作面被(　　)，主要是校核工作面的(　　)强度；图 6.8(b)中键的类型为(　　)，其工作面是(　　)；图 6.8(c)中键的类型为(　　)，其工作面是(　　)。

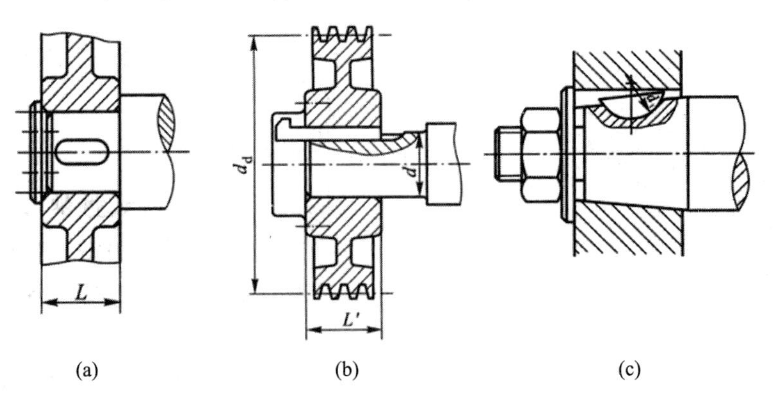

图 6.8

4. 图 6.9 所示为两种螺纹连接形式，说明图 6.9(a)、图 6.9(b)分别表示哪种螺纹连接的类型？各有什么特点？

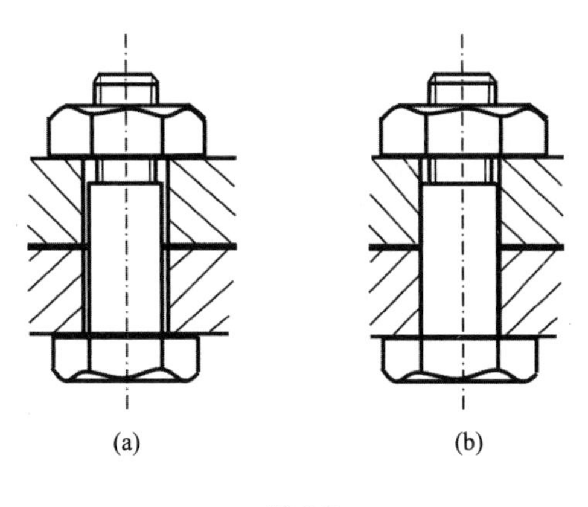

图 6.9

5. 图 6.10 所示为两种常见的螺纹连接形式。试说出它们的名称以及所适用的场合。

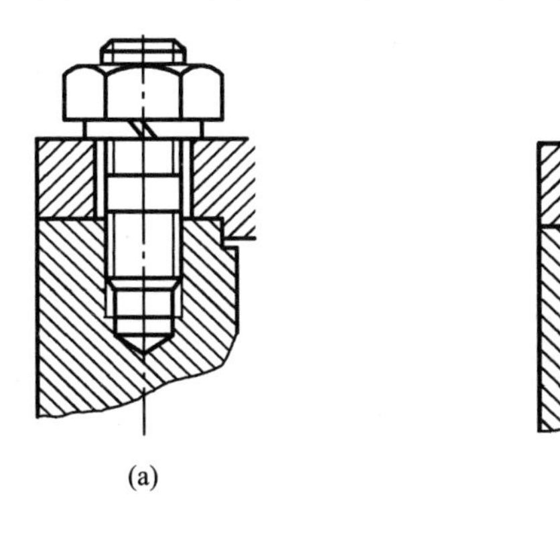

图 6.10

6. 图 6.11 所示压力容器的顶盖和壳体的螺纹连接，试说明：

(1) 该螺纹连接的类型及特点；

(2) 图中连接采用了哪种防松零件？属于何种防松方式？

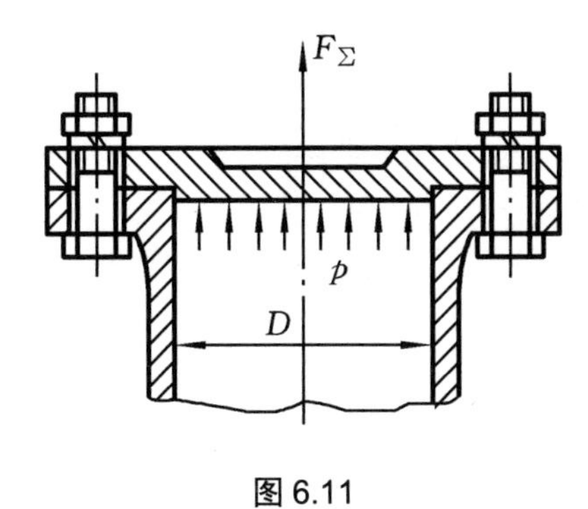

图 6.11

7. 图 6.12 所示为一普通螺栓连接，试：

(1) 找出图中 3 处结构错误，并简要说明；

(2) 螺纹连接是可拆连接还是不可拆连接？并另外列举两种可拆连接。

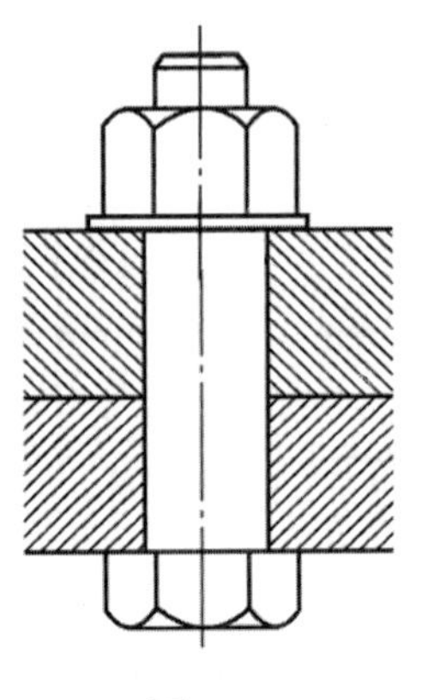

图 6.12

8. 在图 6.13 所示螺栓连接中，采用一个普通螺栓，所受横向外载荷 F=1800N，其许用拉应力$[\sigma]$=80N/mm^2，连接件接合面间摩擦系数 f=0.15，防滑系数 K_s=1.2。试确定螺栓直径 d_1。

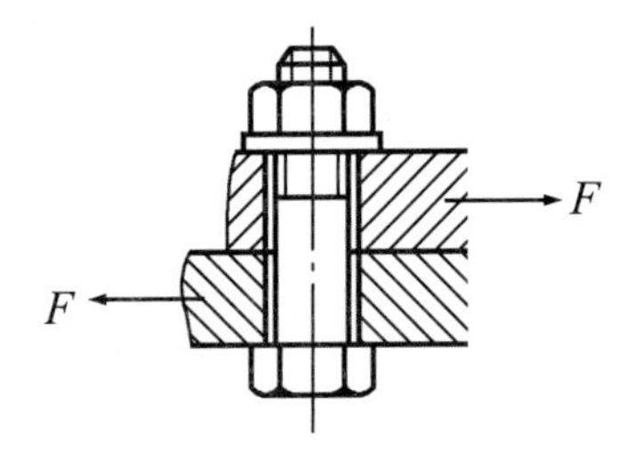

图 6.13

9. 图 6.14 所示为一紧螺栓连接，施加其上的预紧力 $F'=2500$N，所受轴向外载荷 F=4000N，设螺栓的相对刚度 $C_b/(C_b+C_m)$=0.35，问此螺栓所受总的轴向拉力 F_0 为多少？连接的残余预紧力 F'' 为多少？

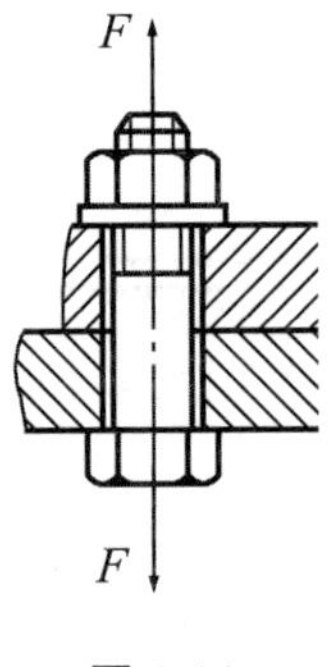

图 6.14

10. 改正图 6.15 所示螺钉连接的结构错误。

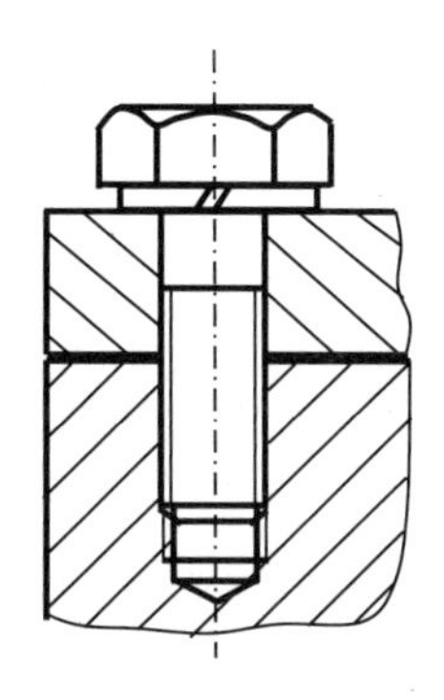

图 6.15

11. 改正图 6.16 所示普通平键连接的结构错误。

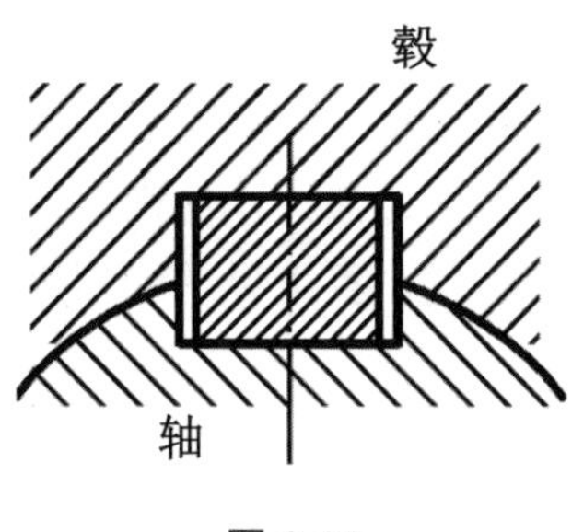

图 6.16

12. 图 6.17 所示为二级齿轮减速器的输出轴，齿轮、联轴器分别用键与轴构成静连接。试选择两处键连接的类型及尺寸，并校核其连接强度。已知齿轮、联轴器、轴的材料均为45 钢，传递的转矩 $T = 500\ \text{N} \cdot \text{m}$，工作时有轻微冲击。

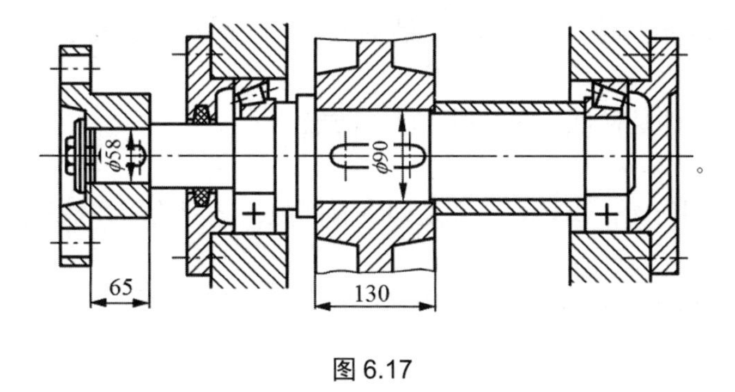

图 6.17

6.6 自测题参考答案

1. 选择填空

(1)C (2)C (3)B (4)A (5)A (6)D (7)C (8)B (9)C
(10)A (11)B (12)B (13)D (14)D (15)C (16)A (17)C (18)A
(19)D (20)D (21)B (22)C (23)C (24)B (25)B (26)D (27)C
(28)B (29)C (30)D (31)D (32)C (33)D (34)B (35)D (36)C

(37)B　(38)D　(39)C　(40)C

2. 判断题

(1) √　(2) √　(3)×　(4) √　(5)×　(6)×　(7)×　(8) √　(9)×　(10) √

3. 填空题

(1) 弹性垫圈；摩擦防松；对顶螺母；摩擦防松；止动垫圈；机械防松；开口销与六角开槽螺母；机械防松

(2) 普通螺栓连接；螺钉连接；双头螺柱连接；铰制孔螺栓连接；b；被连接件之一(箱体)较厚，不宜加工通孔，不需经常拆装

(3) 双圆头平键；键的两侧面；压溃；挤压；楔键；上、下表面；半圆键；键的两侧面

4.

(a)图为普通平键连接，(b)图为铰制孔螺栓连接。

普通平键连接：两被连接件都比较薄，易加工连接通孔；被连接件和通孔之间有间隙，通孔加工精度要求低，结构简单，装拆方便，使用时不受被连接件材料的限制，应用广泛。

铰制孔螺栓连接：两被连接件都比较薄，连接通孔易加工；被连接件和通孔之间无间隙，能够精确固定被连接件的相对位置，且可以承受很大的横向载荷，但孔的加工精度要求较高。

5.

图(a)为双头螺柱连接，图(b)图为螺钉连接。

双头螺柱连接：被连接件之一较厚，不宜加工通孔，且经常拆装的场合。

螺钉连接：被连接件之一较厚，不宜加工通孔，且不宜经常拆装的场合。

6.

(1) 普通螺栓连接；两被连接件都比较薄，易加工连接通孔，被连接件和通孔之间有间隙，通孔加工精度要求低，结构简单，装拆方便，使用时不受被连接件材料的限制，应用广泛。

(2) 所用防松零件是弹性垫圈，属于摩擦防松。

7.

(1) 如题 7 答图所示，①螺杆与孔之间应有间隙；②应选用弹性垫圈；③螺栓上缺少螺纹。

(2) 可拆卸连接，如键连接、销连接。

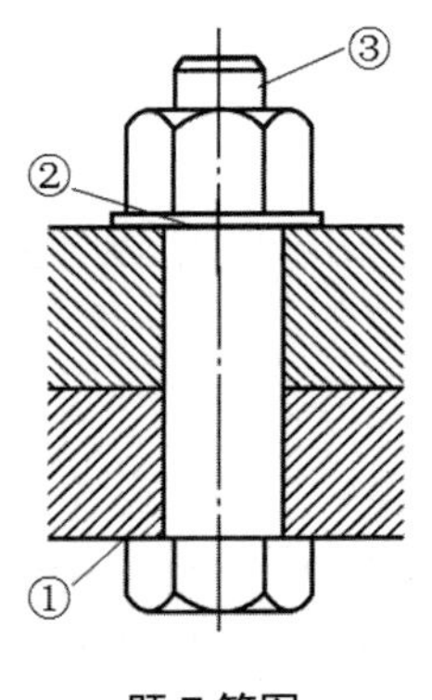

题 7 答图

8.

解：(1) 按不滑移条件求螺栓的预紧力 F'

由
$$fF' = K_s F$$
得
$$F' = \frac{K_s F}{f} = \frac{1.2 \times 1800}{0.15} = 14400(\text{N})$$

(2) 确定螺栓的直径 d_1

$$d_1 \geqslant \sqrt{\frac{4 \times 1.3F'}{\pi[\sigma]}} = \sqrt{\frac{4 \times 1.3 \times 14400}{\pi \times 80}}$$
$$=17.26(\text{mm})$$

取螺栓直径 M20，d_1=17.294 mm

9.

解：(1) 计算螺栓所受的总拉力 F_0

$$F_0 = F' + \frac{C_b}{C_b + C_m} F = 2500 + 0.35 \times 4000 = 3900(\text{N})$$

(2) 计算残余预紧力 F''

$$F'' = F' - \left(1 - \frac{C_b}{C_b + C_m}\right) F = 2500 - 0.65 \times 4000 = -100(\text{N})$$

取残余预紧力 $F'' = 0$

10.

①螺钉与较薄被连接件的通孔间应有间隙；②弹性垫圈的开口方向错误。正确结构如题 10 答图所示。

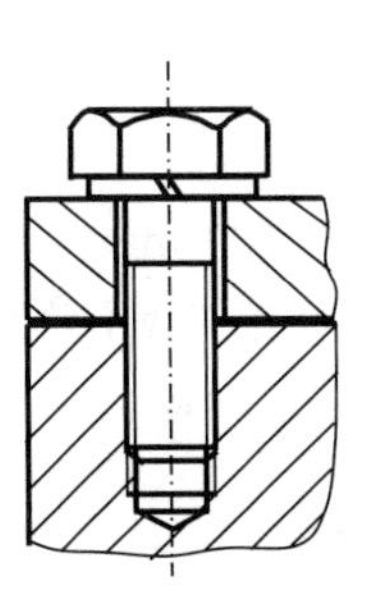

题 10 答图

11.

解：①普通平键的两侧面为工作表面；②普通平键的上表面与轮毂键槽底面间应留有间隙。正确结构如题 11 答图所示。

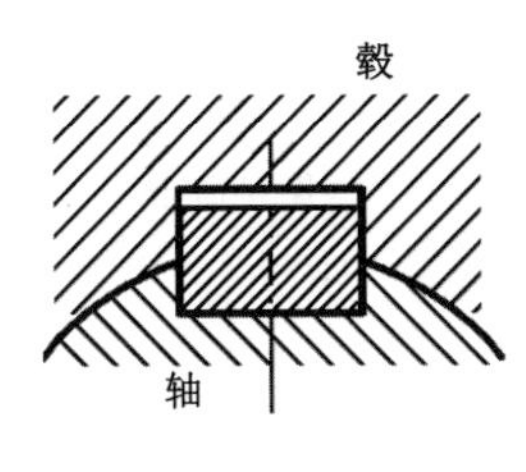

题 11 答图

12.

解：(1) 联轴器段的键。

键连接类型的选择：由于联轴器用键与减速器的低速轴构成静连接，对中性要求较高，且不要求承受轴向力，故选用 A 型平键连接。

① 键连接尺寸的选择。

按轴径：d=58 mm，查表得：键宽 b=16 mm，键高 h=10 mm，

键长 $L=\left[65-(5\sim10)\right]$ mm $=(60\sim55)$ mm，取标准长度 L=56 mm。

标记为：GB/T 1096 键 16×10×56

② 校核其连接强度。

键的工作长度：$l=L-b=56-16=40(\text{mm})$

齿轮材料为 45 钢，工作中有轻微冲击，故取许用挤压应力：$[\sigma_{\text{p}}]$=100～120 MPa

根据平键连接的强度公式计算挤压应力

$$\sigma_{\text{p}}=\frac{4T}{hld}=\frac{4\times500\times10^{3}}{10\times40\times58}=86.21(\text{MPa})$$

$\sigma_{\text{p}}\leqslant[\sigma_{\text{p}}]$，故安全。

(2) 齿轮段的键。

键连接类型的选择：由于齿轮用键与减速器的低速轴构成静连接，对中性要求较高，且不要求承受轴向力，故选用 A 型平键连接。

① 键连接尺寸的选择。

按轴径：d=90 mm，查表得：键宽 b=25 mm，键高 h=14 mm，

键长 $L=\left[130-(5\sim10)\right]$ mm $=(125\sim120)$ mm，取标准长度 L=125 mm。

标记为：GB/T 1096 键 25×14×125

② 校核其连接强度。

键的工作长度：$l=L-b=125-25=100(\text{mm})$

齿轮材料为 45 钢，工作中有轻微冲击，故取许用挤压应力：$[\sigma_{\text{p}}]$=100～120 MPa

根据平键连接的强度公式，计算挤压应力

$$\sigma_{\text{p}}=\frac{4T}{hld}=\frac{4\times500\times10^{3}}{14\times100\times90}=15.87(\text{MPa})$$

$\sigma_{\text{p}}\leqslant[\sigma_{\text{p}}]$，故安全。

第 7 章　带传动与链传动

7.1　主要内容与学习要求

1. 主要内容

(1)　带传动的类型及应用。

(2)　V 带结构及 V 带轮的设计。

(3)　带传动工作情况分析。

(4)　普通 V 带传动的设计计算。

(5)　链传动的基础知识。

2. 学习要求

(1)　掌握带传动的组成、工作原理、类型、特点和应用场合。

(2)　熟悉 V 带的结构及其标准、V 带传动的张紧方法和装置。

(3)　能正确表述带传动中的初拉力 F_0、紧边拉力 F_1、松边拉力 F_2、有效圆周力 F 相互之间的关系。

(4)　能正确表述带传动中的 3 种应力产生的原因及应力分布图。

(5)　能正确表述带传动中弹性滑动和打滑产生的原因及其对传动的影响。

(6)　掌握 V 带的失效形式、设计准则及参数选择的原则。

(7)　了解链传动的工作原理、特点及分类。

(8)　理解链传动的运动特性，了解多边形效应及脱链现象。

7.2　重点与难点

1. 重点

(1)　带传动的受力和应力分析。

(2)　普通 V 带的设计计算。

2. 难点

弹性滑动产生的原因及其对传动的影响。

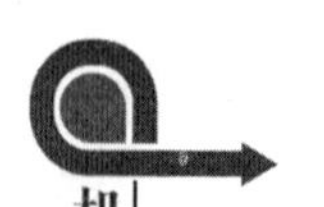

7.3 思维导图

第 7 章思维导图.docx

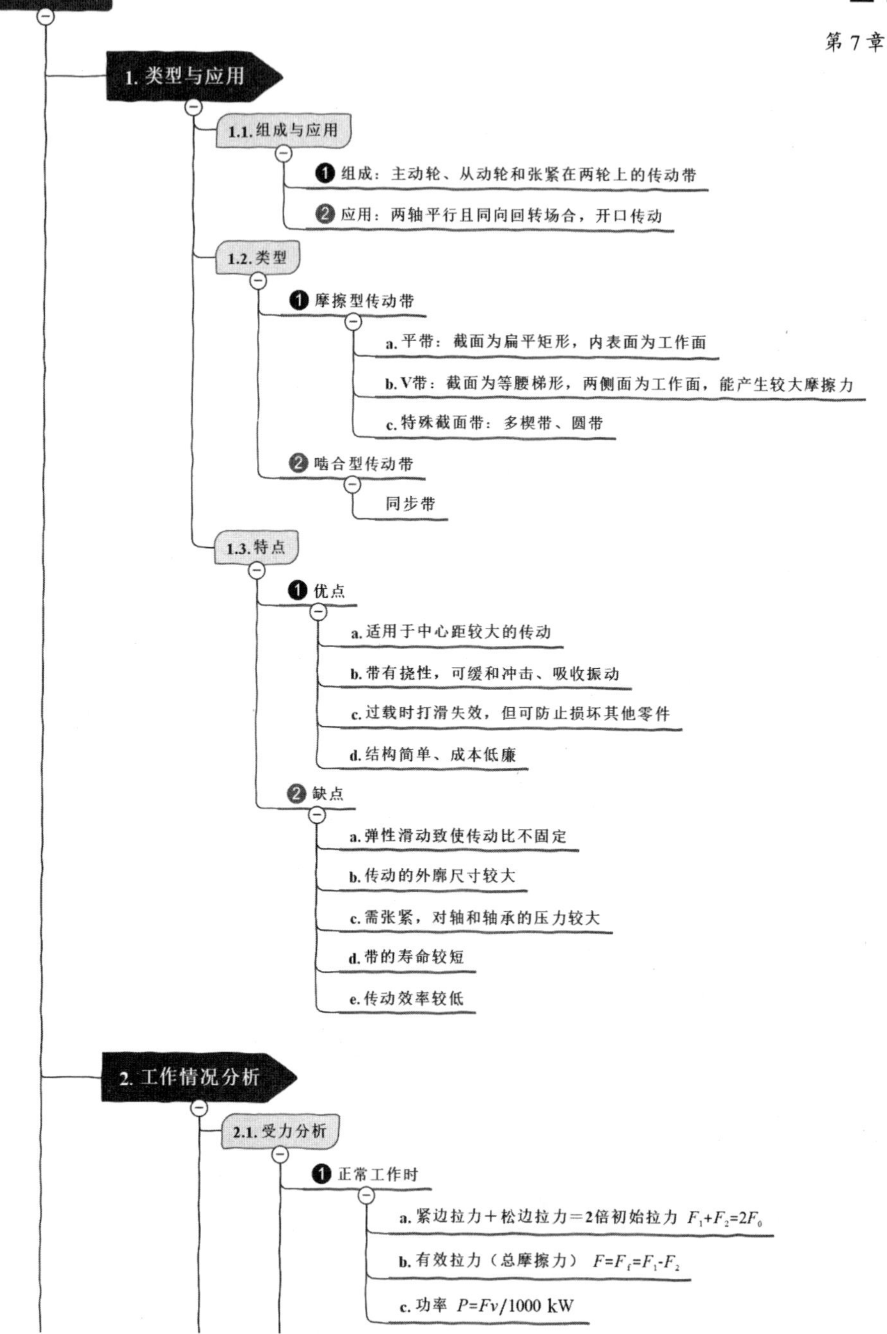

❷ 平带即将打滑时

a. 欧拉公式（柔韧体摩擦） $\frac{F_1}{F_2}=e^{f\alpha}$

b. $F_1=F\frac{e^{f\alpha}}{e^{f\alpha}-1}$、$F_2=F\frac{1}{e^{f\alpha}-1}$

$F=F_1-F_2=F_1\left(1-\frac{1}{e^{f\alpha}}\right)=2F_0\frac{e^{f\alpha}-1}{e^{f\alpha}+1}$

❸ 极限摩擦力

a. 平带极限摩擦力 $F_N f=F_Q f$

b. V带极限摩擦力 $F_N f=F_Q\frac{f}{\sin\frac{\varphi}{2}}=F_Q f'$

c. 当量摩擦系数 $f'=\frac{f}{\sin\frac{\varphi}{2}}$

❹ V带即将打滑时

a. 欧拉公式 $\frac{F_1}{F_2}=e^{f'\alpha}$

b. $F_1=F\frac{e^{f'\alpha}}{e^{f'\alpha}-1}$、$F_2=F\frac{1}{e^{f'\alpha}-1}$

$F=F_1-F_2=F_1\left(1-\frac{1}{e^{f'\alpha}}\right)$

2.2. 应力分析

❶ 紧边和松边拉力产生的拉应力

a. 紧边拉应力 $\sigma_1=\frac{F_1}{A}$

b. 松边拉应力 $\sigma_2=\frac{F_2}{A}$

c. $\sigma_1>\sigma_2$

❷ 离心力产生的拉应力

a. 离心拉应力 $\sigma_c=\frac{F_c}{A}=\frac{qv^2}{A}$

b. $\sigma_{c1}=\sigma_{c2}$

❸ 弯曲应力

a. 小带轮上弯曲应力 $\sigma_{b1}=\frac{2yE}{d_1}$

b. 大带轮上弯曲应力 $\sigma_{b2}=\frac{2yE}{d_2}$

c. $\sigma_{b1}>\sigma_{b2}$

❹ 带工作时应力特性

带每绕转一整周完成两个应力循环→疲劳损坏

❺ 最大应力

a. 出现位置：紧边与小带轮的接触处

b. 大小：$\sigma_{max}=\sigma_1+\sigma_{b1}+\sigma_c$

- ❶ 弹性滑动现象
  - a. 根本原因：工作时紧边与松边拉力不等
  - b. 现象分析：
    - i. 带绕过主动轮时，拉力减小，弹性伸长量减小，导致带速逐渐小于轮速
    - ii. 带绕过从动轮时，拉力增大，弹性伸长量增加，导致带速逐渐大于轮速
    - （i、ii）$v_1>v_2$
  - c. 滑动率与传动比
    - i. 滑动率 $\varepsilon=\dfrac{v_1-v_2}{v_1}=\dfrac{\pi d_{d1}n_1-\pi d_{d2}n_2}{\pi d_{d1}n_1}$
    - ii. 传动比 $i=\dfrac{n_2}{n_1}=\dfrac{d_{d2}}{d_{d1}(1-\varepsilon)}$
    - iii. 从动轮转速 $n_2=\dfrac{n_1d_{d1}(1-\varepsilon)}{d_{d2}}$
    - （i～iii）$\varepsilon=0.01\sim0.02$ 一般可忽略
- ❷ 打滑现象
  - a. 根本原因：过载失效
  - b. 力分析现象分析
    - 当外载荷所需的圆周力大于带与主动轮轮缘间的极限摩擦力时，带与轮缘表面将产生显著的相对滑动——打滑
- ❸ 二者比较
  - 弹性滑动是摩擦型带传动固有特性，不可避免
  - 打滑是摩擦型带传动失效形式，可以避免

3. V带传动的设计计算

3.1. 失效形式和设计准则

- ❶ 失效形式
  - a. 打滑——过载失效
  - b. 疲劳损坏——变应力的反复作用
- ❷ 设计准则
  - 保证带在传动时不打滑，同时具有一定的疲劳强度和寿命

3.2. 单根普通V带的需用功率

- ❶ 理论功率

$$P_0=F_1\left(1-\frac{1}{e^{f'\alpha}}\right)\frac{v}{1000}=\sigma_1A_1\left(1-\frac{1}{e^{f'\alpha}}\right)\frac{v}{1000}$$

$$\sigma_1\leqslant[\sigma]-\sigma_{b1}-\sigma_c$$

$$P_0=([\sigma]-\sigma_{b1}-\sigma_c)\left(1-\frac{1}{e^{f'\alpha}}\right)\frac{Av}{1000}\ \text{kW}$$

- ❷ 许用功率
  - a. 考虑因素：传动比 $i\neq1$，包角 $\alpha_1\neq180°$，带长不特定
  - b. 许用功率 $[P_0]=(P_0+\Delta P_0)K_\alpha K_L$
  - c. 修正参数：ΔP_0、K_α、K_L

③ 特点

a. 优点：摩擦损失小，效率在90%以上；传动精度很高；不具有自锁性

b. 缺点：结构复杂，制造困难；防止逆转时需另加自锁机构

3.3. 设计计算和参数选择

❶ 确定计算功率P_c，选择V带型号

a. 计算功率=工况系数×传递功率 $P_c=K_AP$

b. 型号选择：根据计算功率和小带轮转速从选型图查取

❷ 确定带轮的基准直径 d_{d1}、d_{d2}

a. 小带轮基准直径：根据选型图范围取标准直径系列

b. 初算后取标准直径系列 $d_{d2}=\frac{n_1}{n_2}d_{d1}(1-\varepsilon)$

③ 验算带速

a. $v=\frac{\pi d_{d1}n_1}{60\times1000}$

b. 普通V带：v=5～30 m/s;窄V带，v＜40 m/s

④ 确定中心距a和基准长度L_d

a. 初定中心距 $0.7(d_{d1}+d_{d2})<a_0<2(d_{d1}+d_{d2})$

b. 初定V带基准长度 $L_0=2a_0+\frac{\pi}{2}(d_{d1}+d_{d2})+\frac{(d_{d2}-d_{d1})^2}{4a_0}$

c. 根据初定的L_0就近选取基准长度L_d

d. 近似计算中心距 $a\approx a_0+\frac{L_d-L_0}{2}$

❺ 验算小带轮的包角

$\alpha_1=180^\circ-\frac{d_{d2}-d_{d1}}{a}\times57.3^\circ\geqslant120^\circ$

❻ 确定V带的根数

$z=\frac{P_c}{(P_0+\Delta P_0)K_\alpha K_L}$ 计算值圆整，$z_{max}\leqslant10$

❼ 确定初拉力并计算作用在带轮轴上的压力

a. 初拉力 $F_0=\frac{500P_c}{zv}\left(\frac{2.5}{K_\alpha}-1\right)+qv^2$

b. 压轴力 $F_Q=2zF_0\sin\frac{\alpha_1}{2}$

★ 总结设计步骤

$P\to P_c\to$ 带型 $\to d_{d1}$, $d_{d2}\to$ 验算$v\to a$, $L_d\to$ 验算$\alpha_1\to z\to F_0\to F_Q\to$ 带轮结构

3.4. V带轮的结构与张紧

❶ 材料与结构

a. 材料：铸铁、钢、非金属

b. 结构：实心式、腹板式、轮辐式

❷ 张紧方法

a. 调节中心距

b. 采用张紧轮

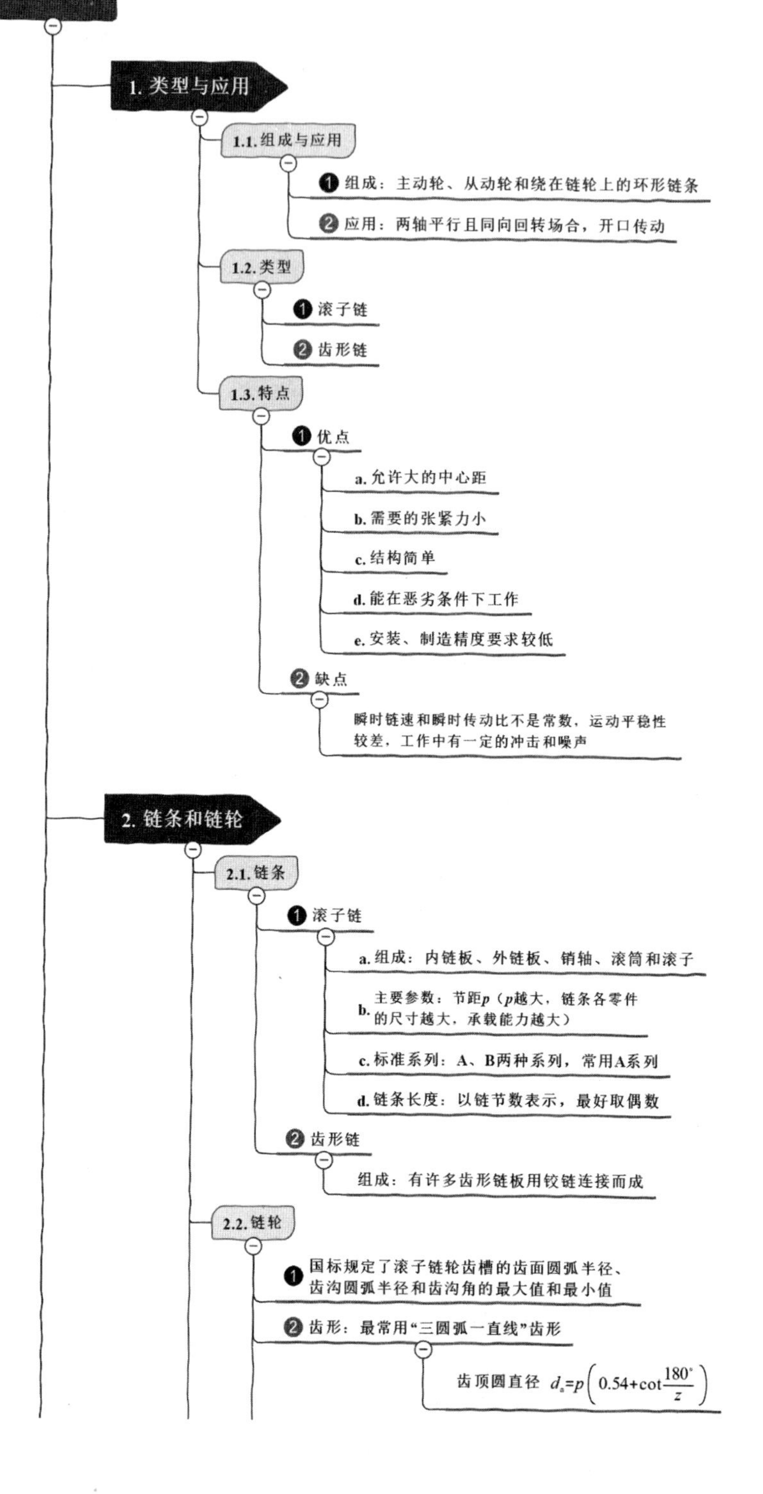

链传动
1. 类型与应用
1.1. 组成与应用
❶ 组成：主动轮、从动轮和绕在链轮上的环形链条
❷ 应用：两轴平行且同向回转场合，开口传动
1.2. 类型
❶ 滚子链
❷ 齿形链
1.3. 特点
❶ 优点
a. 允许大的中心距
b. 需要的张紧力小
c. 结构简单
d. 能在恶劣条件下工作
e. 安装、制造精度要求较低
❷ 缺点
瞬时链速和瞬时传动比不是常数，运动平稳性较差，工作中有一定的冲击和噪声
2. 链条和链轮
2.1. 链条
❶ 滚子链
a. 组成：内链板、外链板、销轴、滚筒和滚子
b. 主要参数：节距p（p越大，链条各零件的尺寸越大，承载能力越大）
c. 标准系列：A、B两种系列，常用A系列
d. 链条长度：以链节数表示，最好取偶数
❷ 齿形链
组成：有许多齿形链板用铰链连接而成
2.2. 链轮
❶ 国标规定了滚子链轮齿槽的齿面圆弧半径、齿沟圆弧半径和齿沟角的最大值和最小值
❷ 齿形：最常用“三圆弧一直线”齿形
齿顶圆直径 $d_a=p\left(0.54+\cot\frac{180^\circ}{z}\right)$

2.3. 标记

"链号-排数×链节数 标准号"

10A-1×86 GB/T1243-2006

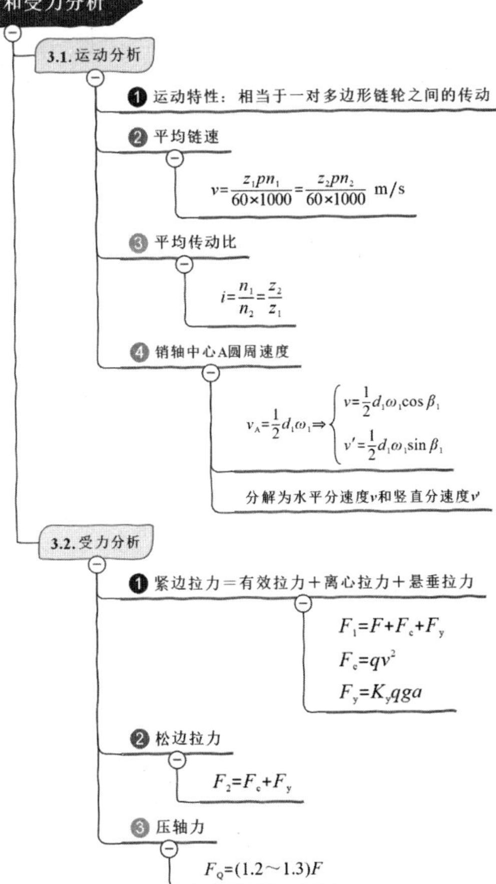

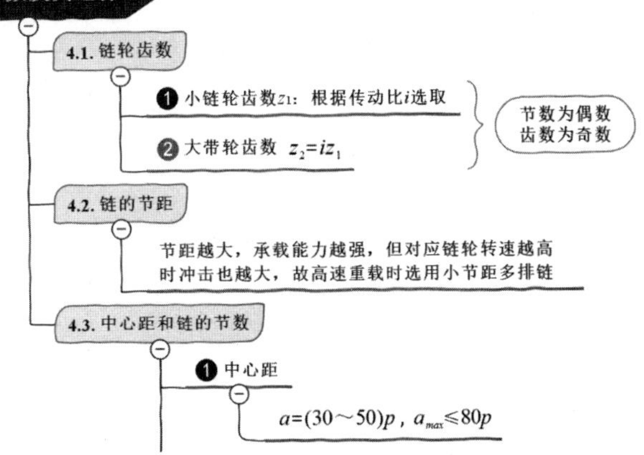

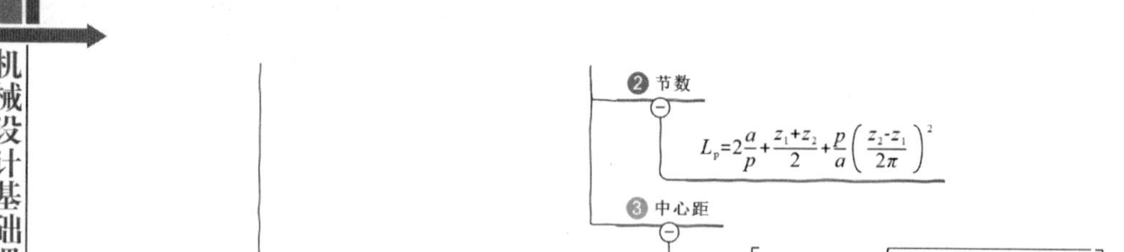

② 节数
$L_p=2\frac{a}{p}+\frac{z_1+z_2}{2}+\frac{p}{a}\left(\frac{z_2-z_1}{2\pi}\right)^2$
③ 中心距
$a=\frac{p}{4}\left[\left(L_p-\frac{z_1+z_2}{2}\right)+\sqrt{\left(L_p-\frac{z_1+z_2}{2}\right)^2-8\left(\frac{z_2-z_1}{2\pi}\right)^2}\right]$

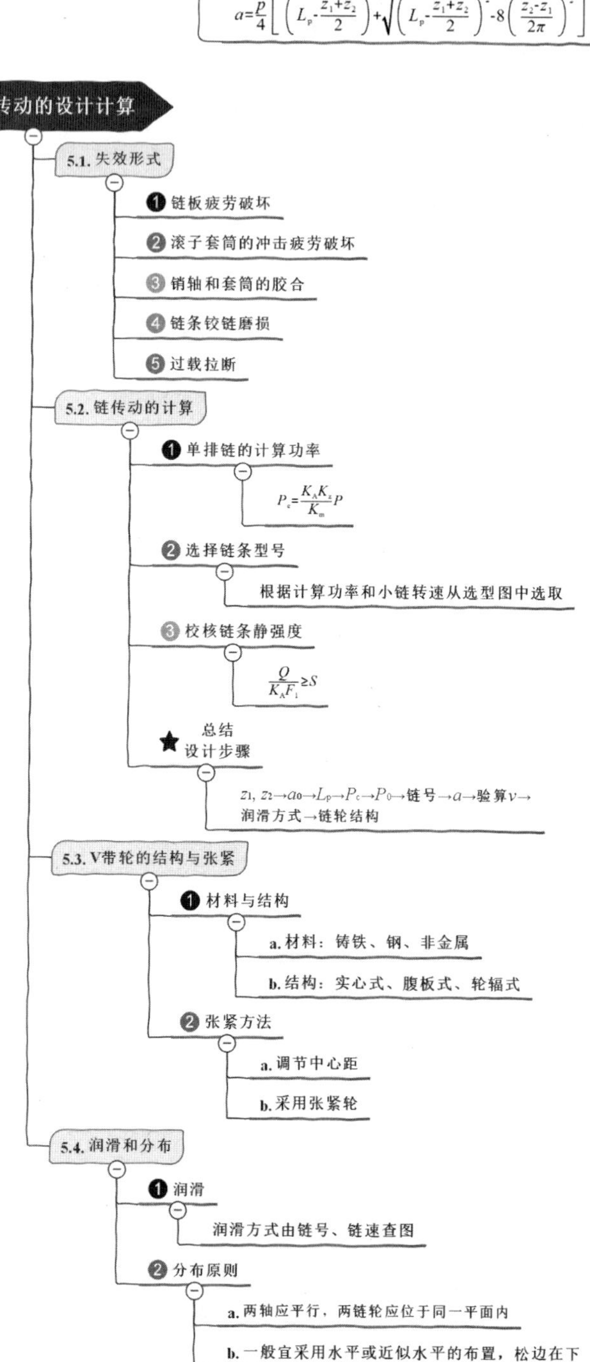

5. 滚子链传动的设计计算
5.1. 失效形式
① 链板疲劳破坏
② 滚子套筒的冲击疲劳破坏
③ 销轴和套筒的胶合
④ 链条铰链磨损
⑤ 过载拉断
5.2. 链传动的计算
① 单排链的计算功率
$P_c=\frac{K_A K_z}{K_m}P$
② 选择链条型号
根据计算功率和小链转速从选型图中选取
③ 校核链条静强度
$\frac{Q}{K_A F_1}\geq S$
总结
设计步骤
z_1, z_2→a_0→L_p→P_c→P_0→链号→a→验算v→
润滑方式→链轮结构
5.3. V带轮的结构与张紧
① 材料与结构
a. 材料：铸铁、钢、非金属
b. 结构：实心式、腹板式、轮辐式
② 张紧方法
a. 调节中心距
b. 采用张紧轮
5.4. 润滑和分布
① 润滑
润滑方式由链号、链速查图
② 分布原则
a. 两轴应平行，两链轮应位于同一平面内
b. 一般宜采用水平或近似水平的布置，松边在下

7.4 典型例题解析

例题 7.1 在图 7.1 所示 V 带传动中，已知 V 带传递的功率 P=4kN，带速 v=12m/s，测得紧边的拉力 F_1 是松边拉力 F_2 的 1.5 倍，试求：

(1) 带传动的有效拉力 F；

(2) 紧边拉力 F_1、松边拉力 F_2 和初拉力 F_0 的大小；

(3) V 带传动工作时带所受的应力有哪几部分？并指出最大应力所在的位置，写出最大应力的表达式。

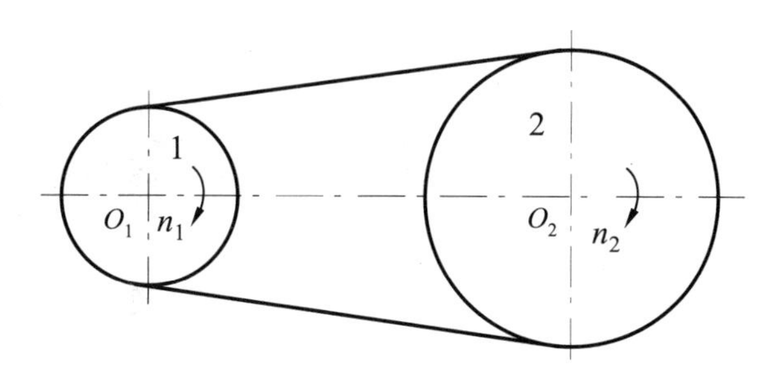

图 7.1

分析：首先根据带所传递的功率 P、带速 v 和带传动的有效拉力 F 之间的关系，求出有效拉力 F，再进一步求出紧边拉力 F_1、松边拉力 F_2 和初拉力 F_0 的大小。

解：(1) 由 $P = Fv/1000$ 得

$$F = \frac{1000P}{v} = \frac{1000 \times 4}{12} = 333.33(\text{N})$$

(2) 由 $F_1 - F_2 = F$；$F_1 = 1.5F_2$；$F_1 + F_2 = 2F_0$ 得

$$F_1 = 3F = 1000\ \text{N}$$

$$F_2 = 2F = 666.67\ \text{N}$$

$$F_0 = 2.5F = 8333.33\ \text{N}$$

(3) V 带传动工作时带所受的应力有拉应力、离心拉应力和弯曲应力；带的最大应力发生在带开始绕入主动带轮处；最大应力的表达式为

$$\sigma_{\max} = \sigma_1 + \sigma_c + \sigma_{b1}$$

例题 7.2 单根 V 带传递的最大功率 P=4.82 kW，主动带轮(小带轮)的基准直径 D_1= 180 mm，转速 n_1=1450r/min，从动轮的基准直径 D_2=650 mm，小带轮包角 α_1=152°，带与带轮间当量摩擦系数 f_v=0.25，求：

(1) V 带能传递的最大圆周力 F；

(2) V 带紧边、松边的拉力 F_1、F_2。

分析：首先根据 D_1、n_1 求出带速 v，根据 P、v 求出有效拉力 F；再根据 F、α_1、f_v 求出初拉力 F_0，最后求出紧边拉力 F_1 和松边拉力 F_2 的大小。

解：(1) $v = \dfrac{\pi D_1 n_1}{60 \times 1000} = \dfrac{3.14 \times 650 \times 1450}{60 \times 1000} = 13.666(\text{m/s})$

由 $P = Fv/1000$ 得

$$F = \frac{1000P}{v} = \frac{1000 \times 4.82}{13.666} = 352.7(\text{N})$$

(2) 由 $F = 2F_0 \dfrac{e^{f_v\alpha} - 1}{e^{f_v\alpha} + 1}$ 得

$$F_0 = \frac{F\left(e^{f_v\alpha} + 1\right)}{2\left(e^{f_v\alpha} - 1\right)} = 551.6\ \text{N}$$

$$F_1 = F_0 + \frac{F}{2} = 727.95\ \text{N}；\quad F_1 = F_0 + \frac{F}{2} = 375.25\ \text{N}$$

例题 7.3 图 7.2 所示为带传动简图，轮 1 为主动轮，试问：

(1) 带传动工作时，带处于图中哪一点应力最大？

(2) 简述带传动的主要失效形式及设计准则；

(3) 带传动工作时为什么会出现弹性滑动？这种滑动是否可以避免？

(4) 简述带传动中打滑产生的原因及后果。

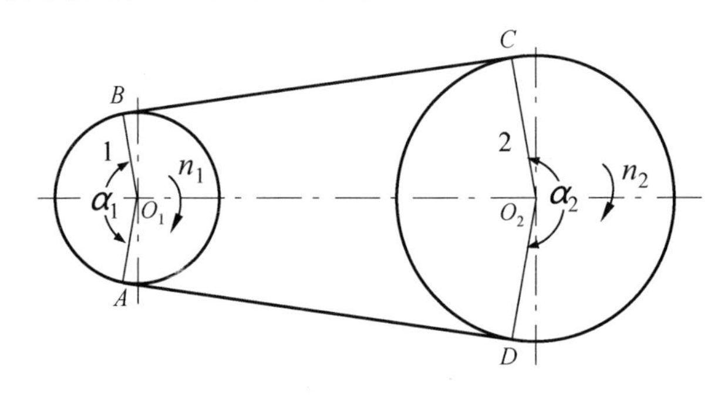

图 7.2

解：(1) 带的最大应力发生在带开始绕入主动带轮的 A 点。

(2) 带传动的主要失效形式为打滑和疲劳破坏，设计准则为保证带传动不打滑的前提下使带具有一定的疲劳寿命。

(3) 由于带具有弹性，在带工作时两边拉力不等，弹性变形也不同，引起带与带轮之间产生微量滑动，称为带传动的弹性滑动。

这种滑动是不可避免的。

(4) 打滑是由于超载，使带所传递的有效拉力超过带与带轮之间的最大摩擦力，引起带的打滑。打滑的后果是造成带的严重磨损，甚至无法继续工作，是带传动的一种失效形式，是必须避免的。

例题 7.4 在图 7.3 中，图(a)为减速带传动，图(b)为增速带传动。这两传动装置中，带轮的基准直径 d_1=d_4、d_2=d_3，且传动中各带轮材料相同，传动的中矩为 a，带的材料、尺寸及预紧力(或张紧力)均相同，两传动装置分别以带轮 1 和带轮 3 为主动轮，其转速均为 n(r/min)。 试分析：哪个装置能传递的最大有效拉力大？为什么？

解：两种传动装置传递的最大有效拉力一样大。这是因为两传动装置的初拉力相等，摩擦系数相等，最小包角相等，最大有效拉力 $F = 2F_0\left(e^{f_v\alpha} - 1/e^{f_v\alpha} + 1\right)$ 也相等。

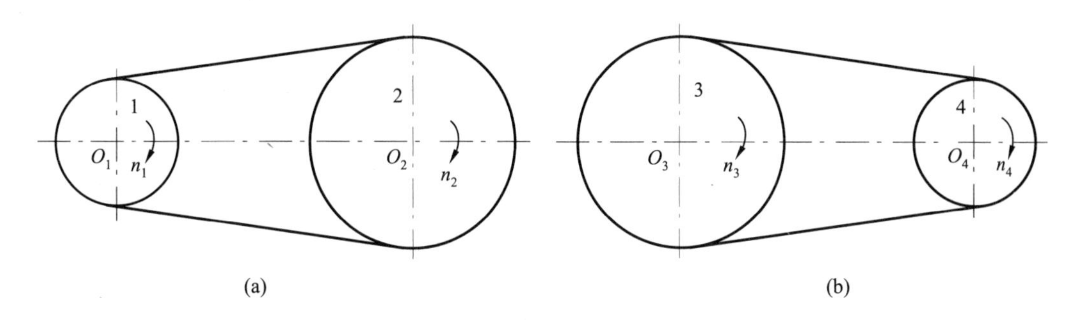

图 7.3

例题 7.5 有一带式输送装置，电机与减速器之间用普通 V 带传动，电机为 Y 系列三相异步电动机，功率 P=7kW，转速 n_1=960r/min，减速器输入轴转速 n_2=330r/min，每天工作 16h，输送装置工作时有轻微冲击，设计此 V 带传动。

解：(1) 确定计算功率 P_{ca}。

查表得工作情况系数 K_A=1.2，计算功率

$$P_{ca} = K_A P = 1.2 \times 7 = 8.4(\text{kW})$$

(2) 选择 V 带型号。

根据计算功率 P_{ca}=8.4 kW 和小带轮的转速 n_1=960 r/min，查图选用 B 型带。

(3) 确定带轮的基准直径并验算带速。

根据带型查表取主动带轮基准直径 d_1=180 mm，从动带轮基准直径 d_2

$$d_2 = id_1 = \frac{n_1}{n_2} \cdot d_1 = \frac{960}{330} \times 180 = 523.64(\text{mm})$$

查标准取 d_2= 500 mm。

(4) 验算带的速度。

$$v = \frac{\pi d_1 n_1}{60 \times 1000} = \frac{3.14 \times 180 \times 960}{60 \times 1000} = 9.05(\text{m/s}) < 25\ \text{m/s}$$

带速合适。

(5) 确定 V 带的基准长度和传动中心距

根据　$0.7(d_1+d_2) < a_0 < 2(d_1+d_2)$

可得 a_0 应在 476～1360 mm 之间，初选中心距 a_0 = 800 mm。

计算带所需的基准长度为

$$L_d' = 2a_0 + \frac{\pi(d_2 + d_1)}{2} + \frac{(d_2 - d_1)^2}{4a_0}$$

$$= \left[2 \times 800 + \frac{3.14 \times (500 + 180)}{2} + \frac{(500 - 180)^2}{4 \times 800}\right] = 2667.7(\text{mm})$$

查表取标准基准长度 L_d=2700 mm。

计算实际中心距 a：

$$a = a_0 + \frac{L_d - L_d'}{2} = \left(800 + \frac{2700 - 2667.7}{2}\right) = 816.15(\text{mm})$$

(6) 验算主动轮上的包角α_1，即

$$\alpha_1 = 180^\circ - \frac{d_2 - d_1}{a} \times 57.3^\circ = 180^\circ - \frac{500-180}{816.5} \times 57.3^\circ = 157.54^\circ > 120^\circ$$

包角合适。

(7) 计算V带的根数z。

查表得P_0=3.25 kW，功率增量ΔP_0=0.303 kW，包角系数K_α=0.94，长度系数K_L=1.04。

$$z = \frac{P_{ca}}{(P_0 + \Delta P_0)K_\alpha K_L} = \frac{8.4}{(3.25+0.303)\times 0.94 \times 1.04} = 2.42$$

取$z = 3$根。

(8) 计算预紧力F_0。

查表得B型带单位长度质量$q = 0.17$ kg/m

$$F_0 = 500\frac{P_{ca}(2.5-K_\alpha)}{K_\alpha zv} + qv^2 = \left[\frac{500\times 8.4\times(2.5-0.94)}{0.94\times 3\times 9.05} + 0.17\times 9.04^2\right] = 270.62(\text{N})$$

(9) 计算作用在轴上的压轴力F_Q，即

$$F_Q = 2zF_0\sin\frac{\alpha_1}{2} = 2\times 3\times 270.62\times\sin\frac{157.52^\circ}{2} = 1592.58(\text{N})$$

(10) 带轮的结构设计(略)。

7.5 自 测 题

1. 选择填空

(1) 带传动是依靠(　　)来传递运动和功率的。

A. 带与带轮接触面之间的正压力　　B. 带的紧边拉力

C. 带与带轮接触面之间的摩擦力　　D. 带的松边拉力

(2) 与链传动和齿轮传动相比较，带传动的优点是(　　)。

A. 有过载保护作用　　B. 承载能力大

C. 传动效率高　　D. 使用寿命长

(3) 与平带传动相比较，V带传动的优点是(　　)。

A. 传动效率高　　B. 带的寿命长

C. 带的价格便宜　　D. 承载能力大

(4) 下列V带传动中，(　　)带承载能力最大。

A. A型　　B. B型　　C. C型　　D. D型

(5) 当包角增加时，单根V带所能传递的功率(　　)。

A. 增大　　B. 减小

C. 不变　　D. 无法确定

(6) 两带轮直径一定时，减小中心距将引起(　　)。

A. 带的弹性滑动加剧　　B. 带传动效率降低

C. 带工作噪声增大　　D. 小带轮上的包角减小

(7) 带传动的中心距过大时，会导致(　　)。

A. 带的寿命缩短　　B. 带的弹性滑动加剧
C. 带的工作噪声增大　　D. 带在工作时出现颤动

(8) 带传动中紧边拉力为 F_1，松边拉力为 F_2，则其传动的有效圆周力为(　　)。

A. F_1+F_2　　B. $(F_1+F_2)/2$
C. F_1-F_2　　D. $(F_1-F_2)/2$

(9) 若忽略离心力影响时，刚开始打滑前，带传动传递的极限有效拉力 F_{flim} 与初拉力 F_0 之间的关系为(　　)。

A. $F_{f\lim}=2F_0\,e^{f_v\alpha}/\left(e^{f_v\alpha}-1\right)$　　B. $F_{f\lim}=2F_0\left(e^{f_v\alpha}+1\right)/\left(e^{f_v\alpha}-1\right)$
C. $F_{f\lim}=2F_0\left(e^{f_v\alpha}-1\right)/\left(e^{f_v\alpha}+1\right)$　　D. $F_{f\lim}=2F_0\left(e^{f_v\alpha}+1\right)/e^{f_v\alpha}$

(10) 当初拉力增大时，单根 V 带所能传递的功率(　　)。

A. 增大　　B. 不变
C. 减小　　D. 无法确定

(11) 带传动中，用(　　)方法可以使小带轮包角增大。

A. 增大小带轮直径　　B. 减小小带轮直径
C. 增大大带轮直径　　D. 减小中心距

(12) 当摩擦系数与初拉力一定时，带传动在打滑前所能传递的最大有效拉力随(　　)的增大而增大。

A. 带轮的宽度　　B. 小带轮上的包角
C. 大带轮上的包角　　D. 带的线速度

(13) 一般来说，带传动的打滑多发生在(　　)。

A. 主动带轮　　B. 从动带轮
C. 小带轮　　D. 大带轮

(14) 设计 V 带传动时，为防止(　　)，要求小带轮的基准直径 $d_{d1}>d_{dmin}$。

A. 带的弯曲应力过大　　B. 小带轮上的包角过小
C. 带的离心力过大　　D. 带的长度过长

(15) 一定型号 V 带内弯曲应力的大小，与(　　)成反比例关系。

A. 带的线速度　　B. 带轮的直径
C. 带轮上的包角　　D. 传动比

(16) 一定型号 V 带中的离心拉应力，与带的线速度(　　)。

A. 平方成正比　　B. 平方成反比
C. 成正比　　D. 成反比

(17) 带传动在工作时，假定小带轮为主动轮，则带内应力的最大值发生在带(　　)。

A. 进入大带轮处　　B. 紧边进入小带轮处
C. 离开大带轮处　　D. 离开小带轮处

(18) 带传动在工作中产生弹性滑动的原因是(　　)。

A. 带与带轮之间的摩擦系数较小　　B. 带绕过带轮产生了离心力
C. 带传递的中心距大　　D. 带的弹性与紧边和松边存在拉力差

(19) 带传动不能保证精确的传动比，其原因是(　　)。

A. 带容易变形　　B. 带在带轮上的打滑

C. 带的弹性滑动　　　　　　　　D. 带容易磨损

(20) V 带传动中，主动带轮的圆周速度为 v_1，从动带轮的圆周速度为 v_2，则传动的滑动率 ε 为(　　)。

A. $(v_1+v_2)/v_1$　　　　　　　　B. $(v_1-v_2)/v_1$

C. $(v_1+v_2)/v_2$　　　　　　　　D. $(v_1-v_2)/v_2$

(21) 在图 7.4 所示的 V 带传动中，主动带轮 1 沿逆时针方向转动。最大应力所在的位置和最大应力的表达式均正确的是(　　)。

A. 最大应力的位置在 A 点，最大应力为 $\sigma_{max}=\sigma_1+\sigma_c+\sigma_{b1}$

B. 最大应力的位置在 B 点，最大应力为 $\sigma_{max}=\sigma_2+\sigma_c+\sigma_{b1}$

C. 最大应力的位置在 B 点，最大应力为 $\sigma_{max}=\sigma_1+\sigma_c+\sigma_{b1}$

D. 最大应力的位置在 D 点，最大应力为 $\sigma_{max}=\sigma_1+\sigma_c+\sigma_{b1}$

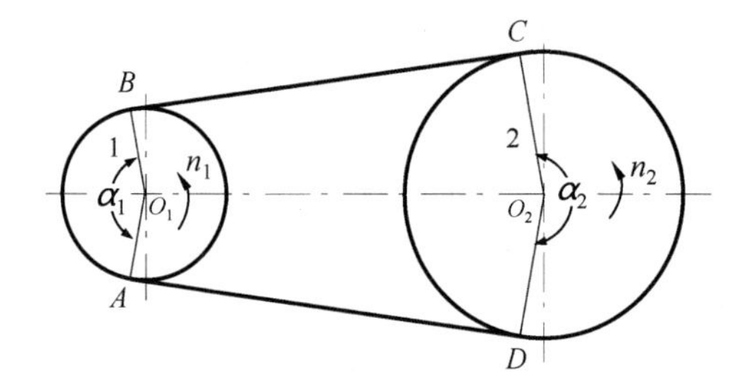

图 7.4

(22) 对带的疲劳强度影响最大的应力是(　　)。

A. 紧边的拉应力　　　　　　　　B. 松边的拉应力

C. 离心应力　　　　　　　　　　D. 弯曲应力

(23) 在图 7.5 所示的 V 带传动中，主动带轮 1 沿顺时针方向转动。带在带轮上的包角和带的松边、紧边的表达均正确的是(　　)。

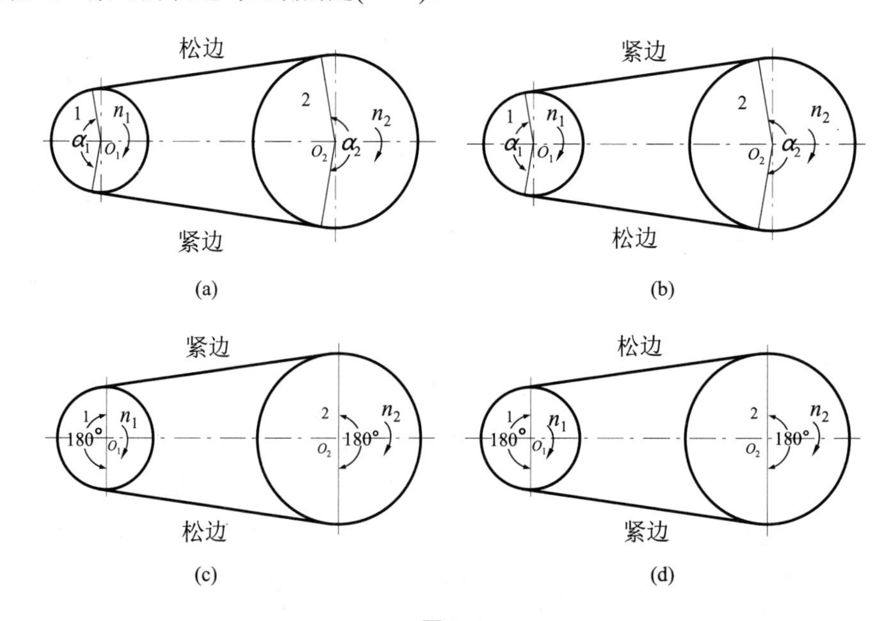

图 7.5

A. 图(a)　　B. 图(b)
C. 图(c)　　D. 图(d)

(24) 带传动的失效形式是(　　)。
A. 打滑和弹性滑动　　B. 弹性滑动和疲劳破坏
C. 打滑和疲劳破坏　　D. 打滑、弹性滑动和疲劳破坏

(25) 带传动的设计准则是(　　)。
A. 保证不发生打滑的同时不发生弹性滑动
B. 保证不发生打滑的条件下具有一定的疲劳寿命
C. 保证不发生弹性滑动的条件下具有一定的疲劳寿命
D. 保证不发生打滑和弹性滑动的条件下具有一定的疲劳寿命

(26) 当带长增加时，单根 V 带所能传递的功率(　　)。
A. 增大　　B. 不变
C. 减小　　D. 无法确定

(27) 带速增大时，单根 V 带所能传递的功率(　　)。
A. 增大　　B. 不变
C. 减小　　D. 无法确定

(28) 选取 V 带型号，主要取决于(　　)。
A. 带传递的功率和小带轮转速　　B. 带的线速度
C. 带的紧边拉力　　D. 带的松边拉力

(29) 在设计 V 带传动时，选取小带轮直径 $d_1>d_{min}$，d_{min} 主要依据(　　)选取。
A. 带传递的功率　　B. 带的线速度
C. 带的传动比　　D. 带的型号

(30) 设计 V 带传动时，若带的根数过多，可采用(　　)来解决。
A. 增大传动比　　B. 减小带传动的中心距
C. 选用更大截面型号的带　　D. 增大大带轮的直径

(31) 带传动采用张紧轮的目的是(　　)。
A. 减轻带的弹性滑动　　B. 改变带的运动方向
C. 提高带的寿命　　D. 调节带的初拉力

(32) 带轮是采用轮辐式、腹板式或实心式，主要取决于(　　)。
A. 带轮的材料　　B. 传递的功率
C. 带轮的线速度　　D. 带轮的直径

(33) 与 V 带传动相比较，同步带传动的突出优点是(　　)。
A. 传动比准确　　B. 传递的功率大
C. 传动效率高　　D. 带的制造成本低

(34) 链传动作用在轴和轴承上的载荷比带传动要小，这主要是因为(　　)。
A．链传动只用来传递较小功率　　B．链传动是啮合传动，无须大的张紧力
C．链的质量大，离心力大　　D. 链速较高，在传递相同功率时，圆周力小

(35) 与齿轮传动相比较，链传动的优点是(　　)。
A. 传动效率高　　B. 工作平稳，无噪声

C. 承载能力大　　D. 能传递的中心距大

(36) 在一定转速下，要减轻链传动的运动不均匀性和动载荷，应(　　)。

A. 增大链节距和链轮齿数　　B. 减小链节距和链轮齿数

C. 增大链节距，减小链轮齿数　　D. 减小链条节距，增大链轮齿数

(37) 为了限制链传动的动载荷，在链节距和小链轮齿数一定时，应限制(　　)。

A. 小链轮的转速　　B. 传递的功率

C. 传动比　　D. 传递的圆周力

(38) 链条由于静强度不够而被拉断的现象，多发生在(　　)情况下。

A. 低速重载　　B. 高速重载

C. 高速轻载　　D. 低速轻载

(39) 链条的节数宜采用(　　)。

A. 奇数　　B. 偶数

C. 5 的倍数　　D. 10 的倍数

(40) 大链轮的齿数不能取得过多的原因是(　　)。

A. 齿数越多，链条的磨损就越大

B. 齿数越多，链传动的动载荷与冲击就越大

C. 齿数越多，链传动的噪声就越大

D. 齿数越多，链条磨损后，越容易发生“脱链现象”

(41) 滚子链传动中，滚子的作用是(　　)。

A. 提高承载能力　　B. 链条与链轮轮齿磨损均匀

C. 缓和冲击　　D. 保证链条与轮齿间的良好啮合

(42) 链传动中心距过小的缺点是(　　)。

A. 链条工作时易颤动，运动不平稳

B. 链条运动不均匀性和冲击作用增强

C. 小链轮上的包角小，链条磨损快

D. 容易发生“脱链现象”

(43) 两链轮轴线不在同一水平面的链传动，链条的紧边应布置在上面，松边应布置在下面，这样可以使(　　)。

A. 链条平稳工作，降低运行噪声　　B. 松边下垂量增大后不致与链轮卡死

C. 链条的磨损减小　　D. 链传动达到自动张紧的目的

(44) 链条磨损会导致的结果是(　　)。

A. 销轴破坏　　B. 链片破坏

C. 套筒破坏　　D. 影响链与链轮的啮合，致使脱链

(45) 链传动张紧的目的是(　　)。

A. 使链条产生初拉力，以使链传动能传递运动和功率

B. 使链条与轮齿之间产生摩擦力，以使链传动能传递运动和功率

C. 避免链条垂度过大时产生啮合不良

D. 避免打滑

2. 判断题

(1) 在多级传动中，常将带传动放在高速级是因为带传动可以传递较大的扭矩。（　）

(2) V 带传动比平带传动的传动能力大，这是因为 V 带与带轮工作表面上的正压力大。（　）

(3) 当带传动传递的功率一定时，带速愈高愈容易打滑。（　）

(4) 在带传动中，弹性滑动是可以避免的。（　）

(5) 带的弹性滑动使传动比不准确、传动效率低、磨损加快，因此在设计时应避免。（　）

(6) 在带传动中，带的最大应力发生在带开始绕入主动带轮的那一点处。（　）

(7) 带在工作时受变应力的作用，这是它可能出现疲劳破坏的根本原因。（　）

(8) 在设计 V 带传动时，为了提高 V 带的寿命，宜选取较小的小带轮直径。（　）

(9) 带传动的离心拉应力在整个带的各截面处处相等。（　）

(10) 带传动的弹性滑动是由带的预紧力不够引起的。（　）

(11) 链传动的平均传动比恒定不变。（　）

(12) 旧自行车上链条容易脱落的主要原因是链条磨损后链节增大，以及大链轮齿数过多。（　）

(13) 链传动中，当一根链的链节数为偶数时需要采用过渡链节。（　）

(14) 在一定转速下，要减轻链传动的运动不均匀性，设计时应选择较小节距的链条。（　）

(15) 在传递的功率、转速相同的情况下，用双排链代替单排链可以降低链传动的运动不均匀性。（　）

3. 已知单根普通 V 带能传递的最大功率 $P = 6$ kW，主动带轮基准直径 d_1=100 mm，转速为 n_1=1460 r/min，主动带轮上的包角 α_1=150º，带与带轮之间的当量摩擦系数 $f_v = 0.51$。试求带的紧边拉力 F_1、松边拉力 F_2、预紧力 F_0 及最大有效圆周力 F(不考虑离心力)。

4. V 带传动所传递的功率 P =7.5 kW，带速 $v = 10$ m/s，现测得张紧力 F_0=1125 N。试求紧边拉力 F_1 和松边拉力 F_2。

5. 单根带传递最大功率 P=4.7 kW，小带轮的直径 d_1=200 mm，n_1=180 r/min，α_1= 135º，f_v =0.25。求紧边拉力 F_1 和有效拉力 F(带与带轮间的摩擦力，已达到最大摩擦力)。

6. 在图 7.6 所示的 V 带传动中，主动带轮 1 沿顺时针方向转动。

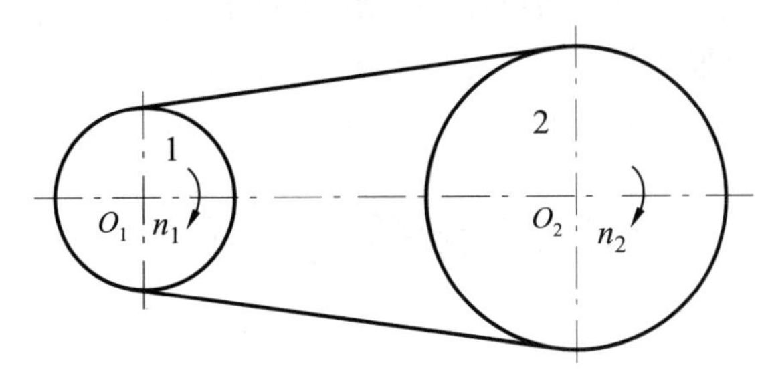

图 7.6

(1) 在图上标出主动轮上的包角 α_1 及带传动工作时的松边和紧边。

(2) 在图中示意画出 V 带工作时所受的各种应力(即不考虑各应力的具体大小)，标示

最大应力 σ_{max} 所在位置。

(3) 根据应力的变化规律，分析 V 带传动的失效形式及设计准则。

7. 单根 V 带传动的预紧力 F_0=354 N，主动带轮(小带轮)的基准直径 D_1=160 mm，转速 n_1=1500 r/min，小带轮包角 α_1=150º，V 带与带轮间当量摩擦系数 f_v=0.485。求：

(1) V 带紧边、松边的拉力 F_1、F_2;

(2) V 带能传递的最大圆周力和最大功率。

8. 图 7.7 所示为一带式输送装置，电机与减速器之间用 V 带传动，传递的功率 P=2.2 kW，带的速度为 v=7.48 m/s，带的根数为 z=3，安装时的初拉力 F_0=110 N。

(1) 计算有效拉力 F、紧边拉力 F_1、松边拉力 F_2。

(2) 设计此带传动时，为什么要求小带轮的基准直径 $d_{d1}>d_{dmin}$？

(3) 在该传动系统中，试分析为什么带速不宜过高也不宜过低？将 V 带传动放在高速级还是低速级更合理？

(4) 什么是带传动的打滑现象？打滑首先出现在哪个带轮上？

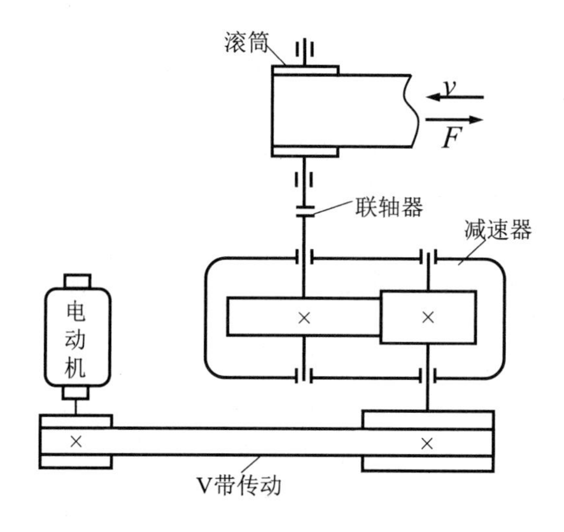

图 7.7

9. 有一带式输送装置，其异步电动机与减速器之间用普通 V 带传动，电动机功率 P=7 kW，转速 n_1=1460 r/min，减速器工作平稳，转速 n_2=700 r/min，每天工作 8h，希望中心距大约为 600 mm，设计此 V 带传动(已知工作情况系数 K_A=1.0，选用 A 型 V 带，取主动轮基准直径 d_1=100 mm，单根 A 型 V 带的基本额定功率 P_0=1.32 kW，功率增量ΔP_0=0.17 kW，包角系数 K_α=0.98，长度系数 K_L=0.99，带的质量 q = 0.1 kg/m)。

7.6 自测题参考答案

1. 选择填空

(1)C (2)A (3)D (4)D (5)A (6)D (7)D (8)C (9)C
(10)A (11)A (12)B (13)C (14)A (15)B (16)A (17)B (18)D
(19)C (20)B (21)C (22)D (23)A (24)C (25)B (26)A (27)C

(28)A　(29)D　(30)C　(31)D　(32)D　(33)A　(34)B　(35)D　(36)D
(37)A　(38)A　(39)B　(40)D　(41)B　(42)C　(43)B　(44)D　(45)C

2. 判断题

(1)×　(2)√　(3)×　(4)×　(5)×　(6)√　(7)√　(8)×　(9)√
(10)×　(11)√　(12)√　(13)×　(14)√　(15)×

3.

解：(1)　因为 $P = Fv/1000$，$F = F_1 - F_2$，所以

$$(F_1 - F_2)v = 1000P = 6000 \tag{1}$$

其中：$v = \dfrac{\pi D n_1}{60\times 1000} = \dfrac{3.14\times 100\times 1460}{60\times 1000} = 7.64(\mathrm{m/s})$

根据欧拉公式

$$\frac{F_1}{F_2} = \mathrm{e}^{f_v \alpha} = \mathrm{e}^{0.51\times 5\pi/6} = 3.8 \tag{2}$$

联立求解式(1)与式(2)，可得

$$F_1 = 1065.8\ \mathrm{N}，\quad F_2 = 280.5\ \mathrm{N}$$

(2)　因为 $F_1 + F_2 = 2F_0$，所以

$$F_0 = 673.2\ \mathrm{N}$$

$$F_e = F_1 - F_2 = 1\,065.8 - 280.5 = 785.3(\mathrm{N})$$

4.

解：(1)　有效圆周为 F

$$F = 1000P/v = 1000\times 7.5/10 = 750(\mathrm{N})$$

(2)　紧边拉力 F_1 与松边拉力 F_2 为

$$F_1 - F_2 = F = 750\ \mathrm{N}$$

$$(F_1 + F_2)/2 = F_0 = 1\,125\ \mathrm{N}$$

联解以上两式，可得

$$F_1 = 1500\ \mathrm{N}，\quad F_2 = 750\ \mathrm{N}$$

5.

解：$v = \dfrac{\pi d_1 n_1}{60\times 1000} = \dfrac{3.14\times 200\times 1800}{60\times 1000} = 18.85(\mathrm{m/s})$

$$F = \frac{1000P}{v} = \frac{1000\times 4.7}{18.85} = 249.34(\mathrm{N})$$

$$F_1 = F_2 \mathrm{e}^{f_v \alpha} \tag{1}$$

$$F = F_1 - F_2 = 249.34\ \mathrm{N} \tag{2}$$

联立求解式(1)与式(2)，可得

$$F_1 = 560.12\ \mathrm{N}，\quad F_2 = 310.78\ \mathrm{N}$$

6.

解：(1)和(2)如题 6 答图所示。

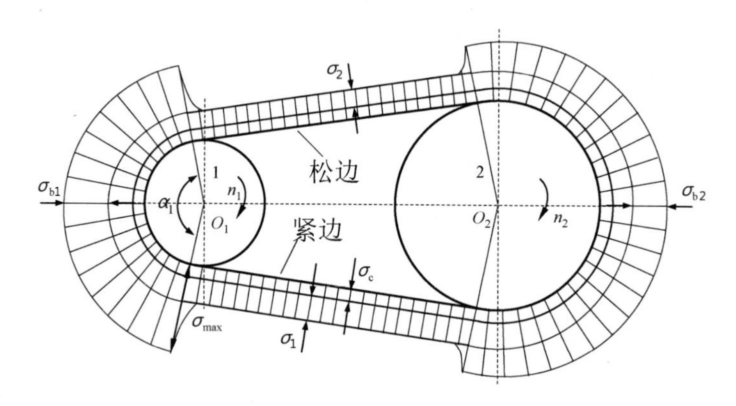

题 6 答图

(3) 带在工作时受变应力的作用，V 带传动的主要失效形式为打滑和疲劳破坏，设计准则为保证带传动不打滑的前提下使带具有一定的疲劳寿命。

7.

解：(1) $F_1 = F_2 e^{f_v \alpha}$

$$F_1 + F_2 = F_2\left(e^{f_v \alpha} + 1\right) = 2F_0$$

$$F_2 = \frac{2F_0}{e^{f_v \alpha} + 1} = \frac{2 \times 354}{e^{0.485 \times 1.27} + 1} = 155(\text{N})$$

$$F_1 = 2F_0 - F_2 = 553\ \text{N}$$

(2) $F = F_1 - F_2 = 398\ \text{N}$

$$v = \frac{\pi D n_1}{60 \times 1000} = \frac{3.14 \times 160 \times 1500}{60 \times 1000} = 12.56(\text{m/s})$$

$$P = Fv/1000 = 5\ \text{kW}$$

8.

解：(1) $P = 3Fv/1000 \qquad F = \dfrac{1000P}{3v} = \dfrac{1000 \times 2.2}{3 \times 7.48} = 98.04(\text{N})$

$$F_1 = F_0 + \frac{F}{2} = 159\ \text{N}$$

$$F_2 = F_0 - \frac{F}{2} = 60.98\ \text{N}$$

(2) 小带轮直径越小，带绕过小带轮时的弯曲应力越大，带的寿命越短，所以在设计带传动时，要求小带轮的基准直径 $d_{d1} > d_{dmin}$。

(3) 带速过高，会因离心力过大而降低带和带轮间的压力，从而降低传动能力，而且单位时间内应力循环次数增加，将降低带和带轮的疲劳寿命；若带速过小，则所需有效拉力大，致使 V 带的根数增多，结构尺寸加大。V 带传动放在高速级更合理，带传动放在高速级可减少带的根数，使传动紧凑，且带传动具有缓冲吸振、传动平稳、噪声小的特点，故宜布置在高速级。

(4) 打滑是由带传动载荷过大，使紧边和松边的拉力差超过最大有效拉力引起的带与带轮之间发生的相对运动，是带传动的一种失效形式。打滑首先发生在小带轮上。

9.

解：(1) 确定计算功率 P_{ca}，即

$$P_{ca}=K_A P=1.0\times 7=7(\text{kW})$$

(2) 确定带轮的基准直径，即

$$d_2=id_1=\frac{n_1}{n_2}\cdot d_1=\frac{1460}{700}\times 100=208.57(\text{mm})$$

查标准取 d_2= 200 mm。

(3) 验算带的速度：

$$v=\frac{\pi d_1 n_1}{60\times 1000}=\frac{3.14\times 100\times 1460}{60\times 1000}=7.64\ \text{m/s}<25\ \text{m/s}$$

带速合适。

(4) 确定 V 带的基准长度和传动中心距。

根据　$0.7(d_1+d_2)<a_0<2(d_1+d_2)$

可得 a_0 应在 210～600 mm 之间，初选中心距 $a_0=600$ mm。

计算带所需的基准长度：

$$L_d'=2a_0+\frac{\pi(d_2+d_1)}{2}+\frac{(d_2-d_1)^2}{4a_0}$$

$$=\left[2\times 600+\frac{3.14\times(200+100)}{2}+\frac{(200-100)^2}{4\times 600}\right]=1671.04(\text{mm})$$

查表取标准基准长度 L_d=1600 mm

计算实际中心距 a：

$$a=a_0+\frac{L_d-L_d'}{2}=\left(600+\frac{1600-1671.04}{2}\right)\text{mm}=564.48\ \text{mm}$$

(5) 验算主动轮上的包角 α，即

$$\alpha_1=180^\circ-\frac{d_2-d_1}{a}\times 57.3^\circ=180^\circ-\frac{200-100}{564.48}\times 57.3^\circ=169.84^\circ>120^\circ$$

包角合适。

(6) 计算 V 带的根数 z，即

$$z=\frac{P_{ca}}{(P_0+\Delta P_0)K_\alpha K_L}=\frac{7.0}{(1.32+0.17)\times 0.98\times 0.99}=4.84$$

取 $z=5$ 根。

(7) 计算预紧力 F_0：

$$F_0=500\frac{P_{ca}(2.5-K_\alpha)}{K_\alpha zv}+qv^2=\left[\frac{500\times 7\times(2.5-0.98)}{0.98\times 5\times 7.64}+0.1\times 7.64^2\right]=147.95(\text{N})$$

(8) 计算作用在轴上的压轴力 F_Q：

$$F_Q=2zF_0\sin\frac{\alpha_1}{2}=2\times 5\times 147.95\times\sin\frac{169.84^\circ}{2}=1473.69(\text{N})$$

(9) 带轮的结构设计(略)。

第 8 章　齿 轮 机 构

8.1　主要内容与学习要求

1. 主要内容

(1) 齿轮传动的类型。

(2) 齿廓啮合基本定律。

(3) 渐开线齿廓及其啮合特性。

(4) 渐开线标准直齿圆柱齿轮的基本参数、几何尺寸计算及啮合传动。

(5) 渐开线齿轮的切齿原理。

(6) 斜齿圆柱齿轮传动。

(7) 直齿圆锥齿轮传动。

2. 学习要求

(1) 掌握齿轮传动的类型及特点。

(2) 掌握齿廓啮合基本定律及定比传动的条件。

(3) 了解齿轮加工方法、根切及变位齿轮。

(4) 掌握渐开线齿廓的性质及啮合特点。

(5) 掌握渐开线标准直齿圆柱齿轮正确啮合条件、几何尺寸计算，标准安装与非标准安装。

(6) 掌握斜齿圆柱齿轮的基本参数、正确啮合条件和几何尺寸计算。

(7) 掌握直齿圆锥齿轮的基本参数及正确啮合条件。

8.2　重点与难点

1. 重点

(1) 齿廓啮合基本定律。

(2) 直齿圆柱齿轮传动的特点及几何尺寸计算。

(3) 斜齿圆柱齿轮传动的特点、基本参数及几何尺寸计算。

2. 难点

(1) 齿廓啮合基本定律。

(2) 齿轮的根切及变位齿轮。

(3) 斜齿圆柱齿轮的基本参数及几何尺寸计算。

(4) 分度圆与节圆、压力角与啮合角、当量齿轮等基本概念。

8.3 思维导图

第8章思维导图.docx

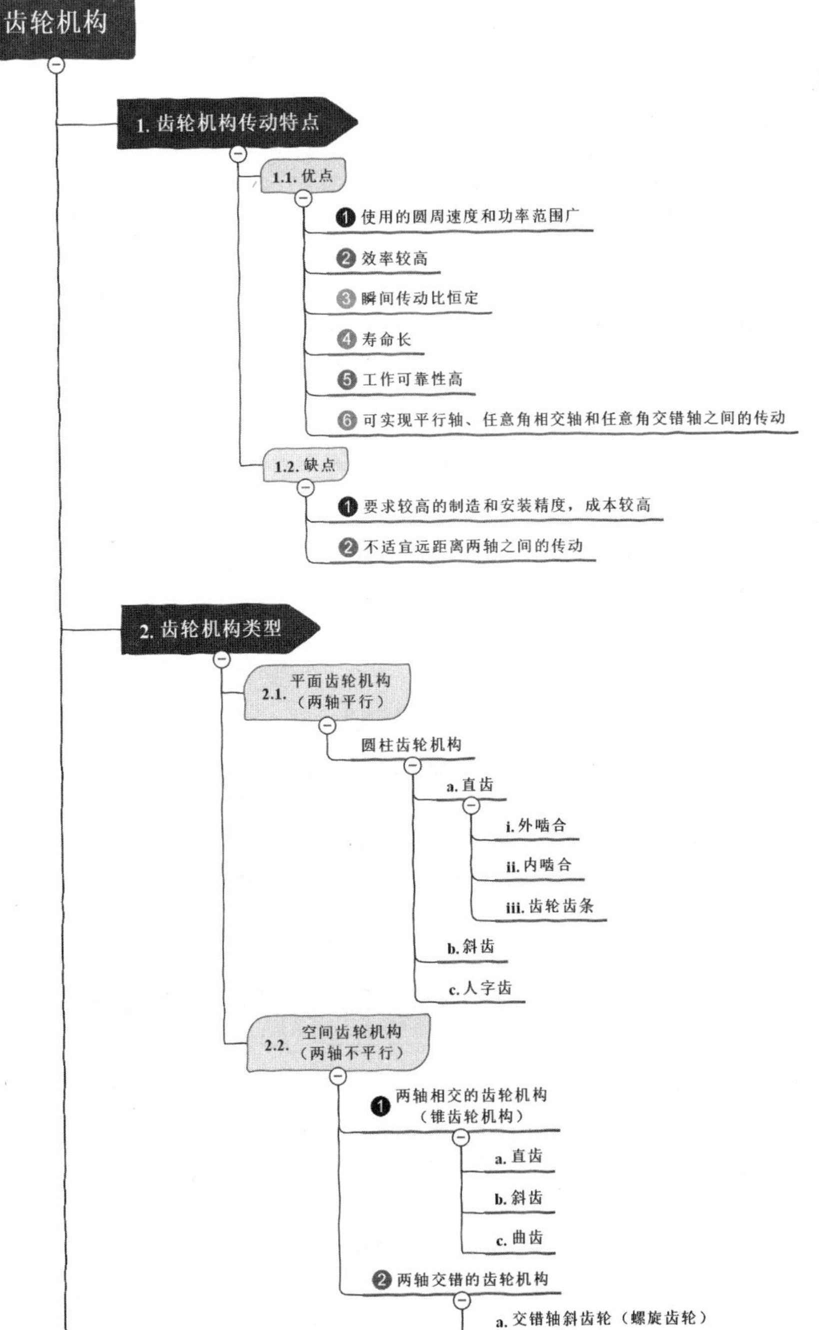

3. 齿廓实现定角速比传动的条件

3.1. 定角速度比条件

- 过啮合点公法线与连心线相交一定点C（节点）
- 齿廓啮合基本定理
  - $i=\frac{\omega_1}{\omega_2}=\frac{O_2C}{O_1C}=$常数

3.2. 齿廓常用曲线

1. 渐开线齿廓
2. 摆线齿廓
3. 圆弧齿廓

4. 渐开线齿廓

4.1. 渐开线的形成：直线在圆上做纯滚动时，直线上任一点的轨迹

4.2. 渐开线的五大特性

1. 发生线在基圆上滚过的长度等于基圆上被滚过的弧长
2. 渐开线上的法线与基圆相切
3. 渐开线上任一点的压力角的余弦为基圆半径与该点向径之比
4. 渐开线的形状取决于基圆的大小（基圆越大，渐开线越平直）
5. 基圆之内无渐开线

4.3. 渐开线齿廓啮合特点

1. 渐开线齿廓满足定角速比传动条件
   - ★ 无论两渐开线齿廓在何处接触，过接触点所作齿廓公法线均通过连心线上同一点C
2. 渐开线齿轮传动具有可分性
   - ★ 一对渐开线齿轮基圆半径是确定不变的，而其传动比等于两轮基圆半径之反比，中心距稍有改变，其角速比不变
3. 渐开线齿轮传动具有正压力方向不变性
   - ★ 两基圆的内公切线即为渐开线齿廓的啮合线
啮合角在数值上等于渐开线在节圆上的压力角
渐开线齿轮啮合角不变，表示齿廓间压力方向不变

5. 渐开线直齿圆柱齿轮传动

5.1. 齿轮各部分名称及几何尺寸计算

1. 基本参数
   - 齿数、模数、压力角、齿顶高系数、顶系系数
2. 齿轮各部分名称
   - 基圆、分度圆、齿根圆、齿顶圆、全齿高、齿顶高、齿根高、齿距、齿槽宽、齿厚、齿宽、齿廓曲面

③ 几何尺寸计算

$m=\frac{p}{\pi}$、$p=s+e=\pi m$、$d=\frac{p}{\pi}=mz$、$h=h_a+h_f$

$h_a=h_a^*m$、$h_f=(h_a^*+c^*)m$、$d_a=d+2h_a$

$d_f=d-2h_f$、$s=e=\frac{p}{2}=\frac{\pi m}{2}$、$d_b=d\cos\alpha$

5.2. 渐开线标准齿轮的啮合

❶ 正确啮合条件

两轮的模数和压力角必须分别相等

$$\begin{cases} m_1=m_2=m \\ \alpha_1=\alpha_2=\alpha \end{cases}$$

❷ 标准中心距a

a. 定义：一对标准齿轮分度圆相切时的中心距

b. 条件：无齿侧间隙、标准顶隙
分度圆与节圆重合，两分度圆相切

c. $a=r_1'+r_2'=r_1+r_2=\frac{m(z_1+z_2)}{2}$

③ 重合度

a. $\varepsilon=\frac{\text{啮合弧}}{\text{齿距}}=\frac{\overset{\frown}{FG}}{p}>1$

b. 一对渐开线齿轮连续传动条件：$\varepsilon>1$
（标准齿轮均满足，不必验算）

6. 渐开线齿轮的切齿原理

6.1. 按切齿原理分类

❶ 成形法

a. 定义：用渐开线齿形的成形刀具直接切出齿形

b. 两种铣刀：盘形齿刀、指状齿刀

❷ 展成法

a. 定义：利用一对齿轮（或齿条与齿轮）互相啮合时，
其共轭齿廓互为包络线的原理来切齿

b. 常用刀具：齿轮插刀、齿条插刀、齿轮滚刀

6.2. 根切和最小齿数

❶ 根切现象：齿廓根部的渐开线被切去一部分

❷ 根切原因：标准齿轮发生根切的原因是齿数太少

③ 最小齿数：$z_{min}=17$

6.3. 变位齿轮

❶ 齿轮变位原因：加工较少齿数齿轮、改变中心距、改变齿根强度

❷ 变位齿轮的切制：刀具的分度线或分度圆不再与轮坯分度圆相切

③ 变位齿轮的几何尺寸：齿数、模数、压力角、齿距不变
正变位齿轮齿厚增大，负变位齿轮齿厚减小

④ 变位齿轮传动：等移距变位齿轮传动、不等移距变位齿轮传动

7. 平行轴斜齿轮机构

7.1. 斜齿轮啮合特点

1. 螺旋角β存在，致使斜齿轮的齿廓是逐渐进入接触又逐渐脱离接触的
2. 啮合传动时共轭齿廓接触线由短变长再变短
3. 加载和卸载过程逐渐完成，故工作平稳，适合高速重载传动
4. 比较可知：一对直齿轮的齿廓进入和脱离接触都是沿齿宽方向突然发生的，噪声较大，不适于高速传动

7.2. 斜齿轮各部分名称及几何尺寸计数

1. 基本参数
   - 齿数、模数、压力角、齿顶高系数、顶系系数、螺旋角
2. 几何参数有端面和法面之分
   - a. 用铣刀切制斜齿轮时，铣刀的齿形应等于齿轮的法向齿形
   - b. 国标规定法向参数为标准值——法面模数、法面压力角、法面齿顶高系数、法面顶隙系数
3. 几何尺寸计算

$p_n=p_t\cos\beta$、$m_n=m_t\cos\beta \Leftrightarrow m_t=\dfrac{m_n}{\cos\beta}$

$d=m_tz=\dfrac{m_nz}{\cos\beta}$、$h=h_a+h_f=2.25m_n$

$h_a=h_a^*m_n=m_n$、$h_f=(h_a^*+c^*)m=1.25m_n$

$d_f=d-2h_f$、$d_a=d+2h_a$、$c=h_f-h_a=0.25m_n$

$a=\dfrac{d_1+d_2}{2}=\dfrac{m_t}{2}(z_1+z_2)=\dfrac{m_n(z_1+z_2)}{2\cos\beta}$

7.3. 斜齿轮传动的重合度

1. $\varepsilon=\dfrac{\text{啮合弧}}{\text{端面齿距}}=\varepsilon_t+\dfrac{b\tan\beta}{p_t}$
2. 斜齿轮传动的重合度随齿宽b和螺旋角β的增大而增大，可达到很大的数值

7.4. 斜齿轮的当量齿轮和当量齿数

1. 当量齿轮：与斜齿轮法面齿形相当的直齿圆柱齿轮
2. 当量齿数：$z_v=\dfrac{z}{\cos^3\beta}$
3. 不发生根切的最小齿数：$z=z_v\cos^3\beta=17\cos^3\beta$

7.5. 啮合传动

1. 正确啮合条件
   - a. $m_{n1}=m_{n2}=m_n$ 或 $m_{t1}=m_{t2}=m_t$
   - b. $\alpha_{n1}=\alpha_{n2}=\alpha_n$ 或 $\alpha_{t1}=\alpha_{t2}=\alpha_t$
   - c. $\beta_1=-\beta_2$（外啮合）$\beta_1=\beta_2$（内啮合）
2. 中心距：可以通过调整螺旋角的大小来调整

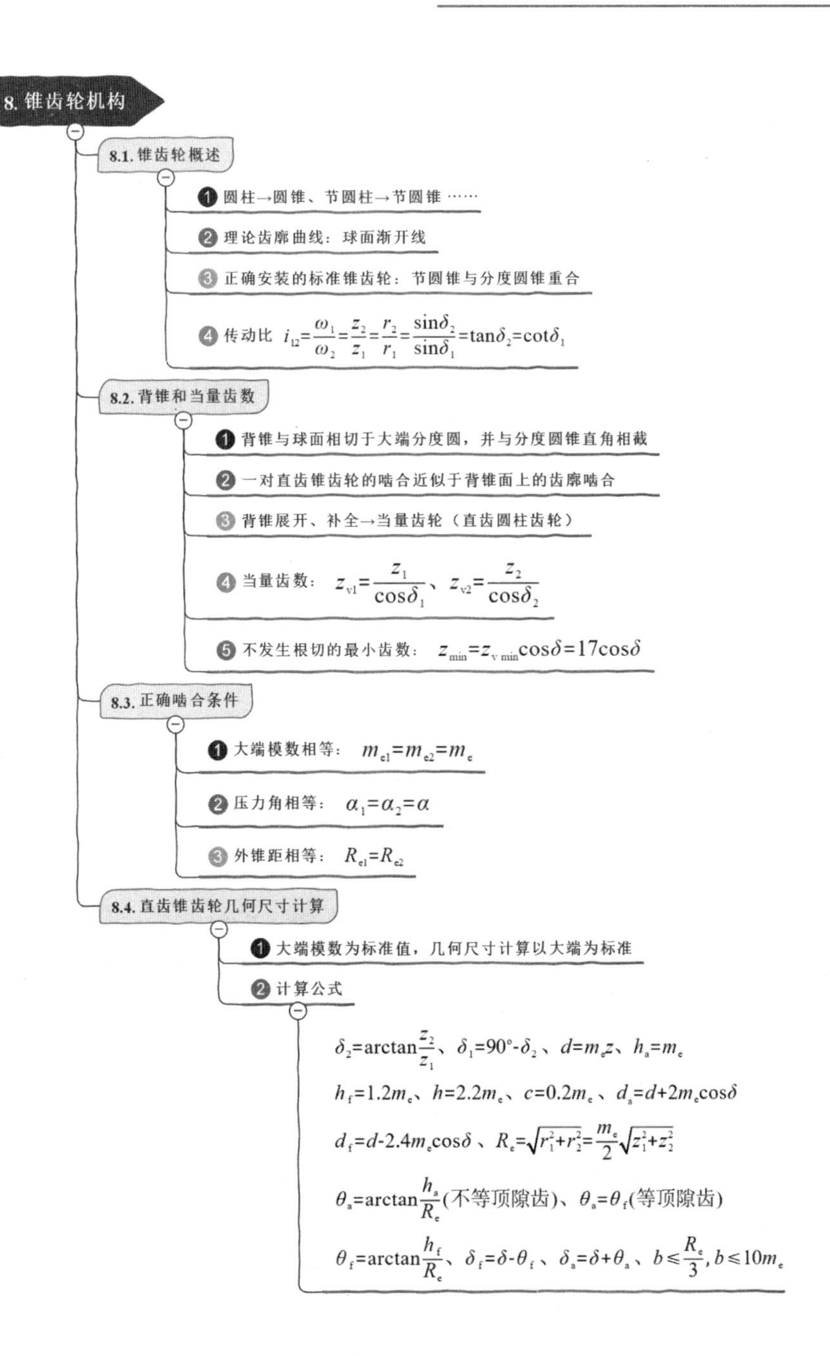

8.4 典型例题解析

例题 8.1 齿轮分度圆与节圆、压力角与啮合角的关系是什么？

答：齿轮的分度圆是齿轮的设计基准圆；分度圆的模数、压力角为标准值；设计时基本参数确定则分度圆的大小即确定；分度圆的大小与齿轮的安装无关。齿轮的节圆是一对齿轮啮合时，共轭齿廓啮合点的公法线与两齿轮回转中心连线的交点，即节点的轨迹圆。啮合角是节点处的压力角；两齿轮只有啮合传动才会存在节圆和啮合角且与安装的中心距

有关：当齿轮标准中心距安装时，节圆与分度圆重合，啮合角等于分度圆的压力角；非标准中心距安装时，节圆与分度圆不重合，啮合角不等于分度圆压力角，两者关系为$a\cos\alpha = a'\cos\alpha'$。

例题 8.2 一对齿轮外啮合传动，传动比为i_{12}=2，若两轮的中心距a=180 mm，求两齿轮的节圆半径r_1'、r_2'。

分析：根据齿廓啮合基本定律，一对外啮合齿轮安装中心距a等于两节圆半径之和，且传动比等于节圆半径的反比。

解：由$r_2' + r_1' = 180$ mm，　$r_2'/r_1' = 2$

得：r_1'=60 mm　r_2'=120 mm

例题 8.3 一对渐开线外啮合标准直齿圆柱齿轮传动，已知m=2 mm，$\alpha = 20°$，h_a^*=1，c^*=0.25，标准中心距a=120 mm，传动比i_{12}=2。试求：

(1) 两齿轮的齿数z_1、z_2；

(2) 齿轮 1 的分度圆直径d_1，齿顶圆直径d_{a1}，齿根圆直径d_{f1}，基圆直径d_{b1}，分度圆齿距p；

(3) 若将这对齿轮安装在中心距为 122 mm 的轴上，计算：齿轮的传动比i_{12}，两齿轮的节圆半径r_1'、r_2'，啮合角α'，实际顶隙c'。

分析：(1) 该题考察渐开线齿廓的啮合特点：①渐开线齿廓能实现定传动比传动，且$i_{12}= r_2'/r_1'= r_2/r_1=z_2/z_1$；②渐开线齿轮具有中心可分性，中心距略有改变不影响传动比的大小。

(2) 齿轮标准中心距安装时，分度圆与节圆重合。

(3) 非标准安装时仍满足齿廓啮合基本定律，中心距与节圆关系$r_1'+r_2'=a'$，$r_2'/r_1'=i_{12}$；啮合角α'不等于分度圆压力角，两者关系为$a\cos\alpha = a'\cos\alpha'$；顶隙不等于标准顶隙，$c'=c+a'-a$。

(4) 必须熟记直齿圆柱齿轮基本尺寸计算公式(表 8.1)。

表 8.1 标准直齿圆柱外啮合齿轮的主要几何尺寸

名　称	符　号	公　式	名　称	符　号	公　式
分度圆直径	d	$d=mz$	齿距	p	$p=\pi m$
齿顶高	h_a	$h_a=h_a^* m$	法向齿距	p_n	$p_n=p\cos\alpha$
齿根高	h_f	$h_f=(h_a^*+c^*)m$	传动比	i	$i=r_2'/r_1'=r_{b2}/r_{b1}=r_2/r_1=z_2/z_1$
全齿高	h	$h=h_a+h_f$	标准中心距	a	$a=m(z_1+z_2)/2$
齿顶圆直径	d_a	$d_a=d+2h_a$	实际中心距	a'	$a'= r_1'+ r_2'$
齿根圆直径	d_f	$d_f=d-2h_f$	标准顶隙	c	c^*m
基圆直径	d_b	$d_b=d\cos\alpha$	实际顶隙	c'	$c'=c+(a'-a)$
齿厚	s	$s=\pi m/2$	啮合角	α'	$\alpha'=\arccos(a\cos\alpha/a')$
齿槽宽	e	$e=\pi m/2$	曲率半径	ρ	$\rho=r\sin\alpha$

解：(1) 由标准中心距$a=m(z_1 + z_2)/2$，$i_{12}=z_2/z_1$

得：z_1=40，z_2=80；

(2) $d_1=mz_1$=2×40=80 mm

$d_{a1}=d_1+2h_a^*m=80+2\times1\times2=84(\text{mm})$

$d_{f1}=d_1-2(h_a^*+c^*)m=80-2\times(1+0.25)\times2=75(\text{mm})$

$d_{b1}=d_1\cos\alpha=80\times\cos20^\circ=75.175(\text{mm})$

$P=\pi m=3.14\times2=6.28(\text{mm})$

(3) 渐开线齿廓齿轮非标准安装时传动比不变，$i_{12}=2$。

(4) $r_1'+r_2'=122$ mm，$r_2'/r_1'=2$

得：$r_1'=40.667$ mm，$r_2'=81.333$ mm

由 $a\cos\alpha=a'\cos\alpha'$

得：$\alpha'=\text{arc}\left(a\cos\alpha/a'\right)=22.439^\circ$

$c'=c+a-a=2\times0.25+122-120=2.5(\text{mm})$

例题 8.4 一渐开线标准直齿圆柱外齿轮，已知 $m=8$ mm，$z=20$，$\alpha=20^\circ$，$h_a^*=1$，$c^*=0.25$。求齿轮分度圆齿廓的曲率半径 ρ、齿顶圆齿廓的曲率半径 ρ_a 及齿顶圆齿廓压力角 α_a。

分析：该题考察渐开线的性质及渐开线齿廓齿轮的基本尺寸关系。

在图 8.1(a)中：

(1) 渐开线的发生线 BK 与基圆相切，线段 BK 等于渐开线在 K 点处的曲率半径 ρ_k。

(2) 在直角三角形 OBK 中，$\angle BOK$ 等于渐开线在 K 点的压力角 α_k。

在图 8.1(b)和图 8.1(c)中，渐开线在分度圆及齿顶圆上向径 r_k 分别为分度圆半径和齿顶圆半径。

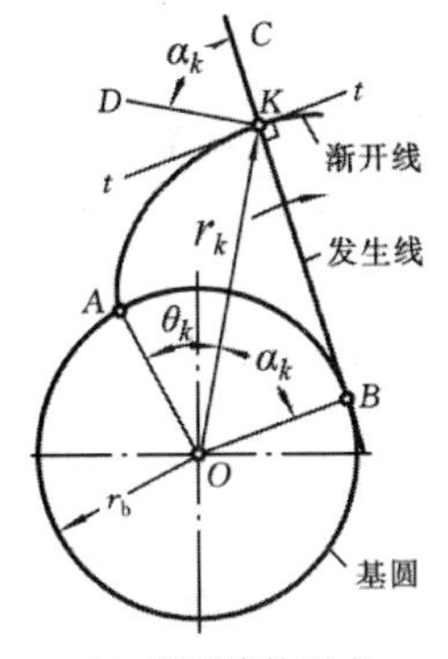

(a) 渐开线的形成

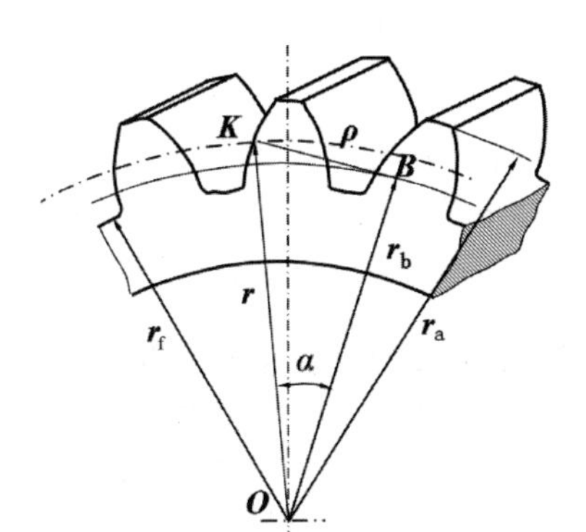

(b) 分度圆上曲率半径及压力角

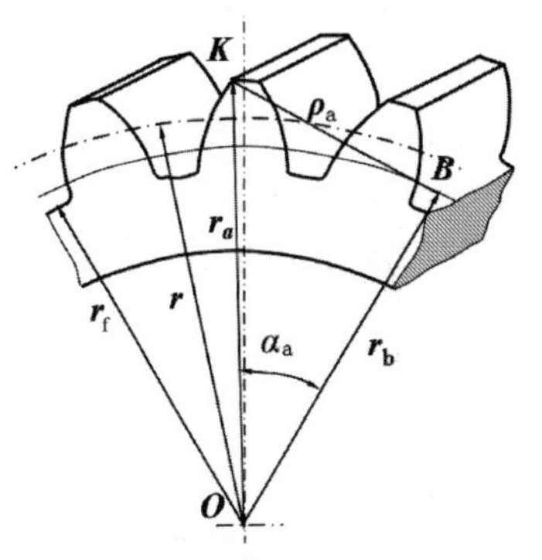

(c) 齿顶圆曲率半径及压力角

图 8.1

解：分度圆半径：$r=mz/2=8\times20/2=80(\text{mm})$

分度圆齿廓的曲率半径： $\rho=r\sin\alpha=80\sin20^\circ=27.3616(\text{mm})$

齿轮基圆半径：$r_b=r\cos\alpha=80\cos20^\circ=75.1754(\text{mm})$

齿轮齿顶圆半径：$r_a=r+h_a^*m=80+1\times8=88(\text{mm})$

齿顶圆齿廓曲率半径： $\rho_a=\sqrt{r_a^2-r_b^2}=\sqrt{88^2-75.1754^2}=45.7456(\text{mm})$

齿顶圆齿廓压力角： $\alpha_a=\arccos\left(r_b/r_a\right)=31.321^\circ$

例题 8.5 已知一对渐开线外啮合标准直齿圆柱齿轮，正常齿制，压力角 $\alpha=20^\circ$。齿轮 1 丢失，测出其中心距 $a=150$ mm，齿轮 2 的齿数 $z_2=42$，齿顶圆直径 $d_{a2}=132$ mm，齿根圆直径 $d_{f2}=118.5$ mm。现需配置齿轮 1，试确定这对齿轮的模数 m、齿轮 1 的齿数 z_1、分度

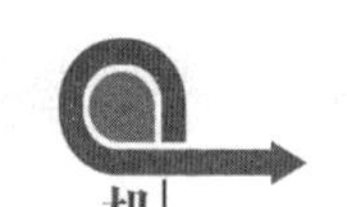

圆直径 d_1、齿顶圆直径 d_{a1}、基圆直径 d_{b1}。

分析：该题考察直齿圆柱齿轮基本尺寸计算。①利用题中已知条件齿轮 2 的齿数 $z_2=42$、齿顶圆直径 $d_{a2}=132$ mm、正常齿制齿顶高系数 $h_a^*=1$，代入齿顶圆直径计算公式，可计算齿轮的模数 m；②根据齿根圆计算公式可解得顶隙系数 c^*；③利用中心距计算公式 $a=m(z_1+z_2)/2$ 可计算齿轮 1 的齿数，再计算其他基本尺寸。

解：由 $d_{a2}=d_2+2mh_a^*=m(z_2+2h_a^*)$

得：$m=d_{a2}/(z_2+2h_a^*)=3$ mm

由 $d_{f2}=d_2-2m(h_a^*+c^*)$

得：$c^*=(d_2-d_{f2})/2m-h_a^*=0.25$

由 $a=m(z_1+z_2)/2$

得：$z_1=58$

$d_1=mz_1=3\times58=174(\text{mm})$

$d_{a1}=d_1+2mh_a^*=174+2\times3\times1=180(\text{mm})$

$d_{b1}=d_1\cos\alpha=174\times\cos20^\circ=163.507(\text{mm})$

例题 8.6 一对渐开线外啮合标准斜齿圆柱齿轮传动，已知 $m_n=8$ mm，$\alpha_n=20^\circ$，$\beta=13^\circ$，$h^*_{an}=1$，$c_n^*=0.25$，$z_1=20$，$z_2=37$，试求：

(1) 该对齿轮的标准中心距 a、端面模数 m_t；

(2) 小齿轮 1 的分度圆直径 d_1、齿顶圆直径 d_{a1}、齿根圆直径 d_{f1}、当量齿数 z_{v1}；

(3) 若要求传动中心距 $a=235$ mm，其他参数不变，为保证该对齿轮无侧隙啮合，计算螺旋角 β。

分析：该题考察斜齿圆柱齿轮的基本尺寸计算公式(表 8.2)，注意计算结果精确到 3～4 位小数。斜齿圆柱齿轮法面参数为标准值，配凑中心距时，斜齿圆柱齿轮一般不变位而是通过调整螺旋角的大小来实现。

表 8.2 标准斜齿圆柱外啮合齿轮的主要几何尺寸

名 称	符 号	公 式	名 称	符 号	公 式
端面模数	m_t	$m_t=m_n/\cos\beta$	端面齿距	p_t	$p_t=\pi m_t$
端面压力角	α_t	$\tan\alpha_t=\tan\alpha_n/\cos\beta$	法面齿距	p_n	$p_n=\pi m_n$
分度圆直径	d	$d=m_tz=m_nz/\cos\beta$	法面齿厚	s_n	$s_n=\pi m_n/2$
齿顶高	h_a	$h_a=h_{an}^*m_n$	法面齿槽宽	e_n	$e_n=\pi m_n/2$
齿根高	h_f	$h_f=(h_{an}^*+c_n^*)m_n$	传动比	i	$i=z_2/z_1$
全齿高	h	$h=h_a+h_f$	中心距	a	$a=m_n(z_1+z_2)/2\cos\beta$
齿顶圆直径	d_a	$d_a=d+2h_a$	顶隙	c	$c=c^*m$
齿根圆直径	d_f	$d_f=d-2h_f$	当量齿数	z_v	$z_v=z/\cos^3\beta$

解：(1) $a=m_n(z_1+z_2)/2\cos\beta=8\times(20+37)/2\cos13^\circ=233.977$ (mm)

$m_t=m_n/\cos\beta=8/\cos13^\circ=8.2104(\text{mm})$

(2) $d_1=m_nz_1/\cos\beta=8\times20/\cos13^\circ=164.209(\text{mm})$

$d_{a1}=d_1+2m_nh^*_{an}=164.209+2\times8\times1=180.209(\text{mm})$

$d_{f1}=d_1-2m_n(h^*_{an}+c_n^*)=164.209-2\times8\times(1+0.25)=144.209(\text{mm})$

$z_{v1}=z_1/\cos^3\beta=20/\cos^3 13^\circ=21.620$

(3) 由 $a=m_n(z_1+z_2)/2\cos\beta$

得：$\beta=\arccos[m_n(z_1+z_2)/2a]=14.0196^\circ$

8.5 自 测 题

1. 选择填空

(1) 一对渐开线齿轮啮合时，啮合点始终沿着(　　)移动。

A. 分度圆公切线　　B. 节圆公切线

C. 基圆公切线　　D. 齿顶圆公切线

(2) 若忽略摩擦，一对渐开线齿廓从进入啮合到脱离啮合，齿廓间作用力方向始终沿着(　　)方向。

A. 分度圆公切线　　B. 节圆公切线

C. 基圆公切线　　D. 齿顶圆公切线

(3) 渐开线齿轮啮合时，啮合角与节圆压力角的关系是(　　)。

A. 啮合角恒等于节圆压力角　　B. 啮合角恒大于节圆压力角

C. 啮合角恒小于节圆压力角　　D. 与安装中心距有关

(4) 渐开线斜齿圆柱齿轮在(　　)取标准模数和标准压力角。

A. 端面　　B. 轴面

C. 主平面　　D. 法面

(5) 渐开线斜齿圆柱齿轮的端面压力角 α_t 与法面压力角 α_n 的大小关系是(　　)。

A. $\alpha_t>\alpha_n$　　B. $\alpha_t<\alpha_n$

C. $\alpha_t=\alpha_n$　　D. $\alpha_t\leqslant\alpha_n$

(6) 一对外啮合渐开线标准斜齿圆柱齿轮的正确啮合条件是(　　)。

A. $m_{n1}=m_{n2}=m$;　$\alpha_{n1}=\alpha_{n2}=\alpha$;　$\beta_1=-\beta_2$

B. $m_{n1}=m_{n2}=m$;　$\alpha_{n1}=\alpha_{n2}=\alpha$;　$\beta_1=\beta_2$

C. $m_1=m_2=m$;　$\alpha_1=\alpha_2=\alpha$;　$\beta_1=\beta_2$

D. $m_1=m_2=m$　$\alpha_1=\alpha_2=\alpha$;　$\beta_1=-\beta_2$

(7) 渐开线斜齿圆柱齿轮的当量齿数 z_v(　　)其实际齿数 z。

A. 小于　　B. 小于且等于

C. 等于　　D. 大于

(8) 斜齿圆柱齿轮的齿数 z 与模数 m_n 不变，若增大螺旋角 β，则分度圆直径 d(　　)。

A. 增大　　B. 减小

C. 不变　　D. 不一定增大或减小

(9) 渐开线直齿圆锥齿轮(　　)的几何参数为标准值。

A. 大端　　B. 小端

C. 法面　　D. 端面

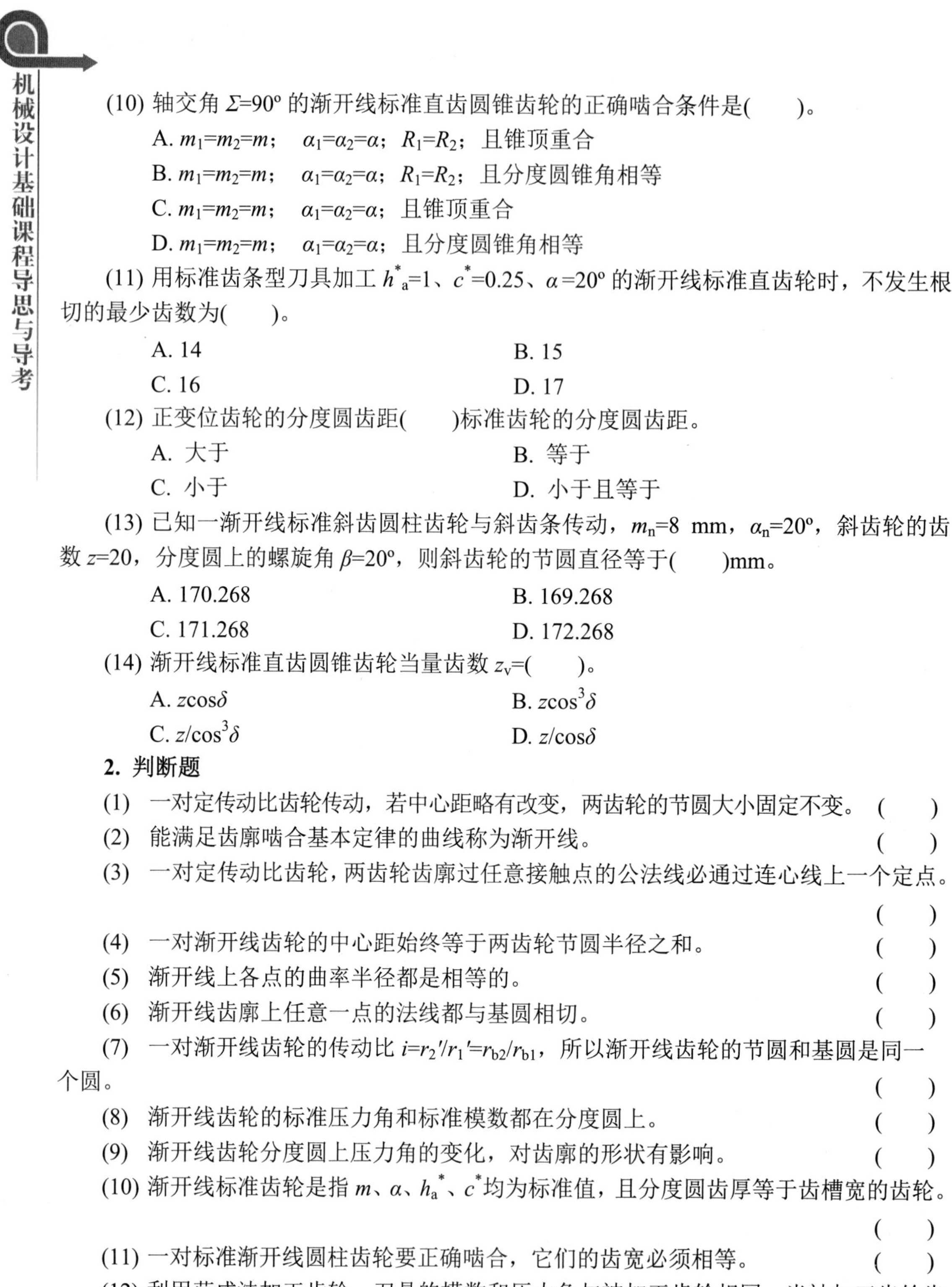

(10) 轴交角 Σ=90° 的渐开线标准直齿圆锥齿轮的正确啮合条件是(　　)。

A. $m_1=m_2=m$；　$\alpha_1=\alpha_2=\alpha$；$R_1=R_2$；且锥顶重合

B. $m_1=m_2=m$；　$\alpha_1=\alpha_2=\alpha$；$R_1=R_2$；且分度圆锥角相等

C. $m_1=m_2=m$；　$\alpha_1=\alpha_2=\alpha$；且锥顶重合

D. $m_1=m_2=m$；　$\alpha_1=\alpha_2=\alpha$；且分度圆锥角相等

(11) 用标准齿条型刀具加工 h^*_a=1、c^*=0.25、α=20° 的渐开线标准直齿轮时，不发生根切的最少齿数为(　　)。

A. 14　　B. 15

C. 16　　D. 17

(12) 正变位齿轮的分度圆齿距(　　)标准齿轮的分度圆齿距。

A. 大于　　B. 等于

C. 小于　　D. 小于且等于

(13) 已知一渐开线标准斜齿圆柱齿轮与斜齿条传动，m_n=8 mm，α_n=20°，斜齿轮的齿数 z=20，分度圆上的螺旋角 β=20°，则斜齿轮的节圆直径等于(　　)mm。

A. 170.268　　B. 169.268

C. 171.268　　D. 172.268

(14) 渐开线标准直齿圆锥齿轮当量齿数 z_v=(　　)。

A. $z\cos\delta$　　B. $z\cos^3\delta$

C. $z/\cos^3\delta$　　D. $z/\cos\delta$

2. 判断题

(1) 一对定传动比齿轮传动，若中心距略有改变，两齿轮的节圆大小固定不变。(　　)

(2) 能满足齿廓啮合基本定律的曲线称为渐开线。(　　)

(3) 一对定传动比齿轮，两齿轮齿廓过任意接触点的公法线必通过连心线上一个定点。(　　)

(4) 一对渐开线齿轮的中心距始终等于两齿轮节圆半径之和。(　　)

(5) 渐开线上各点的曲率半径都是相等的。(　　)

(6) 渐开线齿廓上任意一点的法线都与基圆相切。(　　)

(7) 一对渐开线齿轮的传动比 $i=r_2'/r_1'=r_{b2}/r_{b1}$，所以渐开线齿轮的节圆和基圆是同一个圆。(　　)

(8) 渐开线齿轮的标准压力角和标准模数都在分度圆上。(　　)

(9) 渐开线齿轮分度圆上压力角的变化，对齿廓的形状有影响。(　　)

(10) 渐开线标准齿轮是指 m、α、h_a^*、c^*均为标准值，且分度圆齿厚等于齿槽宽的齿轮。(　　)

(11) 一对标准渐开线圆柱齿轮要正确啮合，它们的齿宽必须相等。(　　)

(12) 利用范成法加工齿轮，刀具的模数和压力角与被加工齿轮相同，当被加工齿轮齿数变化时，不用更换刀具。(　　)

(13) 模数、压力角、齿顶高系数、顶隙系数均为标准值的齿轮一定是标准齿轮。(　　)

(14) 基本参数相同时，正变位齿轮的分度圆齿厚大于标准齿轮的分度圆齿厚。(　　)

3. 已知一对正确安装的渐开线标准直齿圆柱齿轮外啮合传动，齿数 z_1=20，z_2=41，模

数 m=2 mm，h_a^*=1，c^*=0.25，α=20º。试计算：

(1) 标准中心距 a。

(2) 齿轮 1 的分度圆直径 d_1，基圆直径 d_{b1}，齿顶圆直径 d_{a1}，分度圆齿距 p，齿厚 s。

(3) 齿轮 1 分度圆曲率半径 ρ_1 及齿顶圆压力角 α_{a1}。

4. 已知一对正常齿制渐开线标准直齿圆柱齿轮外啮合传动，模数 m=10 mm，分度圆压力 $\alpha = 20°$，传动比 $i_{12} = 1.8$，标准中心距 a=350 mm。试求：

(1) 两轮的齿数 z_1、z_2。

(2) 齿轮 1 的分度圆半径 r_1，齿顶圆半径 r_{a1}，齿根圆半径 r_{f1}，法向齿距 p_n。

(3) 两齿轮的节圆半径 r_1'、r_2' 及啮合角 α'。

5. 一对渐开线标准直齿圆柱齿轮外啮合传动，正常齿制。已知：齿数 z_1=23、z_2=45，模数 $m = 4$ mm，分度圆压力角 α=20º，节圆压力角 α'=23º。试求:

(1) 两齿轮分度圆直径 d_1、d_2，基圆直径 d_{b1}、d_{b2}。

(2) 两齿轮节圆直径 d_1'、d_2'。

(3) 实际中心距 a'。

6. 已知一对正确啮合的渐开线标准直齿圆柱齿轮外啮合传动，正常齿制。测得小齿轮齿数 z_1=34，大齿轮齿数 z_2=68；小齿轮齿顶圆直径 d_{a1}=144 mm，齿根圆直径 d_{f1}=126 mm，两齿轮的齿全高相等，压力角为 20º，求：

(1) 这对齿轮的模数 m。

(2) 若将这对齿轮装在中心距为 205 mm 的轴上，求此时传动比 i_{12}、啮合角 α'、实际顶隙 c'以及两齿轮节圆半径 r_1'、r_2'。

7. 一对渐开线标准斜齿圆柱齿轮外啮合传动，已知斜齿轮的法面参数 m_n=6 mm，α_n=20º，h_{an}^*=1，c_n^*=0.25，中心距 a=200 mm，齿数 z_1=26，z_2=38。试求：

(1) 螺旋角β，端面模数 m_t，端面压力角 α_t。

(2) 齿轮 1 的分度圆直径 d_1，齿顶圆直径 d_{a1}，齿根圆直径 d_{f1}，顶隙 c。

(3) 法面齿距 p_{n1}，端面齿距 p_{t1}，当量齿数 z_{v1}。

8. 一对渐开线标准直齿圆柱齿轮外啮合传动，已知 m=2 mm，α=20º，h_a^*=1，c^*=0.25，标准中心距 a=120 mm，传动比 i_{12}=2。试求：

(1) 两齿轮的齿数 z_1、z_2。

(2) 齿轮 1 的分度圆直径 d_1，齿顶圆直径 d_{a1}，基圆直径 d_{b1}，分度圆齿距 p。

(3) 若题中齿轮改为渐开线标准斜齿圆柱齿轮，模数 m_n=2 mm，齿数不变，若安装中心距为 122 mm，则斜齿轮的螺旋角β为多少？

9. 一对轴交角 $\Sigma = 90°$ 的标准直齿圆锥齿轮，齿数 z_1=21、z_2=45，模数 $m = 3$ mm，h_a^*=1，c^*=0.2，α=20°。试计算：

(1) 两齿轮的分度圆直径 d_1、d_2。

(2) 两齿轮的锥角 δ_1、δ_2。

(3) 齿轮 1 的齿顶圆直径 d_{a1}、齿根圆直径 d_{f1} 与锥距 R。

8.6 自测题参考答案

1. 选择填空

(1)C (2)C (3)A (4)D (5)A (6)A (7)D (8)A (9) A

(10)A (11)D (12)B (13)D (14)D

2. 判断题

(1)× (2)× (3)√ (4)√ (5)× (6)√ (7)× (8)√ (9)√

(10)√ (11)× (12)√ (13)× (14)√

3.

解：(1) $a = m(z_1 + z_2)/2 = 62\text{ mm}$

(2) $d_1 = mz_1$=40 mm

$d_{b1} = d_1 \cos\alpha$=37.588 mm

$d_{a1} = d_1 + 2h_a^* m$=44 mm

$p = m\pi$=6.28 mm

$s = m\pi/2$=3.14 mm

(3) $\rho_1 = r_1 \sin\alpha = 20\sin 20° = 6.84\ (\text{mm})$

$\alpha_{a1} = \arccos\left(d_{b1}/d_{a1}\right)$=31.321°

4.

解：(1) 由 $a = m(z_1 + z_2)/2$，$i_{12} = z_2/z_1$

得：z_1=25，z_2=45；

(2) r_1= mz_1 /2=125 mm

$r_{a1} = r_1 + mh_a^*$=135 mm

$r_{f1} = r_1 - m(h_a^* + c^*)$=112.5 mm

$p_n = \pi m\cos\alpha = 29.506\text{ mm}$

(3) $r' = r_1$=125 mm，$r_2' = r_2$=225 mm，$\alpha' = \alpha$=20°

5.

解：(1) $d_1 = mz_1 = 92\text{ mm}$，$d_2 = mz_2 = 180\text{ mm}$

$d_{b1} = d_1\cos\alpha = 86.452\text{ mm}$，$d_{b2} = d_2\cos\alpha = 169.145\text{ mm}$

(2) $d_1' = d_{b1}/\cos\alpha'$=93.918 mm，$d_2' = d_{b2}/\cos\alpha'$=183.752 mm

$a' = \left(d_1' + d_2'\right)/2$=138.835 mm

(或根据 $a\cos\alpha = a'\cos\alpha'$，$a' = (d_1' + d_2')/2$，$i_{12} = d_2'/d_1'$ 计算)

6.

解：(1) $d_{a1} - d_{f1} = 2m(2h_a^* + c^*)$

$m = (d_{a1} - d_{f1})/2(2h_a^* + c^*) = 4\text{ mm}$

(2) $i_{12} = z_2/z_1$=68/34=2

$a = m(z_1 + z_2)/2$=204 mm

$a\cos\alpha = a'\cos\alpha'$， $\alpha' = \arccos(204\cos 20°/205) = 20.754°$

$c' = mc^* + a' - a = 4\times 0.25 + 205 - 204 = 2\ (\mathrm{mm})$

由 $r_2' + r_1' = 205$， $r_2'/r_1' = 2$

得： $r_1' = 68.333\ \mathrm{mm}$， $r_2' = 136.667\ \mathrm{mm}$

7.

解：(1) $\beta = \arccos[m_n(z_1 + z_2)/2] = 16.260°$

$m_t = m_n/\cos\beta = 6.25\ \mathrm{mm}$

$\tan\alpha_t = \tan\alpha_n/\cos\beta$， $\alpha_t = 20.7635°$

(2) $d_1 = m_n z_1/\cos\beta = 162.500\ \mathrm{mm}$

$d_{a1} = d_1 + 2m_n h_{an}^* = 174.500\ \mathrm{mm}$

$d_{f1} = d_1 - 2m_n(2h_{an}^* + c_n^*) = 147.500\ \mathrm{mm}$

$c = m_n c_n^* = 1.5\ \mathrm{mm}$

(3) $p_{n1} = \pi m_n = 18.84\ \mathrm{mm}$

$p_{t1} = p_n/\cos\beta = 16.625\ \mathrm{mm}$

$z_{v1} = z_1/\cos^3\beta = 29.387$

8.

解：(1) 由 $a=m(z_1+z_2)/2$，$i_{12}=z_2/z_1$

得： $z_1=40$，$z_2=80$；

(2) $d_1 = mz_1 = 80\ \mathrm{mm}$

$d_{b1} = d_1\cos\alpha = 75.175\ \mathrm{mm}$

$d_{a1} = d_1 + 2h_a^* m = 84\ \mathrm{mm}$

$p = m\pi = 6.28\ \mathrm{mm}$

(3) $\beta = \arccos[m_n(z_1 + z_2)/2a] = 10.389°$

9.

解：(1) $d_1 = mz_1 = 63\ \mathrm{mm}$， $d_2 = mz_2 = 135\ \mathrm{mm}$

(2) $\tan\delta_1 = z_1/z_2$， $\tan\delta_2 = z_2/z_1$， $\delta_1 = 25.017°$， $\delta_2 = 64.983°$

(3) $d_{a1} = d_1 + 2h_a^* m\cos\delta_1 = 68.437\ \mathrm{mm}$

$d_{f1} = d_1 - 2m(2h_a^* + c^*)\cos\delta_1 = 51.038\ \mathrm{mm}$

$R = 0.5m\sqrt{z_1^2 + z_2^2} = 74.488\ \mathrm{mm}$

第9章 齿轮传动

9.1 主要内容与学习要求

1. 主要内容

(1) 齿轮传动的失效形式及设计准则。

(2) 弯曲强度力学模型的建立及设计计算。

(3) 接触强度力学模型的建立及设计计算。

(4) 直齿圆柱齿轮、斜齿圆柱齿轮和直齿圆锥齿轮的受力分析。

(5) 直齿圆柱齿轮、斜齿圆柱齿轮和直齿圆锥齿轮的设计。

(6) 齿轮的润滑、效率及结构设计。

2. 学习要求

(1) 掌握齿轮传动的失效形式和齿轮常用材料及热处理方法。

(2) 掌握软、硬齿面齿轮的设计准则。

(3) 掌握渐开线直齿圆柱齿轮、斜齿圆柱齿轮和直齿圆锥齿轮的受力分析。

(4) 掌握直齿圆柱齿轮、斜齿圆柱齿轮和直齿圆锥齿轮的设计。

(5) 了解齿轮的润滑及结构形式。

9.2 重点与难点

1. 重点

(1) 齿轮传动的失效形式及设计准则。

(2) 直齿圆柱齿轮、斜齿圆柱齿轮和直齿圆锥齿轮的受力分析。

(3) 直齿圆柱齿轮、斜齿圆柱齿轮和直齿圆锥齿轮的设计。

2. 难点

直齿圆柱齿轮、斜齿圆柱齿轮和直齿圆锥齿轮的设计。

9.3 思 维 导 图

第9章思维导图.docx

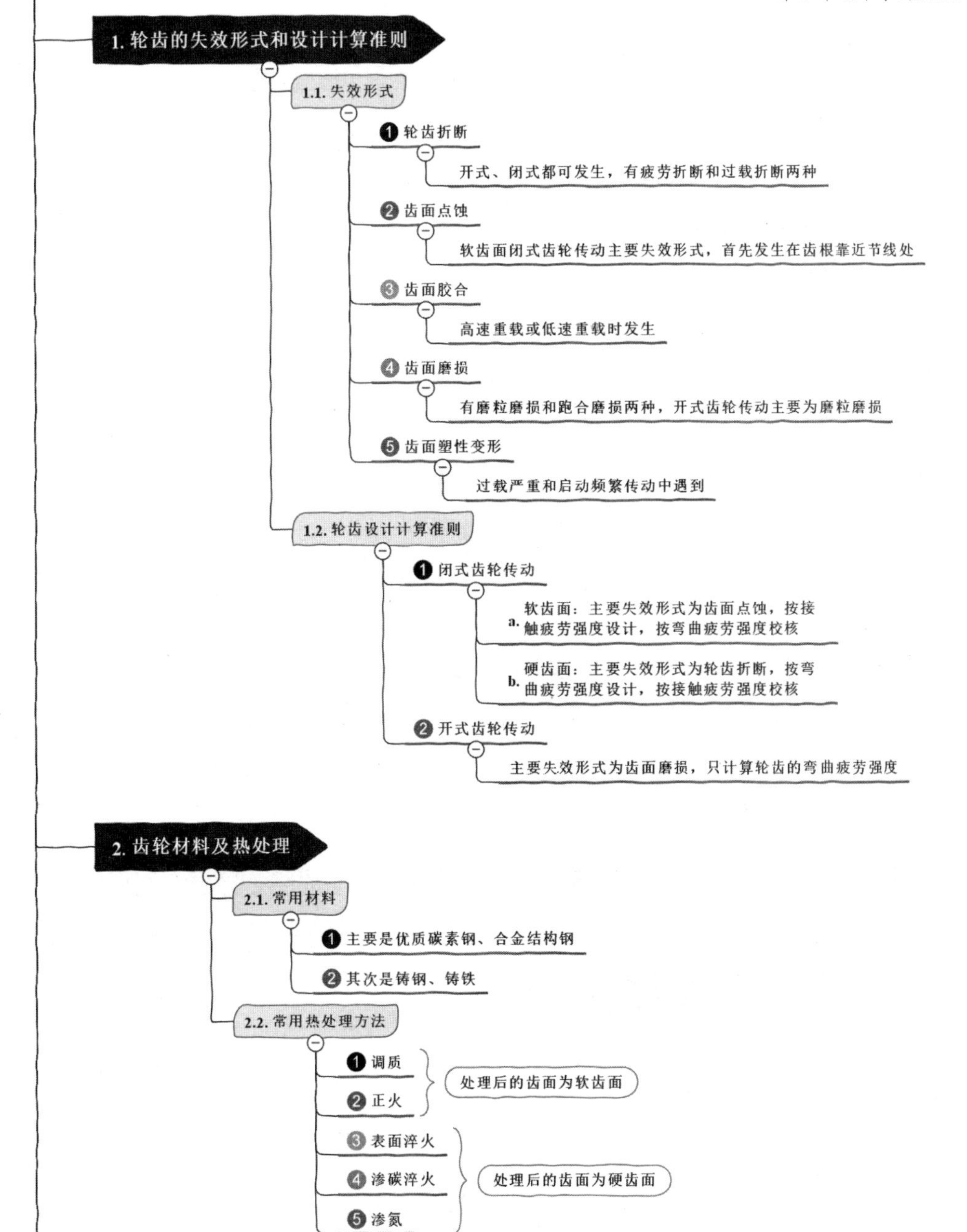

3. 齿轮传动的精度

3.1. 误差对传动的影响

❶ 实际转角与理论转角不一致，影响传动的准确度

❷ 出现转速波动，引起振动、冲击和噪声，影响传动的平稳性

❸ 轮齿上载荷分布不均匀，引起早期损坏，影响载荷分布的均匀性

3.2. 精度等级

❶ GB/T 10095.1—2008 规定了0～12共13级精度等级

❷ 0级精度最高，12级精度最低

❸ 常用精度等级：6～9级

4. 直齿圆柱齿轮传动的作用力及计算载荷

4.1. 轮齿上的作用力

❶ 法向力→圆周力、径向力

$$\vec{F}_n=\vec{F}_t+\vec{F}_r$$

a. 圆周力 $F_{t1}=\dfrac{2T_1}{d_1}$ N $\left(T_1=10^6\dfrac{P}{\omega_1}=9.55\times10^6\dfrac{P}{n_1}\ \text{N·mm},\quad \omega_1=\dfrac{2\pi n_1}{60}\ \text{rad/s}\right)$

b. 径向力 $F_r=F_t\tan\alpha$ N

c. 法向力 $F_n=\dfrac{F_t}{\cos\alpha}$ N

❷ 力方向的确定

a. 从动轮受力与主动轮受力互为作用力与反作用力，大小相等方向相反

b. 圆周力方向：主动轮上与运动方向相反；从动轮上与运动方向相同

c. 径向力方向：与齿轮回转方向无关，均由作用点指向各自的轮心

4.2. 计算载荷 F_{nc}

❶ 考虑载荷集中和附加动载荷的影响而更接近现实的载荷→ $F_{nc}=KF_n$

❷ K——载荷系数（综合考虑原动机和工作机载荷特性选取）

5. 直齿圆柱齿轮传动的强度计算

5.1. 齿面接触疲劳强度计算

❶ 理论依据

用弹性力学赫兹公式计算齿轮节点处的接触应力

❷ 计算特点

a. 两啮合齿轮的接触应力相同

b. 两啮合齿轮的许用接触应力一般不相同

c. 接触强度与分度圆大小有关，而与模数无关

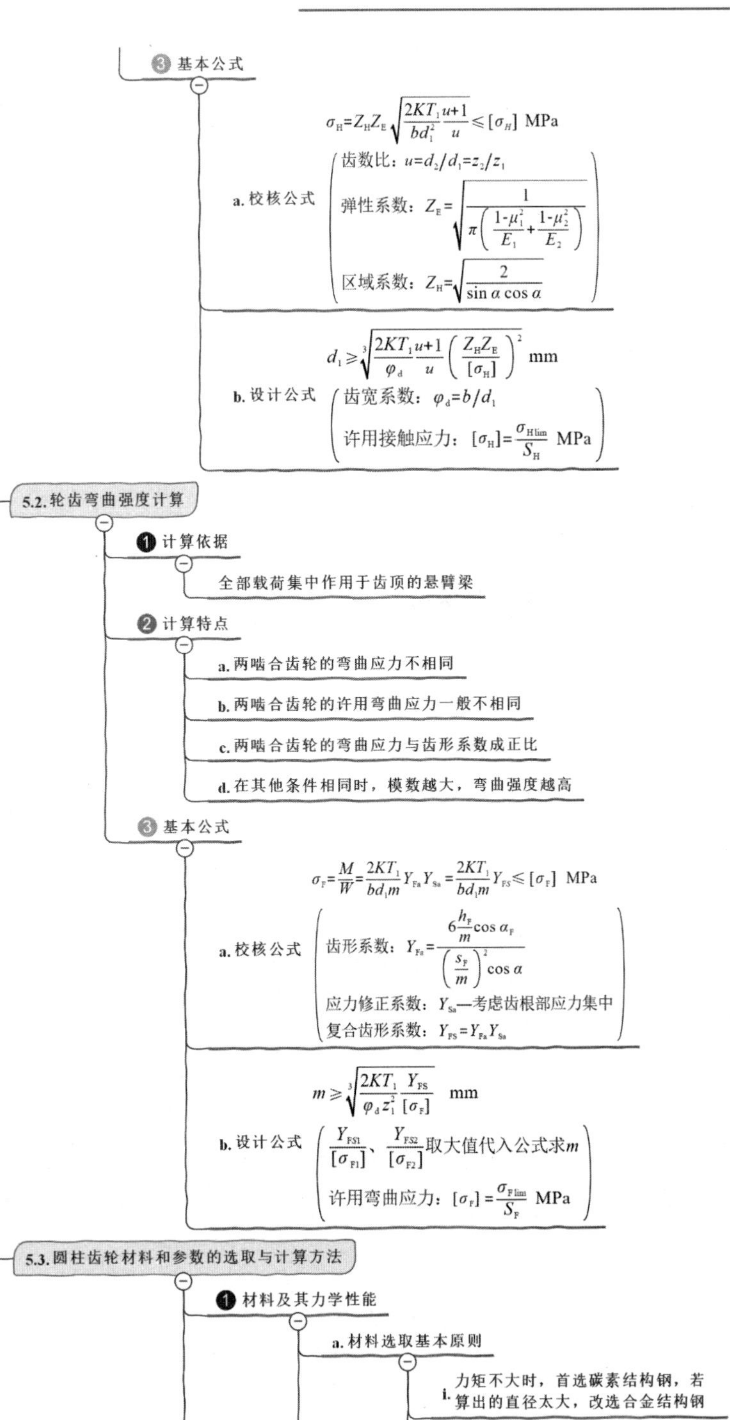
③ 基本公式
$\sigma_H = Z_H Z_E \sqrt{\frac{2KT_1}{bd_1^2}\frac{u+1}{u}} \leqslant [\sigma_H]$ MPa
a. 校核公式
齿数比：$u=d_2/d_1=z_2/z_1$
弹性系数：$Z_E=\sqrt{\frac{1}{\pi\left(\frac{1-\mu_1^2}{E_1}+\frac{1-\mu_2^2}{E_2}\right)}}$
区域系数：$Z_H=\sqrt{\frac{2}{\sin\alpha\cos\alpha}}$
$d_1 \geqslant \sqrt[3]{\frac{2KT_1}{\varphi_d}\frac{u+1}{u}\left(\frac{Z_H Z_E}{[\sigma_H]}\right)^2}$ mm
b. 设计公式
齿宽系数：$\varphi_d=b/d_1$
许用接触应力：$[\sigma_H]=\frac{\sigma_{H\lim}}{S_H}$ MPa
5.2. 轮齿弯曲强度计算
❶ 计算依据
全部载荷集中作用于齿顶的悬臂梁
❷ 计算特点
a. 两啮合齿轮的弯曲应力不相同
b. 两啮合齿轮的许用弯曲应力一般不相同
c. 两啮合齿轮的弯曲应力与齿形系数成正比
d. 在其他条件相同时，模数越大，弯曲强度越高
③ 基本公式
$\sigma_F=\frac{M}{W}=\frac{2KT_1}{bd_1m}Y_{Fa}Y_{Sa}=\frac{2KT_1}{bd_1m}Y_{FS} \leqslant [\sigma_F]$ MPa
a. 校核公式
齿形系数：$Y_{Fa}=\frac{6\frac{h_F}{m}\cos\alpha_F}{\left(\frac{s_F}{m}\right)^2\cos\alpha}$
应力修正系数：Y_{Sa}—考虑齿根部应力集中
复合齿形系数：$Y_{FS}=Y_{Fa}Y_{Sa}$
$m \geqslant \sqrt[3]{\frac{2KT_1}{\varphi_d z_1^2}\frac{Y_{FS}}{[\sigma_F]}}$ mm
b. 设计公式
$\frac{Y_{FS1}}{[\sigma_{F1}]}$、$\frac{Y_{FS2}}{[\sigma_{F2}]}$取大值代入公式求$m$
许用弯曲应力：$[\sigma_F]=\frac{\sigma_{F\lim}}{S_F}$ MPa
5.3. 圆柱齿轮材料和参数的选取与计算方法
❶ 材料及其力学性能
a. 材料选取基本原则
i. 力矩不大时，首选碳素结构钢，若算出的直径太大，改选合金结构钢
ii. 尺寸较大齿轮选用铸钢
iii. 转矩小时，选用铸铁
b. 材料力学性能
选定材料和热处理方式后，轮齿的接触疲劳极限和弯曲疲劳极限即可查表

❷ 主要参数

a. 齿数比 $u=z_2/z_1\leqslant 7$

b. 齿数 z，一般 $z_1>17$

c. 齿宽b及齿宽系数（齿宽系数的选择与轴系结构和齿面硬度有关） $\varphi_d=b/d_1 \leftrightarrow b=\varphi_d d_1$ $[b_1=b_2+(5\sim10)\ \text{mm}]$

❸ 设计计算方法

a. 确定设计准则（详见1.2）

b. 关键设计步骤

i. 选择材料及确定许用应力

ii. 按齿面接触（轮齿弯曲）强度设计

iii. 验算轮齿弯曲（齿面接触）强度

iv. 验算齿轮的圆周速度等以确定初选数据的合理性

6. 斜齿圆柱齿轮传动

6.1. 轮齿上的作用力

❶ 法向力→圆周力、径向力、轴向力

$F_n=F_t+F_r+F_a$

a. 径向力 $F_r=\dfrac{F_t\tan\alpha_n}{\cos\beta}$ N

b. 轴向力 $F_a=F_t\tan\beta$ N

（a、b：两轮上3个分力对应互反）

c. 法向力 $F_n=\dfrac{F_t}{\cos\alpha_n\cos\beta}$ N

❷ 力方向的确定

a. 从动轮受力与主动轮受力互为作用力反作用力，大小相等方向相反

b. 圆周力方向：主动轮上与运动方向相反；从动轮上与运动方向相同

c. 圆周力 $F_t=\dfrac{2T_1}{d_1}$ N

d. 径向力方向：与齿轮回转方向无关，均由作用点指向各自的轮心

e. 轴向力方向：主动轮用左、右手法则——左（右）旋用左（右）手，拇指伸直与轴线平行，四指抓转向，则拇指的指向即为主动轮轴向力方向。从动轮轴向力方向与主动轮的相反

6.2. 强度计算

❶ 基本思想

按轮齿的法面进行分析，强度近似于其当量直齿圆柱齿轮传动的强度

❷ 齿面接触疲劳强度

$$\sigma_H=Z_HZ_E\sqrt{\frac{2KT_1}{bd_1^2}\frac{u+1}{u}}\leqslant[\sigma_H]\ \text{MPa}$$

(Z_H查取表格与直齿不同)

$$d_1\geqslant\sqrt[3]{\frac{2KT_1}{\varphi_d}\frac{u+1}{u}\left(\frac{Z_HZ_E}{[\sigma_H]}\right)^2}\ \text{mm}$$

③ 齿根弯曲疲劳强度

$\sigma_F=\frac{2KT_1}{bd_1m}Y_{FS}\leqslant[\sigma_F]$ MPa

（Y_{FS}按当量齿数z_v查取）

$m\geqslant\sqrt[3]{\frac{2KT_1}{\varphi_d z_1^2}\frac{Y_{FS}}{[\sigma_F]}}$ mm

④ 关键设计步骤

a. 选择材料及确定许用应力

b. 按齿面接触（轮齿弯曲）强度设计

c. 验算轮齿弯曲（齿面接触）强度

d. 验算齿轮的圆周速度等以确定初选数据的合理性

7. 直齿锥齿轮传动

7.1. 轮齿上的作用力

❶ 法向力→圆周力、径向力、轴向力

$F_n=F_t+F_r+F_a$

a. 圆周力 $F_{t1}=\frac{2T_1}{d_{m1}}=F_{t2}$

[小齿轮齿宽中点处分度圆直径$d_{m1}=(1-0.5\varphi_R)d_1$]

b. 径向力 $F_{r1}=F_{t1}\tan\alpha\cos\delta_1=F_{a2}$

c. 轴向力 $F_{a1}=F_{t1}\tan\alpha\sin\delta_1=F_{r2}$

$F_{r1}=-F_{a2}$，$F_{a1}=-F_{r2}$，交错互反

d. 法向力 $F_n=\frac{F_t}{\cos\alpha}$

❷ 力方向的确定

a. 圆周力方向：主动轮上与运动方向相反；从动轮上与运动方向相同

b. 径向力方向：垂直指向齿轮轴线

c. 轴向力方向：由小端指向大端

7.2. 强度计算

❶ 基本思想

和位于齿宽中点的一对当量圆柱齿轮传动的强度相等

❷ 齿面接触疲劳强度

$\sigma_H=Z_EZ_H\sqrt{\frac{4KT_1}{\varphi_R(1-0.5\varphi_R)^2d_1^3u}}\leqslant[\sigma_H]$ MPa

$d_1\geqslant\sqrt[3]{\frac{4KT_1}{\varphi_R(1-0.5\varphi_R)^2u}\left(\frac{Z_EZ_H}{[\sigma_H]}\right)^2}$ mm

（齿宽系数$\varphi_R=\frac{b}{R}$，锥距$R=\frac{1}{2}\sqrt{d_1^2+d_2^2}$）

❸ 齿根弯曲疲劳强度

$\sigma_F=\frac{4KT_1}{\varphi_R(1-0.5\varphi_R)^2z_1^2m^3\sqrt{1+u^2}}Y_{FS}\leqslant[\sigma_F]$ MPa

$m\geqslant\sqrt[3]{\frac{4KT_1}{\varphi_R(1-0.5\varphi_R)^2z_1^2\sqrt{1+u^2}}\left(\frac{Y_{FS}}{[\sigma_F]}\right)}$ mm

（Z_E、Z_H、K、$[\sigma_H]$、$[\sigma_F]$取值与直齿圆柱齿轮相同
Y_{FS}按当量齿数$z_v=z/\cos\delta$查取）

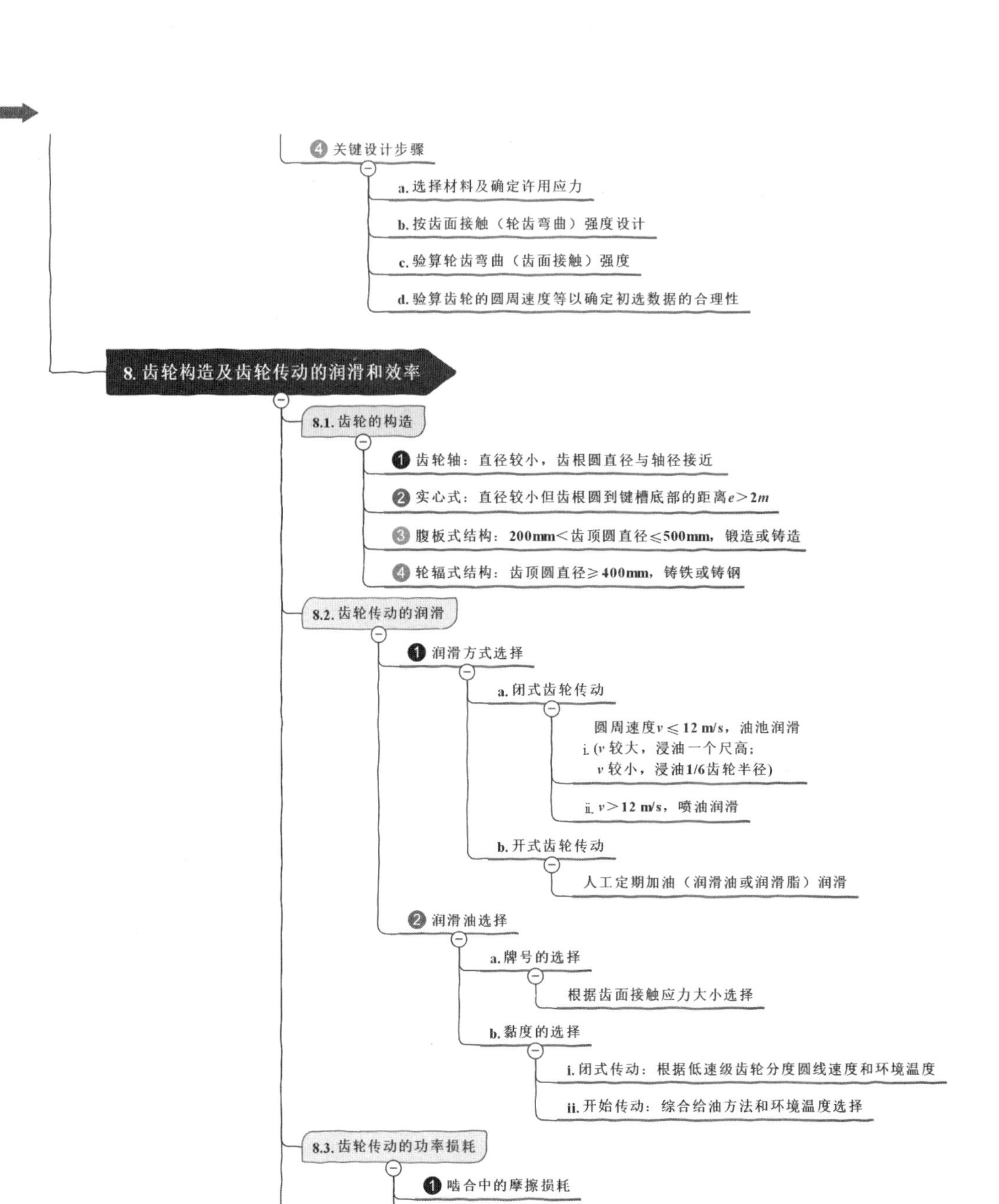

9.4 典型例题解析

例题 9.1 图 9.1 所示为一对斜齿圆柱齿轮传动，齿轮 1 为主动轮，已知齿轮 1 的旋向(右旋)和齿轮 2 的转向 n_2(箭头向下)，请在图中清晰标出：

(1) 齿轮 1 的转向和齿轮 2 的旋向；

(2) 两齿轮在啮合点 P 处的 6 个分力；

(3) 斜齿圆柱齿轮 1、2 传动的正确啮合条件。

分析：该题考察斜齿圆柱齿轮传动及受力分析。斜齿圆柱齿轮传动各分力方向：

(1) 齿轮径向分力 F_r 垂直指向回转轴线；

(2) 主动齿轮圆周力 F_t 与节点速度方向相反，从动齿轮圆周分力 F_t 与节点速度方向相同；

(3) 齿轮轴向分力 F_a 与轴线平行，斜齿圆柱齿轮的主动齿轮轴向分力 F_a 根据左右手法则来判断(左旋用左手、右旋用右手)，从动齿轮轴向分力与主动齿轮轴向分力方向相反。

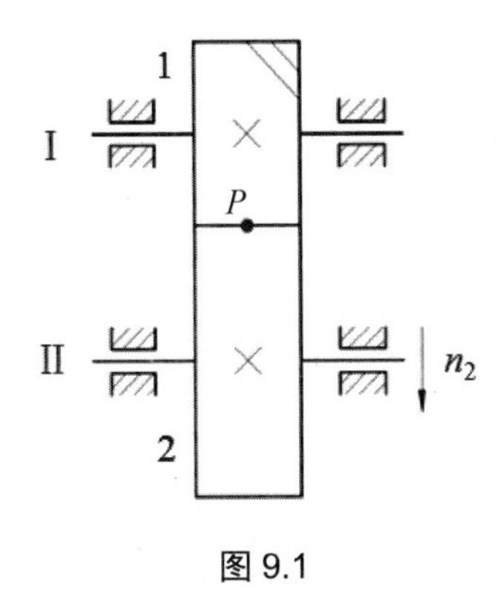

图 9.1

图 9.2 所示为一对斜齿圆柱齿轮，当主动齿轮 1 为右旋，转向 n_1 已知，各分力方向如图 9.2 所示。

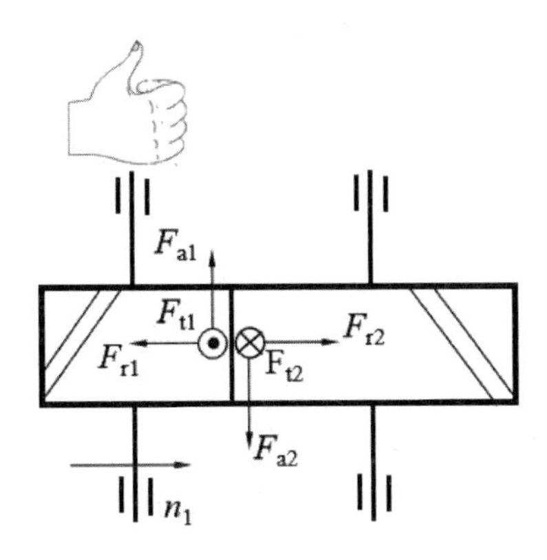

图 9.2

解：(1) 斜齿圆柱齿轮外啮合传动主从动轮转向相反、旋向相反。主动轮 1 为右旋，则从动轮 2 为左旋，从动轮转向箭头向下，则主动轮转向箭头向上，如图 9.3 所示。

(2) 两齿轮受力如图 9.3 所示。

(3) 一对斜齿圆柱齿轮外啮合传动的正确啮合条件为

$$m_{n1}=m_{n2}=m，\alpha_{n1}=\alpha_{n2}=\alpha，\beta_1=-\beta_2$$

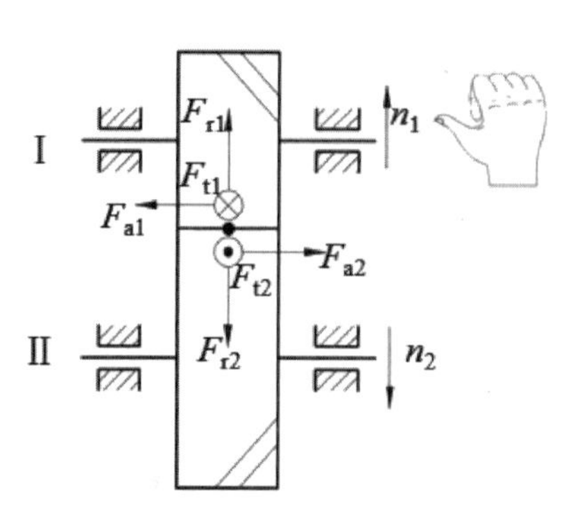

图 9.3

例题 9.2 图 9.4 所示为二级闭式硬齿面斜齿圆柱齿轮减速器。已知齿轮 1 主动，齿轮 1 转向和齿轮 4 旋向如图所示。若要求中间轴上轴向力最小，试在图中标出齿轮 1 的旋向和齿轮 1、3 的圆周力、径向力和轴向力的方向。

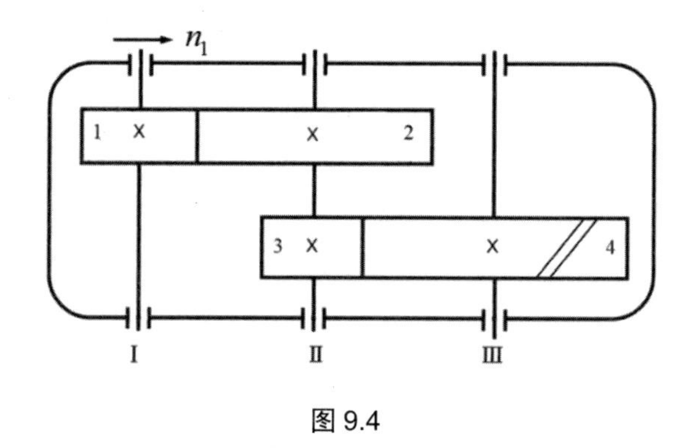

图 9.4

分析：(1) 题中有两对斜齿轮传动，主动齿轮的判定对圆周力和轴向力方向的判断起决定作用。齿轮 1 为主动齿轮，根据运动传递可判断两对啮合齿轮的主动轮分别为齿轮 1 和齿轮 3。

(2) 由主动齿轮 1 的转向可判断从动齿轮 2 转向与其相反，方向箭头向左；齿轮 3 与齿轮 2 同轴转动，方向相同。

(3) 一对向外啮合的斜齿圆柱齿轮旋向相反。由于齿轮 4 旋向已知，为右旋，则与其啮合的齿轮 3 的旋向为左旋。

(4) 主动齿轮(1、3)圆周力方向与节点速度方向相反，从动齿轮(2、4)圆周力方向与节点速度方向相同。

(5) 根据齿轮 3 的转向及旋向，由左、右手法则用左手即可判断其轴向力 F_{a3} 方向平行轴线向上。

(6) 若要求中间轴上轴向力最小，则齿轮 2 轴向力 F_{a2} 与 F_{a3} 方向相反，方向向下；齿轮 1 轴向力 F_{a1} 与 F_{a2} 方向相反，F_{a1} 方向向上。

(7) 根据齿轮 1 的转向及轴向力 F_{a1} 方向，用右手符合左右手法则，因此齿轮 1 为右旋。

解：齿轮 1 的旋向和齿轮 1、3 的圆周力、径向力和轴向力的方向如图 9.5 所示。

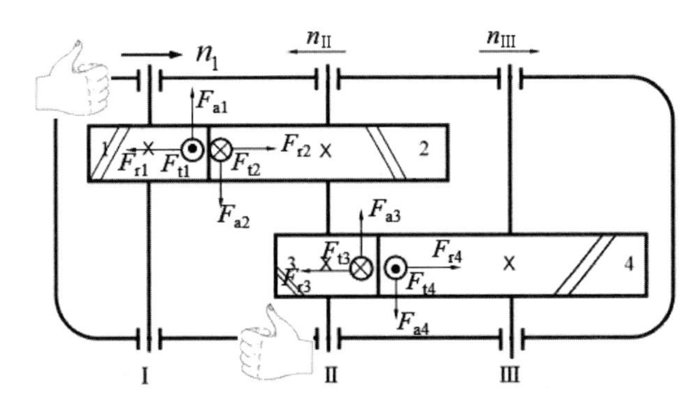

图 9.5

例题 9.3 图 9.6 所示为一对直齿圆锥齿轮传动，齿轮 1 为主动轮，已知齿轮 1 的圆周力 F_{t1} 方向如图所示，请在图中清晰标出：

(1) 齿轮 1 的转向 n_1 和齿轮 2 的转向 n_2；

(2) 两齿轮在啮合点 P 处的另外 5 个分力；

(3) 直齿圆锥齿轮 1、2 传动的正确啮合条件。

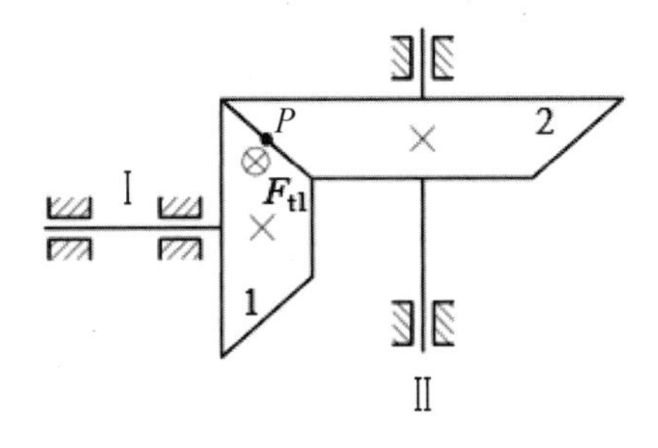

图 9.6

分析：该题考察圆锥齿轮传动及受力分析。直齿圆锥齿轮各分力方向：

(1) 传动齿轮径向分力 F_r 垂直指向回转轴线；

(2) 主动齿轮圆周力 F_t 与节点速度方向相反，从动齿轮圆周分力 F_t 与节点速度方向相同；

(3) 圆锥齿轮轴向分力 F_a 与轴线平行，且方向由齿轮小端指向大端。

图 9.7 所示为一对直齿圆锥齿轮，当主动齿轮 1 转向 n_1 已知时，两圆锥齿轮各分力方向如图 9.7 所示。

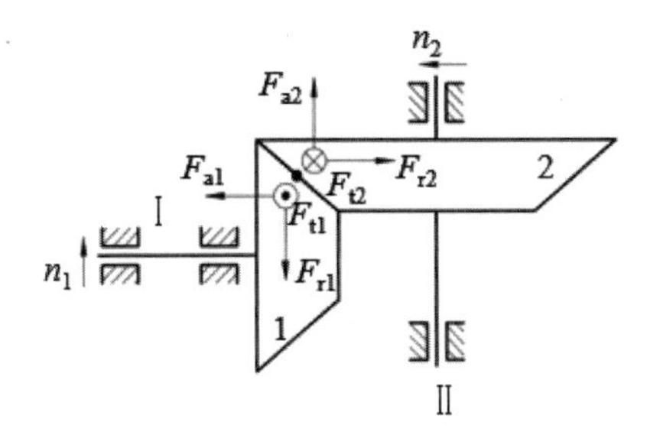

图 9.7

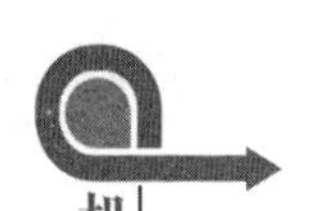

该题的解题关键：题中已知主动齿轮 1 所受圆周力方向垂直纸面向里，由主动轮在啮合节点的圆周力方向与线速度方向相反可判断齿轮 1 节点线速度应向外，其转动方向箭头应向下，进而可判断从动轮转向箭头向右。

解：(1)和(2)两齿轮转向及其他 5 个分力方向如图 9.8 所示。

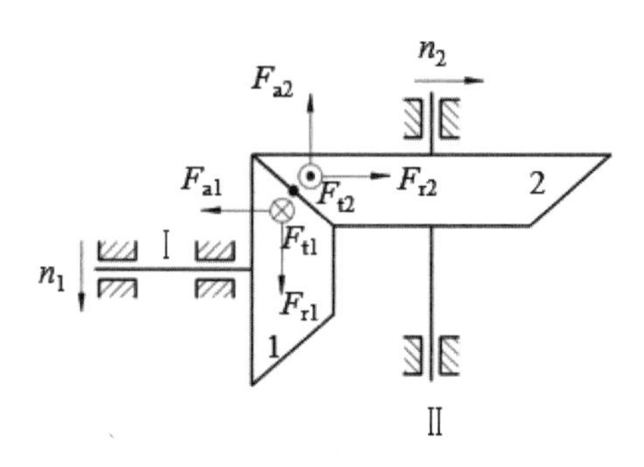

图 9.8

(3) 直齿圆锥齿轮 1、2 的正确啮合条件为 $m_1=m_2=m$、$\alpha_1=\alpha_2=\alpha$、$R_1=R_2$ 且锥顶重合。

例题 9.4 设计一对闭式直齿圆柱齿轮。已知小齿轮转速 n_1=960 r/min，功率 P_1=10 kW，齿数比 u=3，动力源为三相异步电机，工作载荷平稳，单向转动，齿轮相对轴承对称布置。试确定传动齿轮的主要几何参数及尺寸。

分析：齿轮传动设计时，根据工作条件选择软齿面齿轮传动或硬齿面齿轮传动。软齿面齿轮传动主要失效形式为齿面点蚀和轮齿折断，应根据齿面接触疲劳强度设计，然后校核齿根弯曲应力以保证轮齿弯曲疲劳强度足够；硬齿面齿轮传动主要失效形式为轮齿折断和齿面点蚀，应根据弯曲疲劳强度设计再校核接触应力以保证接触疲劳强度。

闭式软齿面齿轮传动设计时，由于小齿轮转速高，接触应力作用次数多，为了保证大小齿轮寿命相当，选取材料及热处理方式时应考虑保证小齿轮硬度高于大齿轮硬度 30～50HBS。

解：(1) 确定齿轮材料、热处理方式及齿面硬度。

根据齿轮传动的工作条件，齿轮机构承受的载荷基本平稳，速度中等，可采用软齿面齿轮传动。为使大小齿轮寿命接近，小齿轮采用 40Cr 调质处理，齿面硬度为 250HBS，大齿轮采用 45 钢调质，齿面硬度为 220HBS(查附表 9.5)。

(2) 确定齿轮的许用应力。

查附表 9.5

$\sigma_{\mathrm{Hlim1}}=700\,\mathrm{MPa}$，$\sigma_{\mathrm{Hlim2}}=570\,\mathrm{MPa}$

$\sigma_{\mathrm{Flim1}}=580\,\mathrm{MPa}$，$\sigma_{\mathrm{Flim2}}=430\,\mathrm{MPa}$

取 $S_{\mathrm{H}}=1.1$，$S_{\mathrm{F}}=1.4$。

计算许用应力：

$$[\sigma_{\mathrm{H1}}]=\frac{\sigma_{\mathrm{Hlim1}}}{S_{\mathrm{H}}}=636\,\mathrm{MPa},\quad [\sigma_{\mathrm{H2}}]=\frac{\sigma_{\mathrm{Hlim2}}}{S_{\mathrm{H}}}=518\,\mathrm{MPa}$$

$$[\sigma_{\mathrm{F1}}]=\frac{\sigma_{\mathrm{Flim1}}}{S_{\mathrm{F}}}=414\,\mathrm{MPa},\quad [\sigma_{\mathrm{F2}}]=\frac{\sigma_{\mathrm{Flim2}}}{S_{\mathrm{F}}}=307\,\mathrm{MPa}$$

(3) 按齿面接触疲劳强度设计齿轮。

齿轮按 8 级精度制造，工作载荷平稳，可取载荷系数 K=1.5，齿轮对称布置可取齿宽系数 φ_d=1(附表 9.4)，弹性系数 $Z_E = 189.8\sqrt{\text{MPa}}$ (附表 9.3)。

小齿轮上的转矩：$T_1 = 9.55\times10^6 \dfrac{P}{n_1} = 9.55\times10^6\times\dfrac{10}{960}$ N·mm

$$T_1 = 9.95\times10^4 \text{ N}\cdot\text{mm}$$

齿数取 z_1=25，则 z_2=3×25=75，避免两齿轮齿数成整数倍，取 z_2=76。

注：两齿轮齿数最好互质，至少不是整数倍。

$$d_1 \geqslant \sqrt[3]{\frac{2KT_1}{\varphi_d}\cdot\frac{u+1}{u}\cdot\left(\frac{Z_H Z_E}{[\sigma_H]}\right)^2}$$

$$=\sqrt[3]{\frac{2\times1.5\times9.95\times10^4\times(3+1)}{1\times3}\times\left(\frac{2.5\times189.8}{518}\right)^2}$$

计算得：$d_1 \geqslant 69.38$ mm。

注：式中$[\sigma_H]$代入$[\sigma_{H1}]$、$[\sigma_{H2}]$中较小值，直齿圆柱齿轮节点区域系数 Z_H=2.5。

$$m=\frac{d_1}{z_1}=\frac{69.38}{25}=2.7752(\text{mm})$$

由附表 9.1 取标准模数 m=3 mm。

注：若 d_1 计算值较小，计算 m 时，参考轴径设计可适当放大 d_1。

(4) 主要尺寸计算：

$d_1=mz_1$=3×25=75(mm)

$d_2=mz_2$=3×76=228(mm)

确定中心距 a：

$$a=\frac{m(z_1+z_2)}{2}=\frac{3\times(25+76)}{2}=151.5(\text{mm})$$

$b=\varphi_d d_1$=1×75=75(mm)

取 b_2=75 mm，b_1=80 mm

注：$b_1=b_2$+(5~10mm)，直齿圆柱齿轮传动中心距若需圆整，可根据需要计算变位系数。其他尺寸计算如 d_a、d_f 等略。

(5) 校核齿根弯曲疲劳强度。

复合齿形系数根据两齿轮齿数，查附表 9.6 得

Y_{FS1}=4.21，Y_{FS2}=3.98

$$\sigma_{F1}=\frac{2KT_1Y_{FS1}}{bd_1m}=\frac{2\times1.5\times9.95\times10^4\times4.21}{75\times75\times3}=74.5(\text{MPa})$$

$$\sigma_{F2}=\frac{2KT_1Y_{FS2}}{bd_1m}=\frac{2\times1.5\times9.95\times10^4\times3.98}{75\times75\times3}=70.4(\text{MPa})$$

因 $\sigma_{F1}<[\sigma_{F1}]$，$\sigma_{F2}<[\sigma_{F2}]$。齿根弯曲疲劳强度足够。

注：验算时按最小齿宽 b 计算。

(6) 齿轮结构设计略。

例题 9.5 设计一对闭式斜齿圆柱齿轮。已知小齿轮转速 n_1=960 r/min，功率 P_1=10 kW，齿数比 u=3，动力源为三相异步电机，工作载荷平稳，单向转动，齿轮相对轴承对称布置。试确定齿轮机构的主要几何参数及尺寸。

分析：该题考察斜齿轮传动设计，斜齿圆柱齿轮设计与直齿圆柱齿轮设计原理相同，需配凑中心距时，斜齿圆柱齿轮一般不变位，而是通过调整螺旋角的大小来满足中心距要求。

解：(1) 确定齿轮材料、热处理方式及齿面硬度。

根据齿轮传动的工作条件，齿轮机构承受的载荷基本平稳，速度中等，因此可采用软齿面齿轮传动。为使大小齿轮寿命接近，小齿轮采用 40Cr 调质处理，齿面硬度为 250HBS，大齿轮采用 45 钢调质，齿面硬度为 250HBS(查附表 9.5)。

(2) 确定齿轮的许用应力。

$$\sigma_{\mathrm{H\,lim1}} = 700\,\mathrm{MPa}，\quad \sigma_{\mathrm{H\,lim2}} = 570\,\mathrm{MPa}$$

$$\sigma_{\mathrm{F\,lim1}} = 580\,\mathrm{MPa}，\quad \sigma_{\mathrm{F\,lim2}} = 430\,\mathrm{MPa}$$

取 $S_{\mathrm{H}} = 1.1$，$S_{\mathrm{F}} = 1.4$。

计算许用应力：

$$[\sigma_{\mathrm{H1}}] = \frac{\sigma_{\mathrm{H\,lim1}}}{S_{\mathrm{H}}} = 636\,\mathrm{MPa}，\quad [\sigma_{\mathrm{H2}}] = \frac{\sigma_{\mathrm{H\,lim2}}}{S_{\mathrm{H}}} = 518\,\mathrm{MPa}$$

$$[\sigma_{\mathrm{F1}}] = \frac{\sigma_{\mathrm{H\,lim1}}}{S_{\mathrm{F}}} = 414\,\mathrm{MPa}，\quad [\sigma_{\mathrm{F2}}] = \frac{\sigma_{\mathrm{F\,lim2}}}{S_{\mathrm{F}}} = 307\,\mathrm{MPa}$$

(3) 按齿面接触疲劳强度设计。

齿轮按 8 级精度制造。工作载荷平稳，可取载荷系数 K=1.5，齿轮对称布置齿宽系数 φ_{d}=1(附表 9.4)，$Z_{\mathrm{E}} = 189.8\sqrt{\mathrm{MPa}}$ (附表 9.3)。

小齿轮上的转矩：$T_1 = 9.55\times10^6\dfrac{P}{n_1} = 9.55\times10^6\times\dfrac{10}{960}\,\mathrm{N\cdot mm}\qquad T_1 = 9.95\times10^4\,\mathrm{N\cdot mm}$

初选螺旋角 β=12°，查附表 9.7，Z_{H}=2.45；齿数取 z_1=25，则 $z_2=iz_2$=75，避免两齿轮齿数成整数倍取 z_2=76。

注：两齿轮齿数最好互质，至少不是整数倍。

$$d_1 \geqslant \sqrt[3]{\frac{2KT_1}{\varphi_{\mathrm{d}}}\cdot\frac{u+1}{u}\cdot\left(\frac{Z_{\mathrm{H}}Z_{\mathrm{E}}}{[\sigma_{\mathrm{H}}]}\right)^2}$$

$$= \sqrt[3]{\frac{2\times1.5\times9.95\times10^4\times(3+1)}{1\times3}\times\left(\frac{2.45\times189.8}{518}\right)^2}$$

计算得：$d_1 \geqslant 68.45$ mm。

注：式中 $[\sigma_{\mathrm{H}}]$ 代 $[\sigma_{\mathrm{H1}}]$、$[\sigma_{\mathrm{H2}}]$ 中较小值。

$$m_{\mathrm{n}} = \frac{d_1\cos\beta}{z_1} = \frac{68.45\times\cos12^\circ}{25} = 2.678(\mathrm{mm})$$

由附表 9.1 取标准模数 m_{n}=3 mm。

注：若 d_1 计算值较小，计算 m_{n} 时参考轴径设计可适当放大 d_1。

(4)　确定中心距 a 和螺旋角 β。

$$a=\frac{m_n(z_1+z_2)}{2\cos\beta}=\frac{3\times(25+76)}{2\cos 12°}=124.2144(\text{mm})$$

取中心距 a=125 mm。

注：中心距最好圆整为 0、5 结尾，或偶数结尾。

确定调整中心距后的螺旋角：

$$\beta=\arccos\frac{m_n(z_1+z_2)}{2a}=\arccos\frac{3\times(25+76)}{2\times 125}$$

$$\beta=13.5905°=13°35'26''$$

注：为了控制轴向力不太大，应调整 β 在 8º～20º 范围内，精确到度、分、秒。

(5)　主要尺寸计算：

$$d_1=\frac{m_n z_1}{\cos\beta}=\frac{3\times 25}{\cos 13.5905°}=77.1605(\text{mm})$$

$$d_2=\frac{m_n z_2}{\cos\beta}=\frac{3\times 76}{\cos 13.5905°}=234.5679(\text{mm})$$

$$b=\varphi_d d_1=1\times 77.1605=77.1605(\text{mm})$$

取 b_2=80 mm，b_1=85 mm(齿宽圆整，小齿轮齿宽比大齿轮齿宽大 5～10mm)，其他尺寸如 d_a、d_f 等计算略。

注：齿轮分度圆直径至少保留 3 位以上小数。

(6)　校核齿根弯曲疲劳强度。

斜齿轮复合齿形系数根据当量齿轮查取：

$$Z_{v1}=\frac{25}{\cos^3 13.5905°}=27.22，\quad Z_{v2}=\frac{76}{\cos^3 13.5905°}=82.7589，$$

查附表 9.6 得

Y_{FS1}=4.17，Y_{FS2}=3.98

$$\sigma_{F1}=\frac{2KT_1Y_{FS1}}{bd_1m}=\frac{2\times 1.5\times 9.95\times 10^4\times 4.17}{80\times 77.1605\times 3}=67.22(\text{MPa})$$

$$\sigma_{F2}=\frac{2KT_1Y_{FS2}}{bd_1m}=\frac{2\times 1.5\times 9.95\times 10^4\times 3.98}{80\times 77.1605\times 3}=64.15(\text{MPa})$$

因 $\sigma_{F1}<[\sigma_{F1}]$，$\sigma_{F2}<[\sigma_{F2}]$。

齿根弯曲疲劳强度足够。

注：校核时按最小齿宽 *b* 计算。

(7)　齿轮结构设计略。

例题 9.6 设计一对闭式直齿圆锥齿轮。已知小齿轮转速 n_1=960 r/min，功率 P_1=10 kW，齿数比 u=3，动力源为三相异步电机，工作载荷平稳，单向转动。试确定齿轮机构的主要几何参数及尺寸。

分析：直齿圆锥齿轮传动设计是利用直齿圆柱齿轮的设计原理对齿宽中点处的当量齿轮进行设计，设计思路与直齿圆柱齿轮相同。

解：(1)　确定齿轮材料、热处理方式及齿面硬度。

根据齿轮传动的工作条件，齿轮机构承受的载荷基本平稳，速度中等，因此可采用软齿面齿轮传动。为使大小齿轮寿命接近，小齿轮采用 40Cr 调质处理，齿面硬度为 250HBS，大齿轮采用 45 钢调质，齿面硬度为 220HBS (查附表 9.5)。

(2) 确定齿轮的许用应力。

查附表 9.5：

$$\sigma_{\mathrm{H\,lim1}}=700\,\mathrm{MPa}\text{，}\quad \sigma_{\mathrm{H\,lim2}}=570\,\mathrm{MPa}$$

$$\sigma_{\mathrm{F\,lim1}}=580\,\mathrm{MPa}\text{，}\quad \sigma_{\mathrm{F\,lim2}}=430\,\mathrm{MPa}$$

取 $S_{\mathrm{H}}=1.1$，$S_{\mathrm{F}}=1.4$。

计算许用应力：

$$[\sigma_{\mathrm{H1}}]=\frac{\sigma_{\mathrm{H\,lim1}}}{S_{\mathrm{H}}}=636\,\mathrm{MPa}\text{，}\quad [\sigma_{\mathrm{H2}}]=\frac{\sigma_{\mathrm{H\,lim2}}}{S_{\mathrm{H}}}=518\,\mathrm{MPa}$$

$$[\sigma_{\mathrm{F1}}]=\frac{\sigma_{\mathrm{F\,lim1}}}{S_{\mathrm{F}}}=414\,\mathrm{MPa}\text{，}\quad [\sigma_{\mathrm{F2}}]=\frac{\sigma_{\mathrm{F\,lim2}}}{S_{\mathrm{F}}}=307\,\mathrm{MPa}$$

(3) 按齿面接触疲劳强度设计。

齿轮按 8 级精度制造，工作载荷平稳可取载荷系数 K=1.5，齿宽系数 φ_{R}=0.3，弹性系数 $Z_{\mathrm{E}}=189.8\sqrt{\mathrm{MPa}}$ (附表 9.3)。

小齿轮上的转矩： $T_1=9.55\times10^6\dfrac{P}{n_1}=9.55\times10^6\times\dfrac{10}{960}=9.95\times10^4(\mathrm{N\cdot mm})$

齿数取 z_1=25，则 $z_2=uz_1=3\times25=75$，避免两齿轮齿数成整数倍，取 z_2=76。

注：两齿轮齿数最好互质，至少不是整数倍。

$$d_1\geqslant\sqrt[3]{\left(\frac{Z_{\mathrm{H}}Z_{\mathrm{E}}}{[\sigma_{\mathrm{H}}]}\right)^2\frac{4KT_1}{\varphi_{\mathrm{R}}(1-0.5\varphi_{\mathrm{R}})^2u}}$$

$$=\sqrt[3]{\left(\frac{2.5\times189.8}{518}\right)^2\times\frac{4\times1.5\times9.95\times10^4}{0.3\times(1-0.5\times0.3)^2\times3}}$$

计算得：$d_1\geqslant91.672\,\mathrm{mm}$。

注：式中节点区域系数与直齿圆柱齿轮相同，Z_{H}=2.5，$[\sigma_{\mathrm{H}}]$代$[\sigma_{\mathrm{H1}}]$、$[\sigma_{\mathrm{H2}}]$中较小值。

$$m=\frac{d_1}{z_1}=\frac{91.672}{25}=3.67(\mathrm{mm})$$

由附表 9.2 取标准模数 m=3.75 mm。

注：若 d_1 计算值较小，计算 m 时，参考轴径设计可适当放大 d_1。

(4) 主要尺寸计算。

$$d_1=mz_1=3.75\times25=93.75(\mathrm{mm})$$

$$d_2=mz_2=3.75\times76=285(\mathrm{mm})$$

$$R=\frac{m\sqrt{z_1^2+z_2^2}}{2}=\frac{3.75\times\sqrt{25^2\times76^2}}{2}=150(\mathrm{mm})$$

$$\delta_1=\arctan\frac{z_1}{z_2}=\arctan\frac{25}{76}=18.21^\circ$$

$$\delta_2=\arctan\frac{z_2}{z_1}=\arctan\frac{76}{25}=71.79^\circ$$

$b=\varphi_R R=0.3\times150=45$(mm)(两圆锥齿轮齿宽相等)

其他尺寸如 d_a、d_f 等计算略。

(5) 校核齿根弯曲疲劳强度。

复合齿形系数根据当量齿数查取，即

$$Z_{v1}=\frac{z_1}{\cos\delta_1}=\frac{25}{\cos18.21^\circ}=26.32，\quad Z_{v2}=\frac{z_2}{\cos\delta_2}=\frac{76}{\cos71.19^\circ}=235.7$$

查附表 9.6 得

$Y_{FS1}=4.18$，$Y_{FS2}=4.03$

$$\sigma_{F1}=\frac{4KT_1Y_{FS1}}{\varphi_R(1-0.5\varphi_R)^2z_1^2m^3\sqrt{u+1}}$$

$$=\frac{4\times1.5\times9.95\times10^4\times4.18}{0.3\times(1-0.5\times0.3)^2\times25^2\times3.75^3\sqrt{3^2+1}}$$

$=110.5$(MPa)

$$\sigma_{F2}=\frac{4KT_1Y_{FS2}}{\varphi_R(1-0.5\varphi_R)^2z_1^2m^3\sqrt{u^2+1}}$$

$$=\frac{4\times1.5\times9.95\times10^4\times4.03}{0.3\times(1-0.5\times0.3)^2\times25^2\times3.75^3\sqrt{3^2+1}}$$

$=106.5$(MPa)

$\sigma_{F1}<[\sigma_{F1}]$，$\sigma_{F2}<[\sigma_{F2}]$。

齿根弯曲疲劳强度足够。

附表 9.1　圆柱齿轮标准模数系列表(GB 1357—2008)(mm)

第一系列	1 1.25 1.5 2 2.5 3 4 5 6 8 10 12 16 20 25 32 40 50
第二系列	1.75 2.25 2.75 3.5 4.5 5.5 7 9 11 14 18 22 28 35 45

附表 9.2　圆锥齿轮标准模数系列表(GB 12368—19)(mm)

… 1 1.125 1.25 1.375 1.5 1.75 2 2.25 2.5 2.75 3 3.25 3.5 3.75 4 4.5
5 6 6.5 7 8 9 10…

附表 9.3　弹性系数 Z_E　　$\sqrt{\text{MPa}}$

大齿轮材料		钢	铸钢	球墨铸铁	灰铸铁
小齿轮材料	钢	189.8	188.9	181.4	165.4
	铸钢		188.0	180.5	161.4
	球墨铸铁			173.9	156.6
	灰铸铁				146.0

附表 9.4　圆柱齿轮齿宽系数 φ_d

齿轮相对于轴承的位置	齿面硬度	
	软齿面	硬齿面
对称布置	0.8~1.4	0.4~0.9
非对称布置	0.6~1.2	0.3~0.6
悬臂布置	0.3~0.4	0.2~0.25

附表 9.5　几种常见材料的疲劳极限

材料	热处理方法	齿面硬度	接触疲劳极限应力 σ_{Hlim}	弯曲疲劳极限应力 σ_{Flim}
45	正火	162~217HBS	0.87HBS+380	0.7HBS+275
	调质	217~286HBS		
	表面淬火	40~50HRC	10HRC+670	10.5HRC+195
40Cr	调质	240~285HBS	1.4HBS+350	0.8HBS+380
	表面淬火	48~55HRC	10HRC+670	10.5HRC+195
20Cr	表面淬火	56~62HRC	1500	860
ZG310-570	正火	163~207HBS	0.75HBS+320	0.6HBS+220
HT300		187~255HBS	HBS+135	0.5HBS+20
HT300		147~241HBS	1.3HBS+240	0.8HBS+220

附表 9.6　复合齿形系数 Y_{FS}

$z(z_v)$	17	18	19	20	21	22	23	24	25	26	27	28	29
Y_{FS}	4.51	4.45	4.41	4.36	4.33	4.30	4.27	4.24	4.21	4.19	4.17	4.15	4.13
$z(z_v)$	30	35	40	45	50	60	70	80	90	100	150	200	∞
Y_{FS}	4.12	4.06	4.04	4.02	4.01	4.00	3.99	3.98	3.97	3.96	4.00	4.03	4.06

附表 9.7　节点区域系数 Z_H

β	8	9	10	11	12	13	14	15	16	17	18	19	20
Z_H	2.47	2.47	2.46	2.46	2.45	2.44	2.43	2.42	2.42	2.41	2.39	2.38	2.37

9.5 自 测 题

1. 选择填空

(1) 一般开式齿轮传动的主要失效形式是(　　)。

A. 齿面胶合　　B. 齿面疲劳点蚀

C. 齿面磨损或轮齿疲劳折断　　D. 齿面塑性变形

(2) 高速重载齿轮传动，当润滑不良时，最可能出现的失效形式是(　　)。
A. 齿面胶合　　B. 齿面疲劳点蚀
C. 齿面磨损　　D. 轮齿疲劳折断

(3) 一般闭式软齿面齿轮传动的最主要失效形式是(　　)。
A. 齿面胶合　　B. 齿面疲劳点蚀
C. 轮齿疲劳折断　　D. 齿面塑性变形

(4) 一般闭式硬齿面齿轮传动的最主要失效形式是(　　)。
A. 齿面胶合　　B. 齿面疲劳点蚀
C. 轮齿疲劳折断　　D. 齿面塑性变形

(5) 对于开式齿轮传动，在工程设计中，一般(　　)。
A. 按接触强度设计齿轮尺寸，再校核弯曲强度
B. 按弯曲强度设计齿轮尺寸，再校核接触强度
C. 只需按接触强度设计
D. 只需按弯曲强度设计

(6) 闭式软齿面齿轮传动一般按(　　)强度进行设计计算，按(　　)强度进行校核。
A. 齿根弯曲疲劳；　齿面接触疲劳
B. 齿面接触疲劳；齿根弯曲疲劳
C. 接触疲劳；齿面接触疲劳
D. 齿根弯曲疲劳；齿根弯曲疲劳

(7) 闭式硬齿面齿轮传动一般按(　　)强度进行设计计算，按(　　)强度进行校核。
A. 根弯曲疲劳；齿面接触疲劳
B. 齿面接触疲劳；齿根弯曲疲劳
C. 面接触疲劳；齿面接触疲劳
D. 齿根弯曲疲劳；齿根弯曲疲劳

(8) 在设计闭式硬齿面齿轮传动中，直径一定时应取较少的齿数，使模数增大以(　　)。
A. 提高齿面接触强度　　B. 提高轮齿的抗弯曲疲劳强度
C. 减少加工切削量，提高生产率　　D. 提高抗塑性变形能力

(9) 一对圆柱齿轮，通常把小齿轮的齿宽做得比大齿轮宽些，其主要原因是(　　)。
A. 使传动平稳　　B. 提高传动效率
C. 提高齿面接触强度　　D. 便于安装，保证接触线长度

(10) 一对圆柱齿轮传动中，齿面疲劳点蚀通常发生在(　　)。
A. 靠近齿顶处　　B. 靠近齿根处
C. 靠近节线的齿顶部分　　D. 靠近节线的齿根部分

(11) 轮齿折断有两种情况：一种是疲劳折断；另一种是(　　)。
A. 挤压折断　　B. 拉伸折断
C. 过载折断　　D. 剪切折断

(12) 轮齿折断一般发生在(　　)部位。
A. 齿顶　　B. 分度圆

C. 齿根　　D. 节圆

(13) 设计齿轮传动时，对齿轮材料性能的基本要求为齿面要(　　)，齿心要(　　)。

A. 软，硬　　B. 硬，软

C. 硬，韧　　D. 软，韧

(14) 直齿圆柱齿轮齿面接触疲劳强度计算时，最大接触应力计算可用(　　)公式。

A. 欧拉　　B. 赫兹

C. 拉普拉斯　　D. 法拉第

(15) 直齿圆柱齿轮齿面接触疲劳强度计算时，对应的力学模型为两光滑(　　)体的相互挤压。

A. 球　　B. 圆锥

C. 曲面　　D. 圆柱

(16) 设计一对减速软齿面齿轮传动时，从等强度要求出发，大、小齿轮的硬度选择时，应使(　　)。

A. 大齿轮硬度高于小齿轮硬度　　B. 小齿轮硬度高于大齿轮硬度

C. 两者硬度相等　　D. 小齿轮采用软齿面，大齿轮采用硬齿面

(17) 直齿圆锥齿轮强度计算时是以(　　)的当量直齿圆柱齿轮为计算依据的。

A. 大端　　B. 小端

C. 分度圆　　D. 齿宽中点

(18) 若两个齿轮的材料、热处理方式、齿宽、齿数等均相同，则(　　)齿轮齿根弯曲强度大。

A. 分度圆大的　　B. 模数大的

C. 分度圆小的　　D. 模数小的

(19) 对于齿面硬度≤350HBS 的闭式钢制齿轮传动，其主要失效形式为(　　)。

A. 齿面胶合　　B. 齿面疲劳点蚀

C. 轮齿疲劳折断　　D. 齿面塑性变形

(20) 对于齿面硬度≥38HRC 闭式钢制齿轮传动，其主要失效形式为(　　)。

A. 齿面胶合　　B. 齿面疲劳点蚀

C. 轮齿疲劳折断　　D. 齿面塑性变形

(21) 渐开线直齿圆锥齿轮的当量齿数 z_v (　　)其实际齿数 z。

A. 小于　　B. 小于或等于

C. 等于　　D. 大于

(22) 为了提高齿轮传动的接触强度，可采取(　　)的方法。

A. 采用闭式传动　　B. 增大传动中心距或分度圆直径

C. 减少齿数　　D. 增大模数

(23) 计算直齿圆柱齿轮齿根弯曲应力时齿根危险剖面可用(　　)切线法确定。

A. 15°　　B. 20°　　C. 25°　　D. 30°

(24) 标准直齿圆柱齿轮传动的弯曲疲劳强度计算中，复合齿形系数 Y_{FS} 只取决于(　　)。

A. 模数 m　　B. 齿数 z

C. 分度圆直径 d　　　　　　　　D. 齿宽系数 ϕ_d

(25) 设计闭式软齿面直齿轮传动时，选择小齿轮齿数 z_1 的原则是(　　)。

A. z_1 越多越好

B. z_1 越少越好

C. $z_1 \geqslant 17$，不产生根切即可

D. 在保证轮齿有足够的抗弯疲劳强度的前提下，齿数选多些有利

(26) 一对齿轮啮合传动，主动轮上的圆周力是其(　　)，且圆周力的方向与其啮合点的速度方向(　　)。

A. 阻力，相同　　　　　　　　B. 动力，相同

C. 动力，相反　　　　　　　　D. 阻力，相反

(27) 直齿圆锥齿轮啮合传动时，在啮合点的 6 个分力中，两轮的(　　)不同名交错互为相互作用力。

A. 切向力和径向力　　　　　　B. 切向力和轴向力

C. 径向力和轴向力　　　　　　D. 径向力和法向力

(28) 对图 9.9 中斜齿圆柱齿轮的描述，正确的是(　　)。

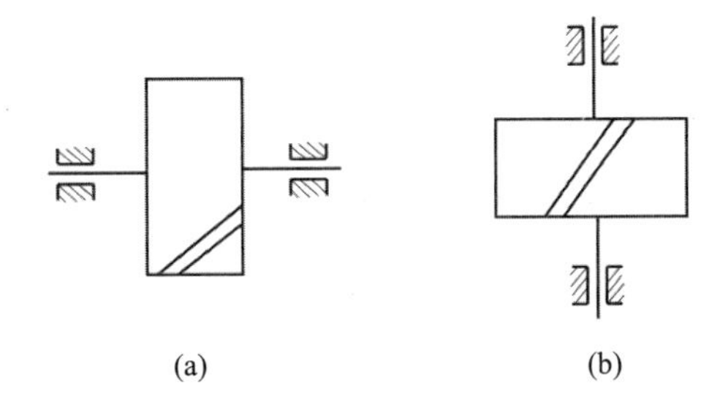

图 9.9

A. 图(a)所示为右旋齿轮，图(b)所示为左旋齿轮

B. 图(a)所示为左旋齿轮，图(b)所示为右旋齿轮

C. 图(a)和图(b)所示均为右旋齿轮

D. 图(a)和图(b)所示均为左旋齿轮

(29) 图 9.10 所示的斜齿圆柱齿轮传动中，齿轮 1 为主动齿轮，转向如图中所示。图中齿轮 2 在啮合点处的 3 个分力的方向，正确的是(　　)。

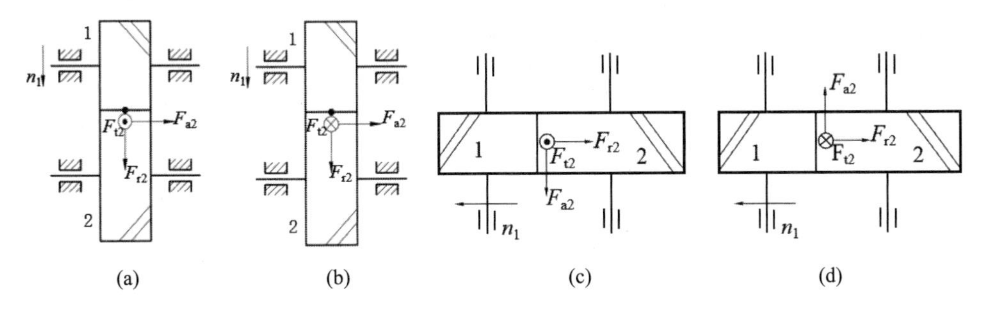

图 9.10

A. 图(a)　　　　　　　B. 图(b)

C. 图(c)　　　　　　　D. 图(d)

(30) 在图 9.11 所示圆锥齿轮传动中，已知从动齿轮 2 的转向如图中所示。图中主动齿轮 1 在啮合点处 3 个分力的方向，正确的是(　　)。

A. 图(a)　　　　B. 图(b)　　　　C. 图(c)

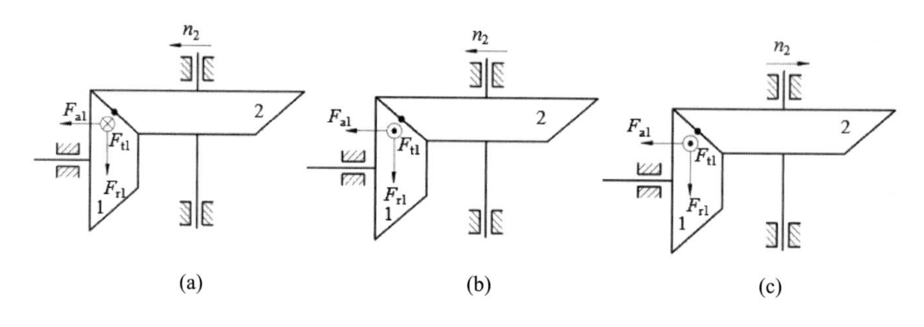

图 9.11

2. 图 9.12 所示为一对斜齿圆柱齿轮传动，齿轮 1 为主动轮。已知齿轮 1 的旋向和轴向力 F_{a1}(向右)，请在图中清晰标出：

(1) 齿轮 1 的转向 n_1 和齿轮 2 的旋向与转向 n_2；

(2) 两齿轮在啮合点 P 处的另外 5 个分力；

(3) 斜齿圆柱齿轮 1、2 传动的正确啮合条件。

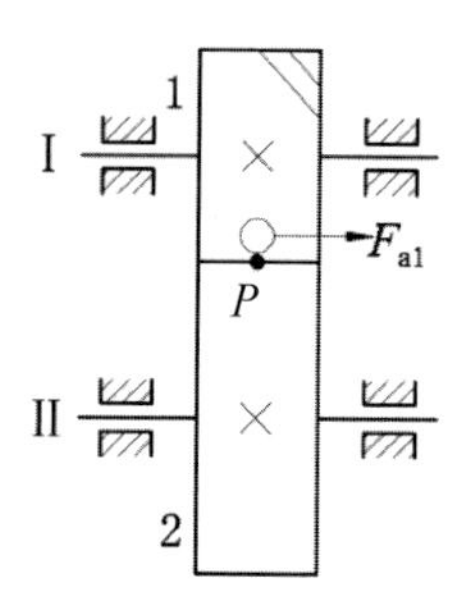

图 9.12

3. 图 9.13 所示为一对斜齿圆柱齿轮传动，齿轮 1 为主动轮。已知齿轮 1 的旋向和齿轮 2 圆周力 F_{t2} 方向，请在图中清晰标出：

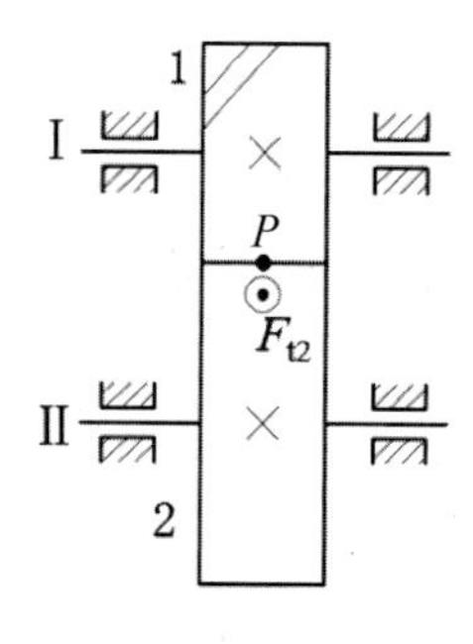

图 9.13

(1)　齿轮 1 的转向 n_1 和齿轮 2 的旋向及转向 n_2；

(2)　两齿轮在啮合点 P 处的其他 5 个分力。

4. 图 9.14 所示为一对斜齿圆柱齿轮传动，齿轮 1 为主动轮。已知齿轮 1 的圆周力 F_{t1} 的方向和齿轮 2 的旋向，请在图中清晰标出：

(1)　齿轮 1 的旋向、转向 n_1 和齿轮 2 的转向 n_2；

(2)　两齿轮在啮合点 P 处的其他 5 个分力。

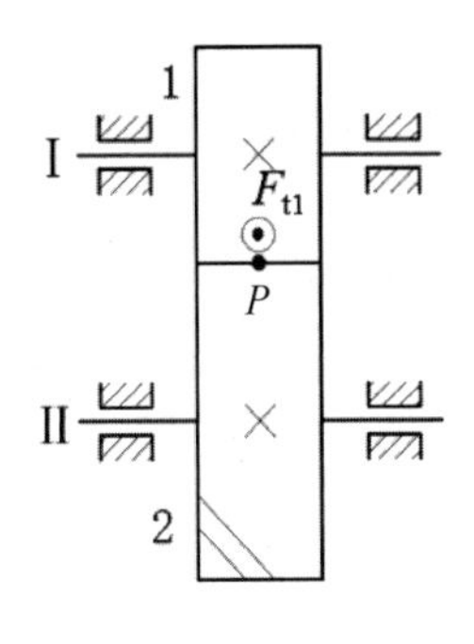

图 9.14

5. 图 9.15 所示为一对直齿圆锥齿轮传动，齿轮 1 为主动轮，已知齿轮 2 圆周力的方向，请在图中清晰标出：

(1)　齿轮 1 的转向 n_1 和齿轮 2 的转向 n_2；

(2)　两齿轮在啮合点 P 处的其他 5 个分力；

(3)　直齿圆锥齿轮 1、2 传动的正确啮合条件。

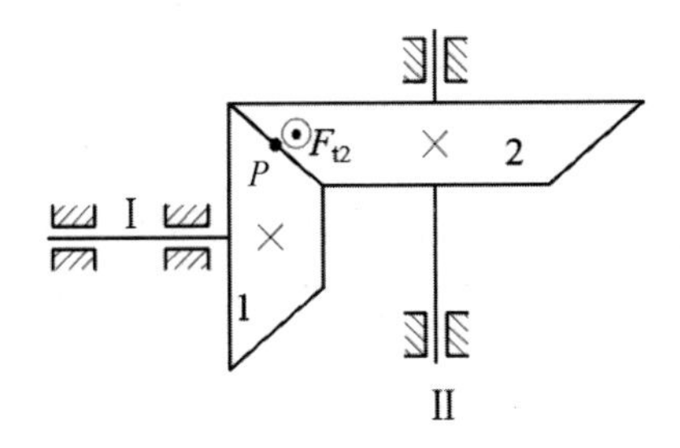

图 9.15

6. 图 9.16 所示为一对直齿圆锥齿轮传动，已知主齿轮 1 圆周力的方向，请在图中清晰标出：

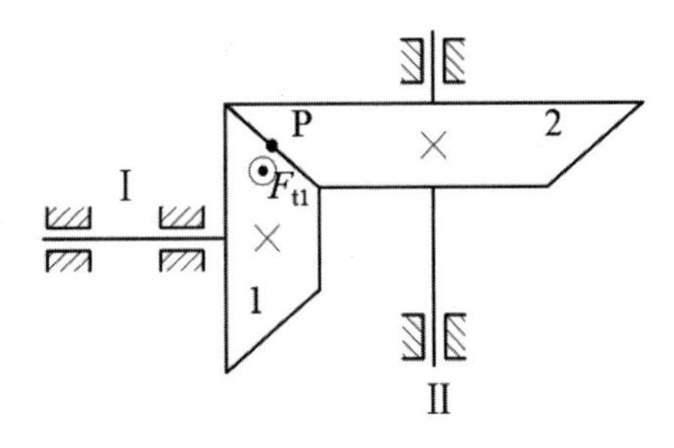

图 9.16

(1) 齿轮 1 的转向 n_1 和齿轮 2 的转向 n_2；

(2) 两齿轮在啮合点 P 处的其他 5 个分力。

7. 图 9.17 所示为圆锥-斜齿圆柱齿轮减速器，已知：齿轮 1 为主动轮，转向如图中所示。

(1) 标出齿轮 2、4 的转动方向 n_2、n_4。

(2) 为使Ⅱ轴上的轴向力较小，试判断齿轮 3、4 的螺旋线方向。

(3) 在图上画出各齿轮在啮合点处 3 个分力(F_r、F_t、F_a)的方向。

(4) 若齿轮均选用硬齿面，试分析齿轮的主要失效形式和对应设计准则。

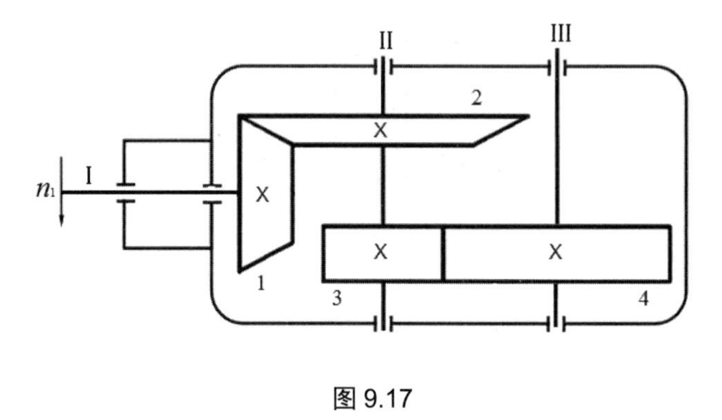

图 9.17

9.6 自测题参考答案

1. 选择填空

(1)C (2)A (3)B (4)C (5)D (6)B (7)A (8)B (9)D
(10)D (11)C (12)C (13)C (14)B (15)D (16)B (17)D (18)B
(19)B (20)C (21)D (22)B (23)D (24)B (25)D (26)D (27)C
(28)B (29)B (30)B

2.

解：

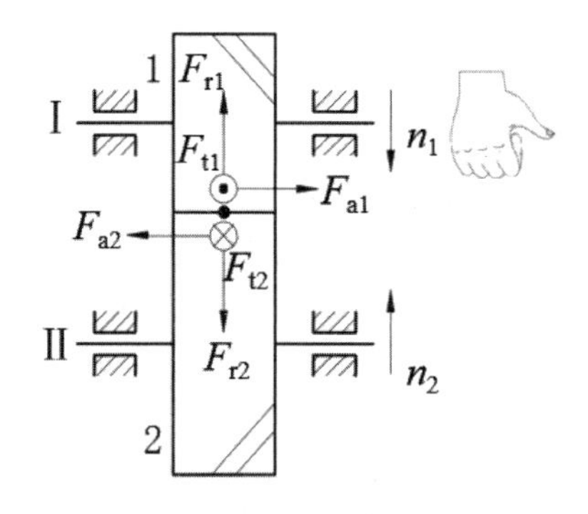

题 2 答图

$m_{n1}=m_{n2}=m$； $\alpha_{n1}=\alpha_{n2}=\alpha$； $\beta_1=-\beta_2$。

3.

解：

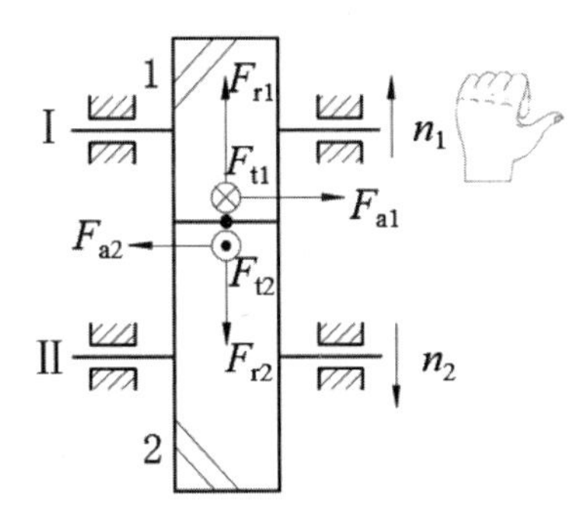

题 3 答图

4.

解：

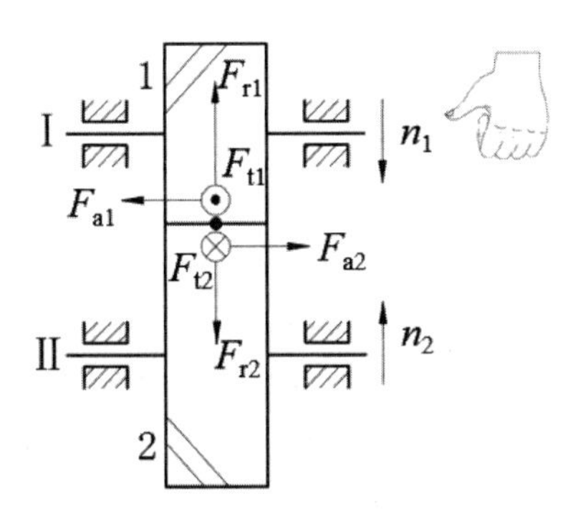

题 4 答图

5.

解：

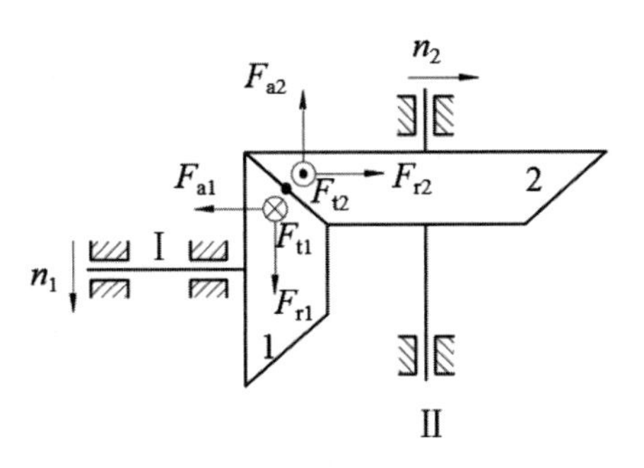

题 5 答图

$m_1=m_2=m$，$\alpha_1=\alpha_2=\alpha$，$R_1=R_2$ 且锥顶重合。

6.

解：

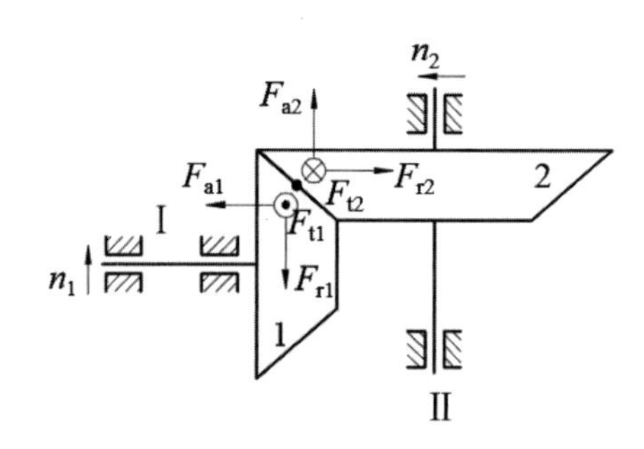

题 6 答图

7.

解：

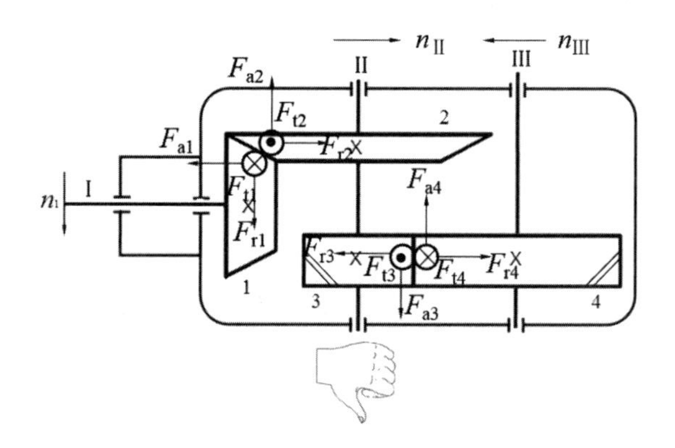

题 7 答图

闭式硬齿面齿轮传动，其主要失效形式为轮齿弯曲折断；设计时应保证齿根弯曲疲劳强度，按齿根弯曲疲劳强度设计、校核齿面接触疲劳强度。

第 10 章　蜗 杆 传 动

10.1　主要内容与学习要求

1. 主要内容

(1) 蜗杆传动的类型和特点。
(2) 蜗杆传动的基本参数及几何尺寸计算。
(3) 蜗杆传动的主要失效形式和设计计算。
(4) 蜗杆和蜗轮的结构设计。

2. 学习要求

(1) 了解蜗杆传动的类型，掌握蜗杆传动的特点。
(2) 掌握蜗杆传动的几何参数及基本尺寸计算。
(3) 掌握蜗杆传动主要失效形式和常用材料。
(4) 掌握蜗杆传动受力分析及强度计算。
(5) 掌握蜗杆传动的效率及热平衡计算。

10.2　重点与难点

1. 重点

(1) 阿基米德蜗杆传动的几何参数及基本尺寸计算。
(2) 蜗杆传动的失效形式及强度计算。
(3) 蜗杆传动的受力分析。
(4) 蜗杆传动的热平衡计算。

2. 难点

蜗杆传动的受力分析及强度计算。

10.3 思维导图

第10章思维导图.docx

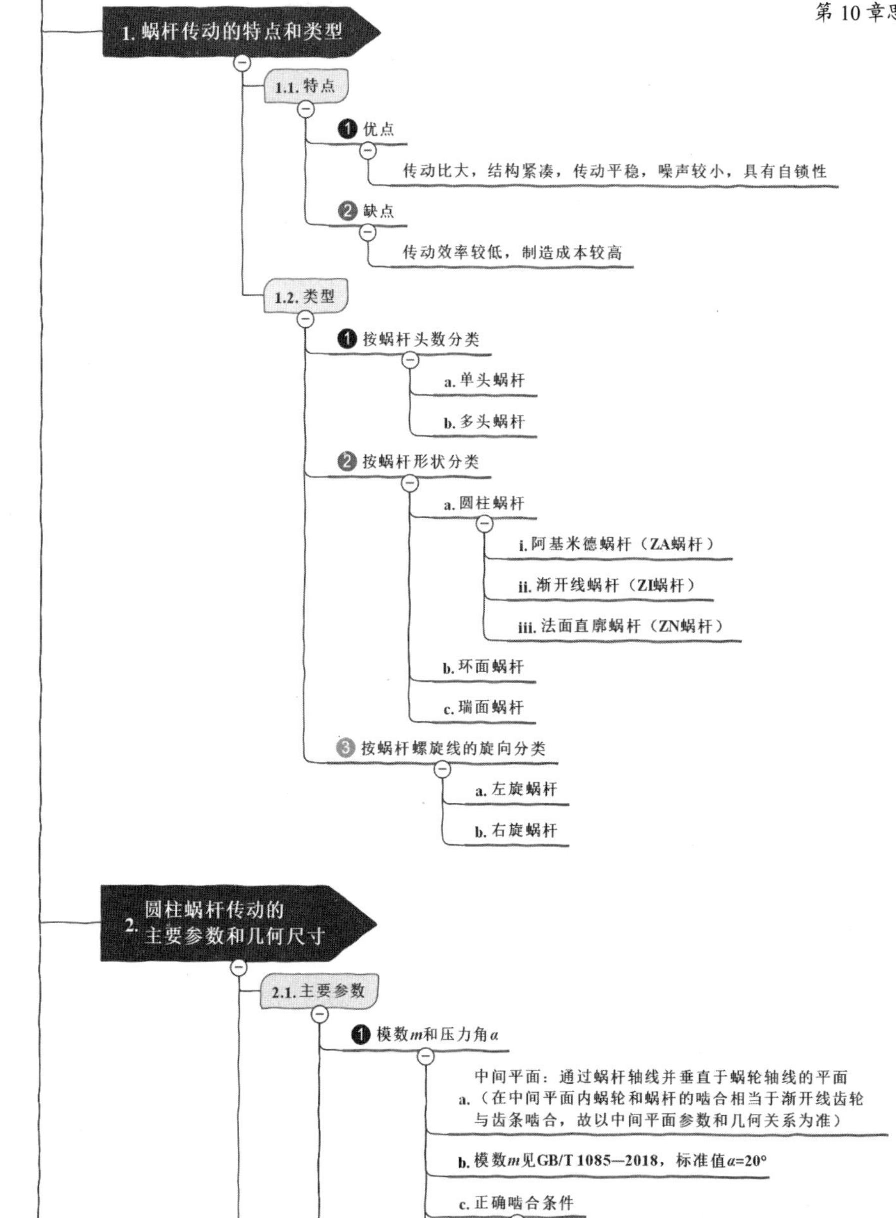

❷ 传动比 i_{12}、蜗杆头数 z_1 和蜗轮齿数 z_2

a. $i_{12}=\frac{n_1}{n_2}=\frac{z_2}{z_1}$

b. z_1 越少，效率越低，通常 z_1=1、2、4

c. z_2 有推荐值 $z_2=i_{12}z_1$ ($26<z_2<80$)

❸ 蜗杆直径系数 q 和导程角 γ

a. 为减少刀具数量并便于标准化，规定了蜗杆分度圆直径标准系列 $q=\frac{d_1}{m}$

b. $\tan\gamma=\frac{z_1 p_{a1}}{\pi d_1}=\frac{z_1 m}{d_1}=\frac{z_1}{q}$

c. $d_1\downarrow(q\downarrow)\rightarrow\gamma\uparrow\rightarrow\eta\uparrow$

❹ 齿面间滑动速度 v_s

$v_s=\sqrt{v_1^2+v_2^2}=\frac{v_1}{\cos\gamma}=\frac{\pi d_1 n_1}{60\times1000\cos\gamma}$ m/s

❺ 标准传动中心距 a

$a=0.5(d_1+d_2)=0.5m(q+z_2)$

2.2. 几何尺寸计算

$d_1=mq$、$d_2=mz_2$、$h_a=m$、$h_f=1.2m$

$d_{a1}=m(q+2)$、$d_{a2}=m(z_2+2)$、$c=0.2m$

$d_{f1}=m(q-2.4)$、$d_{f2}=m(z_2-2.4)$

$p_{a1}=p_{t2}=\pi m$

3. 蜗杆传动的失效形式、材料和结构

3.1. 失效形式及材料选择

❶ 失效形式

齿面点蚀、齿根折断、齿面胶合、齿面磨损（失效常发生在蜗轮轮齿上，故只核算蜗轮）

❷ 设计准则

a. 开式蜗杆传动：主要发生齿面磨损或轮齿折断，按齿根弯曲疲劳强度设计计算

b. 闭式蜗杆传动：主要发生齿面胶合或齿面点蚀，按齿面接触疲劳强度设计，按齿根弯曲疲劳强度校核，并进行热平衡核算

c. 蜗杆的刚度需要校核

❸ 材料

a. 蜗杆：碳钢或合金钢

b. 蜗轮：锡青铜、球墨铸铁、灰铸铁

3.2. 蜗杆和蜗轮结构

❶ 蜗杆结构：常与轴制成一体——蜗杆轴

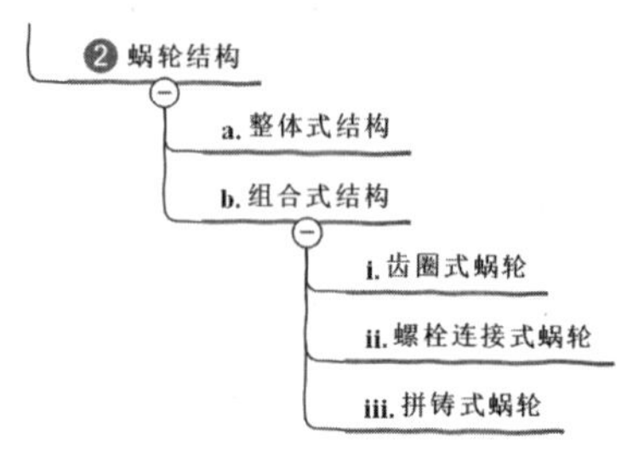

4. 圆柱蜗杆传动的受力分析与强度计算

4.1. 受力分析

❶ 法向力→圆周力、径向力、轴向力

$F_n = F_t + F_r + F_a$

- a. 蜗杆圆周力 $F_{t1} = F_{a2} = \dfrac{2T_1}{d_1}$
- b. 蜗杆轴向力 $F_{a1} = F_{t2} = \dfrac{2T_2}{d_2}$ $(T_2 = T_1 i_{12} \eta)$

  （a、b：$F_{t1} = -F_{a2}$，$F_{a1} = -F_{t2}$，交错互反）
- c. 蜗杆径向力 $F_{r1} = F_{r2} = F_{a1} \tan\alpha$
- d. 法向力 $F_n = \dfrac{F_{a1}}{\cos\alpha_n \cos\gamma} = \dfrac{F_{t2}}{\cos\alpha_n \cos\gamma}$

❷ 力方向的确定

- a. F_{t1}方向：F_{t1}与节点处线速度方向相反；F_{t1}与F_{a2}互反
- b. F_r方向：与蜗轮蜗杆的回转方向无关，均垂直指向回转轴线
- c. F_{a1}方向：用左、右手法则——左（右）旋用左（右）手，拇指伸直与轴线平行，四指抓转向，则拇指的指向即为F_{a1}方向。F_{a1}与F_{t2}互反

4.2. 强度计算

❶ 蜗轮齿面接触疲劳强度计算

校核公式 $\sigma_H = Z_E Z_\rho \sqrt{\dfrac{KT_2}{a^3}} \leqslant [\sigma_H]$ MPa

设计公式 $a \geqslant \sqrt[3]{KT_2 \left(\dfrac{Z_E Z_\rho}{[\sigma_H]}\right)^2}$ mm

❷ 蜗轮齿根弯曲疲劳强度计算

校核公式 $\sigma_F = \dfrac{1.53KT_2}{d_1 d_2 m} Y_{Fa2} Y_\beta \leqslant [\sigma_F]$

设计公式 $m^2 d \geqslant \dfrac{1.53KT_2}{z_2 [\sigma_F]} Y_{Fa2} Y_\beta$

$\left(Y_{Fa2}\text{据}z_{v2} = \dfrac{z_2}{\cos^3\gamma}\text{查取}; Y_\beta = 1 - \dfrac{\gamma}{140^\circ}\right)$

③ 蜗杆的刚度计算

- 切向力F_{t1}挠度　$Y_{t1}=\dfrac{F_{t1}l^3}{48EI}$
- 径向力F_{r1}挠度　$Y_{r1}=\dfrac{F_{r1}l^3}{48EI}$
- 合成总挠度　$Y=\sqrt{Y_{t1}^2+Y_{r1}^2}\leqslant[Y]=\dfrac{d_1}{1000}$

5. 圆柱蜗杆传动的效率、润滑和热平衡计算

5.1. 蜗杆传动的效率

❶ 闭式传动效率

- a. 三部分：轮齿啮合效率 η_1、轴承效率 η_2、搅油阻力效率 η_3
- b. 总效率　$\eta=(0.95\sim0.96)\dfrac{\tan\gamma}{\tan(\gamma+\varphi_v)}$

  $(\eta_2\eta_3=0.95\sim0.96,\ \varphi_v=\arctan f_v)$
- c. 蜗杆传动具有自锁性，　$\gamma\leqslant\varphi_v$

❷ 蜗杆传动的润滑

- a. 润滑不良后果：轮齿早期发生胶合或磨损
- b. 润滑方式
  - i. $v_1\leqslant4$ m/s，蜗杆下置式，油浴润滑
  - ii. $v_1>4$ m/s，蜗杆上置式，油浴润滑
  - iii. $v_1>5\sim10$ m/s，油浴或喷油润滑
  - iv. $v_1>10$ m/s，喷油润滑

③ 热平衡计算

- a. 原因：效率低、发热量大，若不及时散热，会引起箱体内油温升高、润滑失效，导致轮齿磨损加剧，甚至胶合
- b. 油温：
  - 核算公式：　$\Delta t=\dfrac{1000P_1(1-\eta)}{\alpha_t A}\leqslant[\Delta t]$
  - 油温：　$t=t_0+\dfrac{1000P_1(1-\eta)}{\alpha_t A}$
  - 散热面积：　$A=\dfrac{1000P_1(1-\eta)}{\alpha_t(t-t_0)}$
- c. 冷却措施
  - i. 箱体表面铸出或焊接散热片，增加散热面积
  - ii. 提高表面散热系数
    - 蜗杆轴上装置风扇
    - 油池内设蛇形冷却管
    - 循环油冷却

10.4 典型例题解析

例题 10.1 蜗杆传动有哪些主要参数？其中标准参数有哪些？

答：模数 m、压力角α、蜗杆头数 z_1、蜗杆分度圆直径 d_1、蜗杆直径系数 q、蜗杆导程角γ_1和蜗轮螺旋角β_2。其中模数 m、压力角α、蜗杆分度圆直径 d_1 和蜗杆直径系数 q 为标准值。

例题 10.2 蜗杆传动的正确啮合条件有哪些？

答：蜗杆的轴面模数 m_{a1}、轴面压力角α_{a1} 分别等于蜗轮的端面模数 m_{t2}、端面压力角α_{t2}，且蜗杆的导程角γ_1 应等于蜗轮的螺旋角β_2，蜗杆蜗轮螺旋线方向相同。

例题 10.3 蜗杆传动的失效形式与齿轮传动有何不同？

答：(1) 蜗轮的强度一般较蜗杆强度弱，失效多发生在蜗轮上，设计时一般针对蜗轮进行设计和强度校核。

蜗杆传动时齿面相对滑动速度大，发热量大，较齿轮传动更容易产生齿面胶合和磨损。

(2) 闭式蜗杆蜗轮传动设计时要进行热平衡计算。

例题 10.4 蜗杆传动对蜗轮副的材料有何要求？

答：蜗杆蜗轮材料要求具有足够的强度，良好的减摩性、耐磨性。蜗杆一般用碳素钢或合金钢，蜗轮常用青铜合金或铸铁。

例题 10.5 蜗杆传动热平衡计算的目的是什么？不满足热平衡要求时采用的措施有哪些？

答：由于蜗杆传动齿面相对滑动速度大，发热量大，传动效率低，如果散热不好会引起箱体内油温升高、润滑失效，导致轮齿磨损加剧甚至产生齿面胶合，因此通过热平衡计算以保证散热平衡避免温度升高，防止齿面胶合。

当不满足热平衡时，可以采用以下冷却措施。

(1) 通过增加散热片增大散热面积。

(2) 在蜗杆轴安装风扇加速空气流通。

(3) 在箱体油池内装设蛇形冷却水管或采用循环油冷却等方法降低工作温度。

例题 10.6 闭式蜗杆传动的功率损耗一般有哪些损耗？

答：一般包括轮齿的啮合损耗、轴承摩擦损耗以及浸入油池中零件搅油时的油阻损耗等。

例题 10.7 若阿基米德圆柱蜗杆传动的传动比 i_{12}=15.5，蜗杆的头数 z_1=2，模数 m=6.3 mm，蜗杆分度圆直径 d_1=63 mm。求蜗杆的直径系数 q、蜗轮齿数 z_2 和传动的标准中心距 a。

分析：该题考察蜗杆基本尺寸计算，注意 $d_1=mq\neq mz_1$。

解：$q=d_1/m=63/6.3=10$

$z_2=i_{12}z_1=15.5\times2=31$

$a=(d_1+mz_2)/2=(63+6.3\times31)/2=129.15$

例题 10.8 图 10.1 所示为蜗杆蜗轮传动，蜗杆 1 主动。已知蜗杆 1 的旋向及其转向 n_1(箭头向下)，求：

(1) 图 10.1 中蜗轮 2 的转向及其旋向；

(2) 在图中清晰标出蜗轮蜗杆在啮合点 P 处的 6 个分力；

(3) 说明蜗轮蜗杆传动的正确啮合条件。

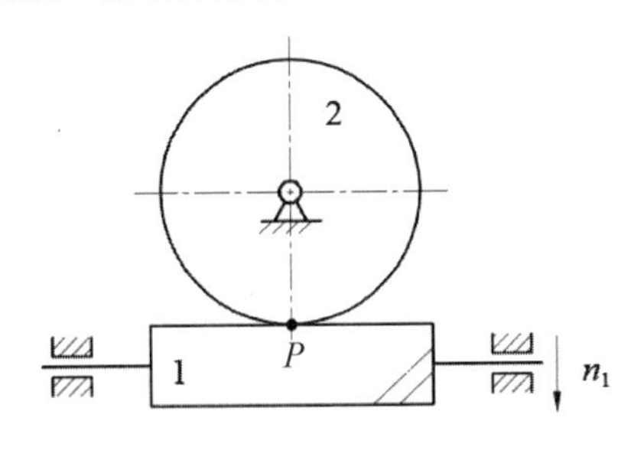

图 10.1

分析：该题考察蜗杆传动受力分析。

(1) 蜗杆蜗轮两轴空间相错，一般轴错角为 90º，各分力方向关系：

① 蜗杆各分力方向判断与斜齿圆柱齿轮相同，主动蜗杆轴向力用左右手法则判断；

② 蜗轮圆周力 F_{t2} 与蜗杆轴向力 F_{a1} 方向相反，蜗轮轴向力 F_{a2} 与蜗杆圆周力 F_{t1} 方向相反，蜗杆蜗轮径向力垂直指向回转轴线且 F_{r2}=F_{r1}，方向相反；

③ 当蜗杆主动时，蜗杆圆周力 F_{t1} 为阻力，与其啮合点速度方向相反；蜗轮圆周力 F_{t2} 为动力，方向与其在啮合点速度相同。

(2) 解题关键：由图示判断蜗杆为左旋，根据左手判断蜗杆轴向力 F_{a1} 方向向左，则蜗轮圆周力 F_{t2} 方向与之相反向右，由此可判断蜗轮沿逆时针方向转动。

解：(1)和(2)如图 10.2 所示。

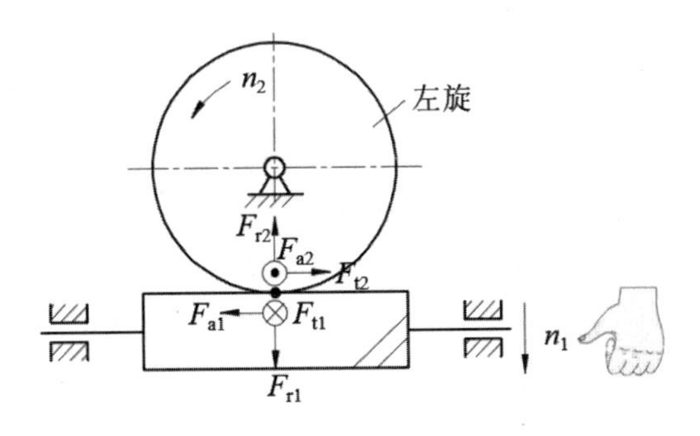

图 10.2

(3) $m_{a1}=m_{t2}=m$；$\alpha_{a1}=\alpha_{t2}=\alpha$；$\gamma_1=\beta_2$ 且旋向相同。

例题 10.9　图 10.3 所示为双级蜗杆传动，已知主动蜗杆 1 的转动方向和旋向。

(1) 在图中啮合处标出蜗杆 1 和蜗轮 2 所受各分力的方向，并标示蜗轮 2 的转动方向。

(2) 为使蜗轮 2 与蜗杆 3 所产生的轴向力相互抵消一部分，试确定并标出蜗杆 3 和蜗轮 4 轮齿的螺旋线方向。

(3) 在图中啮合处标出蜗杆 3 和蜗轮 4 所受各分力的方向。

(4) 标出蜗轮 4 的转动方向。

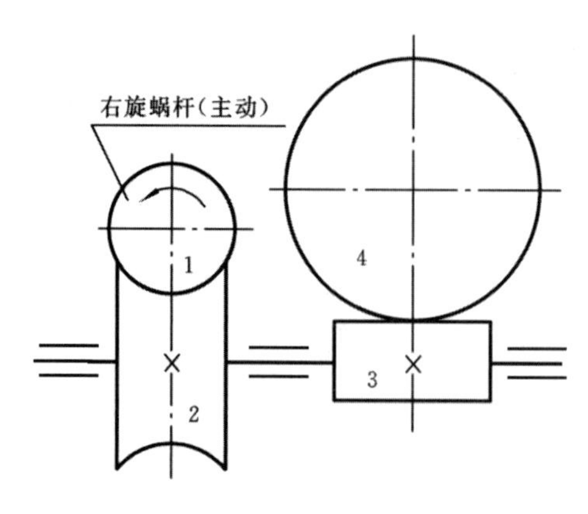

图 10.3

分析：

(1) 题中主动蜗杆右旋且沿逆时针方向转动，则其圆周力 F_{t1} 与啮合节点速度相反，方向向左；由左右手法则，蜗杆右旋伸出右手可判断轴向力 F_{a1} 垂直投影面向外。

(2) 蜗轮 2 各力分别与蜗杆 1 方向相反，轴向力 F_{a2} 与 F_{t1} 相反，方向向右，圆周力 F_{t2} 与 F_{a1} 相反，垂直于投影面向里，蜗轮节点速度方向与 F_{t2} 相同，则蜗轮 2 转向箭头向上，蜗杆 3 转向与其相同。

(3) 为使蜗轮 2 与蜗杆 3 所产生的轴向力相互抵消一部分，蜗杆 3 轴向力与蜗轮 2 轴向力方向相反，F_{a3} 方向向左。

(4) 3、4 啮合，蜗杆 3 为主动轮，根据蜗杆 3 的转向及轴向力 F_{a3} 方向，用右手符合左右手法则，蜗杆 3 螺旋线为右旋，蜗轮 4 旋向与其相同。

(5) 主动蜗杆 3 圆周力 F_{t3} 与节点速度方向相反，垂直于投影面向外；从动蜗轮 4 轴向力 F_{a4} 与 F_{t3} 相反，垂直于投影面向里；圆周力 F_{t4} 与 F_{a3} 相反，方向向右。

(6) 各齿轮径向力方向均由受力节点垂直指向各自回转轴向。

(7) 根据蜗轮 4 在啮合节点线速度方向与其圆周力 F_{t4} 方向相同，可以判断其转向为沿逆时针方向转动。

解： 如图 10.4 所示。

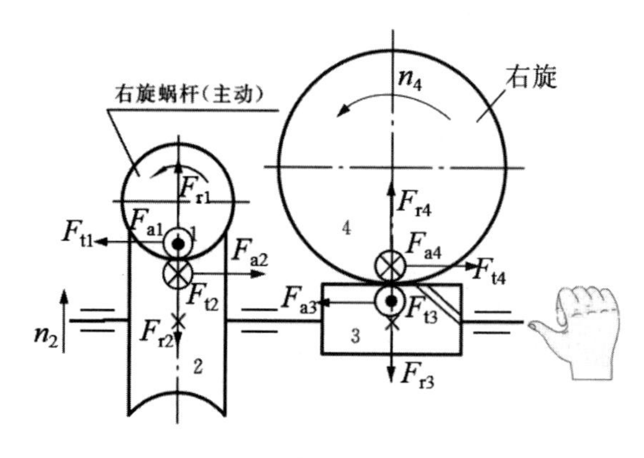

图 10.4

例题 10.10 图 10.5 所示由蜗杆蜗轮和一对斜齿圆柱齿轮组成的传动系统，蜗杆主动，蜗杆 1 与 II 轴转向如图所示。

(1) 考虑 2、3 齿轮所在轴所受轴向力能抵消一部分，确定 3 齿轮螺旋线的方向。

(2) 画出蜗杆 1 和蜗轮 2 以及齿轮 3、4 在啮合点处所受各分力(F_r、F_t、F_a)的方向。

(3) 判断蜗杆 1 与蜗轮 2 的旋向。

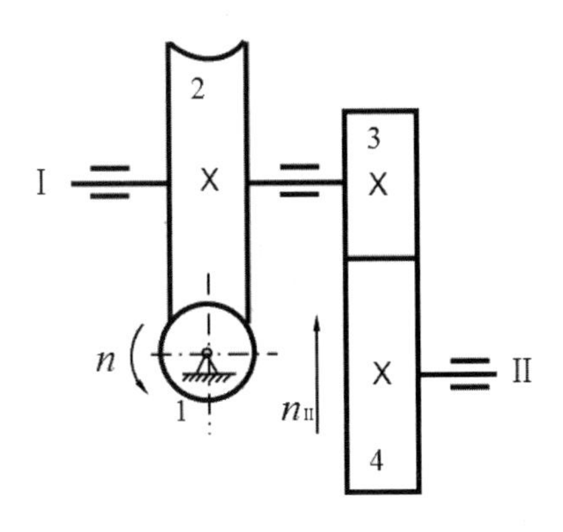

图 10.5

分析：(1) 由图中已知 n_{II} 转动方向，可以判定 I 轴的转向箭头向下，即蜗轮 2 及齿轮 3 的转向，从而可判断从动蜗轮 2 圆周力 F_{t2} 垂直于纸面向里，蜗杆轴向力 F_{a1} 与 F_{t2} 方向相反，垂直于纸面向外；主动齿轮 3 圆周力 F_{t3} 垂直于纸面向外，F_{t4} 与 F_{t3} 方向相反，垂直于纸面向里。

(2) 由主动蜗杆 1 的转向可以判定主动蜗杆圆周力方向与节点速度方向相反，F_{t1} 方向向右，则蜗轮轴向力方向与之相反，F_{a2} 向左。

(3) 考虑轴 2、3 齿轮所在轴所受轴向力能抵消一部分，齿轮 3 的轴向力与齿轮 2 轴向力相反，F_{a3} 向右；F_{a4} 与 F_{a3} 方向相反，方向向左。

(4) 各齿轮径向力方向均由受力节点垂直指向各自回转轴线。

(5) 齿轮 3 为主动轮，根据其转向及轴向力方向，用右手符合左右手法则，为右旋。

(6) 由蜗杆 1 的转向 n 及 F_{a1} 的方向符合右手法则，蜗杆蜗轮同旋向都为右旋。

解：如图 10.6 所示。

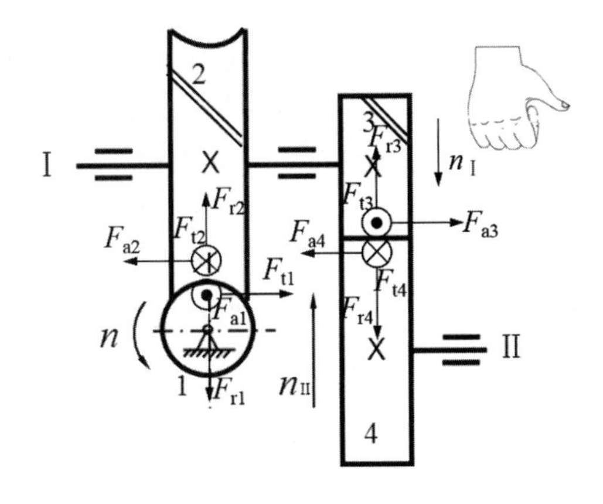

图 10.6

10.5 自 测 题

1. 选择填空

(1) 与齿轮传动相比较，(　　)不是蜗杆传动的优点。

A. 传动平稳，噪声小　　B. 传动效率高

C. 可产生自锁　　D. 传动比大

(2) 阿基米德圆柱蜗杆与蜗轮传动的(　　)模数应取标准值。

A. 法面　　B. 端面　　C. 中间平面

(3) $\Sigma=90^\circ$ 的蜗杆传动的正确啮合条件是(　　)。

A. $m_{a1}=m_{t2}=m$；　$\alpha_{a1}=\alpha_{t2}=\alpha$；$\beta_1=\beta_2$ 且旋向相同

B. $m_{a2}=m_{t1}=m$；　$\alpha_{a2}=\alpha_{t1}=\alpha$；$\gamma_1=\beta_2$ 且旋向相同

C. $m_{a1}=m_{t2}=m$；　$\alpha_{a1}=\alpha_{t2}=\alpha$；$\gamma_1=\beta_2$ 且旋向相反

D. $m_{a1}=m_{t2}=m$；　$\alpha_{a1}=\alpha_{t2}=\alpha$；$\gamma_1=\beta_2$ 且旋向相同

(4) 蜗杆直径系数(　　)。

A. $q=d_1/m$　　B. $q=d_1 m$

C. $q=a/d_1$　　D. $q=a/m$

(5) 蜗杆直径 d_1 的标准化是为了(　　)。

A. 有利于测量　　B. 有利于蜗杆加工

C. 有利于实现自锁　　D. 有利于蜗轮滚刀的标准化

(6) 标准蜗杆传动的中心距 a=(　　)。

A. $m(z_1+z_2)/2$　　B. $m(d_1+d_2)/2$

C. $m(q+z_2)/2$　　D. 以上都对

(7) 以下蜗杆传动比计算公式，错误的是(　　)。

A. $i=\omega_1/\omega_2$　　B. $i=z_2/z_1$

C. $i=n_1/n_2$　　D. $i=d_2/d_1$

(8) 蜗杆头数 z_1 越大，则导程角γ_1(　　)，蜗杆传动的效率η(　　)。

A. 越小、越高　　B. 越小、 越低

C. 越大、越高　　D. 越大、越低

(9) 起吊重物用的手动蜗杆传动，宜采用(　　)的蜗杆。

A. 单头、小导程角　　B. 单头、大导程角

C. 多头、小导程角　　D. 多头、大导程角

(10) 蜗杆传动效率相对较低，一般效率η=70%～80%，而对于自锁性蜗杆传动效率低于(　　)。

A. 35%　　B. 40%

C. 45%　　D. 50%

(11) 蜗杆传动效率低，工作时发热量大。在闭式传动中，如果产生的热量不能及时散逸，油温不断升高而使润滑油(　　)下降，从而增大摩擦损失，所以必须进行(　　)计算。

A. 密度，热平衡　　B. 密度，动平衡

C. 黏度，热平衡　　D. 黏度，动平衡

(12) 蜗杆传动热平衡计算的条件是(　　)。

A. 发热量等于散热量

B. 蜗杆传动工作时总的发热量等于总的散热量

C. 单位时间内的发热量等于同时间内的散热量

D. 单位时间内的发热量大于同时间内的散热量

(13) 闭式蜗杆传动的主要失效形式是(　　)。

A. 蜗杆断裂　　B. 蜗轮轮齿折断

C. 塑性变形　　D. 齿面胶合

(14) 在蜗杆传动中，轮齿承载能力计算，主要针对(　　)进行计算。

A. 蜗杆齿面接触强度和蜗轮齿根弯曲强度

B. 蜗杆齿根弯曲强度和蜗轮齿面接触强度

C. 蜗杆齿面接触强度和蜗杆齿根弯曲强度

D. 蜗轮齿面接触强度和蜗轮齿根弯曲强度

(15) 不属于齿轮传动润滑目的的是(　　)。

A. 提高蜗杆传动的效率　　B. 散热

C. 减小摩擦、磨损　　D. 提高齿根抗弯曲能力

(16) 蜗杆和蜗轮啮合传动时，节点处的相对滑动速度 v_s(　　)蜗杆的圆周速度 v_1。蜗杆传动失效经常发生在(　　)轮齿上。

A. 大于、蜗杆　　B. 大于、蜗轮

C. 小于、蜗杆　　D. 小于、蜗轮

(17) 蜗轮蜗杆啮合传动时，两轮的(　　)不同名交错互为相互作用力。

A. 圆周力和径向力　　B. 圆周力和轴向力

C. 径向力和轴向力　　D. 轴向力和法向力

(18) 图 10.7 所示蜗杆蜗轮传动中，蜗杆 1 为主动。图中蜗杆与蜗轮螺旋线方向关系正确的是(　　)。

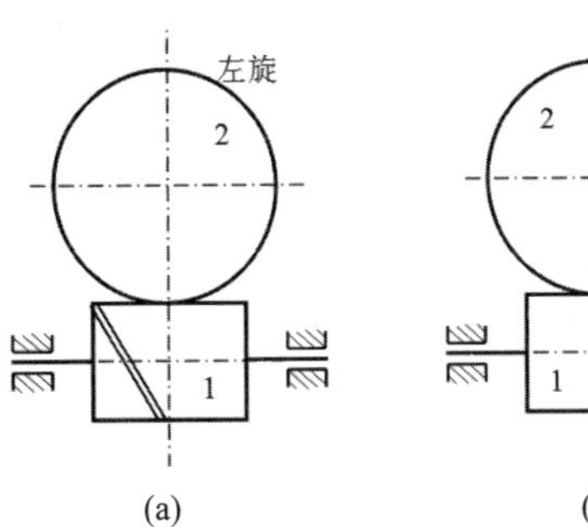

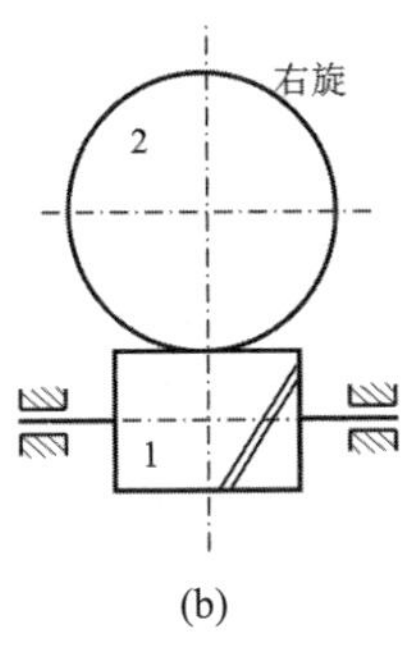

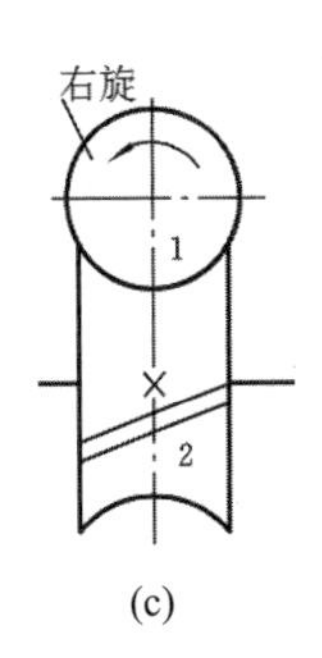

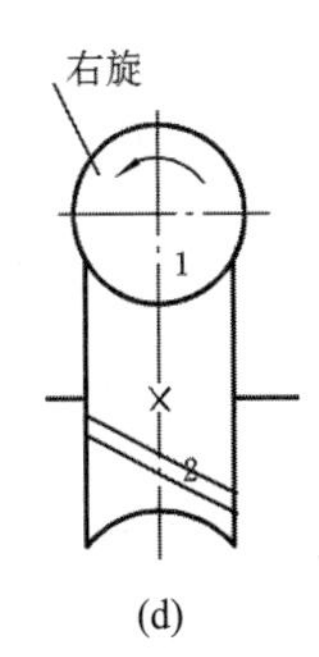

图 10.7

A. 图(a)　　B. 图(b)

C. 图(c)　　D. 图(d)

(19) 在图 10.8 所示蜗杆-蜗轮传动中，蜗杆 1 为主动轮，转向如图中所示。图中画出

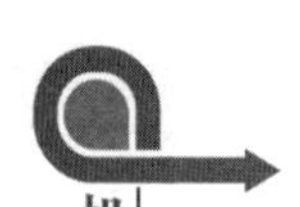

了蜗轮 2 在啮合点处 3 个分力的方向，其中正确的是(　　)。

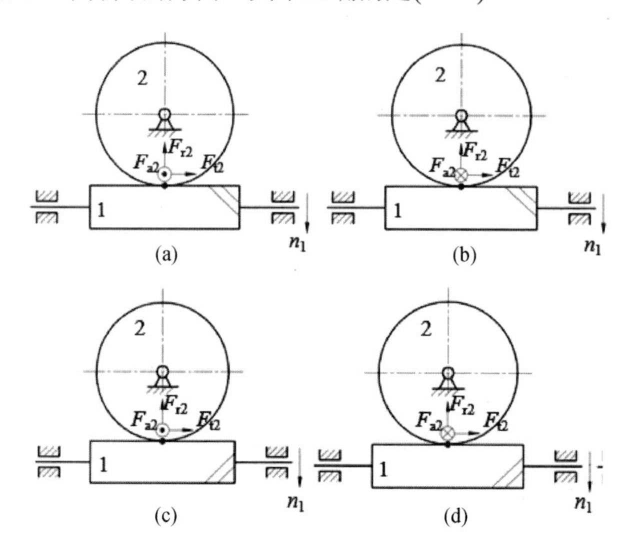

图 10.8

A. 图(a)　　　　B. 图(b)

C. 图(c)　　　　D. 图(d)

(20) 图 10.9 所示蜗杆蜗轮传动中，蜗杆 1 为主动，图中蜗杆与蜗轮转向关系，正确的是(　　)。

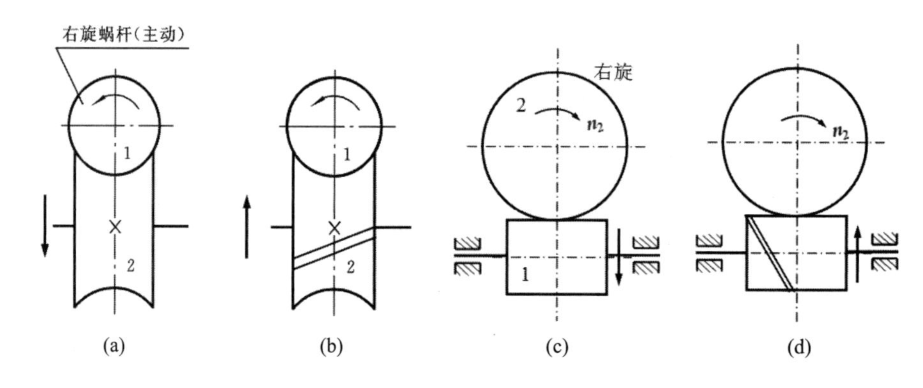

图 10.9

A. 图(a)　　　　B. 图(b)

C. 图(c)　　　　D. 图(d)

2. 判断题

(1) 蜗杆的传动效率与其头数有关。(　　)

(2) 闭式蜗杆传动主要失效形式是轮齿折断，以齿根弯曲疲劳强度作为设计准则。(　　)

(3) 蜗杆的导程角越大传动效率越高。(　　)

(4) 蜗杆传动能实现两平行轴之间运动的传递。(　　)

(5) 蜗杆传动的传动比与齿数成反比。(　　)

(6) 蜗杆分度圆直径由 $d_1=mz_1$ 计算。 (　　)

(7) 蜗杆蜗轮传动比 $i_{12}=\dfrac{d_2}{d_1}$。 (　　)

(8) 开式蜗杆传动，主要失效形式是齿面磨损和轮齿折断，以齿根弯曲疲劳强度作为主要设计准则。 (　　)

(9) 由于蜗杆直径小，所以蜗杆蜗轮传动失效经常发生在蜗杆轮齿上。 (　　)

(10) 为了配凑中心距，蜗杆传动常采用变位传动，且蜗杆蜗轮都变位。 (　　)

3. 有一阿基米德蜗杆传动，已知：传动比 $i=18$，蜗杆头数 $z_1=2$，直径系数 $q=8$，分度圆直径 $d_1=80$ mm。试求：

(1) 模数 m、蜗杆分度圆柱导程角 γ_1；

(2) 蜗轮齿数 z_2 及分度圆柱螺旋角 β_2；

(3) 蜗轮的分度圆直径 d_2 及蜗杆传动中心距 a。

4. 图 10.10 所示为蜗轮蜗杆传动，蜗杆 1 主动，已知蜗杆 1 的转向 n_1(箭头向下)和蜗轮 2 的旋向(左旋)，请在图中清晰标出：

(1) 蜗杆 1 的旋向和蜗轮 2 的转向；

(2) 蜗轮蜗杆在啮合点 P 处的 6 个分力；

(3) 蜗轮蜗杆传动的正确啮合条件。

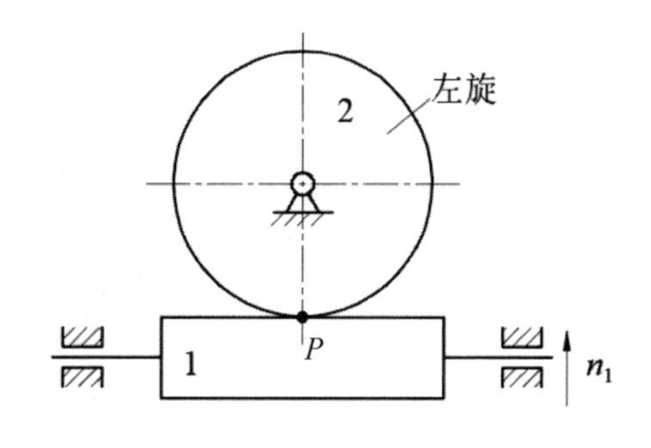

图 10.10

5. 图 10.11 所示为蜗轮蜗杆传动，蜗杆 1 主动，已知蜗轮 2 的转向 n_2 及旋向(右旋)，请在图中清晰标出：

(1) 蜗杆 1 的旋向和转向 n_1；

(2) 蜗轮蜗杆在啮合点 P 处的 6 个分力；

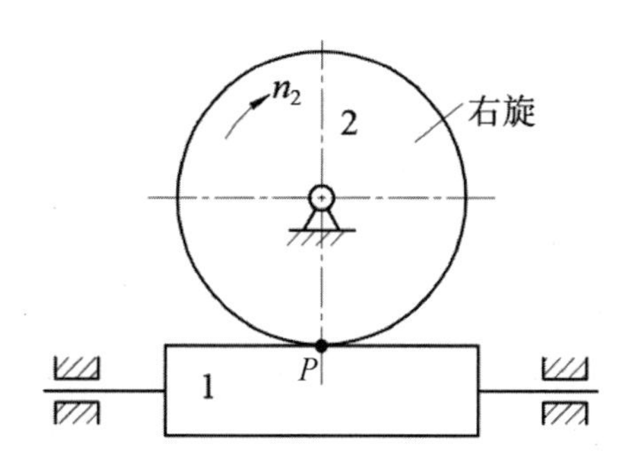

图 10.11

6. 图 10.12 所示为一对斜齿圆柱齿轮和蜗杆蜗轮组成的传动系统，齿轮 1 为主动齿轮，转向如图中所示。试分析：

(1) 考虑 2、3 齿轮所在轴所受轴向力能抵消一部分，确定蜗杆 3 的螺旋线方向；

(2) 画出齿轮 1、2 及蜗杆 3、蜗轮 4 在啮合点处所受各分力(F_r、F_t、F_a)的方向；

(3) 在图中标示蜗轮 4 的转向。

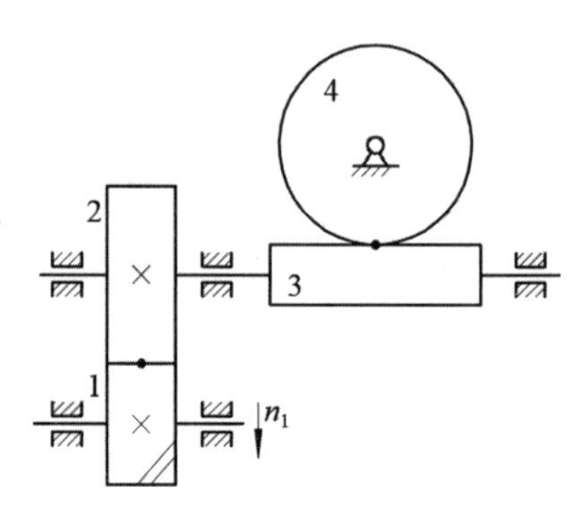

图 10.12

7. 图 10.13 所示由一对直齿圆锥齿轮和蜗杆蜗轮组成的传动系统，齿轮 1 为主动齿轮，转向如图中所示。试分析：

(1) 考虑 2、3 齿轮所在轴所受轴向力能抵消一部分，确定蜗杆 3 的螺旋线方向；

(2) 画出齿轮 1、2 及蜗杆 3、蜗轮 4 在啮合点处所受各分力(F_r、F_t、F_a)的方向；

(3) 在图中标示蜗轮 4 的转向。

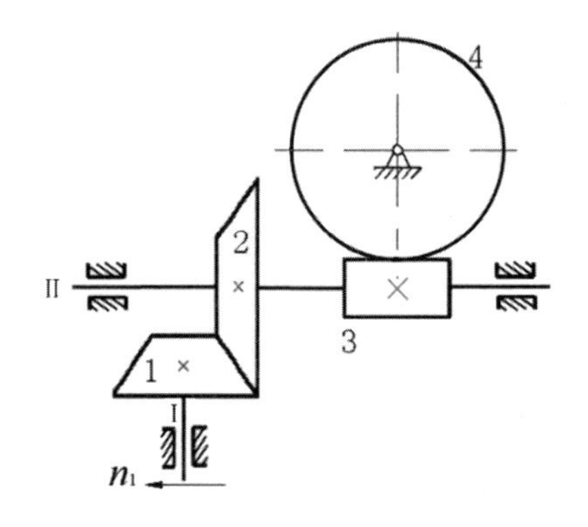

图 10.13

10.6 自测题参考答案

1. 选择填空

(1)B (2)C (3)D (4)A (5)D (6)C (7)D (8)C (9)A (10)D
(11)C (12)C (13)D (14)D (15)D (16)B (17)B (18)D (19)C (20)C

2. 判断题

(1) √ (2)× (3) √ (4)× (5) √ (6)× (7)× (8) √ (9)× (10)×

3.

解：(1)　$d_1=mq$，m=10 mm

$$\tan\gamma_1=\frac{mz_1}{d_1}，\gamma_1=14.036^\circ$$

(2)　$i=\frac{z_2}{z_1}$，$z_2=36$，$\beta_2=\gamma_1=14.036^\circ$

(3)　$d_2=m\,z_2=360\ \text{mm}$，$a=\frac{d_1+d_2}{2}=220\ \text{mm}$

4.

解：

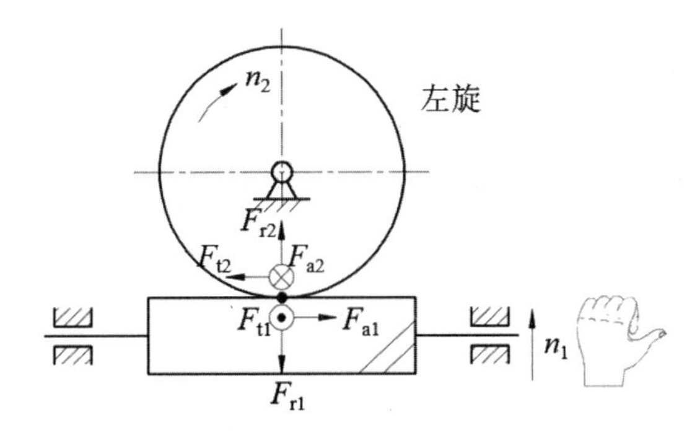

题 4 答图

$m_{a1}=m_{t2}=m$；$\alpha_{a1}=\alpha_{t2}=\alpha$；$\gamma_1=\beta_2$ 且旋向相同。

5.

解：

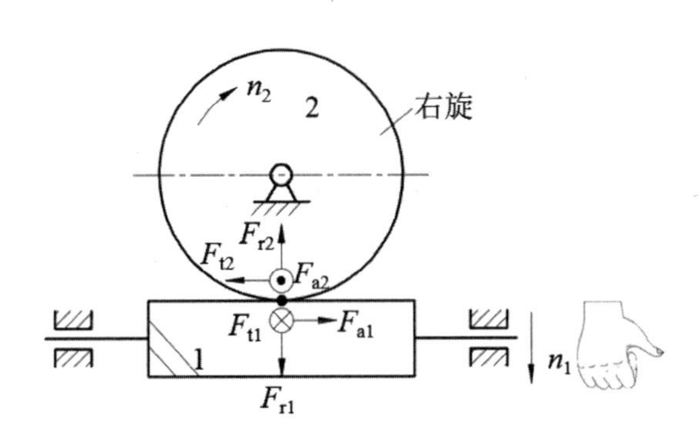

题 5 答图

6.

解：

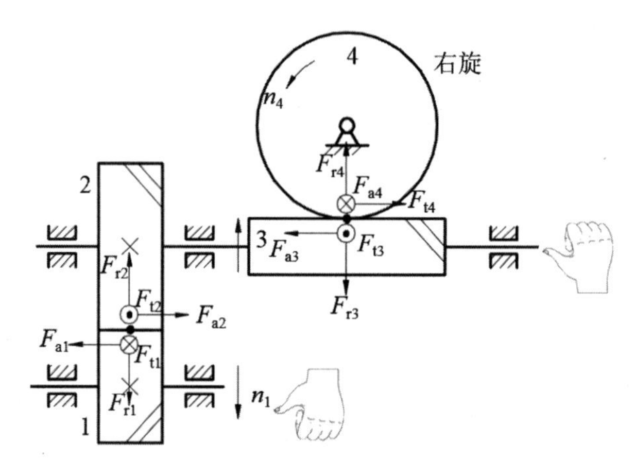

题 6 答图

7.

解：

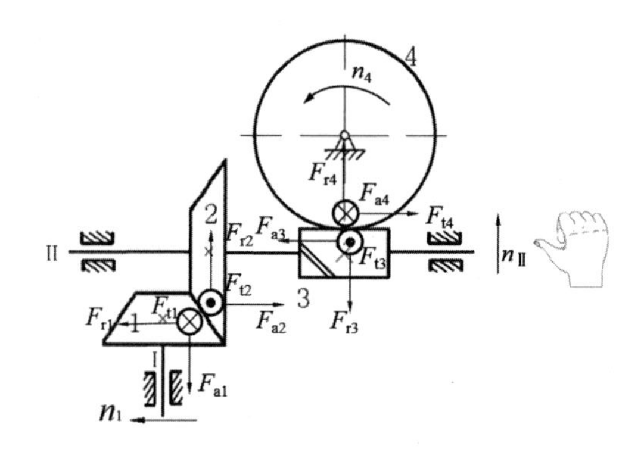

题 7 答图

第 11 章　轮　　系

11.1　主要内容与学习要求

1. 主要内容

(1) 轮系的分类。
(2) 定轴轮系传动比的计算。
(3) 周转轮系传动比的计算。
(4) 混合轮系传动比的计算。
(5) 轮系的功用。

2. 学习要求

(1) 掌握轮系类型及判别方法。
(2) 掌握定轴轮系传动比的计算及各齿轮转动方向的判断。
(3) 掌握周转轮系传动比的计算及构件转动方向的判断。
(4) 掌握混合轮系基本轮系的划分及传动比的计算。
(5) 了解轮系的功用。

11.2　重点与难点

1. 重点

定轴轮系、周转轮系和混合轮系传动比的计算。

2. 难点

周转轮系传动比的计算。

11.3 思维导图

第 11 章思维导图.docx

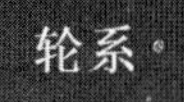

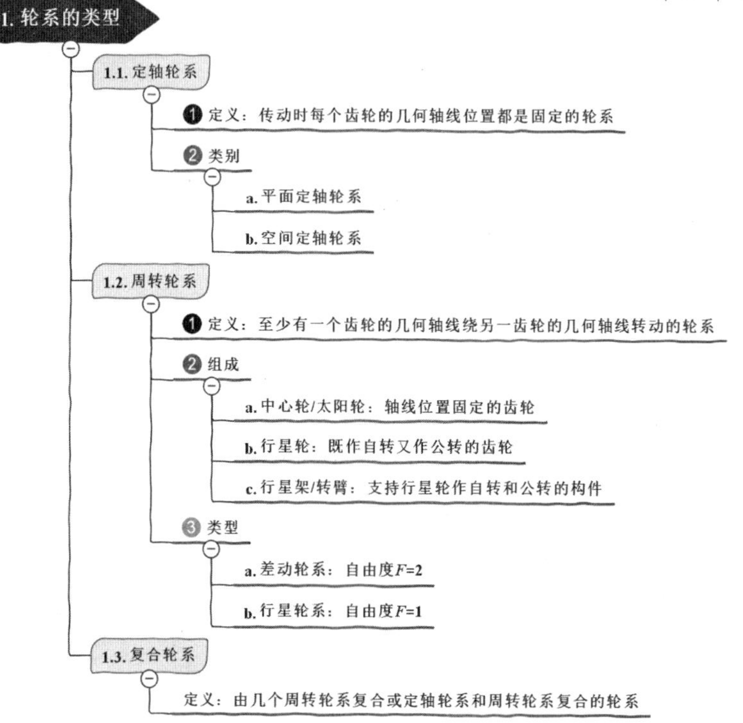

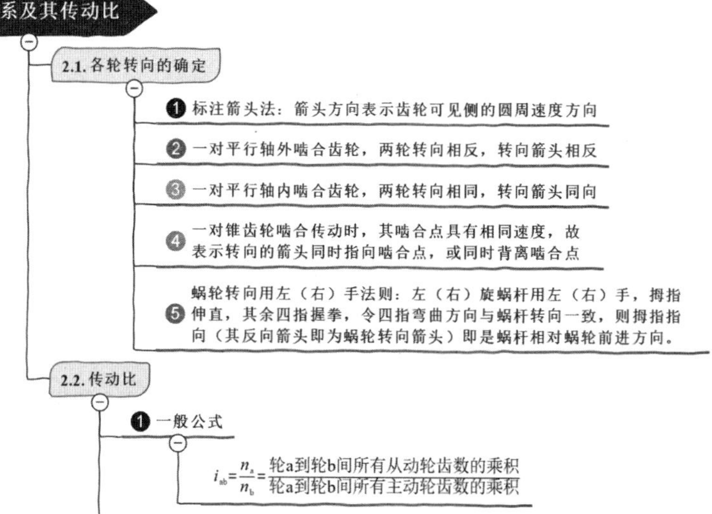

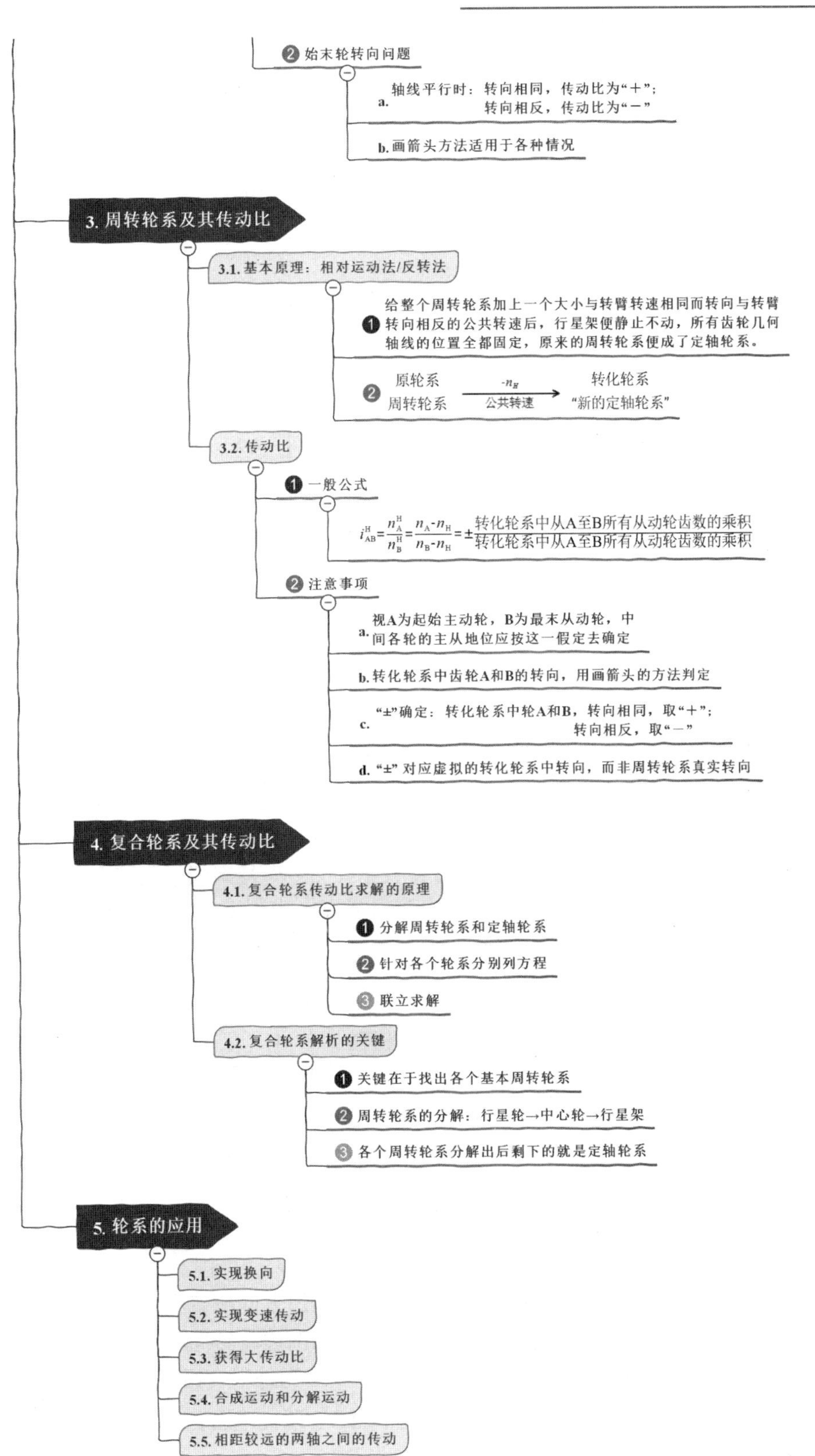

2 始末轮转向问题
a. 轴线平行时：转向相同，传动比为“+”；
转向相反，传动比为“−”
b. 画箭头方法适用于各种情况
3. 周转轮系及其传动比
3.1. 基本原理：相对运动法/反转法
1 给整个周转轮系加上一个大小与转臂转速相同而转向与转臂转向相反的公共转速后，行星架便静止不动，所有齿轮几何轴线的位置全都固定，原来的周转轮系便成了定轴轮系。
2 原轮系
周转轮系
$-n_H$
公共转速
转化轮系
“新的定轴轮系”
3.2. 传动比
1 一般公式
$i_{AB}^{H}=\frac{n_A^H}{n_B^H}=\frac{n_A-n_H}{n_B-n_H}=\pm\frac{转化轮系中从A至B所有从动轮齿数的乘积}{转化轮系中从A至B所有从动轮齿数的乘积}$
2 注意事项
a. 视A为起始主动轮，B为最末从动轮，中间各轮的主从地位应按这一假定去确定
b. 转化轮系中齿轮A和B的转向，用画箭头的方法判定
c. “±”确定：转化轮系中轮A和B，转向相同，取“+”；
转向相反，取“−”
d. “±”对应虚拟的转化轮系中转向，而非周转轮系真实转向
4. 复合轮系及其传动比
4.1. 复合轮系传动比求解的原理
1 分解周转轮系和定轴轮系
2 针对各个轮系分别列方程
3 联立求解
4.2. 复合轮系解析的关键
1 关键在于找出各个基本周转轮系
2 周转轮系的分解：行星轮→中心轮→行星架
3 各个周转轮系分解出后剩下的就是定轴轮系
5. 轮系的应用
5.1. 实现换向
5.2. 实现变速传动
5.3. 获得大传动比
5.4. 合成运动和分解运动
5.5. 相距较远的两轴之间的传动

11.4 典型例题解析

例题 11.1 在图 11.1 所示的轮系中，已知各圆柱齿轮的齿数分别为：$z_1=z_2=25$，$z_{3'}=26$，$z_4=30$，$z_{4'}=22$，$z_5=34$。齿轮 1 与齿轮 3 回转轴线共线。

(1) 判断轮系的类型。

(2) 计算齿轮 3 的齿数。

(3) 计算轮系的传动比 i_{15}。

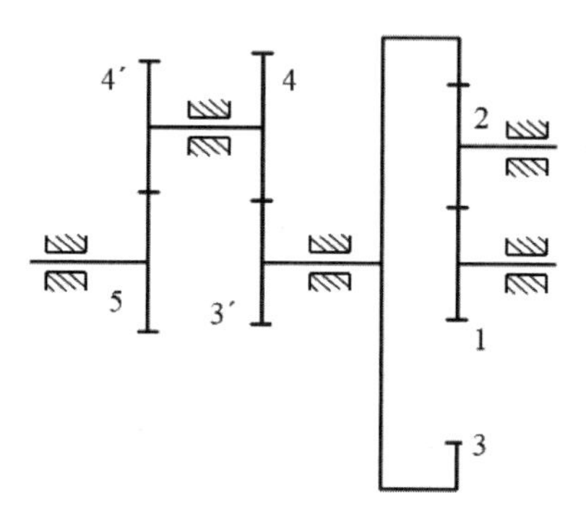

图 11.1

分析：该轮系轴线均固定且彼此平行，为平面定轴轮系。

平面定轴轮系由轴线平行的多对啮合齿轮组成，外啮合或内啮合传动。外啮合传动改变转动方向，两齿轮转向相反；内啮合传动不改变转动方向，两齿轮转向相同。平面齿轮机构的转向关系可以用传动比前加“+”(可省略)、“−”号来表示两啮合齿轮转向相同或相反，如一对外啮合齿轮的传动比 $i_{12}=-3$，也可以在图中用方向箭头表示，如图 11.2 所示。

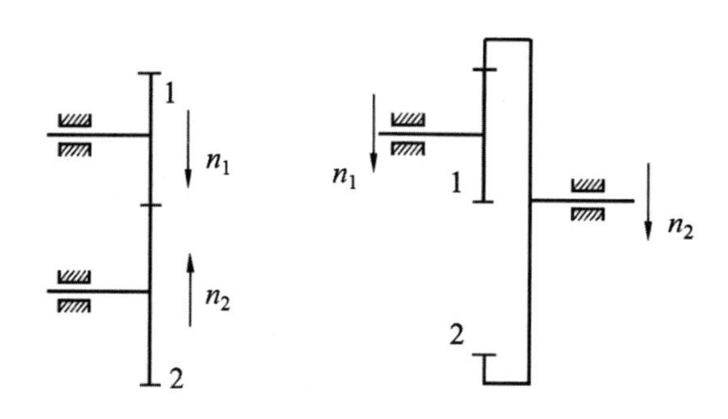

图 11.2

平面定轴轮系首末两齿轮的传动比等于沿运动传递方向所有啮合齿轮传动比的乘积，转向关系取决于外啮合齿轮的对数，为奇数对则首末两齿轮转向相反，为偶数对则相同，因此可以在计算传动比时在齿数关系式前加 $(-1)^K$，K 为外啮合齿轮对数。

该题可以利用 1、2 两外啮合齿轮中心距和 2、3 两内啮合齿轮中心距相等计算齿轮 3 的齿数。

解：(1) 轮系为平面定轴轮系。

(2) $a_{12}=a_{23}$， $z_1+z_2=z_3-z_2$

$z_3=75$

(3) 轮系有3对外啮合齿轮和一对内啮合齿轮，该平面定轴轮系中齿轮1、5的转向关系可以用$(-1)^K$判断。

$$i_{15}=\frac{n_1}{n_5}=(-1)^K\frac{z_2z_3z_4z_5}{z_1z_2z_{3'}z_{4'}}=(-1)^3\frac{25\times75\times30\times34}{25\times25\times26\times22}=-5.35$$

i_{15}为负值，说明齿轮5与齿轮1转向相反。

例题11.2 图11.3所示为一手摇提升装置，已知各齿轮齿数z_1=20，z_2=50，z_3=15，z_4=30，z_5=1，z_6=40，z_7=18，z_8=52。

(1) 计算轮系的传动比i_{18}。

(2) 在图11.3上标出提升重物时手柄的转向。

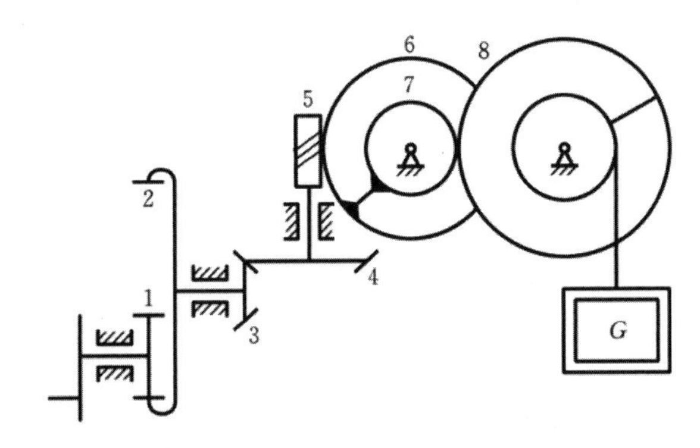

图11.3

分析：该题考察空间定轴轮系传动比的计算及首末两齿轮的转向关系。

空间定轴轮系所有齿轮轴线固定，但存在轴线不平行的齿轮。当定轴轮系中有空间齿轮机构如圆锥齿轮机构或蜗杆蜗轮传动时，轮系必为空间定轴轮系。

空间定轴轮系传动比大小的计算与平面定轴轮系相同，首、末两齿轮的传动比等于沿运动传递方向所有啮合齿轮传动比的乘积，转向关系必须通过依次标示箭头的方法确定。重点在于圆锥齿轮和蜗杆蜗轮的转向判定，如图11.4所示。两圆锥齿轮的转向箭头同时指向啮合节点或同时背离啮合节点，蜗杆蜗轮转向关系利用从动蜗轮圆周力与主动蜗杆轴向力(利用左右手法则判断)相反，蜗轮转向与其圆周力方向相同。

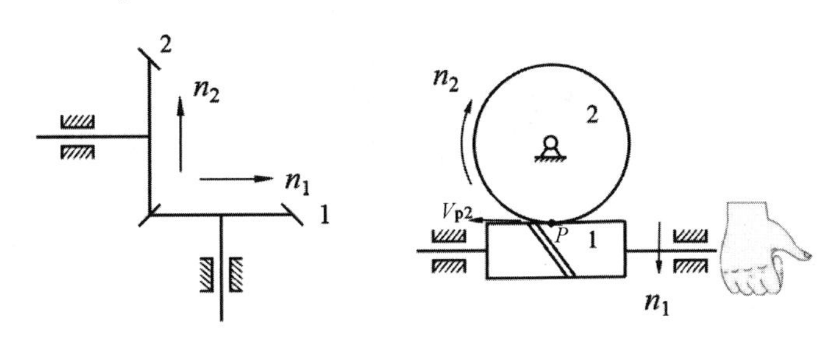

图11.4

该题解题思路如下。

(1) 首先判断轮系的组成、类型及运动的传递方向。该轮系有 4 对齿轮参与啮合，其中 3、4 为圆锥齿轮传动，5、6 为蜗杆蜗轮传动，轮系为空间定轴轮系。运动由 1-2 圆柱齿轮内啮合传动→3-4 圆锥齿轮传动→5-6 蜗杆蜗轮传动→7-8 圆柱齿轮外啮合传动。

(2) 空间定轴轮系首末两齿轮的转向关系通过标示箭头的方法判断。手柄转向根据提升重物时齿轮 8 沿逆时针方向转动，由齿轮 8 向齿轮 1 推导。蜗轮 6(齿轮 7)沿顺时针方向转动，可以判断蜗轮在啮合节点的圆周力向上，则蜗杆轴向力与之相反方向向下；主动蜗杆(右旋)轴向力方向符合右手法则，弯曲四指方向即为蜗杆转动方向，转向箭头向左。再根据 4 齿轮到 1 齿轮转向关系，可以判断手柄转向箭头向上。

解：(1)

$$i_{18}=\frac{n_1}{n_8}=\frac{z_2}{z_1}\cdot\frac{z_4}{z_3}\cdot\frac{z_6}{z_5}\cdot\frac{z_8}{z_7}=\frac{50}{20}\times\frac{30}{15}\times\frac{40}{1}\times\frac{52}{18}=577.8$$

(2) 方向如图 11.5 所示。

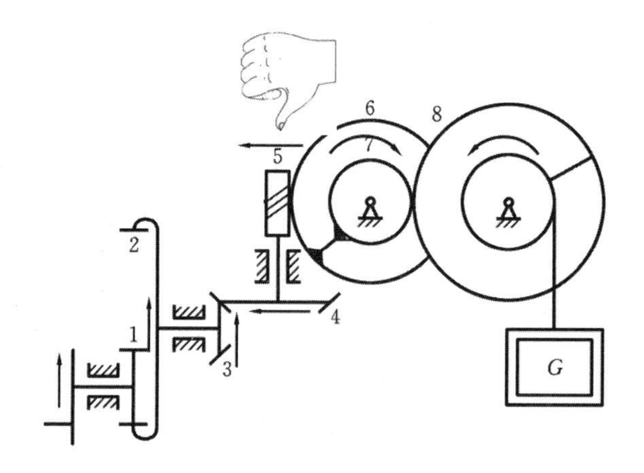

图 11.5

例题 11.3 在图 11.6 所示轮系中，z_1=40，z_2=20，z_3=60。

(1) 若齿轮 3 固定，求 i_{1H}。

(2) 若 n_1=1，n_3= −1，求 n_H 及 i_{1H} 的值。

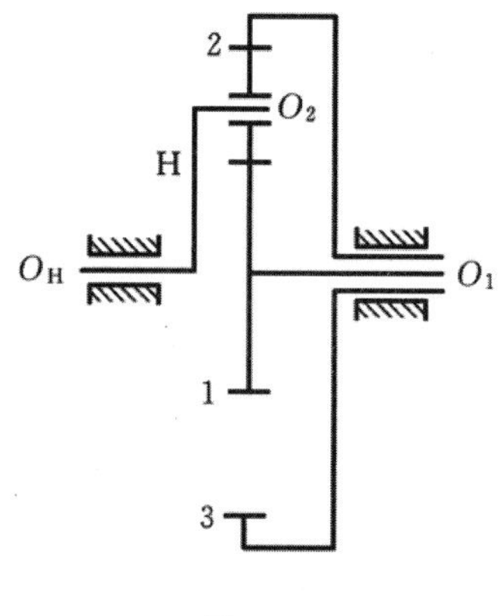

图 11.6

分析：该题考察周转轮系传动比的计算。周转轮系存在轴线不固定的行星轮，在转臂H(系杆)的带动下绕公共轴线公转，公转角速度等于ω_H，同时与中心轮啮合做自转。

(1) 周转轮系传动比计算的原理是将行星轮公转角速度变为零，使轮系转化为定轴轮系(周转轮系的转化轮系)，然后用定轴轮系传动比的计算方法求解转化轮系，进而解得原周转轮系中各齿轮的转速及传动比关系，如图 11.7 所示。

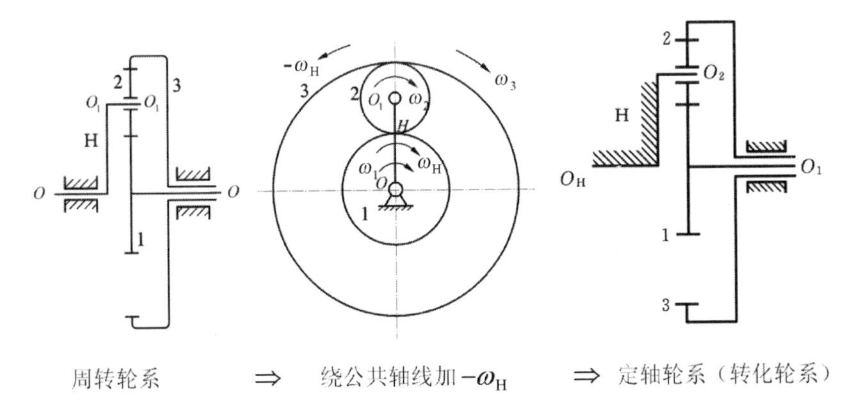

图 11.7

(2) 转化轮系中各齿轮转速大小及传动比的表示方法与原周转轮系不同。在转化轮系中各齿轮转速均等于原周转轮系中转速加$-\omega_H$，如原周转轮系中齿轮 1 转速为ω_1，转化轮系中转速$\omega_1^H = \omega_1 - \omega_H$。原周转轮系中齿轮 1 与齿轮 3 传动比为$i_{13} = \omega_1/\omega_3$，在转化轮系中 1、3 两齿轮传动比用$i_{13}^H$表示，计算关系式为$i_{13}^H = \dfrac{n_1^H}{n_3^H}$，且计算时一定要在相关齿数关系前加反映在转化轮系中 1、3 齿轮转向关系的“+”“-”号，图 11.7 中转化轮系中 1、3 转向相反，则

$$i_{13}^H = \frac{n_1^H}{n_3^H} = \frac{n_1 - n_H}{n_3 - n_H} = -\frac{z_2 z_3}{z_1 z_2}$$

齿轮 2 的齿数对轮系传动比没影响，称为过轮或惰轮。

(3) 当周转轮系中有一个中心轮固定时，轮系为自由度是 1 的行星轮系。如题中若齿轮 3 固定，则轮系即为行星轮系。对行星轮系的转化轮系列传动比计算方程时，一般将原轮系固定的中心轮(B)作为从动轮，如

$$i_{AB}^H = \frac{n_A - n_H}{n_B - n_H} = \pm f(z)$$

由于$n_B=0$，因此利用上式可以得到$1- i_{AH}=\pm f(z)$，很容易解得i_{AH}的传动比。

该题计算思路：首先，判断轮系类型。本题中存在系杆 H，齿轮 2 的轴线不固定为行星轮，与行星轮 2 啮合的齿轮 1、3 为中心轮，除 1、2、3 再无其他齿轮，轮系为周转轮系。当齿轮 3 固定时，轮系为行星轮系；当 1、3 两中心轮均不固定时，轮系为自由度为 2 的差动轮系。根据定轴轮系传动比的计算方法对其转化轮系列传动比关系式。**注意**：齿数前面“+”“-”号是反映转化轮系中两齿轮转向关系的符号。

解：

(1) $i_{13}^{H}=\dfrac{n_1^{H}}{n_3^{H}}=\dfrac{n_1-n_H}{n_3-n_H}=-\dfrac{z_3}{z_1}$

$$\frac{n_1-n_H}{0-n_H}=1-i_{1H}=-\frac{z_3}{z_1}=-\frac{60}{40}=-1.5$$

i_{1H}=2.5 为正值，齿轮 1 和系杆转向相同。

(2) $i_{13}^{H}=\dfrac{n_1^{H}}{n_3^{H}}=\dfrac{n_1-n_H}{n_3-n_H}=-\dfrac{z_3}{z_1}$

$$\frac{1-n_H}{-1-n_H}=-1.5\text{，}\quad n_H=-\frac{1}{5}$$

得 $n_{1H}=\dfrac{n_1}{n_H}=-5$ 为负值，系杆 H 与齿轮 1 转向相反。

例题 11.4 在图 11.8 所示周转轮系中，各齿轮的齿数分别为 z_1=20，z_2= 35，z_3=25，z_4=80，已知 n_1=50 r / min，n_H=−100 r / min，试求 n_4 的大小和方向。

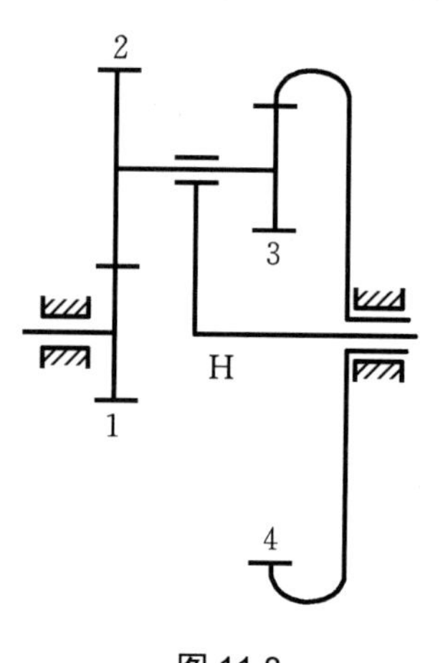

图 11.8

分析：该轮系存在系杆 H，齿轮 2、3 轴线不固定，均为行星轮，分别与中心轮 1、4 啮合，除以上 4 个齿轮再无其他齿轮，因此本轮系为周转轮系。

解： $i_{14}^{H}=\dfrac{n_1^{H}}{n_4^{H}}=\dfrac{n_1-n_H}{n_4-n_H}=-\dfrac{z_2z_4}{z_1z_3}$

$$\frac{50-(-100)}{n_4-(-100)}=-\frac{35\times 80}{20\times 25}=-5.6$$

得：$n_4=-126.786$ r/min

n_4 计算结果为负值，说明齿轮 4 转向与齿轮 1(转速为正值)的方向相反。

例题 11.5 如图 11.9 所示周转轮系，已知：n_1=200 r/min，n_3=−100 r/min，z_1=20，z_2=24，$z_{2'}$=30，z_3=40。求系杆转速 n_H 大小及与齿轮 1 的转向关系。

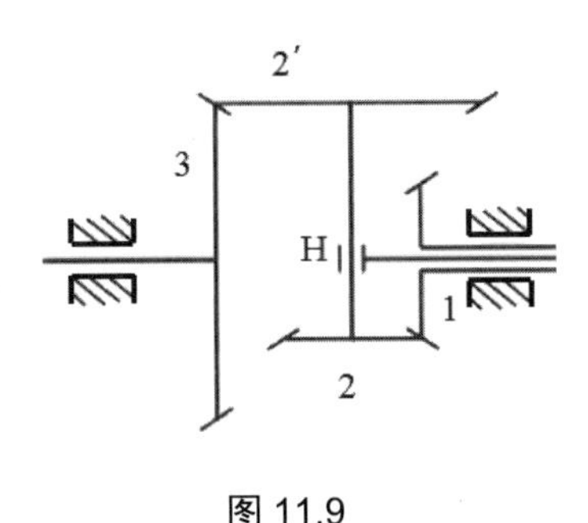

图 11.9

分析：该轮系是由圆锥齿轮组成的周转轮系，1、3 为中心轮，2、2′为行星轮。由于该轮系的转化轮系为空间定轴轮系，因此判断 n_1^{H} 与 n_3^{H} 的方向关系一定用标示箭头的方法判断而不能用 $(-1)^K$ 判断。如图 11.10 所示，在转化轮系中，若 1 齿轮转向向下，则 3 齿轮与 1 齿轮转向相同。因此 $i_{13}^{\mathrm{H}}=\dfrac{n_1-n_{\mathrm{H}}}{n_3-n_{\mathrm{H}}}=+\dfrac{z_2z_3}{z_1z_{2'}}$ 齿数前面符号为正。

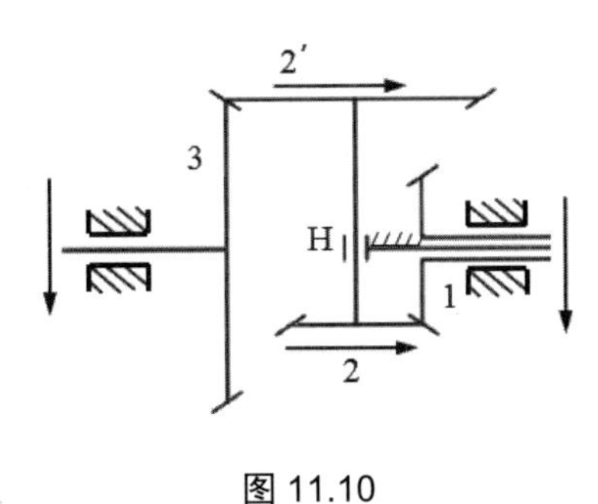

图 11.10

解：

$$i_{13}^{\mathrm{H}}=\frac{n_1-n_{\mathrm{H}}}{n_3-n_{\mathrm{H}}}=+\frac{z_2z_3}{z_1z_{2'}}，\quad i_{13}^{\mathrm{H}}=\frac{200-n_{\mathrm{H}}}{-100-n_{\mathrm{H}}}=+\frac{24\times40}{20\times30}$$

$$n_{\mathrm{H}}=-600\ \mathrm{r/min}$$

n_{H} 为负值，方向与 n_1 转向相反。

例题 11.6　在图 11.11 所示的电动三爪卡盘传动轮系中，已知各齿轮的齿数分别为 z_1=6，z_2= $z_{2'}$=25，z_3=57，z_4=56。试求传动比 i_{14}。

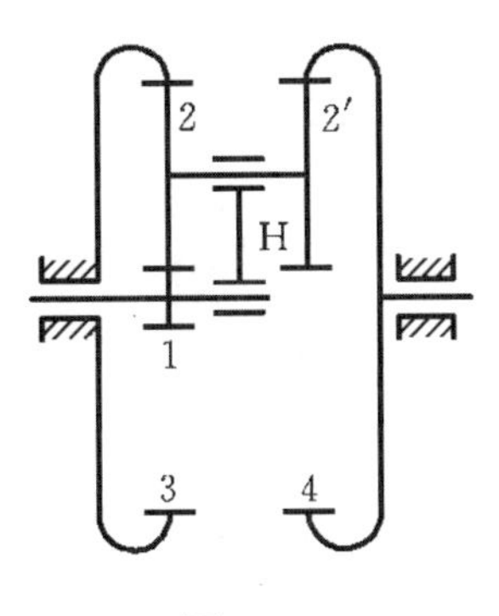

图 11.11

分析：本题存在系杆 H，齿轮 2 和 2′轴线不固定为两行星轮，与行星轮 2 啮合的齿轮

1 和 3 以及与行星轮 2′啮合的齿轮 4 均为中心轮，且中心轮 3 固定，除以上各齿轮再无其他齿轮，因此该轮系为自由度为 1 的行星轮系。i_{14}不能直接求得，如图 11.12 所示，可以分别利用转化轮系中两条传动路线分别求得 i_{1H}、i_{4H}, 再计算 i_{14}。

解：(1) $i_{13}^{H}=\dfrac{n_1-n_H}{n_3-n_H}=1-i_{1H}=-\dfrac{z_2z_3}{z_1z_2}$，$n_3$=0

$$i_{1H}=1-i_{13}^{H}=1+\frac{z_2z_3}{z_1z_2}=1+\frac{25\times57}{6\times25}=\frac{21}{2}$$

(2) $i_{43}^{H}=\dfrac{n_4-n_H}{n_3-n_H}=1-i_{4H}=+\dfrac{z_{2'}z_3}{z_4z_2}$，$n_3$=0

$$i_{4H}=1-i_{43}^{H}=1-\frac{z_{2'}z_3}{z_4z_2}=1-\frac{25\times57}{56\times25}=-\frac{1}{56}$$

(3) $i_{14}=\dfrac{i_{1H}}{i_{4H}}=-588$

i_{14}为负值，说明 1、4 齿轮转向相反。

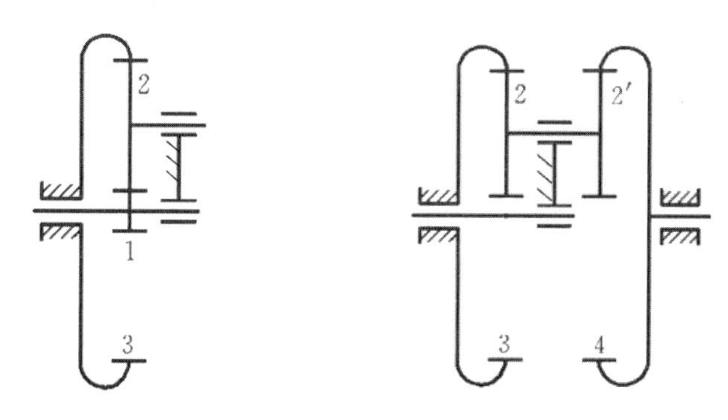

图 11.12

例题 11.7 如图 11.13 所示轮系中，已知 n_1=1000 r/min，转向如图中所示。z_1=36，z_2=60，z_3=23，z_4=49，$z_{4'}$=69，z_5=31，z_6=131。求 n_H。

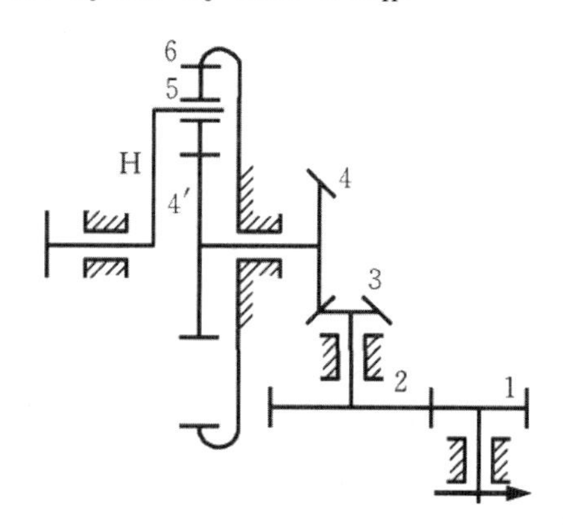

图 11.13

分析：本轮系为混合轮系，可分解为 1-2-3-4 组成的定轴轮系、4′-5-6-H 组成的周转轮系，分别对基本轮系进行传动比的计算，并建立两者联系。

解：(1)　对定轴轮系有

$$i_{14}=\frac{n_1}{n_4}=\frac{z_2z_4}{z_1z_3}\text{，}\quad n_4=\frac{23\times 36}{49\times 60}n_1=281.63\,\text{r/min}$$

方向如图 11.4 中所示向下。

(2)　对周转轮系有

$$i_{4'6}^{\text{H}}=\frac{n_{4'}^{\text{H}}}{n_6^{\text{H}}}=\frac{n_{4'}-n_{\text{H}}}{n_6-n_{\text{H}}}=-\frac{z_6}{z_{4'}}$$

(3)　定轴轮系和周转轮系的关系为

$n_{4'}=n_4$，　$n_6=0$

(4)　联立求解得：　$n_{\text{H}}=97.16\,\text{r/min}$ 。

n_{H}为正值，方向与齿轮 4′相同，如图 11.14 所示。

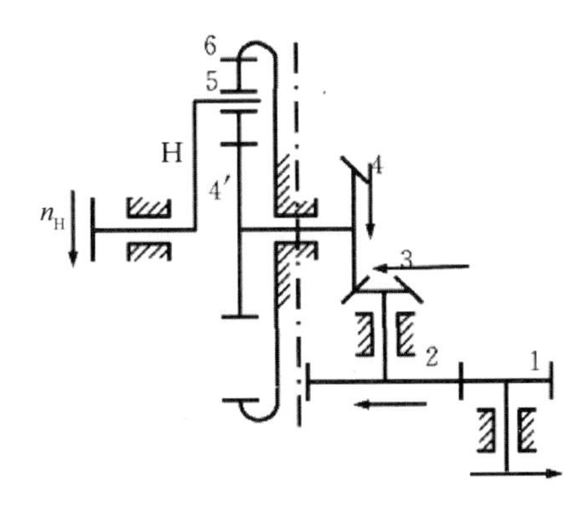

图 11.14

例题 11.8　在图 11.15 所示轮系中，已知构件 1 为蜗杆，各齿轮的齿数 z_1=2(右旋)，z_2=60，z_4=z_6=40，z_3=50，z_5=20，且各齿轮均为正确安装的标准齿轮。当蜗杆 1 以 n_1=900 r/min 按图示方向转动时，试求齿轮 6 转速的大小和方向。

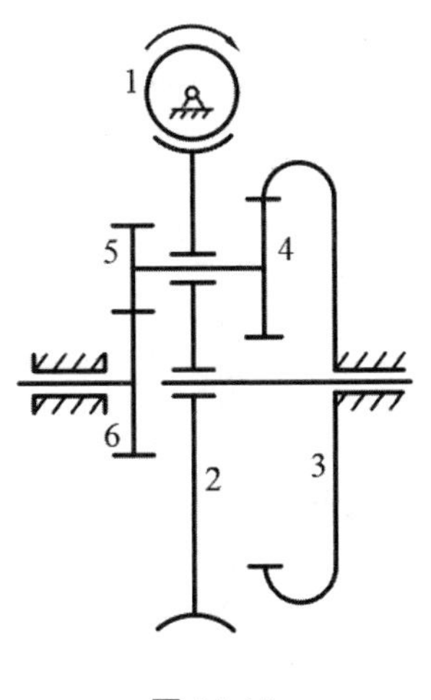

图 11.15

分析：本轮系中齿轮 4 和 5 为回转轴线不固定的行星轮，与两行星轮啮合的齿轮 3 和

6 为中心轮，3、4、5、6 属于周转轮系，除以上 4 个齿轮外，蜗轮 2 与蜗杆 1 组成定轴轮系，同时蜗轮 2 在周转轮系中为系杆，该轮系为混合轮系。

解： 如图 11.16 所示。

(1) 对定轴轮系有

$$i_{12}=\frac{n_1}{n_2}=\frac{z_2}{z_1}，\quad n_2=30\,\text{r/min}$$

由蜗杆右旋及图中转向，用右手法则可判断其轴向力方向垂直于投影面向里，蜗轮圆周力与之相反，则蜗轮转向箭头向下。

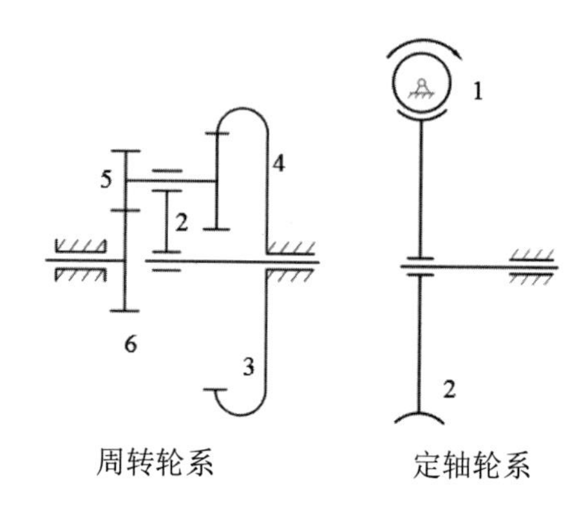

图 11.16

(2) 周转轮系 n_3=0 为行星轮系，有

$$i_{63}^{\text{H}}=\frac{n_6-n_{\text{H}}}{n_3-n_{\text{H}}}=-1-\frac{n_6}{n_{\text{H}}}=-\frac{z_5z_3}{z_6z_4}=-\frac{20\times 50}{40\times 40}=-\frac{5}{8}$$

(3) 由定轴轮系和周转轮系的组合方式得

$$n_{\text{H}}=n_2$$

(4) 联立求解得

$$n_6=48.75\,\text{r/min}$$

n_6 计算结果为正值，转向与 n_{H} 即蜗轮 2 转向相同，方向箭头如图 11.17 所示。

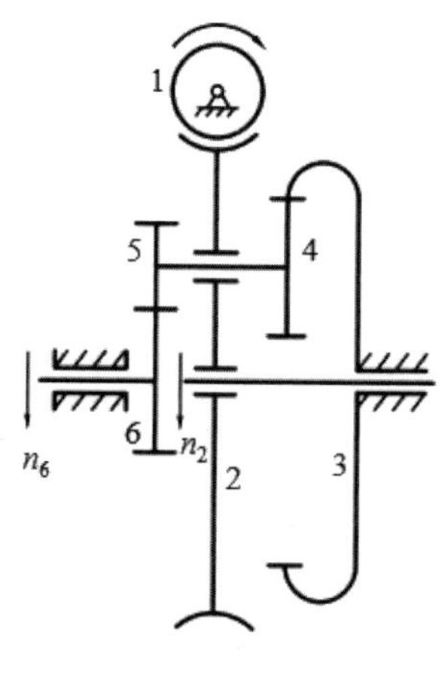

图 11.17

11.5 自　测　题

1. 选择填空

(1) 在图 11.18 所示的外啮合圆柱齿轮传动中，1、2 齿轮的转向关系正确的是(　　)。

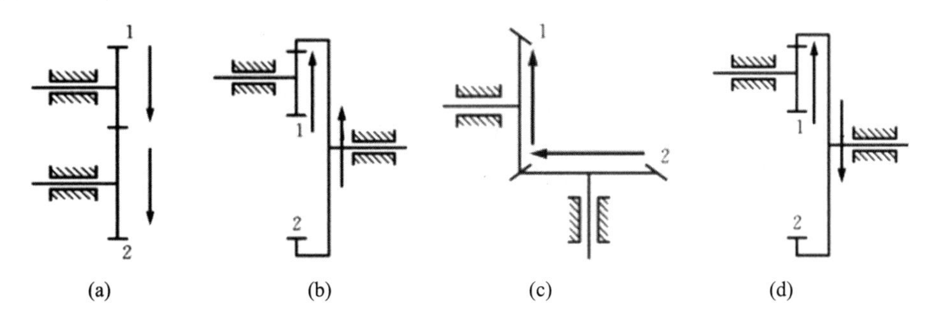

图 11.18

A. 图(a)　　B. 图(b)　　C. 图(c)　　D. 图(d)

(2) 在图 11.19 所示的蜗杆蜗轮传动中，蜗杆 1 为主动，旋向已知。图中蜗杆与蜗轮转向关系正确的是(　　)。

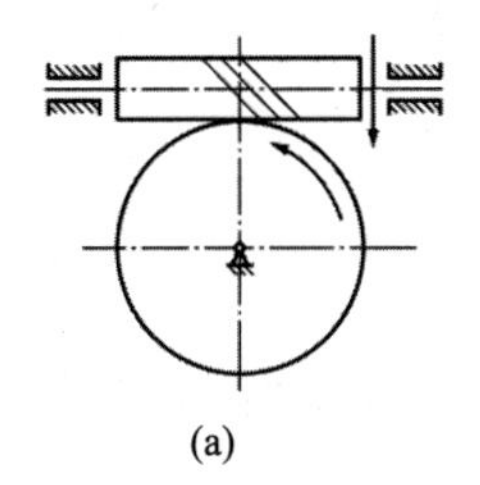

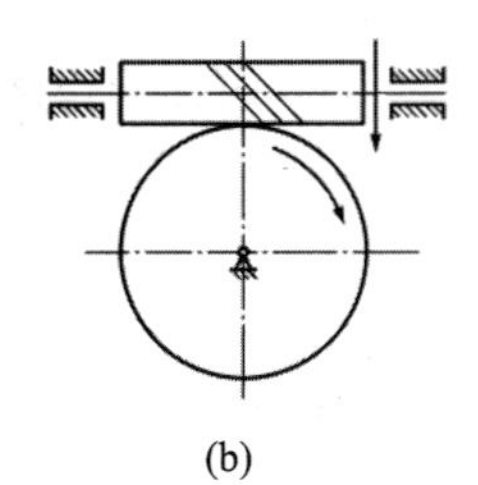

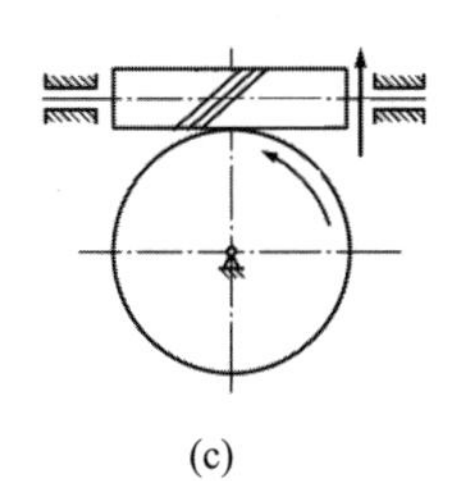

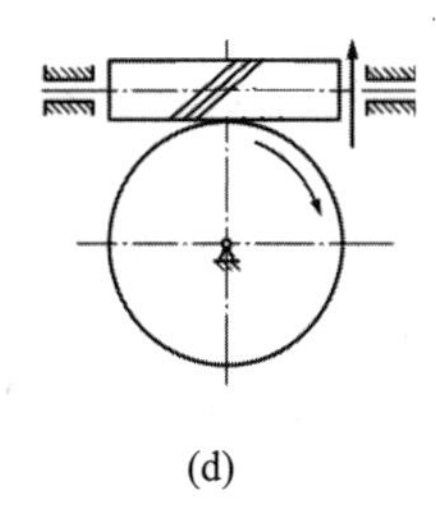

图 11.19

A. 图(a)和图(b)　　B. 图(a)和图(c)

C. 图(b)和图(c)　　D. 图(b)和图(d)

(3) 在图 11.20 所示齿轮传动系统中，下列描述正确的是(　　)。

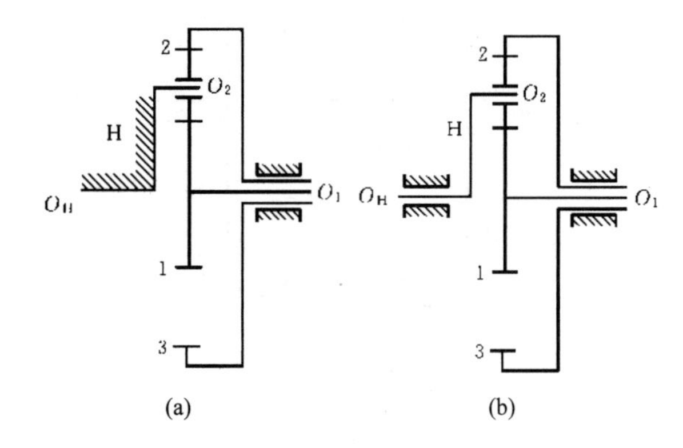

图 11.20

A. 图(a)和图(b)均为定轴轮系。

B. 图(a)和图(b)均为周转轮系。

C. 图(a)为周转轮系，图(b)为平面定轴轮系。

D. 图(a)为平面定轴轮系，图(b)为周转轮系。

(4) 图 11.21 所示为一齿轮传动系统，对该轮系的描述，正确的是(　　)。

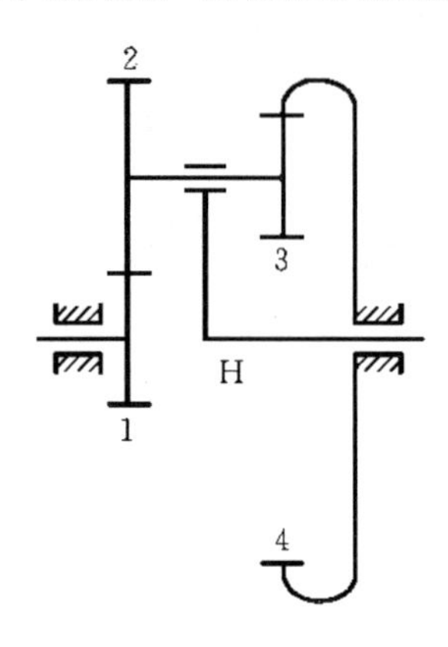

图 11.21

A. 在该轮系中，有 $i_{12}=\dfrac{n_1}{n_2}=-\dfrac{z_2}{z_1}$，1、2 齿轮的转向相反。

B. 在该轮系中，有 $i_{12}^{\mathrm{H}}=\dfrac{n_1-n_{\mathrm{H}}}{n_2-n_{\mathrm{H}}}=-\dfrac{z_2}{z_1}$，1、2 齿轮的转向相反。

C. 在该轮系中，$i_{12}^{\mathrm{H}}=\dfrac{n_1-n_{\mathrm{H}}}{n_2-n_{\mathrm{H}}}=-\dfrac{z_2}{z_1}$ 和 $i_{12}=\dfrac{n_1}{n_2}=-\dfrac{z_2}{z_1}$ 均不成立。

D. 在该轮系中，有 $i_{12}^{\mathrm{H}}=\dfrac{n_1-n_{\mathrm{H}}}{n_2-n_{\mathrm{H}}}=-\dfrac{z_2}{z_1}$，公式中“−”仅表示 n_1-n_{H} 与 n_2-n_{H} 之间的转向关系。

(5) 图 11.22 所示为一齿轮传动系统，该轮系是(　　)。

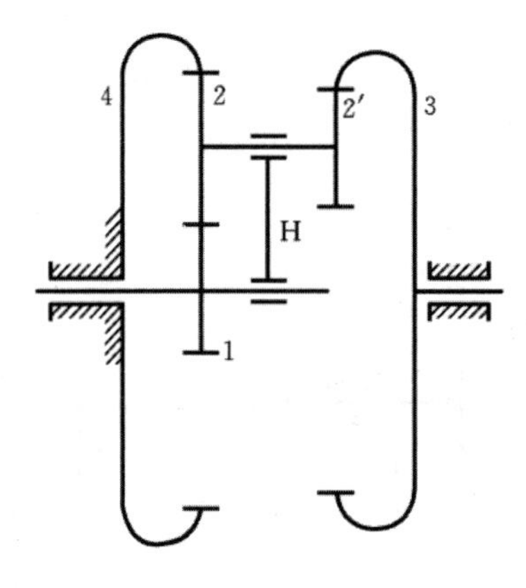

图 11.22

A. 定轴轮系　　　　B. 行星轮系

C. 差动轮系　　　　D. 混合轮系

(6) 图 11.23 所示为一齿轮传动系统，该轮系是(　　)。

A. 定轴轮系　　B. 行星轮系

C. 差动轮系　　D. 混合轮系

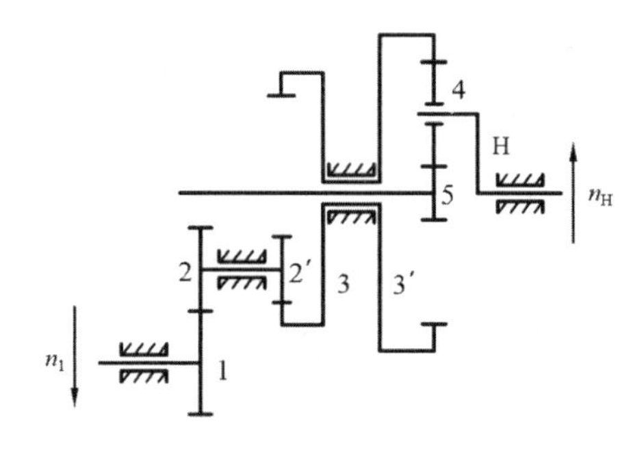

图 11.23

(7) 图 11.24 所示的轮系中，是差动轮系的是(　　)。

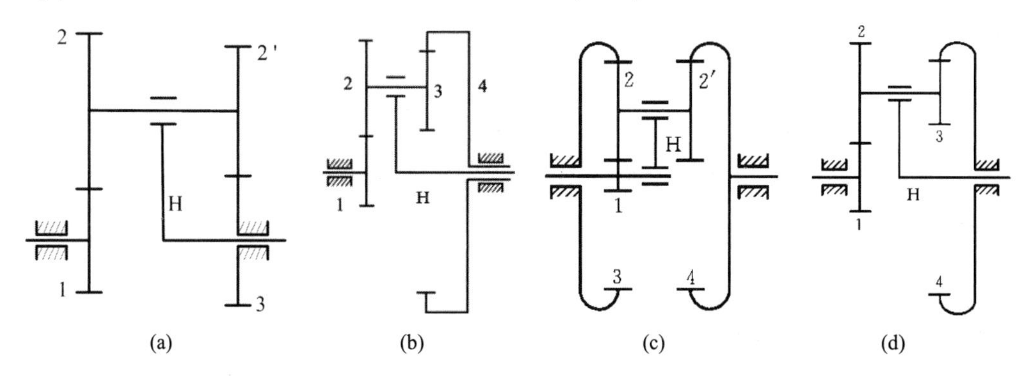

图 11.24

A. 图(a)　　B. 图(b)　　C. 图(c)　　D. 图(d)

2. 在图 11.25 所示轮系中，已知 z_1=30，z_2=17，z_3=90，$z_{3'}$=19，z_4=25，$z_{4'}$=17，z_5=19，齿轮 1 的转速 n_1=960 r/min，方向如图中所示。

(1) 说明该轮系的类型。

(2) 求齿轮 5 的转速 n_5 的大小及方向(方向标在图上)。

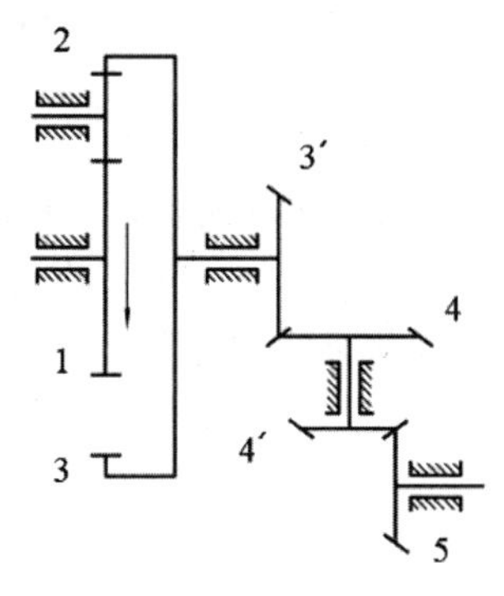

图 11.25

3. 在图 11.26 所示轮系中，已知 $z_1=2$(右旋蜗杆)，$z_2=30$，$z_{2'}=18$，$z_3=36$，$z_{3'}=25$，$z_4=25$，$z_{4'}=23$，$z_5=69$。若 $n_1=960$ r/min。

(1) 判断轮系的类型。

(2) 计算轮系的传动比 i_{15} 及齿轮 5 的转速 n_5。

(3) 判断齿轮 5 的转动方向(方向标在图上)。

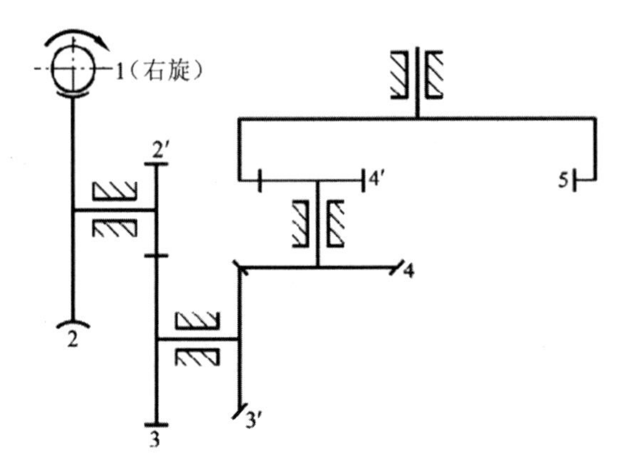

图 11.26

4. 在图 11.27 所示轮系中，已知 $z_1=21$，$z_2=41$，$z_{2'}=z_3=30$，$z_{3'}=2$，$z_4=31$，$z_{4'}=21$，$z_5=50$，$n_1=200$ r/min。

(1) 判断轮系的类型。

(2) 计算轮系的传动比 i_{15}。

(3) 计算轮 5 的转速和方向(方向标在图上)。

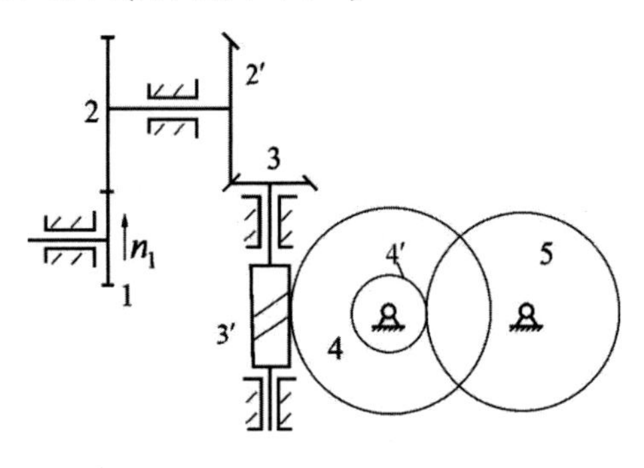

图 11.27

5. 图 11.28 所示为一滚齿机工作台的传动机构，工作台与蜗轮 5 相固连，已知：$z_1=z_{1'}=15$，$z_2=35$，$z_{4'}=1$(右旋)，$z_5=40$，滚刀 $z_6=1$，$z_7=28$。若要加工一个 $z_{5'}=60$ 的齿轮，试确定交换齿轮组各轮的齿数 $z_{2'}$和 z_4，并判断滚刀的旋向。

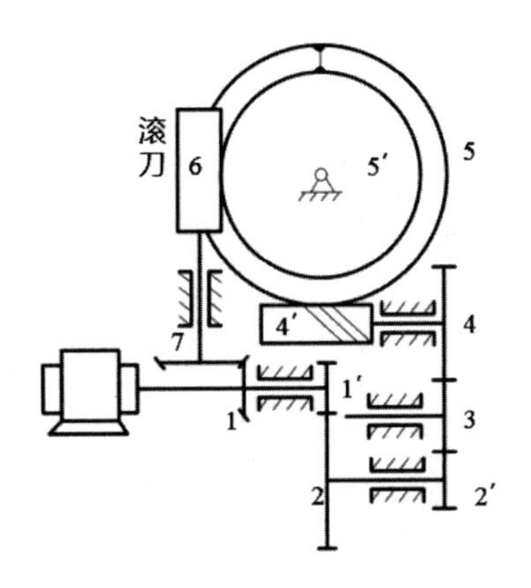

图 11.28

6. 在图 11.29 所示轮系中，z_1=40，z_2=20，z_3=60，轮 3 固定，求 i_{1H} 及两者转向关系。

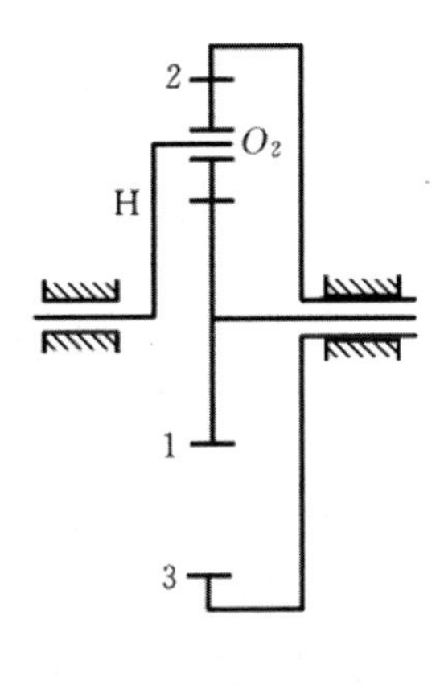

图 11.29

7. 在图 11.30 所示周转轮系中，已知 z_1=15，z_2=25，z_4=60，n_1=200 r/min，n_4=50 r/min，且两中心轮 1、4 转向相反。

(1) 若轮系中各齿轮模数均相等，计算齿轮 3 齿数 z_3。

(2) 计算系杆转速 n_H。

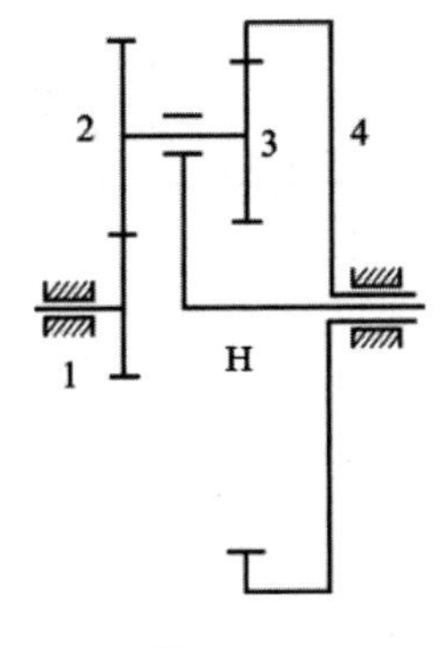

图 11.30

8. 已知图 11.31 所示轮系中，z_1=100，z_2=101，z_2'=100，z_3=99。

(1) 判断轮系的类型。

(2) 计算传动比 i_{H1}。

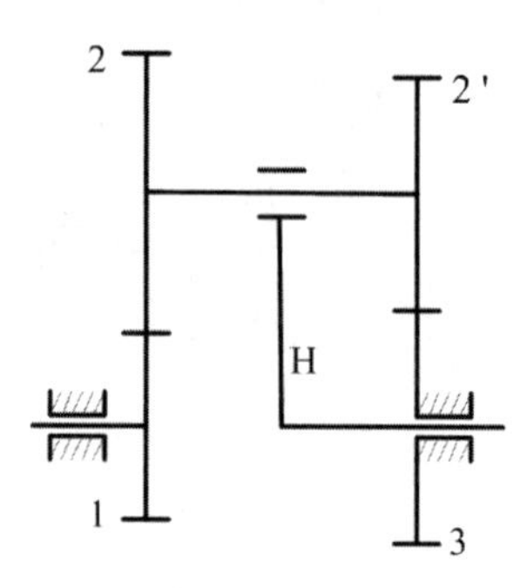

图 11.31

9. 在图 11.32 所示的周转轮系中，已知 z_1=20，z_2=24，$z_{2'}$=30，z_3=40，n_1=200 r/min，n_3=−100 r/min。求系杆转速 n_H。

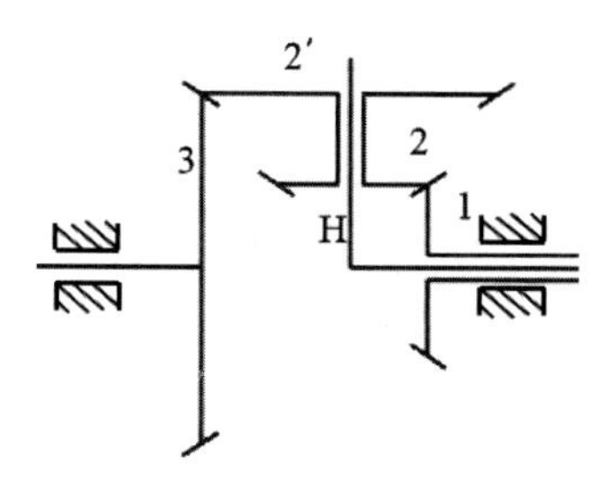

图 11.32

10. 在图 11.33 所示轮系中，各齿轮齿数分别为 $z_1=20$，$z_2=40$，$z_{2'}=20$，$z_3=30$，$z_4=80$。

(1) 判断轮系类型。

(2) 计算传动比 i_{1H}。

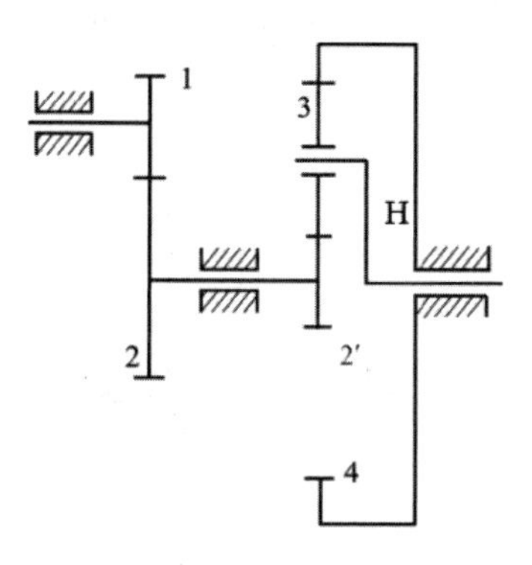

图 11.33

11. 在图 11.34 所示轮系中，已知各齿轮齿数分别为 z_1=17，z_2=34，z_3=20，z_4=40，$z_{4'}=23$，z_6=115，n_1=960 r/min(转向如图)。试分析计算：

(1) 轮系的类型；

(2) 行星架 H 的转速 n_H 大小及转向(方向标在图上)。

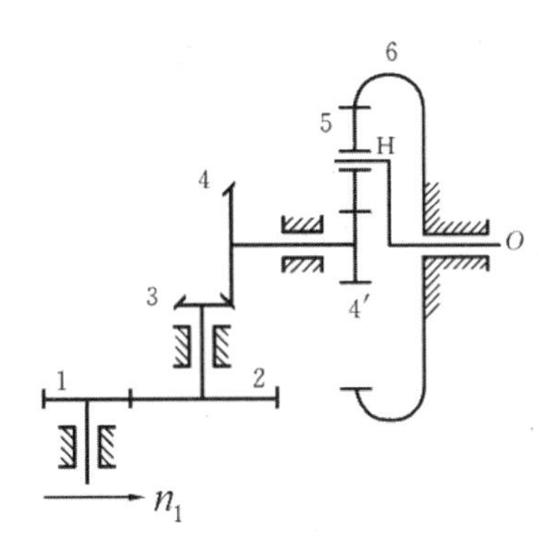

图 11.34

12. 在图 11.35 所示轮系中，已知各齿轮齿数为 $z_1=20$， $z_2=36$， $z_{2'}=18$， $z_3=60$， $z_{3'}=70$， $z_4=28$， $z_5=140$， $n_A=60\ \text{r/min}$， $n_B=300\ \text{r/min}$，方向如图中所示。试求齿轮 5 的转速 n_C 的大小和方向。

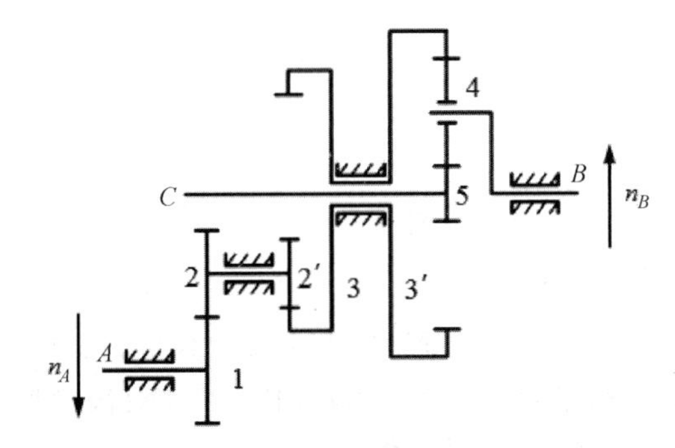

图 11.35

13. 在图 11.36 所示轮系中，已知 $z_1=z_{2'}=25$， $z_H=100$， $z_2=z_3=z_4=20$ 。

(1) 判断轮系类型。

(2) 计算传动比 i_{14}。

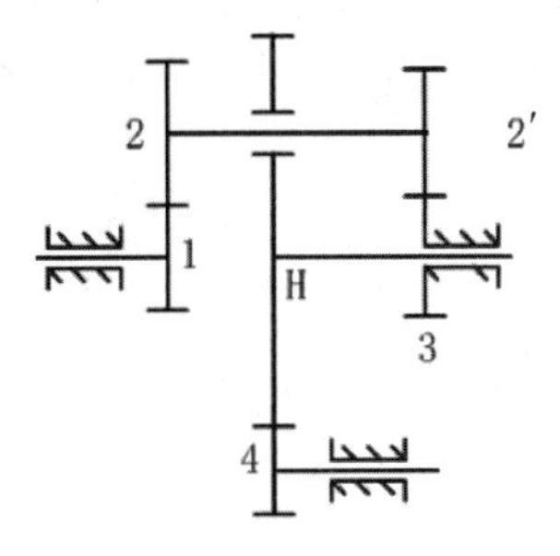

图 11.36

11.6 自测题参考答案

1. 选择填空

(1)B (2)B (3)D (4)D (5)B (6)D (7)B

2.

解：(1) 轮系为空间定轴轮系。

(2) $i_{15}=\dfrac{n_1}{n_5}=\dfrac{z_2z_3z_4z_5}{z_1z_2z_{3'}z_{4'}}=\dfrac{17\times90\times25\times19}{30\times17\times19\times17}=4.412$

$n_5=217.6\ \text{r/min}$，方向如题 2 答图所示。

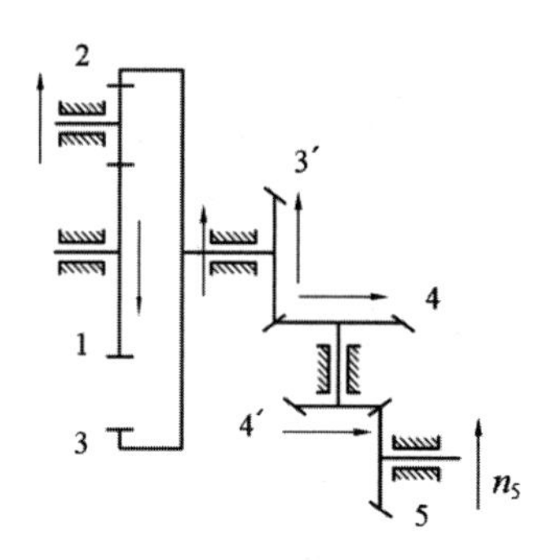

题 2 答图

3.

解：(1) 轮系中所有齿轮轴线固定且轴线不平行，为空间定轴轮系。

(2) 轮系有 1、2 蜗杆蜗轮啮合→2′-3→3′-4→4′-5 共 4 对齿轮啮合：

$$i_{15}=\frac{n_1}{n_5}=\frac{z_2z_3z_4z_5}{z_1z_{2'}z_{3'}z_{4'}}=\frac{30\times36\times25\times69}{2\times18\times25\times23}=90$$

$$n_5=\frac{n_1}{i_{15}}=10.67\ \text{r/min}$$

(3) 空间定轴轮系首末两齿轮转向关系通过标示箭头的方法得到。

蜗杆右旋，通过右手法则可以判断蜗杆 1 轴向力垂直于投影面向里，则蜗轮 2 圆周力与之相反，向外，蜗轮转向箭头向下，各齿轮转向如题 3 答图所示。

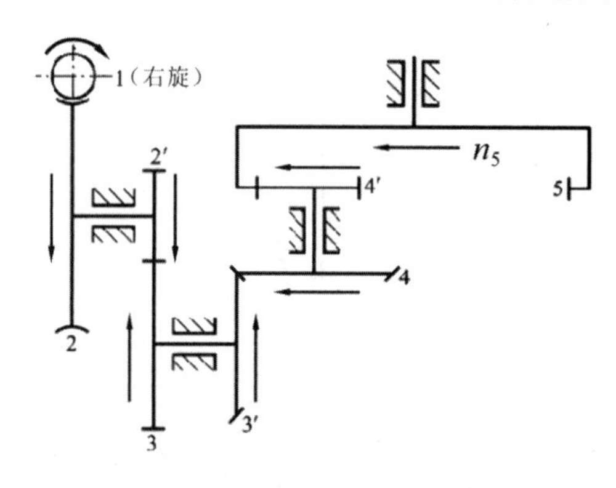

题 3 答图

4.

解：(1) 轮系为空间定轴轮系。

(2) $i_{15}=\dfrac{n_1}{n_5}=\dfrac{z_2z_3z_4z_5}{z_1z_{2'}z_{3'}z_{4'}}=\dfrac{41\times30\times31\times50}{21\times30\times2\times21}=72.1$

(3) $i_{15}=\dfrac{n_1}{n_5}=72.1$

$n_5=2.77$ r/min 方向如题 4 答图所示。

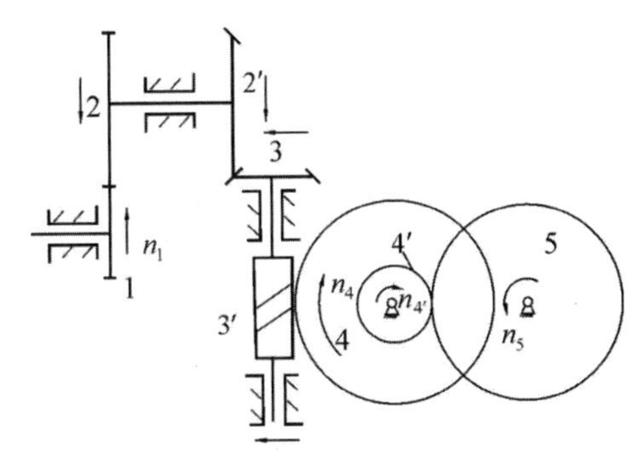

题 4 答图

5.

解：

$$i_{15'}=\frac{n_1}{n_{5'}}=\frac{z_7z_{5'}}{z_1z_6}=i_{1'5}=\frac{n_{1'}}{n_5}=\frac{z_2z_3z_4z_5}{z_{1'}z_{2'}z_3z_{4'}}$$

$$\frac{z_4}{z_{2'}}=\frac{6}{5}$$

可取 $z_4=30$， $z_{2'}=25$

应保证蜗轮 5 与蜗轮 5′ 转向相同，若电机轴向箭头向下，如题 5 答图各齿轮转向关系，滚刀 6 的轴向力向上，转向向左，符合左手法则，为左旋。

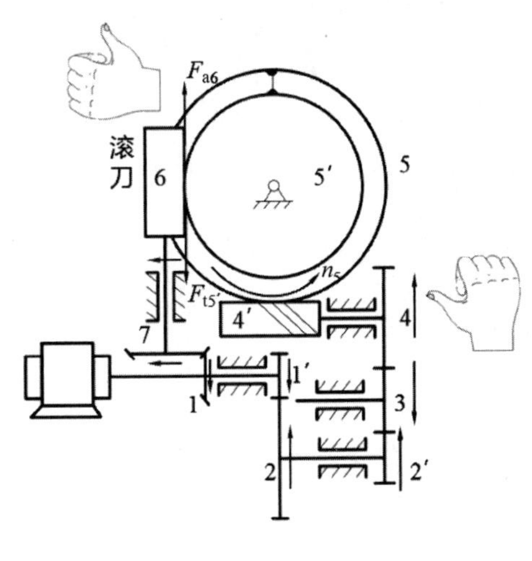

题 5 答图

6.

解：轮系为行星轮系。

$$i_{13}^{H}=\frac{n_1^H}{n_3^H}=\frac{n_1-n_H}{n_3-n_H}=-\frac{z_2z_3}{z_1z_2}$$

$$\frac{n_1-n_H}{0-n_H}=1-i_{1H}=-\frac{z_3}{z_1}=-\frac{3}{2}$$

i_{1H}=2.5, 为正值，齿轮 1 和系杆转向相同。

7.

解：(1)　$a_{12}=a_{34}$　，$z_1+z_2=z_4-z_3$

$z_3=20$

(2)　计算系杆的转速 n_H。

$$i_{14}^{H}=\frac{n_1-n_H}{n_4-n_H}=-\frac{z_2z_4}{z_1z_3}$$

$$\frac{200-n_H}{(-50)-n_H}=-\frac{25\times 60}{15\times 20}$$

$$n_H=-8.33\ \text{r/min}$$

n_H 为负值，所以其方向与轮 1 转向相反。

8.

解：(1)　该轮系为周转轮系(行星轮系)。

(2)　$i_{13}^{H}=\dfrac{n_1-n_H}{0-n_H}=\dfrac{z_2}{z_1}\dfrac{z_3}{z_{2'}}$，$i_{H1}=10000$

9.

解：$i_{13}^{H}=\dfrac{n_1-n_H}{n_3-n_H}=-\dfrac{z_2z_3}{z_1z_2}$

$$i_{13}^{H}=\frac{200-n_H}{-100-n_H}=-\frac{24\times 40}{20\times 30}$$

$n_H=+15.4$ r/min，方向与 n_1 相同。

10.

解：(1)　轮系为混合轮系。

(2)　计算传动比。

①　计算定轴轮系的传动比，即

$$i_{12}=\frac{n_1}{n_2}=-\frac{z_2}{z_1}=-\frac{40}{20}=-2$$

②　周转轮系传动比的计算，即

$$i_{2'4}^{H}=\frac{n_{2'}-n_H}{n_4-n_H}=-\frac{z_4}{z_{2'}}$$

$$\frac{n_2'-n_H}{0-n_H}=-\frac{80}{20}=-4\text{，}i_{2'H}=5$$

$$i_{2H}=\frac{n_2}{n_H}=i_{2'H}=5$$

③ 计算i_{1H}，即

$$i_{1H}=\frac{n_1}{n_H}=i_{12}\cdot i_{2H}=-10$$

11.

解：(1) 轮系中存在系杆，且齿轮 5 回转轴线不固定为行星轮，与行星轮 5 啮合的 4′ 和 6 为中心轮，4′-5-6-H 组成周转轮系，1-2-3-4 组成空间定轴轮系。该轮系为混合轮系。

(2) 定轴轮系：$i_{14}=\frac{n_1}{n_4}=\frac{z_2z_4}{z_1z_3}=4$

$n_4=\frac{n_1}{i_{14}}=240$ r/min，转动方向箭头向上。

周转轮系 $n_6=0$，$n_{4'}=n_4$

$$i_{4'6}^{H}=\frac{n_{4'}-n_H}{0-n_H}=-\frac{z_6}{z_{4'}}$$

$n_H=40$ r/min，计算结果为正值，方向与4′转向相同，如题 11 答图所示。

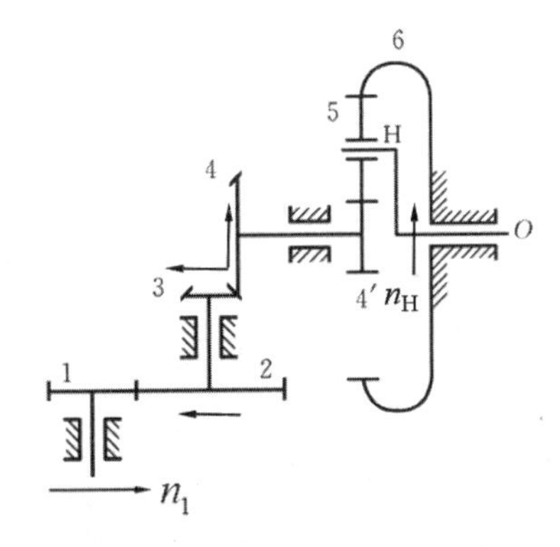

题 11 答图

12.

解：轮系存在系杆 B，齿轮 4 回转轴线不固定为行星轮，与 4 啮合的齿轮 5 和3′ 为中心轮，3′-4-5-B 组成周转轮系，其他齿轮回转轴线均固定，1-2-2′-3 组成平面定轴轮系。轮系为混合轮系。

定轴轮系：$i_{13}=\frac{n_1}{n_3}=-\frac{z_2z_3}{z_1z_{2'}}=-6$，$n_3=-10$ r/min，方向箭头向上

周转轮系：$n_{3'}=n_3$，$i_{3'5}^{H}=\frac{n_{3'}-n_B}{n_5-n_B}=\frac{-10-(-300)}{n_5-(-300)}=-\frac{z_5}{z_{3'}}=-2$ (3′与 B 转向相同，均带负值)

$n_5=-445$ r/min 即 n_C 方向与 n_A 相反，箭头向上。

13.

解：轮系存在系杆 H，2 与 2′ 为行星轮，1、3 为中心轮，1-2-2′-3-H 组成周转轮系，4-H 为定轴轮系，因此该轮系为混合轮系。

对周转轮系：$n_3=0$

$$i_{13}^{H}=\frac{n_1-n_H}{0-n_H}=\frac{z_2z_3}{z_1z_{2'}}=0.64$$

$$i_{1H}=1-\frac{z_2z_3}{z_1z_{2'}}=0.36$$

对定轴轮系：$i_{4H}=\frac{n_4}{n_H}=-\frac{z_H}{z_4}=-5$

$$i_{14}=\frac{i_{1H}}{i_{4H}}=-0.072$$

第 12 章　滚 动 轴 承

12.1　主要内容与学习要求

1. 主要内容

(1)　滚动轴承的类型、结构和代号。

(2)　滚动轴承的选择计算。

(3)　滚动轴承的组合设计。

2. 学习要求

(1)　掌握滚动轴承的类型及特点。

(2)　掌握滚动轴承的代号及含义。

(3)　掌握滚动轴承的选择。

(4)　掌握向心轴承及向心推力轴承的径向载荷、轴向载荷的计算。

(5)　掌握滚动轴承当量动载荷计算及寿命计算。

(6)　掌握滚动轴承的组合设计。

12.2　重点与难点

1. 重点

(1)　滚动轴承的代号及含义。

(2)　滚动轴承的选择与寿命计算。

(3)　滚动轴承的组合设计。

2. 难点

滚动轴承的轴向载荷与当量动载荷的计算。

12.3 思维导图

第 12 章思维导图.docx

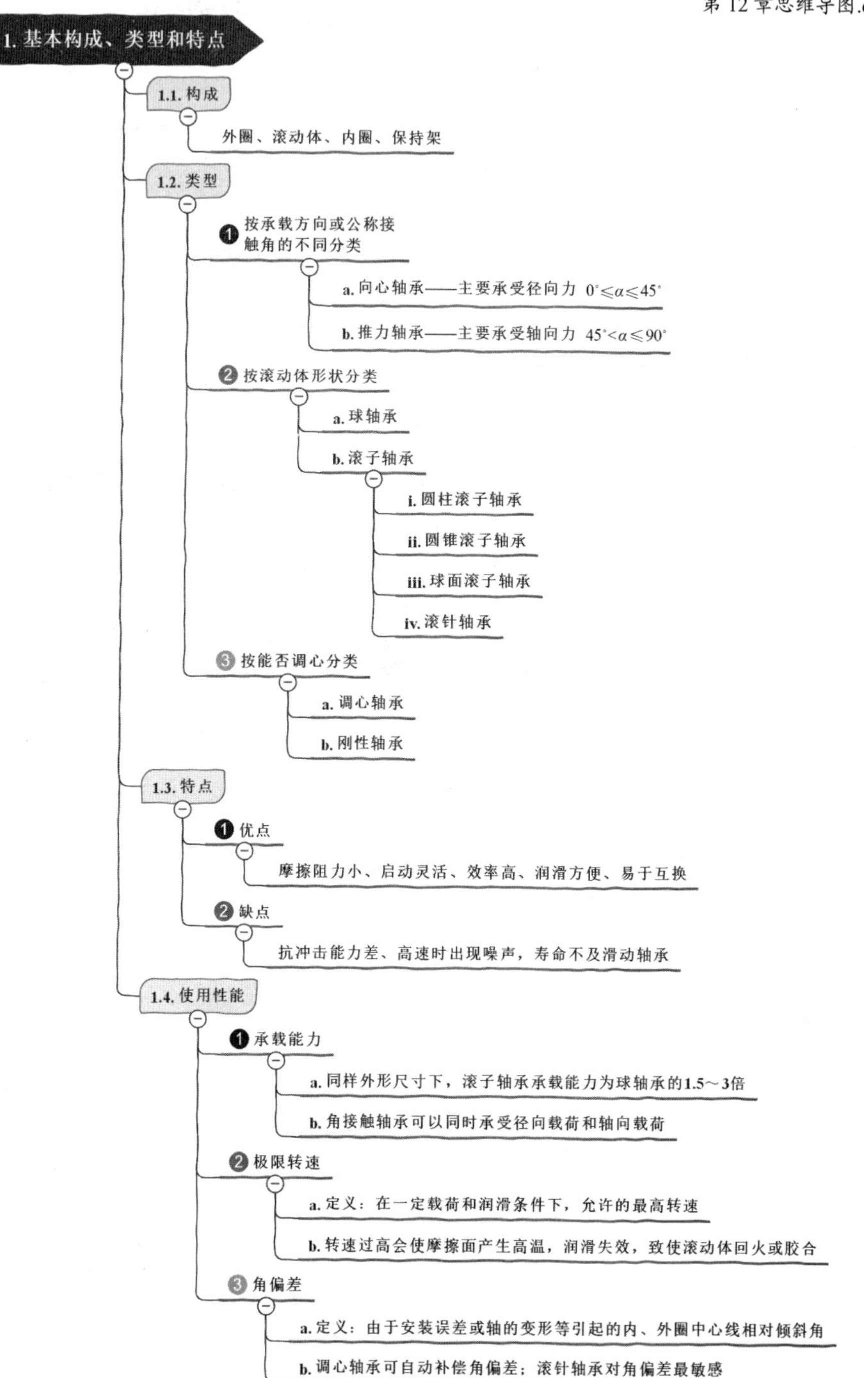

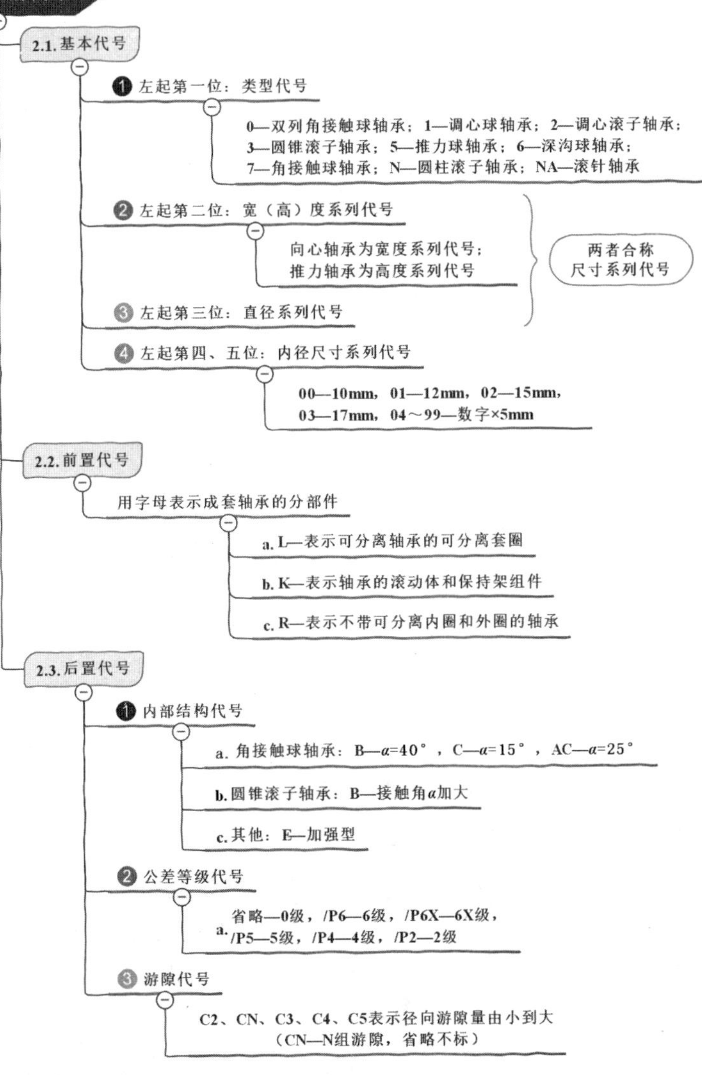
2. 滚动轴承的代号
2.1. 基本代号
❶ 左起第一位：类型代号
0—双列角接触球轴承；1—调心球轴承；2—调心滚子轴承；
3—圆锥滚子轴承；5—推力球轴承；6—深沟球轴承；
7—角接触球轴承；N—圆柱滚子轴承；NA—滚针轴承
❷ 左起第二位：宽（高）度系列代号
向心轴承为宽度系列代号；
推力轴承为高度系列代号
两者合称
尺寸系列代号
❸ 左起第三位：直径系列代号
❹ 左起第四、五位：内径尺寸系列代号
00—10mm，01—12mm，02—15mm，
03—17mm，04～99—数字×5mm
2.2. 前置代号
用字母表示成套轴承的分部件
a. L—表示可分离轴承的可分离套圈
b. K—表示轴承的滚动体和保持架组件
c. R—表示不带可分离内圈和外圈的轴承
2.3. 后置代号
❶ 内部结构代号
a. 角接触球轴承：B—α=40°，C—α=15°，AC—α=25°
b. 圆锥滚子轴承：B—接触角α加大
c. 其他：E—加强型
❷ 公差等级代号
a. 省略—0级，/P6—6级，/P6X—6X级，
/P5—5级，/P4—4级，/P2—2级
❸ 游隙代号
C2、CN、C3、C4、C5表示径向游隙量由小到大
（CN—N组游隙，省略不标）

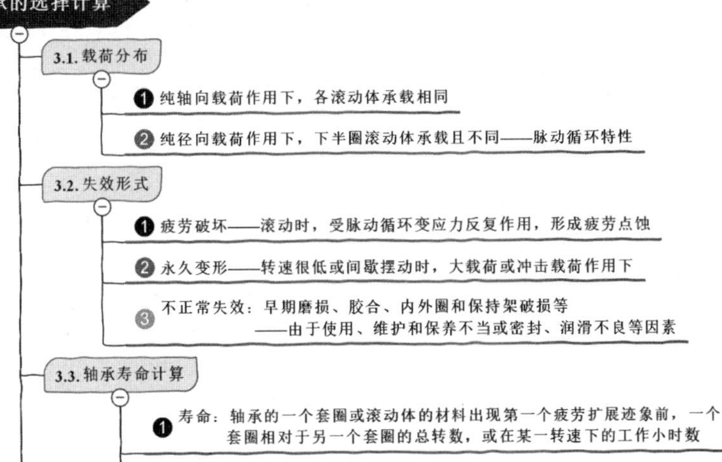
3. 滚动轴承的选择计算
3.1. 载荷分布
❶ 纯轴向载荷作用下，各滚动体承载相同
❷ 纯径向载荷作用下，下半圈滚动体承载且不同——脉动循环特性
3.2. 失效形式
❶ 疲劳破坏——滚动时，受脉动循环变应力反复作用，形成疲劳点蚀
❷ 永久变形——转速很低或间歇摆动时，大载荷或冲击载荷作用下
❸ 不正常失效：早期磨损、胶合、内外圈和保持架破损等
——由于使用、维护和保养不当或密封、润滑不良等因素
3.3. 轴承寿命计算
❶ 寿命：轴承的一个套圈或滚动体的材料出现第一个疲劳扩展迹象前，一个
套圈相对于另一个套圈的总转数，或在某一转速下的工作小时数

❷ 基本额定寿命：在载荷P_1作用下，取90%的轴承不发生失效所能达到的寿命（即该批轴承在载荷P_1作用下，允许有10%的轴承在未使用到基本额定寿命时已失效）

❸ 寿命⇒R=90%⇒基本额定寿命L⇔$L=10^6$ r⇔基本额定动载荷C
（个体） （群体） （纯径向或纯轴向）

❹ 寿命计算基本公式

$$P_1=C,\ L_1=10^6\ \text{r}$$
$$\Downarrow$$
$$L=\left(\frac{C}{P}\right)^{\varepsilon}10^6\ \text{r} \Leftrightarrow L_h=\frac{10^6}{60n}\left(\frac{C}{P}\right)^{\varepsilon}\ \text{h}$$
$$\left(\varepsilon=\begin{cases}3 & \text{球轴承}\\ 10/3 & \text{滚子轴承}\end{cases}\right)$$

❺ 寿命计算基本公式修正：温度系数—f_t，载荷系数—f_P

$$L_h=\frac{10^6}{60n}\left(\frac{f_tC}{f_PP}\right)^{\varepsilon}\ \text{h}$$
$$C=\frac{f_PP}{f_t}\left(\frac{60n}{10^6}L_h\right)^{1/\varepsilon}\ \text{N}$$

3.4. 当量动载荷P

❶ 释义：如果作用在轴承上的实际载荷既有径向载荷又有轴向载荷，则必须将实际载荷折算成与试验条件相当的载荷后，才能和基本额定动载荷进行比较。折算后的载荷是一种假想的载荷，故称为当量动载荷

❷ 计算公式 $P=XF_r+YF_a$

- a. 向心轴承只承受径向载荷时，则 $P=F_r$
- b. 同时承受F_r和F_a的向心轴承的X、Y值查表获取
- c. 推力轴承（$\alpha=90°$）只能承受轴向力，故 $P=F_a$

3.5. 角接触向心轴承轴向载荷的计算

❶ 诱因：$\alpha\neq0$，承受径向载荷F_r时派生出内部轴向力F_S（计算方法查表）

❷ 措施：成对使用、对称安装

- a. 正装（面对面）——外圈窄边相对，即内部轴向力相对
- b. 反装（背靠背）——外圈宽边相对，即内部轴向力相背

❸ 轴向载荷的确定

- a. 3个决定因素：两内部轴向力F_{S1}、F_{S2} 和轴向外载荷F_A
- b. 正装时轴向载荷计算范例
  （$F_{S1}\rightarrow$ $F_A\rightarrow$ $\leftarrow F_{S2}$）
  - i. 若 $F_A+F_{S1}>F_{S2}$
    则：轴承1（放松端） $F_{a1}=F_{S1}$
    轴承2（压紧端） $F_{a2}=F_A+F_{S1}$
  - ii. 若 $F_A+F_{S1}<F_{S2}$
    则：轴承1（压紧端） $F_{a1}=F_{S2}-F_A$
    轴承2（放松端） $F_{a2}=F_{S2}$
- c. 反装时轴向载荷计算范例
  （$F_{S1}\leftarrow$ $F_A\rightarrow$ $\rightarrow F_{S2}$）
  - i. 若 $F_A+F_{S2}>F_{S1}$
    则：轴承1（压紧端） $F_{a1}=F_A+F_{S2}$
    轴承2（放松端） $F_{a2}=F_{S2}$

若 $F_A+F_{S1}<F_{S2}$

ii. 则：轴承1（压紧端） $F_{a1}=F_{S2}-F_A$

轴承2（放松端） $F_{a2}=F_{S2}$

c. 反装时轴向载荷计算范例

（$F_{S1}\leftarrow$ $F_A\rightarrow$ $\rightarrow F_{S2}$）

若 $F_A+F_{S2}>F_{S1}$

i. 则：轴承1（压紧端） $F_{a1}=F_A+F_{S2}$

轴承2（放松端） $F_{a2}=F_{S2}$

若 $F_A+F_{S2}<F_{S1}$

ii. 则：轴承1（放松端） $F_{a1}=F_{S1}$

轴承2（压紧端） $F_{a2}=F_{S1}-F_A$

d. 角接触向心轴承轴向力计算时可能面临的各种受力情形：

正装情形	反装情形
$F_{S1}\rightarrow$ $F_A\rightarrow$ $\leftarrow F_{S2}$	$F_{S1}\leftarrow$ $F_A\rightarrow$ $\rightarrow F_{S2}$
$F_{S2}\rightarrow$ $F_A\rightarrow$ $\leftarrow F_{S1}$	$F_{S2}\leftarrow$ $F_A\rightarrow$ $\rightarrow F_{S2}$
$F_{S1}\rightarrow$ $F_A\leftarrow$ $\leftarrow F_{S2}$	$F_{S1}\leftarrow$ $F_A\leftarrow$ $\rightarrow F_{S2}$
$F_{S2}\rightarrow$ $F_A\leftarrow$ $\leftarrow F_{S1}$	$F_{S2}\leftarrow$ $F_A\leftarrow$ $\rightarrow F_{S1}$

④ 计算方法归纳

a. 判断作用在轴上全部轴向力（包括外载荷F_A和内部轴向力F_S）合力的指向，确定压紧端和放松端

b. 放松端轴承的轴向载荷等于它本身的内部轴向力

c. 压紧端轴承的轴向载荷等于除本身内部轴向力外其余轴向力的代数和

3.6. 滚动轴承的静强度校核

❶ 适应情形：转速很低或缓慢摆动，为防止过大塑性变形

❷ 校核条件 $P_0=X_0F_r+Y_0F_a\leqslant\dfrac{C_0}{S_0}$

3.7. 滚动轴承计算过程

❶ 画轴系力分析简图——简支梁模型

❷ 求支点反力——空间力系需H面、V面合成

❸ 计算派生的内部轴向力

a. 角接触向心球轴承 $F_S=\begin{cases}eF_r & \alpha=15^\circ\\0.68F_r & \alpha=25^\circ\\1.14F_r & \alpha=40^\circ\end{cases}$

b. 圆锥滚子轴承 $F_S=\dfrac{F_r}{2Y}$ $\left(\dfrac{F_a}{F_r}>e\Rightarrow Y\right)$

❹ 计算轴向载荷——详见3.5，关键是准确定“压紧”和“放松”端

❺ 计算当量动载荷 $P=XF_r+YF_a$

❻ 计算轴承寿命 $L_h=\dfrac{10^6}{60n}\left(\dfrac{f_tC}{f_PP}\right)^\varepsilon$ h

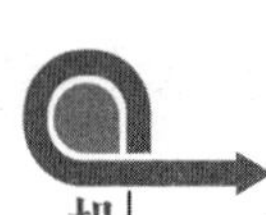

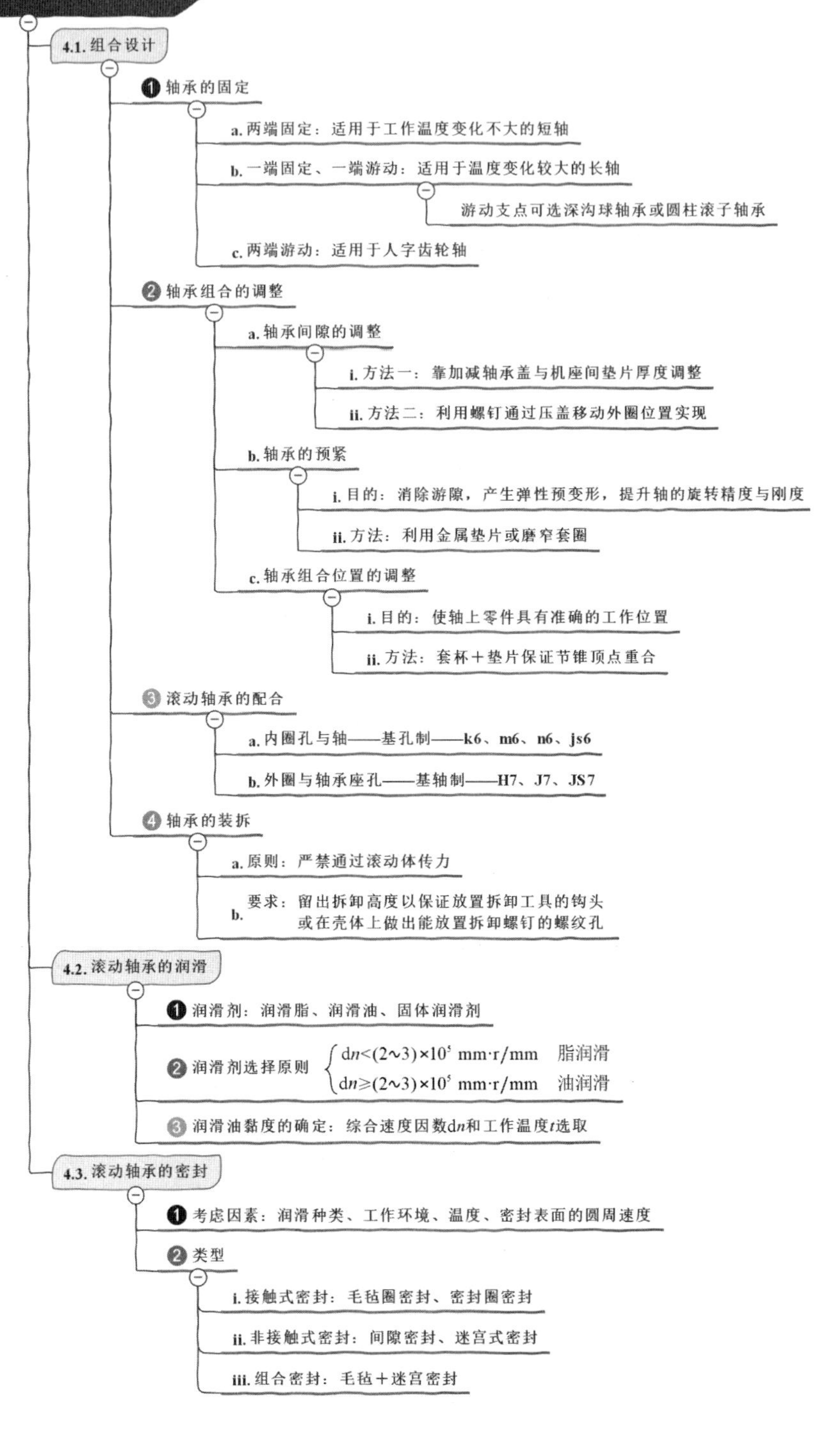
4. 滚动轴承组合设计、润滑与密封
4.1. 组合设计
❶ 轴承的固定
a. 两端固定：适用于工作温度变化不大的短轴
b. 一端固定、一端游动：适用于温度变化较大的长轴
游动支点可选深沟球轴承或圆柱滚子轴承
c. 两端游动：适用于人字齿轮轴
❷ 轴承组合的调整
a. 轴承间隙的调整
i. 方法一：靠加减轴承盖与机座间垫片厚度调整
ii. 方法二：利用螺钉通过压盖移动外圈位置实现
b. 轴承的预紧
i. 目的：消除游隙，产生弹性预变形，提升轴的旋转精度与刚度
ii. 方法：利用金属垫片或磨窄套圈
c. 轴承组合位置的调整
i. 目的：使轴上零件具有准确的工作位置
ii. 方法：套杯＋垫片保证节锥顶点重合
❸ 滚动轴承的配合
a. 内圈孔与轴——基孔制——k6、m6、n6、js6
b. 外圈与轴承座孔——基轴制——H7、J7、JS7
❹ 轴承的装拆
a. 原则：严禁通过滚动体传力
b. 要求：留出拆卸高度以保证放置拆卸工具的钩头或在壳体上做出能放置拆卸螺钉的螺纹孔
4.2. 滚动轴承的润滑
❶ 润滑剂：润滑脂、润滑油、固体润滑剂
❷ 润滑剂选择原则
$dn<(2\sim3)\times10^5$ mm·r/mm 脂润滑
$dn\geq(2\sim3)\times10^5$ mm·r/mm 油润滑
❸ 润滑油黏度的确定：综合速度因数dn和工作温度t选取
4.3. 滚动轴承的密封
❶ 考虑因素：润滑种类、工作环境、温度、密封表面的圆周速度
❷ 类型
i. 接触式密封：毛毡圈密封、密封圈密封
ii. 非接触式密封：间隙密封、迷宫式密封
iii. 组合密封：毛毡＋迷宫密封

12.4　典型例题解析

例题 12.1　如图 12.1 所示，某轴上装有一斜齿圆柱齿轮，所受各分力大小分别为：径向力 F_r=2000N，轴向力 F_a=800N，圆周力 F_t=1000N；齿轮受力点距两支承的跨距分别为 l_1=300 mm，l_2=200 mm；齿轮分度圆半径 r=40 mm。计算支承该轴的两轴承所受径向力 F_{R1}、F_{R2} 的大小。

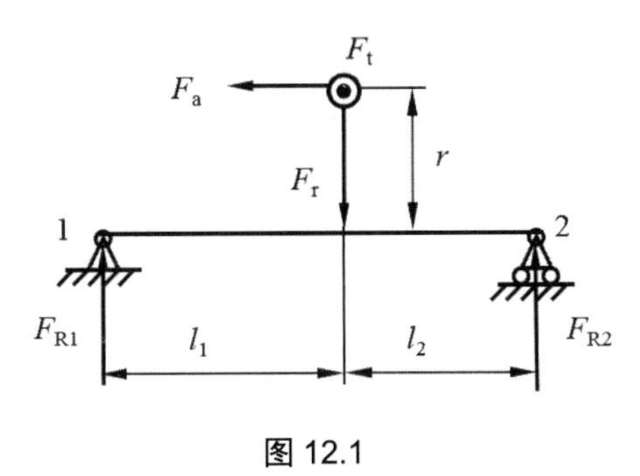

图 12.1

分析：齿轮受力为空间力系，径向力 F_r 与轴向力 F_a 位于铅垂面中，圆周力位于水平面中。以轴作为受力分析对象，根据铅垂面及水平面合力矩为零，解出 1、2 轴承在两面中所受的径向力，再求合力即为两轴承所受的径向力。

解：如图 12.2 所示。

(1)　在铅垂面 V 面中，将轴向力 F_a 向轴心等效平移。

附加弯矩：$M=F_a \cdot r=800\times40=32000(\text{N}\cdot\text{mm})$

列力矩平衡方程，即

$R_{V2}\cdot(l_1+l_2)+M-F_r\cdot l_1=0$

得：R_{V2}=1136 N

$M+F_r\cdot l_2-R_{V1}\cdot(l_1+l_2)=0$

得：R_{V1}=864 N

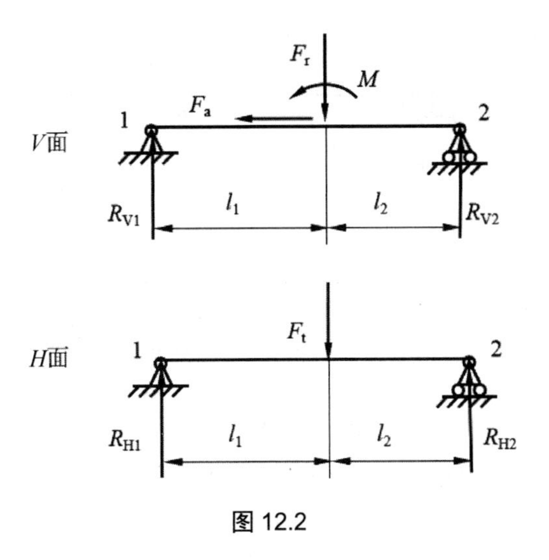

图 12.2

(2) 在水平面 H 面中，列力矩平衡方程，即

$R_{H2}\cdot(l_1+l_2)-F_t\cdot l_1=0$

得：$R_{H2}=600$ N

$R_{H1}=F_t-R_{H2}=400$ N

(3) 求两轴承所受的径向合力，即

$$F_{R1}=\sqrt{R_{H1}^2+R_{V1}^2}=\sqrt{400^2+864^2}=952(\mathrm{N})$$

$$F_{R2}=\sqrt{R_{H2}^2+R_{V2}^2}=\sqrt{600^2+1136^2}=1285(\mathrm{N})$$

例题 12.2 如图 12.3 所示，某轴上装有一圆锥齿轮，所受各分力大小分别为：径向力 $F_r=1200$ N，轴向力 $F_a=600$ N，圆周力 $F_t=1000$ N；齿轮受力点距两支承的跨距分别为 $l_1=200$ mm，$l_2=500$ mm；圆锥齿轮平均分度圆半径 $r_m=50$ mm。计算支承该轴的两轴承所受径向力 F_{R1}、F_{R2} 的大小。

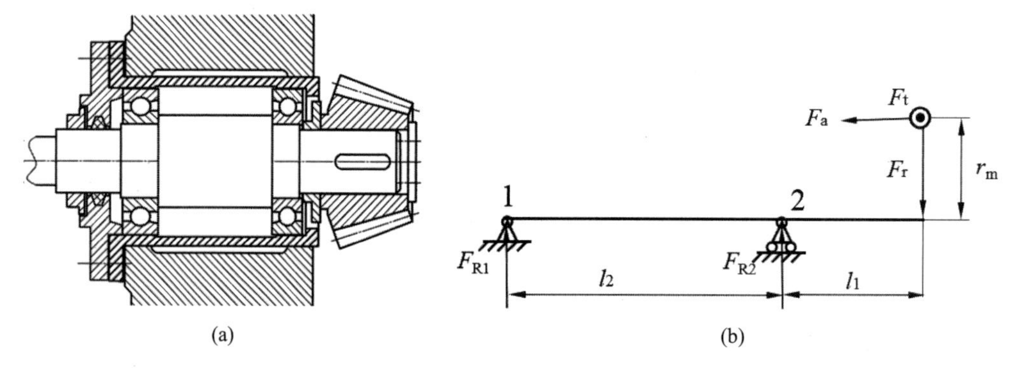

图 12.3

分析：齿轮受力为空间力系，径向力 F_r 与轴向力 F_a 位于铅垂面中，圆周力位于水平面中，以轴作为受力分析对象，根据铅垂面及水平面力矩平衡，解出 1、2 轴承在两面中对轴的支反力 R_V、R_H，再求合力即为两轴承所受的径向力。

解：如图 12.4 所示。

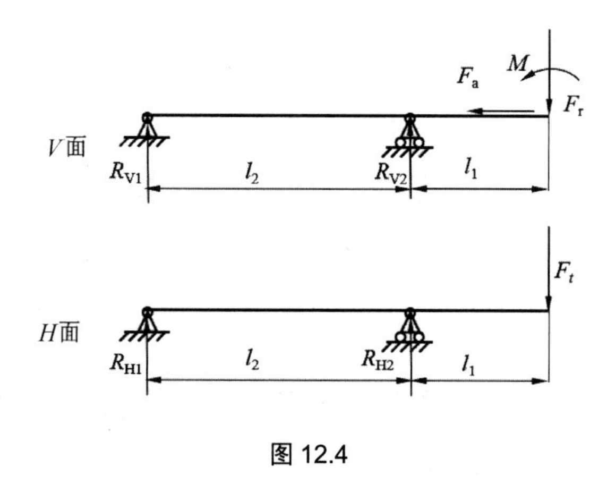

图 12.4

(1) 在铅垂面 V 面中，将轴向力 F_a 向轴心等效平移。

附加弯矩：$M=F_a\cdot r_m=600\times50=30000(\mathrm{N\cdot mm})$

列力矩平衡方程，即

$R_{V2} \cdot l_2+M-F_r \cdot (l_1+l_2)=0$

得：$R_{V2}=1620$ N

$M-F_r \cdot l_1-R_{V1} \cdot l_2=0$

得：$R_{V1}=-420$ N

(2) 在水平面 H 面中，列力矩平衡方程，即

$R_{H2} \cdot l_2-F_t \cdot (l_1+l_2)=0$

得：$R_{H2}=1400$ N

$R_{H1}=F_t-R_{H2}=-400$ N

(3) 求两轴承所受的径向合力，即

$$F_{R1}=\sqrt{R_{H1}^2+R_{V1}^2}=\sqrt{(-400)^2+(-420)^2}=580(\text{N})$$

$$F_{R2}=\sqrt{R_{H2}^2+R_{V2}^2}=\sqrt{1400^2+1620^2}=2141(\text{N})$$

例题 12.3 如图 12.5 所示，某轴采用一对 6210 轴承支承，已知轴承所受径向载荷为 $F_{r1}=1000$ N，$F_{r2}=2000$ N，轴向工作载荷 $F_A=500$ N，轴的转速为 $n=800$ r/min，载荷系数 $f_p=1.0$，温度系数 $f_t=1$。试计算该支承的寿命。

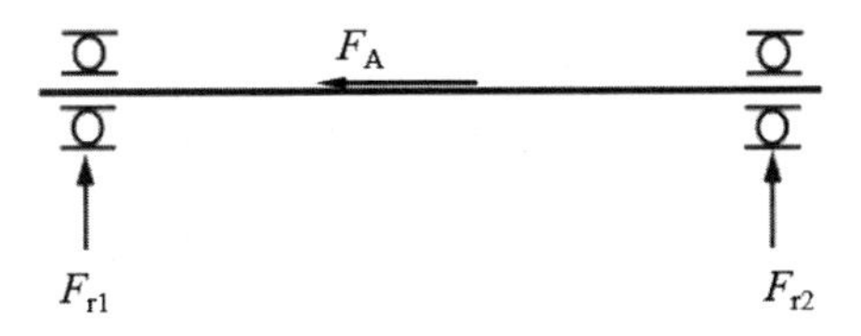

图 12.5

6210 轴承有关计算数据表如表 12.1 所示。

表 12.1

C_r	C_{0r}	$\frac{F_a}{C_{0r}}$	e	$\frac{F_a}{F_r} \leqslant e$		$\frac{F_a}{F_r} > e$	
				X	Y	X	Y
35.0 kN	23.2 kN	0.014	0.19	1	0	0.56	2.3
		0.028	0.22				1.99
		0.056	0.26				1.71
		0.084	0.28				1.55

分析：6210 为深沟球轴承，接触角 $\alpha=0°$，轴承受到径向载荷作用时不会产生内部轴向力 F_S。轴系采用一对深沟球轴承支承时，一般采用两端固定的方式固定。轴向工作载荷指向的轴承承受轴向力，大小等于工作载荷，另一端轴承不受轴向力作用。计算当量动载荷时利用计算参数表根据 F_a/C_{0r} 的计算结果查取 e 和 Y 值，没有对应值时用线性插值法计算。

解：$F_{a1}=F_A=500$ N，$F_{a2}=0$

$\frac{F_{a1}}{C_{0r}}=\frac{500}{23200}=0.022$，介于 0.014～0.028 之间，用线性插值法求 e 和 Y 值(图 12.6 和

图 12.7)。

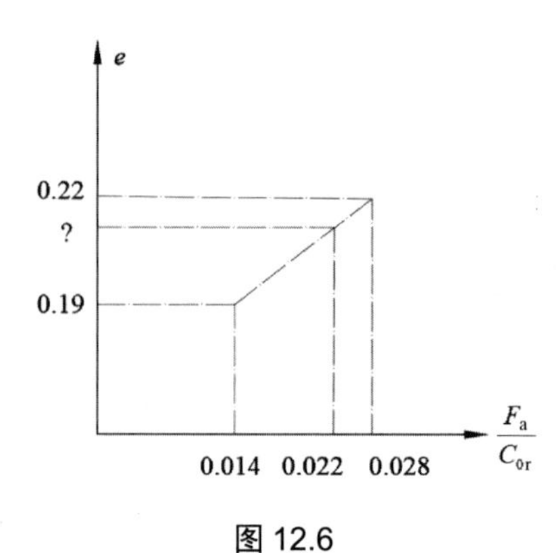

图 12.6

$$\frac{e-0.19}{0.022-0.014}=\frac{0.22-0.19}{0.028-0.014}，\ e=0.21$$

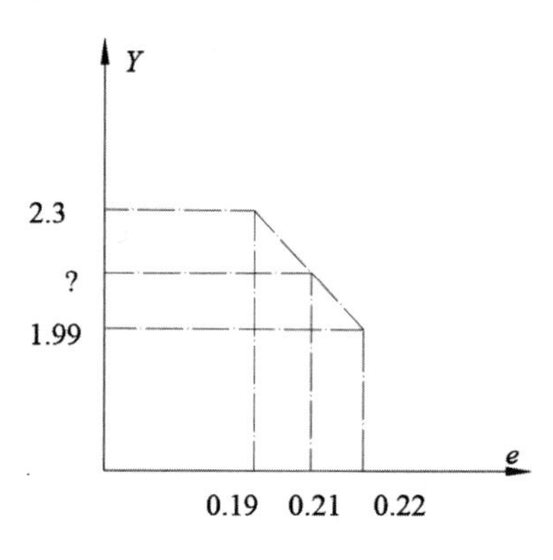

图 12.7

$$\frac{Y-2.3}{0.21-0.19}=\frac{1.99-2.3}{0.22-0.19}，\ Y=2.09$$

$$\frac{F_{a1}}{F_{r1}}=\frac{500}{1000}>e，\ X_1=0.56，\ Y_1=2.09$$

$$\frac{F_{a2}}{F_{r2}}=0，\ X_2=1，\ Y_2=0$$

$$P_1=X_1F_{r1}+Y_1F_{a1}=0.56\times1000+2.09\times500=1605(\text{N})$$

$$P_2=F_{r1}=2000\ \text{N}$$

$$P_2>P_1$$

$$L_h=\frac{10^6}{60n}\left(\frac{Cf_t}{f_pP}\right)^{\varepsilon}=\frac{10^6}{60\times800}\left(\frac{35000}{1.0\times2000}\right)^3=111653.6(\text{h})$$

例题 12.4 某轴用一对 7307AC 轴承支承，受力情况如图 12.8 所示。已知：外部轴向载荷 F_A=900 N, 轴承所受径向载荷 F_{r1}=4000 N，F_{r2}=2500 N。常温下运转，温度系数 f_t=1，载荷系数 f_p =1.5，轴的转速 n=500 r/min。

(1) 写出该轴承代号各部分含义。

(2) 在图 12.8 上标出两轴承内部轴向力 F_{S1}、F_{S2} 的方向并计算大小。

(3) 判断压紧、放松端，计算两轴承所受的轴向载荷 F_{a1}、F_{a2}。

(4) 计算两轴承的当量动载荷 P_1、P_2。

(5) 计算轴承寿命。

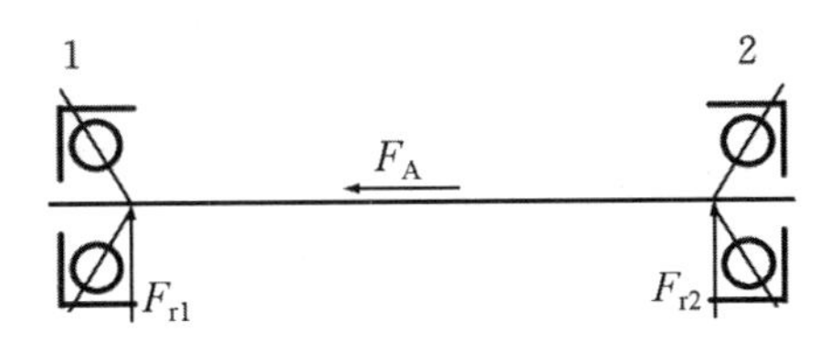

图 12.8

7307AC 轴承的有关计算数据表见表 12.2。

表 12.2

C_r	e	F_S	$\frac{F_a}{F_r} \leqslant e$		$\frac{F_a}{F_r} > e$	
32.8 kN	0.68	F_S=0.68F_r	$X=1$	$Y=0$	$X=0.41$	$Y=0.87$

分析：(1) 滚动轴承代号由基本代号、前置代号及后置代号组成，其中基本代号反映轴承的类型及尺寸，由类型代号(数字或字母)+宽度系列代号+直径系列代号+内径代号组成，常用轴承类型代号有：1—调心球轴承，2—调心滚子轴承，3—圆锥滚子轴承，5—推力球轴承，6—深沟球轴承，7—角接触球轴承，8—推力圆柱滚子轴承，N—圆柱滚子轴承。内径代号 00、01、02、03 分别表示轴承内径为 10 mm、12 mm、15 mm、17 mm；内径代号 04～99 表示“内径/5”；内径为 22 mm、28 mm、32 mm 的轴承内径代号用“/内径”表示。

(2) 角接触球轴承接触角$\alpha \neq 0°$，受径向力时会产生内部轴向力 F_S，方向由宽边指向窄边。一对角接触球轴承正装时两轴承内部轴向力方向箭头相对。

(3) 轴系受到轴承的内部轴向力 F_{S1}、F_{S2} 及外部轴向工作载荷 F_A 的作用。一对角接触球轴承正装时，向左的轴向合力大则左支点轴承为压紧端，若向右的轴向合力大则右支点轴承为压紧端，另一端轴承为放松端。

(4) 放松端的轴承受到的轴向载荷等于自身的内部轴向力，而压紧端轴承受到的轴向载荷等于放松端轴承的内部轴向力与轴向工作载荷的合力。

解：(1)

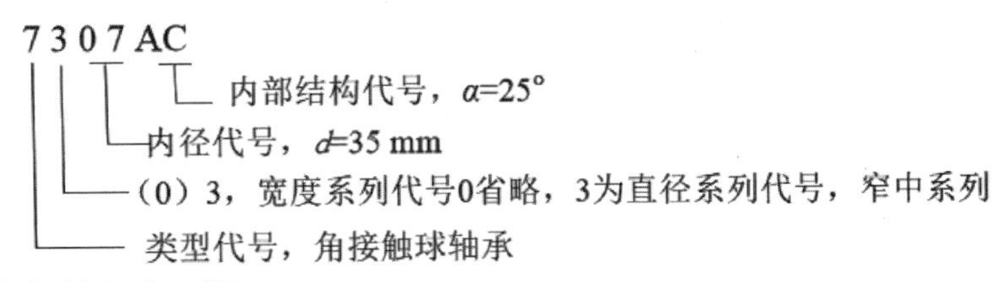

(2) 计算内部轴向力，即

F_{S1}=0.68 F_{r1} =0.68×4000=2720(N)

$F_{S2}=0.68\,F_{r2}=0.68\times2500=1700(N)$

轴承正装，F_{S1} 和 F_{S2} 的方向箭头相对，如图 12.9 所示。

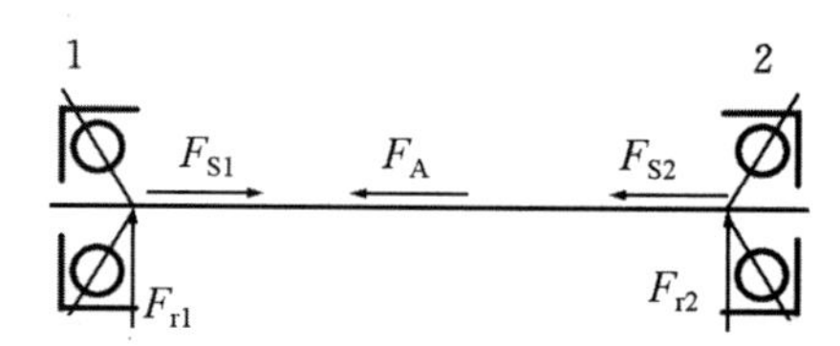

图 12.9

(3) 判断压紧、放松端，计算两轴承所受的轴向载荷。

∵ $F_{S2}+F_A=1700+900=2600\text{ N}<F_{S1}=2720\text{ N}$(向右的轴向合力大)，

∴ 左轴承 1 被“放松”，右轴承 2 被“压紧”。

$F_{a1}=F_{S1}=2720\text{ N}$，$F_{a2}=F_{S1}-F_A=1820\text{ N}$

(F_A 与 F_{S1} 方向相反，合力为两者之差)

(4) 计算两轴承的当量动载荷，即

$$\frac{F_{a1}}{F_{r1}}=\frac{2720}{4000}=0.68=e\text{，}X_1=1\text{，}Y_1=0$$

$$P_1=X_1F_{r1}+Y_1F_{a1}=1\times4000+0\times2720=4000(N)$$

$$\frac{F_{a2}}{F_{r2}}=\frac{1820}{2500}=0.728>e\text{，则 }X_2=0.41\text{，}Y_2=0.87$$

$$P_2=X_2F_{r2}+Y_2F_{a2}=0.41\times2500+0.87\times1820=2608(N)$$

(5) 计算轴承寿命：

由于 $P_1>P_2$，故轴承 1 的寿命短。

$$L_h=\frac{10^6}{60n}\left(\frac{f_tC}{f_pP}\right)^\varepsilon=\frac{10^6}{60\times500}\left(\frac{32800}{1.5\times4000}\right)^3=5445.6(h)$$

例题 12.5 如图 12.10 所示，某轴由一对 7212AC 轴承支承。已知轴承所受径向力 F_{r1}=5000N，F_{r2}=8000N，轴向工作载荷 F_A=2000N，方向如图中所示，计算轴承的当量动载荷。

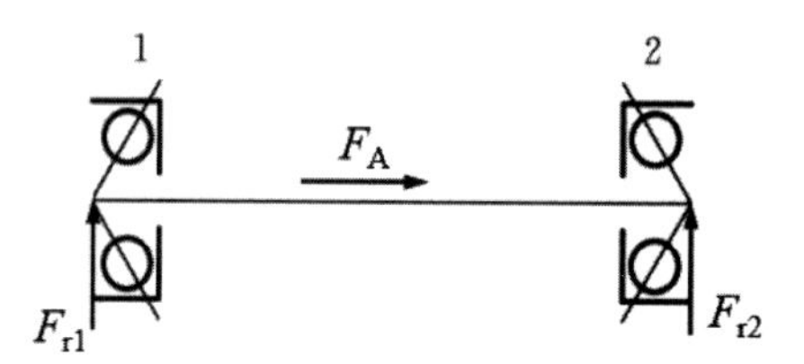

图 12.10

7212AC 轴承的有关计算数据表见表 12.3。

表 12.3

C_r	e	F_S	$\frac{F_a}{F_r} \leqslant e$		$\frac{F_a}{F_r} > e$	
58.2 kN	0.68	F_S=0.68F_r	$X=1$	$Y=0$	$X=0.41$	$Y=0.87$

分析：(1)　角接触球轴承接触角$\alpha \neq 0°$，受径向力时会产生内部轴向力 F_S，方向由宽边指向窄边。

(2)　一对角接触球轴承反装时两轴承内部轴向力方向箭头相背离。

(3)　轴系受到轴承的内部轴向力 F_{S1}、F_{S2} 及外部轴向工作载荷 F_A 作用。一对角接触球轴承反装时，向左的轴向合力大则右支点轴承为压紧端，若向右的轴向合力大则左支点轴承为压紧端。另一端轴承为放松端。

(4)　放松端的轴承受到的轴向载荷等于自身的内部轴向力，而压紧端轴承受到的轴向载荷等于放松端轴承的内部轴向力与轴向工作载荷的合力。

解：由图 12.10 可知，轴承为一对反装的角接触球轴承。

(1)　计算派生轴向力，即

F_{S1}=0.68　F_{r1} =0.68×5000=3400(N)

F_{S2}=0.68　F_{r2} =0.68×8000=5440(N)

轴承反装，F_{S1} 和 F_{S2} 的方向箭头相背离，如图 12.11 所示。

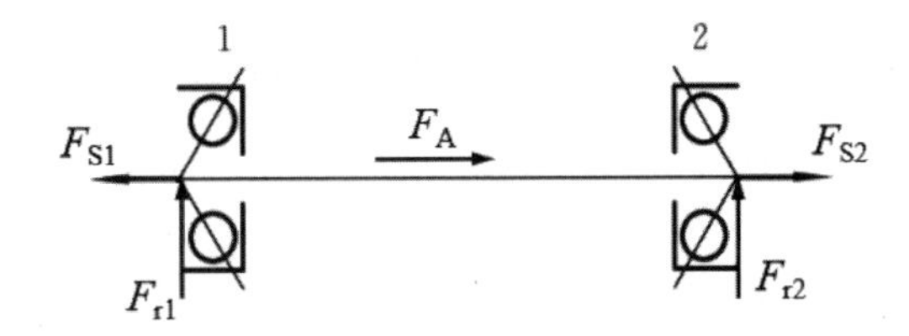

图 12.11

(2)　计算轴承所受轴向力，即

F_{S2}+F_A=5440+2000=7440(N)> F_{S1}=3400N (向右的轴向合力大)，

左轴承 1 被“压紧”，右轴承 2 被“放松”。

F_{a1}=F_A＋F_{S2}=5440+2000=7440(N) (F_A 与 F_{S2} 方向相同，合力为两者之和)，

F_{a2}=F_{S2}=5440 N

(3)　计算当量动载荷，即

$\frac{F_{a1}}{F_{r1}}=\frac{7440}{5000}>0.68$　　X_1=0.41，Y_1=0.87

$\frac{F_{a2}}{F_{r2}}=\frac{5440}{8000}$=0.68　　X_2=1，Y_2=0

P_1=X_1 F_{r1}＋$Y_1$$F_{a1}$=0.41×5000＋0.87×7440 =8522.8(N)

P_2=X_2 F_{r2}＋$Y_2$$F_{a2}$=1×8000＋0×5440 =8000(N)

例题 12.6　某轴两端选用两个 30307 型轴承正装，如图 12.12 所示。已知：轴向外加载荷 F_A= 1000 N，两轴承所承担的径向载荷分别为 F_{r1} =8000 N，F_{r2} =5000 N，转速 n =960

r/min，载荷系数 f_p=1.2，温度系数 f_t=1.0。

(1) 写出轴承代号 30307 的含义。

(2) 计算两个轴承内部轴向力 F_{S1}、F_{S2}，并在图上标出方向。

(3) 计算两个轴承所受的轴向载荷 F_{a1}、F_{a2}。

(4) 计算两个轴承的当量动载荷 P_1、P_2。

(5) 若轴承的预期寿命为 L_h=10000 h，轴的最大转速是多少？

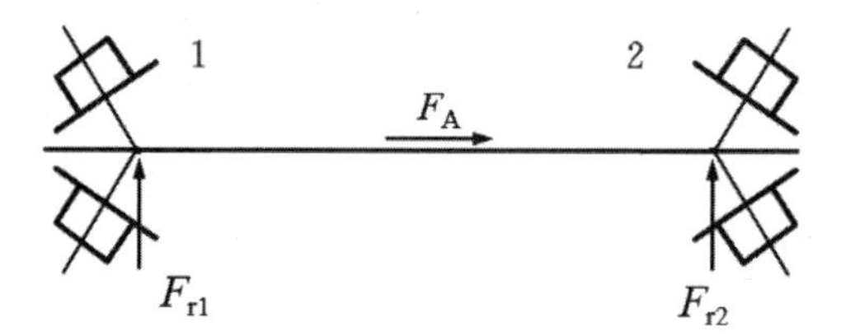

图 12.12

30307 轴承的有关计算数据表见表 12.4。

表 12.4

C_r	e	F_S	$\frac{F_a}{F_r} \leqslant e$		$\frac{F_a}{F_r} > e$	
75.2 kN	0.31	$F_S=F_r/2Y(Y=1.9)$	$X=1$	$Y=0$	$X=0.4$	$Y=1.9$

分析：(1) 与角接触球轴承原理相同，圆锥滚子轴承接触角$\alpha \neq 0^\circ$，受径向力时会产生内部轴向力 F_S，方向由宽边指向窄边。一对圆锥滚子轴承正装时，两轴承内部轴向力方向箭头相对，反装时方向箭头相背离。

(2) 轴系受到轴承的内部轴向力 F_{S1}、F_{S2} 及外部轴向工作载荷 F_A 作用。

(3) 一对圆锥滚子轴承正装时，向左的轴向合力大则左支点轴承为压紧端，若向右的轴向合力大则右支点轴承为压紧端，另一轴承为放松端；反装时，向左的轴向合力大则右支点轴承为压紧端，若向右的轴向合力大则左支点轴承为压紧端，另一轴承为放松端。

(4) 放松端的轴承受到的轴向载荷等于自身的内部轴向力，而压紧端轴承受到的轴向载荷等于放松端轴承的内部轴向力与外部轴向工作载荷的合力。

解：(1) 类型代号 3 表示轴承为圆锥滚子轴承，03 是尺寸系列代号，其中 0 为宽度系列的窄系列，3 为直径系列代号的中系列，07 为内径代号，轴承内经 d=7×5=35 mm。

(2) 求 F_{S1} 和 F_{S2}，即

$$F_{S1} = \frac{F_{r1}}{2Y} = \frac{8000}{2 \times 1.9} = 2105(\text{N})$$

$$F_{S2} = \frac{F_{r2}}{2Y_2} = \frac{5000}{2 \times 1.9} = 1316(\text{N})$$

轴承正装，F_{S1} 和 F_{S2} 的方向箭头相对，如图 12.13 所示。

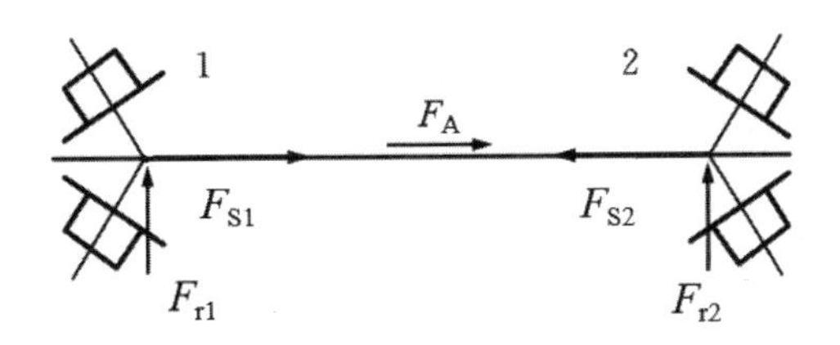

图 12.13

(3)　求 F_{a1} 和 F_{a2}，即

$F_{S1}+F_A=2105+1000=3105(\text{N})>F_{S2}$ (向右的轴向合力大)

左轴承 1 放松，右轴承 2 压紧。

$F_{a1}=F_{S1}=2105\ \text{N}$

$F_{a2}=F_{S1}+F_A=2105+1000=3105(\text{N})$ (F_A 与 F_{S1} 方向相同，合力为两者之和)

(4)　求 P_1 和 P_2，即

$\dfrac{F_{a1}}{F_{r1}}=0.263<e$，$X_1=1$，$Y_1=0$

$\dfrac{F_{a2}}{F_{r2}}=0.621>e$，$X_2=0.4$，$Y_2=1.9$

$P_1=X_1F_{r1}+Y_1F_{a1}=1\times8000=8000(\text{N})$

$P_2=X_2F_{r2}+Y_2F_{a2}=0.4\times5000+1.9\times3105=7899.5(\text{N})$

(5)　求 n_{max}。

取 $P=\max(P_1,\ P_2)=P_1$

$$n_{max}=\frac{10^6}{60L_h}\left(\frac{f_tC}{f_pP}\right)^{\varepsilon}=\frac{10^6}{60\times10000}\left(\frac{75200}{1.2\times8000}\right)^{10/3}=1591(\text{r/min})$$

12.5　自　测　题

1. 选择填空

(1)　滚动轴承中，(　　)是必不可少的元件。

A. 内圈　　B. 外圈　　C. 保持架　　D. 滚动体

(2)　在下列 4 种型号的滚动轴承中，不能承受轴向载荷的是(　　)。

A. 62208　　B. N2208　　C. 32208　　D. 52208

(3)　在下列 4 种型号的滚动轴承中，不能承受径向载荷的是(　　)。

A. 6208　　B. N208　　C. 30208　　D. 5208

(4)　在下列 4 种型号的滚动轴承中，(　　)能很好地承受径向载荷和轴向载荷联合作用。

A. 8210　　B. N2210　　C. 30210　　D. 5210

(5)　在下列 4 种型号的滚动轴承中，(　　)通常应成对使用。

A. 7210AC　　B. N2210　　C. 6210　　D. 5210

(6)　7209AC 轴承的内径和接触角分别为(　　)。

A. 9 mm　25°　　B. 9 mm　15°　　C. 45 mm　25°　　D. 45 mm　15°

(7) 以下各轴承中，承受径向载荷能力最大的是(　　)。

A. N307　　B. 6207　　C. 6307　　D.30207

(8) 以下各轴承中，承受轴向载荷能力最大的是(　　)。

A．7208AC　　B. 6208　　C. 30208　　D. 5208

(9) 以下各轴承中，轴承公差等级最高的是(　　)。

A. N207/P4　　B. 6207/P2　　C. 5207/P6　　D. 7207AC

(10) 以下各轴承中，轴承径向游隙最小的是(　　)。

A. N207/C2　　B. 6207　　C. 5207/C3　　D. 7207/C5

(11) 以下各轴承中，调心能力最好的是(　　)。

A. 7208AC　　B. 8208　　C. 2208　　D. 5208

(12) 以下各轴承中，允许的极限转速最高的是(　　)。

A. 7208C　　B. 8208　　C. 6208　　D. 5208

(13) 滚动轴承的代号由前置代号、基本代号和后置代号组成，其中基本代号表示(　　)。

A. 轴承的类型、结构和尺寸

B. 轴承组件

C. 轴承内部结构变化和轴承公差等级

D. 轴承游隙和配置

(14) 滚动轴承的类型代号由(　　)表示。

A. 数字　　B. 数字或字母　　C. 字母　　D. 数字加字母

(15) 角接触轴承承受轴向载荷的能力，随接触角α的增大而(　　)。

A. 增大　　B. 减小　　C. 不变　　D. 不定

(16) (　　)不宜用来同时承受径向载荷和轴向载荷。

A. 圆锥滚子轴承　　B. 角接触球轴承

C. 深沟球轴承　　D. 圆柱滚子轴承

(17) (　　)只能承受轴向载荷。

A. 圆锥滚子轴承　　B. 推力球轴承

C. 深沟球轴承　　D. 调心球轴承

(18) 若某轴在载荷作用下弯曲较大或轴承座孔不能保证良好的同轴度，宜选用类型代号为(　　)的轴承。

A. 1 或 2　　B. 3 或 7　　C. N 或 NU　　D. 6 或 NA

(19) 一根轴只用来传递转矩，因轴较长采用 3 个支点固定在水泥基础上，各支点轴承应选用(　　)。

A. 深沟球轴承　　B. 调心球轴承

C. 圆柱滚子轴承　　D. 角接触球轴承

(20) 跨距较大并承受较大径向载荷的起重机卷筒轴轴承，应选用(　　)。

A. 深沟球轴承　　B. 圆锥滚子轴承

C. 调心滚子轴承　　D. 圆柱滚子轴承

(21) 在良好的润滑和密封条件下，滚动轴承的主要失效形式是(　　)。

A. 磨损　　B. 胶合　　C. 疲劳点蚀　　D. 塑性变形

(22) 按基本额定动载荷选定的滚动轴承，在预定使用期限内其破坏率最大为(　　)。

A. 1%　　B. 5%　　C. 10%　　D. 90%

(23) 滚动轴承基本额定动载荷所对应的基本额定寿命是(　　)。

A. 10^5　　B. 10^6　　C. 10^7　　D. 10^8

(24) 其他条件不变，只把球轴承上的当量动载荷由 P 增大到 $2P$，其寿命由 L_h(　　)。

A. 上升为 $2L_h$　　B. 下降为 $0.5L_h$

C. 上升为 $8L_h$　　D. 下降为 $0.125L_h$

(25) 图 12.14 所示轴系中，两支点轴承的安装方式为(　　)。

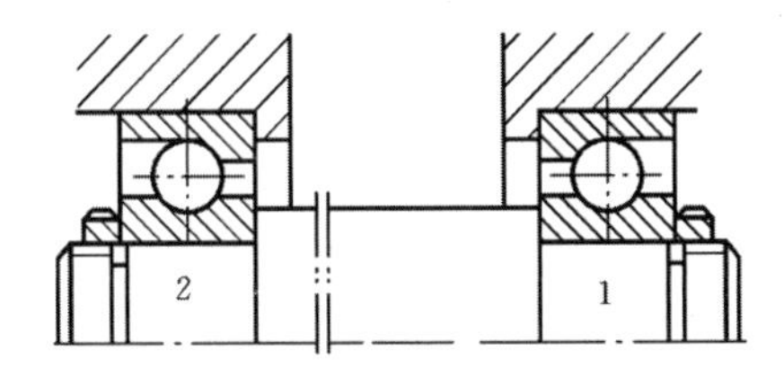

图 12.14

A. 角接触球轴承正装　　B. 深沟球轴承

C. 角接触球轴承反装　　D. 圆锥滚子轴承正装

(26) 图 12.15 示轴系中，两支点轴承的安装方式为(　　)。

A. 角接触球轴承正装　　B. 深沟球轴承

C. 圆锥滚子轴承反装　　D. 圆锥滚子轴承正装

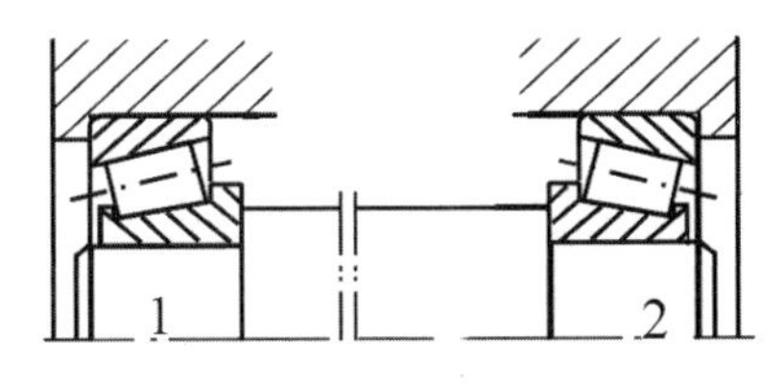

图 12.15

(27) 一对向心推力轴承安装如图 12.16 所示，其派生轴向力(内部轴向力)的指向，正确的是(　　)。

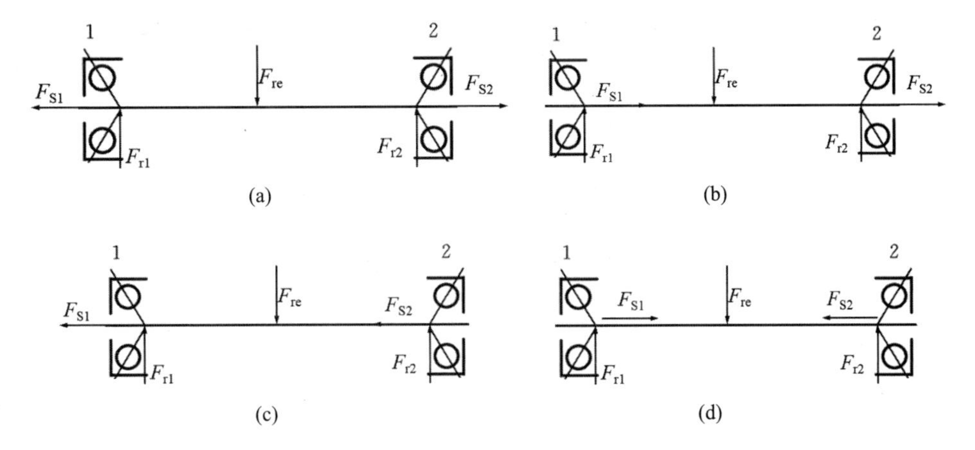

图 12.16

A. 图(a)　　　　B. 图(b)　　　　C. 图(c)　　　　D. 图(d)

(28) 一对向心推力轴承安装如图 12.17 所示，其派生轴向力(内部轴向力)的指向，正确的是(　　)。

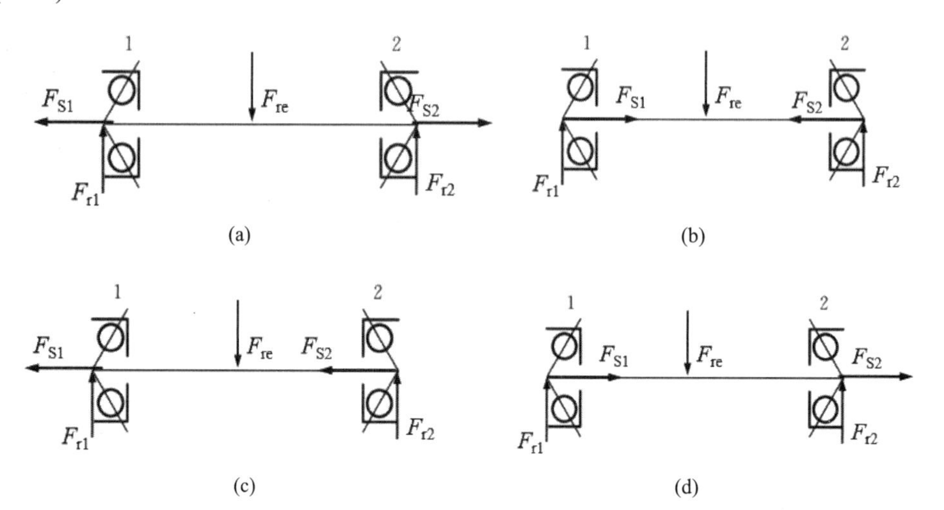

图 12.17

A. 图(a)　　　　B. 图(b)　　　　C. 图(c)　　　　D. 图(d)

(29) 一对向心推力轴承安装如图 12.18 所示，其派生轴向力(内部轴向力)的指向，正确的是(　　)。

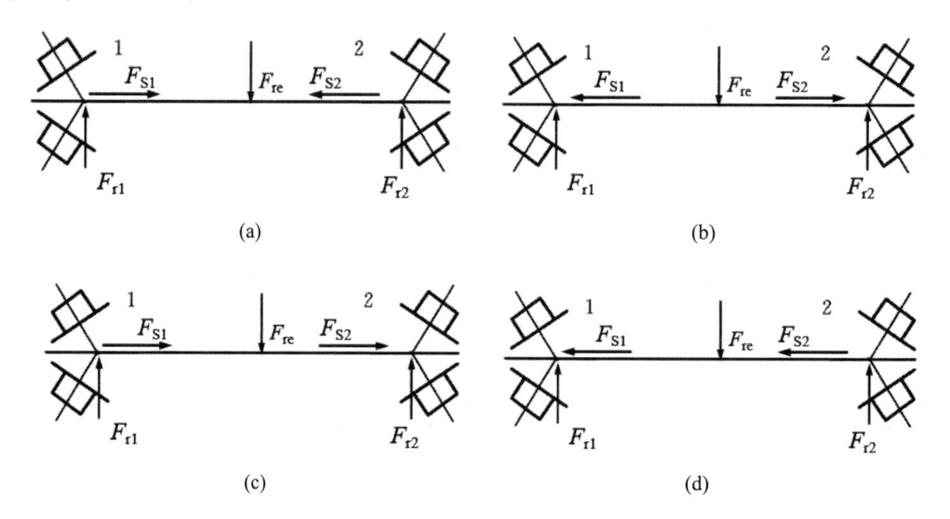

图 12.18

A. 图(a)　　　　B. 图(b)　　　　C. 图(c)　　　　D. 图(d)

(30) 图 12.19 所示轴系中，设 F_{ae}=1000N，派生轴向力 F_{S1}=800N，F_{S2}=600N(F_{S1}、F_{S2} 指向未标出)，下列描述正确的是(　　)。

A. 1 轴承被压紧，1 轴承所受轴向载荷为 1600 N

B. 1 轴承被压紧，1 轴承所受轴向载荷为 1800 N

C. 2 轴承被压紧，2 轴承所受轴向载荷为 1800 N

D. 2 轴承被压紧，2 轴承所受轴向载荷为 1600 N

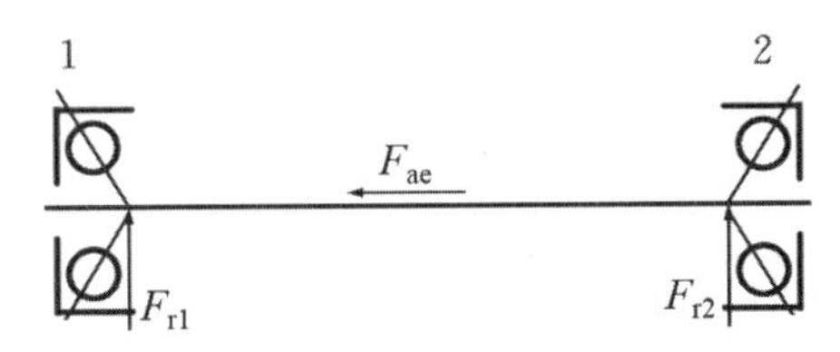

图 12.19

(31) 图 12.20 所示轴系中，设 F_{ae}=300 N，派生轴向力 F_{S1}=900 N，F_{S2}=400 N(F_{S1}、F_{S2} 指向未标出)，下列描述正确的是(　　)。

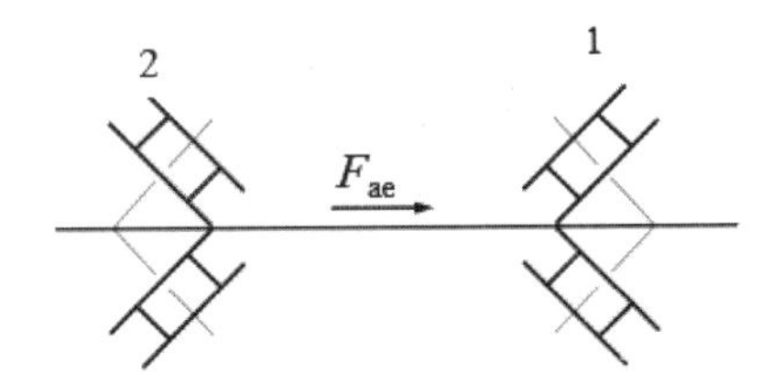

图 12.20

A. 1 轴承被压紧，1 轴承所受轴向载荷为 700 N

B. 1 轴承被压紧，1 轴承所受轴向载荷为 1200 N

C. 2 轴承被压紧，2 轴承所受轴向载荷为 600 N

D. 2 轴承被压紧，2 轴承所受轴向载荷为 1200 N

(32) 图 12.21 所示轴系中，设 F_{ae}=300 N，派生轴向力 F_{S1}=400 N，F_{S2}=800 N(F_{S1}、F_{S2} 指向未标出)，下列描述正确的是(　　)。

A. 1 轴承被压紧，1 轴承所受轴向载荷为 1100 N

B. 1 轴承被压紧，1 轴承所受轴向载荷为 500 N

C. 2 轴承被压紧，2 轴承所受轴向载荷为 400 N

D. 2 轴承被压紧，2 轴承所受轴向载荷为 700 N

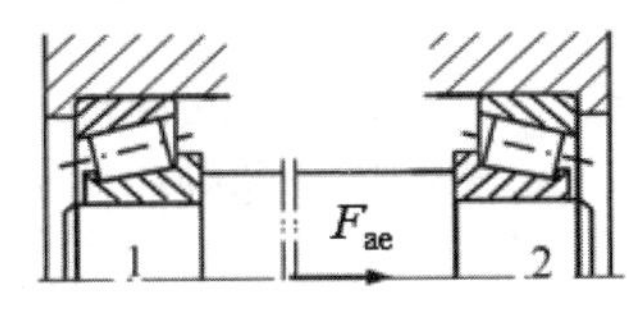

图 12.21

(33) 图 12.22 所示轴系中，设 F_{ae}=600 N，派生轴向力 F_{S1}=400 N，F_{S2}=300 N(F_{S1}、F_{S2} 指向未标出)，下列描述正确的是(　　)。

A. 1 轴承被压紧，1 轴承所受轴向载荷为 1000 N

B. 1 轴承被压紧，1 轴承所受轴向载荷为 900 N

C. 2 轴承被压紧，2 轴承所受轴向载荷为 1000 N

D. 2 轴承被压紧，2 轴承所受轴向载荷为 900 N

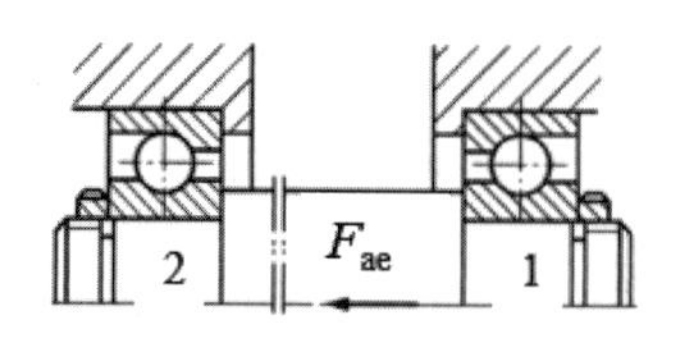

图 12.22

(34) 图 12.23 所示轴系中，设 F_{ae}=800 N，派生轴向力 F_{S1}=500 N，F_{S2}=600 N(F_{S1}、F_{S2}指向未标出)，下列描述正确的是(　　)。

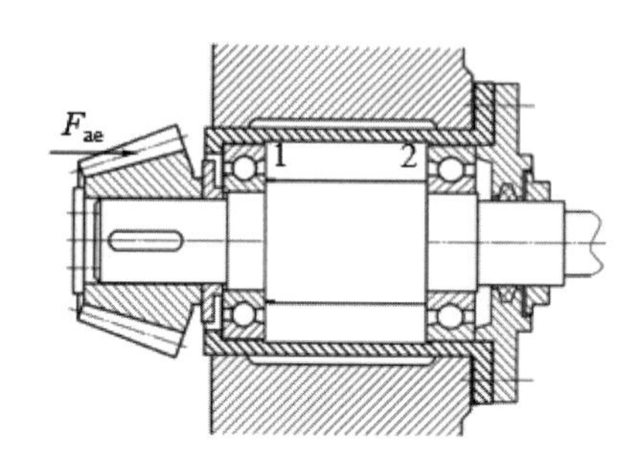

图 12.23

A. 1 轴承被压紧，1 轴承所受轴向载荷为 1400 N

B. 1 轴承被压紧，1 轴承所受轴向载荷为 600 N

C. 2 轴承被压紧，2 轴承所受轴向载荷为 1300 N

D. 2 轴承被压紧，2 轴承所受轴向载荷为 1400 N

(35) 在进行滚动轴承组合设计时，对支承跨距很长、工作温度变化很大的轴，两支点轴承的轴向固定方式应考虑(　　)。

A. 两端固定式　　B. 一端固定，一端游动式　　C. 两端游动

(36) 在进行滚动轴承组合设计时，对支承跨距较小、工作温度变化不大的轴，两支点轴承的轴向固定方式应考虑(　　)。

A. 两端固定式　　B. 一端固定，一端游动式　　C. 两端游动

(37) 若某轴两支点滚动轴承采用一端固定、一端游动式的轴向固定方式，以下各轴承中，(　　)可作为游动支点的轴承。

A．7208AC　　B. 8208　　C. 6208　　D. 5208

(38) 图 12.24 所示轴系中，两支点滚动轴承的轴向固定方式为(　　)。

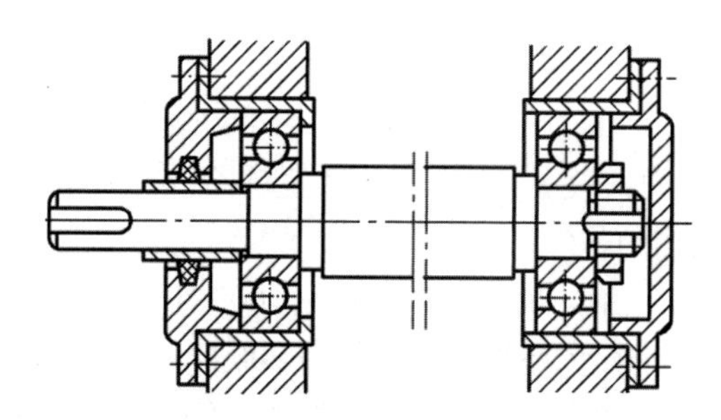

图 12.24

A. 两端固定式　　　　B. 一端固定，一端游动式　　　　C. 两端游动

(39) 图 12.25 所示轴系中，两支点轴承的轴向固定方式为(　　)。

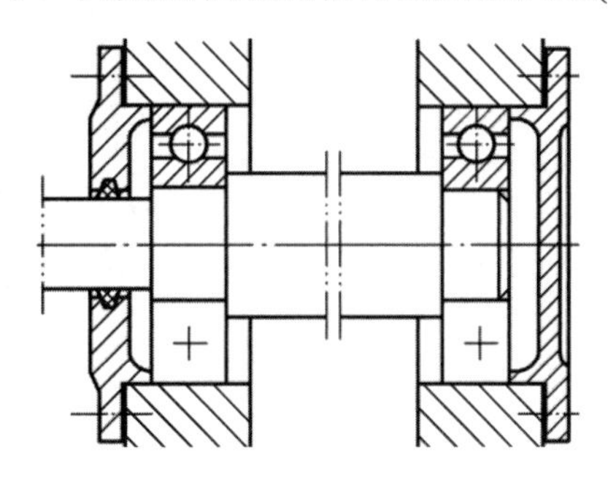

图 12.25

A. 两端固定式　　　　B. 一端固定，一端游动式　　　　C. 两端游动

(40) 图 12.26 所示轴系中，两支点轴承的轴向固定方式为(　　)。

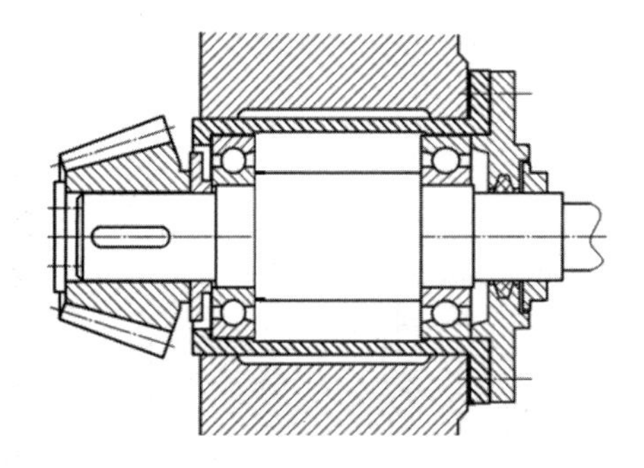

图 12.26

A. 两端固定式　　　　B. 一端固定，一端游动式　　　　C. 两端游动

(41) 图 12.27 所示轴系中，对右端支点滚动轴承的固定方式，描述正确的是(　　)。

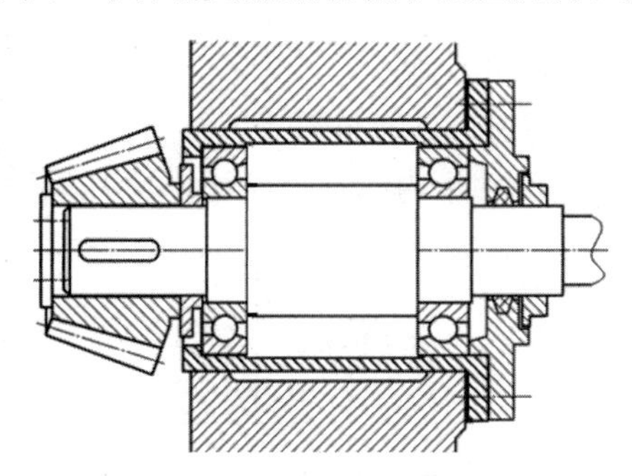

图 12.27

A. 固定支点，承受左右双方向的轴向载荷

B. 固定支点，承受向右方向的轴向载荷

C. 游动支点，不承受轴向载荷

D. 游动支点，承受向左方向的轴向载荷

(42) 图 12.28 所示轴系中，对左端支点滚动轴承的固定方式，描述正确的是(　　)。

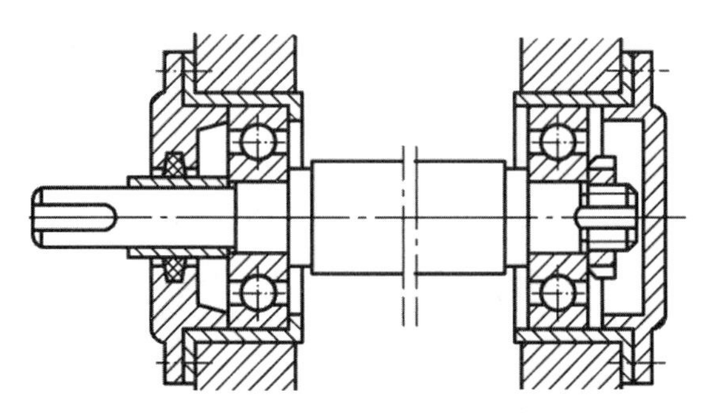

图 12.28

A. 固定支点，承受左右双方向的轴向载荷
B. 固定支点，承受向左方向的轴向载荷
C. 游动支点，不承受轴向载荷
D. 游动支点，承受向左方向的轴向载荷

(43) 图 12.29 所示轴系中，对右端支点滚动轴承的固定方式，描述正确的是(　　)。

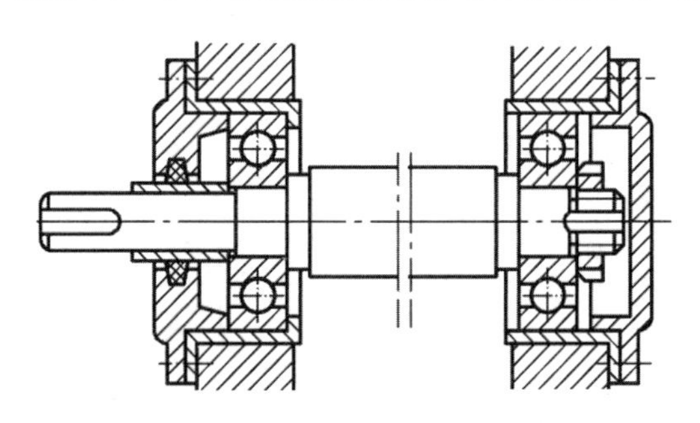

图 12.29

A. 固定支点，承受左右双方向的轴向载荷
B. 固定支点，承受向右左方向的轴向载荷
C. 游动支点，不承受轴向载荷
D. 游动支点，承受向右方向的轴向载荷

(44) 图 12.30 所示为某一滚动轴承内圈定位结构，下列描述正确的是(　　)。

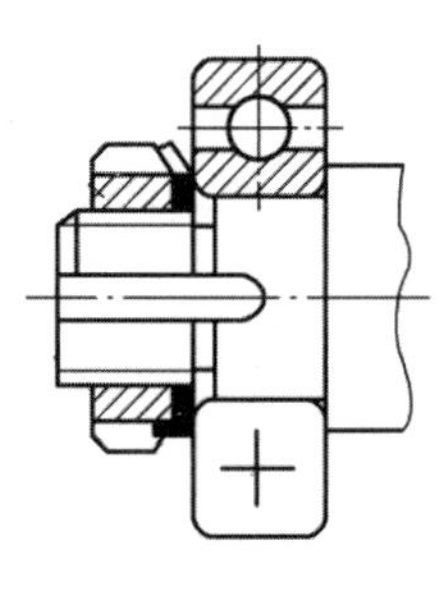

图 12.30

A. 左端内圈采用轴用弹性挡圈定位，右端内圈采用轴肩定位
B. 左端内圈采用圆螺母及止动垫圈定位，右端内圈采用轴肩定位
C. 左端内圈采用轴端挡圈定位，右端内圈采用轴肩定位

D. 左端内圈采用轴用对顶螺母定位，右端内圈采用轴肩定位

(45) 图 12.31 所示为某一滚动轴承外圈定位结构，下列描述正确的是(　　)。

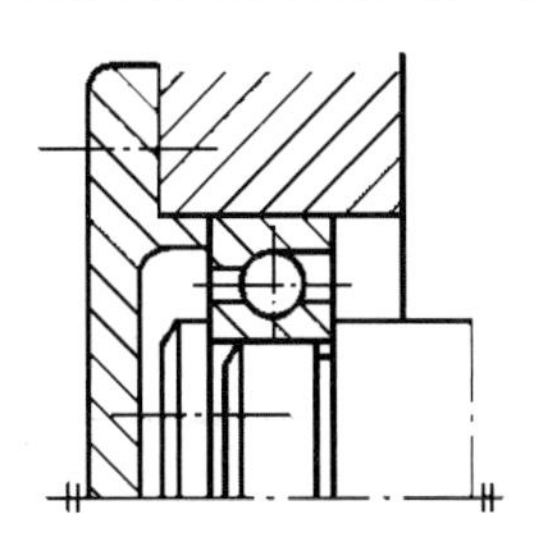

图 12.31

A. 左端外圈采用孔弹性挡圈定位，右端外圈无定位

B. 左端外圈采用止口定位，右端外圈无定位

C. 左端外圈采用轴承端盖定位，右端外圈无定位

D. 左端外圈采用螺纹环定位，右端外圈无定位

(46) 滚动轴承内圈与轴颈、外圈与座孔的配合(　　)。

A. 均为基轴制　　B. 前者基轴制，后者基孔制

C. 均为基孔制　　D. 前者基孔制，后者基轴制

(47) (　　)不是滚动轴承预紧的目的。

A. 增大支承刚度　　B. 提高旋转精度

C. 减小振动噪声　　D. 降低摩擦阻力

(48) 对滚动轴承进行密封，不能起到(　　)作用。

A. 防止外界灰尘侵入　　B. 降低运转噪声

C. 阻止润滑剂外漏　　D. 防止外界水分进入

(49) (　　)不属于接触式密封

A. 间隙密封　　B. 毛毡圈密封　　C. 密封圈密封

(50) 图 12.32 所示为某一滚动轴承密封结构，下列描述正确的是(　　)。

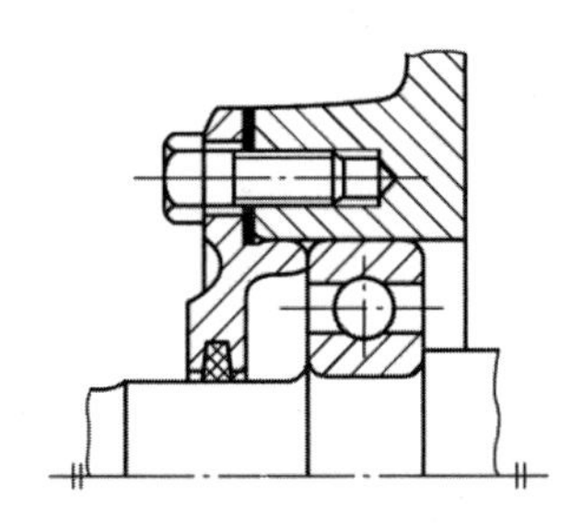

图 12.32

A. 毛毡圈密封，属于接触式密封

B. 密封圈密封，属于接触式密封

C. 毛毡圈密封，属于非接触式密封

D. 密封圈密封，属于非接触式密封

2. 如图 12.33 所示，某轴上装有一斜齿圆柱齿轮，分度圆半径 r=60 mm，工作时啮合点所受各力分别为 F_R= 3000 N、F_T= 2000 N、F_A= 800 N，跨距 l_1=400 mm，l_2=800 mm。该轴采用一对 6208 轴承支承，轴的转速为 n=1000 r/min，载荷系数 f_p=1.0，温度系数 f_t=1。试计算该支承的寿命。

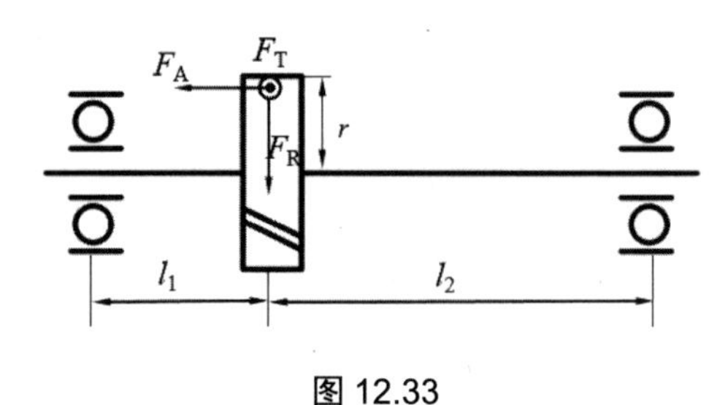

图 12.33

6208 轴承相关计算数据表见表 12.5。

表 12.5

C_r	C_{0r}	$\frac{F_a}{C_{0r}}$	e	$\frac{F_a}{F_r}\leq e$		$\frac{F_a}{F_r}>e$	
				X	Y	X	Y
29.5 kN	18.0 kN	0.014	0.19	1	0	0.56	2.3
		0.028	0.22				1.99
		0.056	0.26				1.71
		0.084	0.28				1.55

3. 某轴两端选用 7208AC 型角接触球轴承正装支承，图 12.34 所示。已知：轴向工作载荷 F_A= 400 N，两轴承所受径向载荷分别为 F_{r1} =700 N、F_{r2} =510 N, 转速 n =1450 r/min，温度系数 f_t=1，载荷系数 f_p=1.5。计算：

(1) 两个轴承内部轴向力 F_{S1}、F_{S2}，并在图 12.34 上标示方向；

(2) 两个轴承所受的轴向载荷 F_{a1}、F_{a2}；

(3) 两个轴承的当量动载荷 P_1、P_2；

(4) 轴承的寿命。

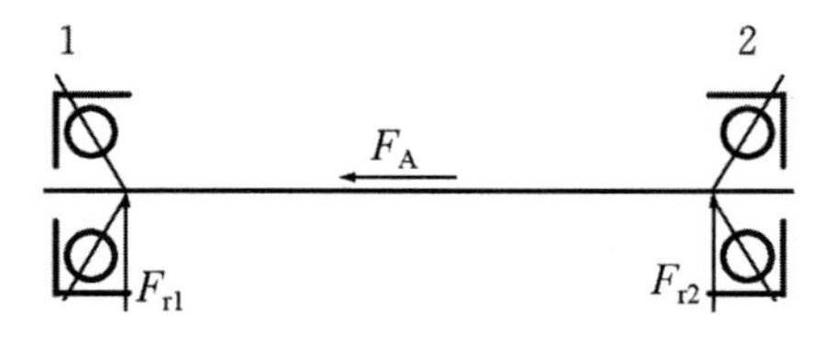

图 12.34

7208AC 轴承相关计算数据表见表 12.6。

表 12.6

C_r	F_S	e	$\frac{F_a}{F_r} \leqslant e$		$\frac{F_a}{F_r} > e$	
			X	Y	X	Y
35.2 kN	$0.68F_r$	0.68	1	0	0.41	0.87

4. 某轴选用 7207AC 型角接触球轴承反装支承，如图 12.35 所示。已知：轴向工作载荷 F_A= 500 N，两轴承所受径向载荷分别为 F_{r1} =3000 N、F_{r2} =1700 N，转速 n =1000 r/min，温度系数 f_t=1，载荷系数 f_p=1.2。计算：

(1)　两个轴承内部轴向力 F_{S1}、F_{S2}，并在图上标出方向。

(2)　两个轴承所受的轴向载荷 F_{a1}、F_{a2}。

(3)　两个轴承的当量动载荷 P_1、P_2。

(4)　轴承的寿命。

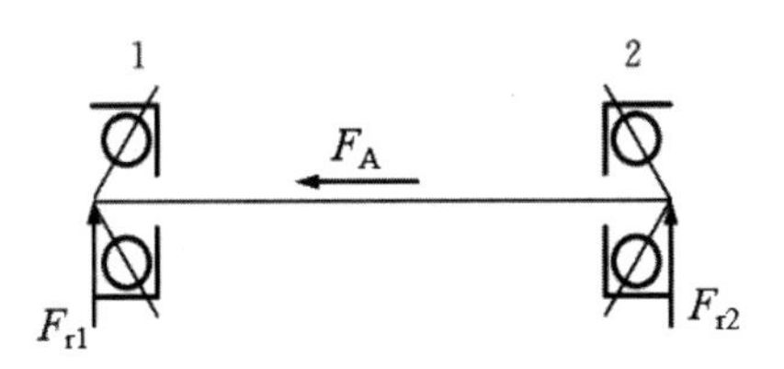

图 12.35

7207AC 相关计算数据表见表 12.7。

表 12.7

C_r	F_S	e	$\frac{F_a}{F_r} \leqslant e$		$\frac{F_a}{F_r} > e$	
			X	Y	X	Y
29.0 kN	$0.68F_r$	0.68	1	0	0.41	0.87

5. 如图 12.36 所示，某轴选用一对 30310 型轴承正装支承，已知轴承所受径向载荷分别为 F_{r1}=7000 N、F_{r2}=14500 N，轴向工作载荷 F_A=2500 N，转速 n=1450 r/min。轴承预期寿命[L_h]=8000h，载荷平稳，取载荷系数 f_P=1.1，温度正常，取温度系数 f_t=1。

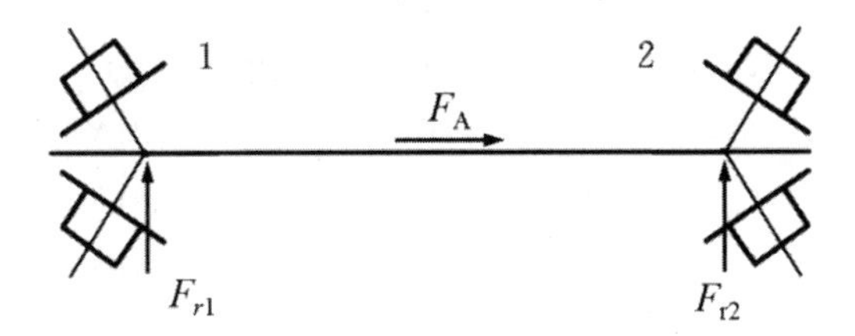

图 12.36

(1)　计算两个轴承内部轴向力 F_{S1}、F_{S2}，并在图上标出方向。

(2)　计算两个轴承所受的轴向载荷 F_{a1}、F_{a2}。

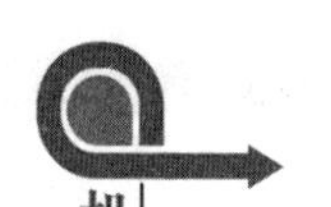

(3) 计算两个轴承的当量动载荷 P_1、P_2。

(4) 判断选用 30310 轴承是否合适。

30310 的相关计算数据表见表 12.8。

表 12.8

C_r	e	F_S	$\frac{F_a}{F_r} \leqslant e$		$\frac{F_a}{F_r} > e$	
130.0 kN	0.35	$F_S=F_r/2Y(Y=1.7)$	$X=1$	$Y=0$	$X=0.4$	$Y=1.7$

6. 如图 12.37 所示，某轴用一对 30307 圆锥滚子轴承，轴承所受的径向载荷 F_{r1}=2500 N、F_{r2}=5000 N，作用在轴上的轴向工作载荷 F_{A1}=400 N、F_{A2}=2400 N。轴在常温下工作，载荷平稳 f_p=1。试计算轴承当量动载荷大小，并判断哪个轴承寿命短。

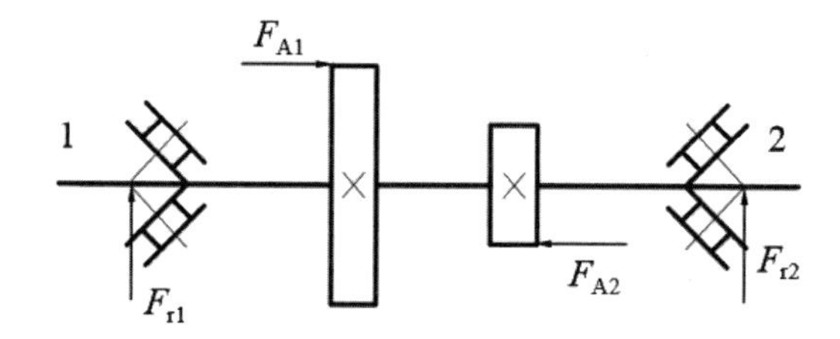

图 12.37

30307 轴承有关计算数据表见表 12.9。

表 12.9

C_r	e	F_S	$\frac{F_a}{F_r} \leqslant e$		$\frac{F_a}{F_r} > e$	
75.2 kN	0.31	$F_S=F_r/2Y(Y=1.9)$	$X=1$	$Y=0$	$X=0.4$	$Y=1.9$

12.6 自测题参考答案

1. 选择填空

(1)D (2)B (3)D (4)C (5)A (6)C (7)A (8)D (9)B (10)A
(11)C (12)C (13)A (14)B (15)A (16)D (17)B (18)A (19)B (20)C
(21)C (22)C (23)B (24)D (25)C (26)D (27)D (28)A (29)A (30)A
(31)D (32)B (33)B (34)C (35)B (36)A (37)C (38)B (39)A (40)A
(41)B (42)A (43)C (44)B (45)C (46)D (47)D (48)B (49)A (50)A

2.

解：(1) 计算两轴承所受径向载荷，如题 2 答图(a)所示。

在 V 面：$M = F_A \cdot r = 48000\ \text{N·mm}$

$R_{V2} \cdot (l_1+l_2)+M-F_R \cdot l_1=0$

得：$R_{V2}=960$ N

$M+F_R \cdot l_2-R_{V1} \cdot (l_1+l_2)=0$

得：$R_{V1}=2040$ N

在 H 面中，列力矩平衡方程为

$R_{H2} \cdot (l_1+l_2)-F_T \cdot l_1=0$

得：$R_{H2}=666.7$ N

$R_{H1}=F_T-R_{H2}=1333.3$ N

两轴承所受的径向合力为

$$F_{r1}=\sqrt{R_{H1}^2+R_{V1}^2}=\sqrt{133.3^2+2040^2}=2044.4\,(\text{N})$$

$$F_{r2}=\sqrt{R_{H2}^2+R_{V2}^2}=\sqrt{666.7^2+960^2}=1168.8\,(\text{N})$$

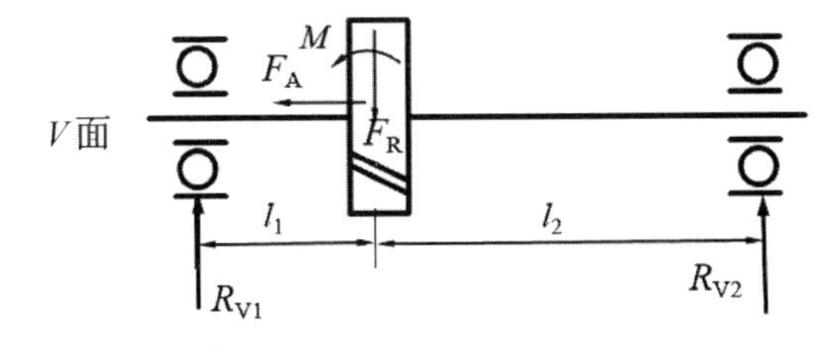

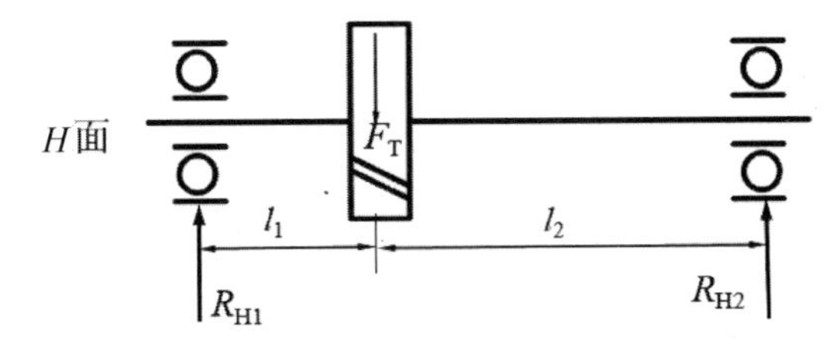

题 2 答图(a)

(2)　计算当量动载荷。

$F_{a1}=F_A=800$ N，$F_{a2}=0$

$\dfrac{F_{a1}}{C_{0r}}=\dfrac{800}{18000}=0.044$，介于 0.028～0.056 之间，用线性插值法求 e 和 Y 值。

$\dfrac{e-0.22}{0.044-0.028}=\dfrac{0.26-0.22}{0.056-0.028}$，$e=0.24$，如题 2 答图(b)。

$\dfrac{Y-1.99}{0.24-0.22}=\dfrac{1.71-1.99}{0.26-0.22}$，$Y=1.85$，如题 2 答图(c)。

$\dfrac{F_{a1}}{F_{r1}}=\dfrac{800}{2044.4}=0.39>e$，$X_1=0.56$，$Y_1=1.85$

$\dfrac{F_{a2}}{F_{r2}}=0$，$X_2=1$，$Y_2=0$

$$P_1=X_1F_{r1}+Y_1F_{a1}=0.56\times2044.4+1.85\times800=2624.9\,(\text{N})$$

$$P_2=F_{r1}=1168.8\ \text{N}$$

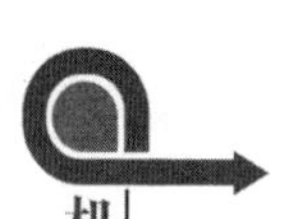

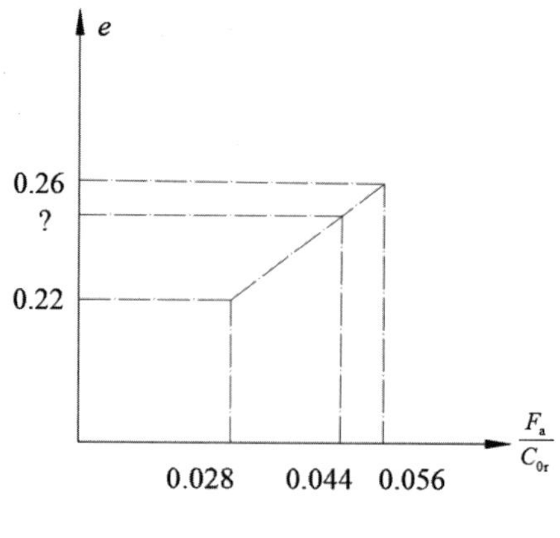

题 2 答图(b)

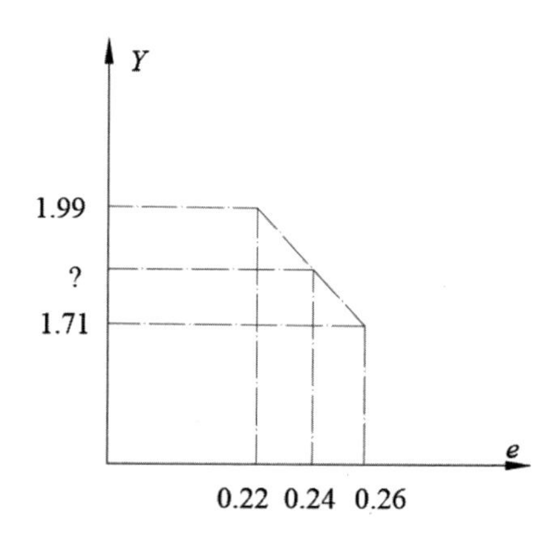

题 2 答图(c)

(3) 计算轴承寿命。

$P_1 > P_2$

$$L_h = \frac{10^6}{60n}\left(\frac{Cf_t}{f_p P}\right)^{\varepsilon} = \frac{10^6}{60\times1000}\times\left(\frac{29500}{1.0\times2624.9}\right)^3 = 23657.9(\text{h})$$

3.

解：(1) 计算派生轴向力。

F_{S1}=0.68 F_{r1} =0.68×700=476(N)

F_{S2}=0.68 F_{r2} =0.68×510=346.8(N)

轴承正装，F_{S1} 和 F_{S2} 的方向箭头相对，如题 3 答图所示。

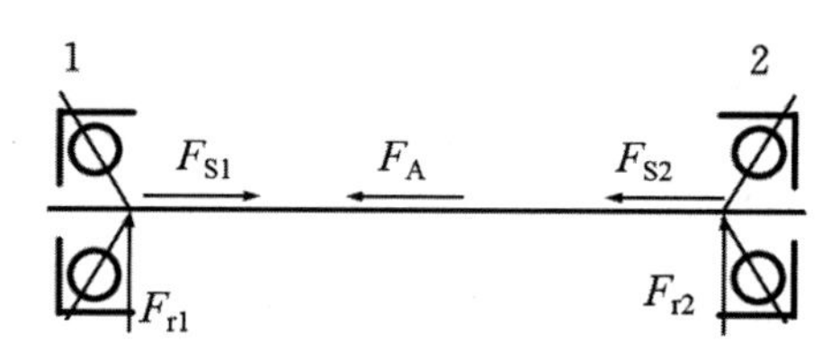

题 3 答图

(2)　计算两轴承所受的轴向载荷。

因为　$F_{S2}+F_A=346.8+400=746.8\text{ N}>F_{S1}$(向左的轴向合力大)

所以　右轴承 1 被“压紧”，左轴承 2 被“放松”。

$F_{a1}=F_{S2}+F_A=746.8\text{ N}$，$F_{a2}=F_{S2}=346.8\text{ N}$

(3)　计算两轴承的当量动载荷。

$\dfrac{F_{a1}}{F_{r1}}=\dfrac{746.8}{700}>e$　$X_1=0.41$，$Y_1=0.87$

$P_1=X_1F_{r1}+Y_1F_{a1}=0.41\times 700+0.87\times 746.8=936.7\text{ (N)}$

$\dfrac{F_{a2}}{F_{r2}}=\dfrac{346.8}{510}=e$，则 $X_2=1$，$Y_2=0$

$P_2=X_2F_{r2}+Y_2F_{a2}=510\text{ (N)}$

(4)　计算轴承寿命。

由于 $P_1>P_2$，故轴承 1 的寿命短。

$$L_h=\frac{10^6}{60n}\left(\frac{f_tC}{f_pP}\right)^{\varepsilon}=\frac{10^6}{60\times 1450}\left(\frac{35200}{1.5\times 936.7}\right)^3=180731\text{(h)}$$

4.

解：(1)　计算派生轴向力

$F_{S1}=0.68\ F_{r1}=0.68\times 3000=2040\text{(N)}$

$F_{S2}=0.68\ F_{r2}=0.68\times 1700=1156\text{(N)}$

轴承反装，F_{S1} 和 F_{S2} 的方向箭头相背离，如题 4 答图所示。

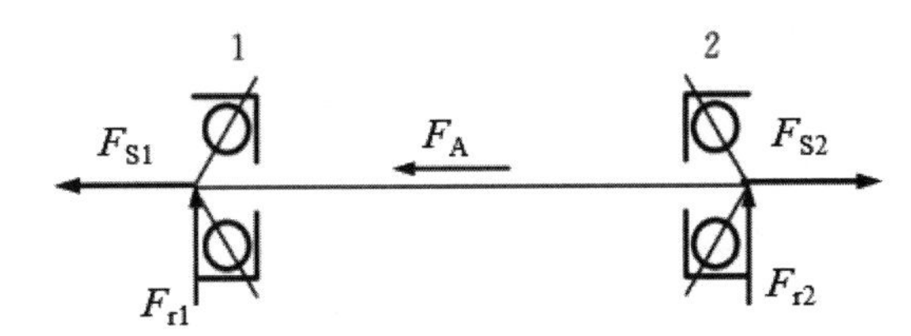

题 4 答图

(2)　计算轴承所受轴向力。

$F_{S1}+F_A=2040+500=2540\text{(N)}>F_{S2}$(向左的轴向合力大)

左轴承 1 被“放松”，右轴承 2 被“压紧”。

$F_{a1}=F_{S1}=2040\text{N}$，$F_{a2}=F_{S1}+F_A=2540\text{N}$

(3)　计算当量动载荷。

$\dfrac{F_{a1}}{F_{r1}}=\dfrac{2040}{3000}=0.68$　　$X_1=1$，$Y_1=0$

$\dfrac{F_{a2}}{F_{r2}}=\dfrac{2540}{1700}>e$　　$X_2=0.41$，$Y_2=0.87$

$P_1=X_1\ F_{r1}+Y_1\ F_{a1}=3000\text{ N}$

$P_2=X_2\ F_{r2}+Y_2\ F_{a2}=0.41\times 1700+0.87\times 2540=2906.8\text{(N)}$

(4)　由于 $P_1>P_2$，故轴承 1 的寿命短。

$$L_h = \frac{10^6}{60n}\left(\frac{f_t C}{f_p P}\right)^{\varepsilon} = \frac{10^6}{60 \times 1000}\left(\frac{29000}{1.2 \times 3000}\right)^3 = 8712.3(\text{h})$$

5.

解：(1) 计算派生轴向力。

$$F_{S1} = \frac{F_{r1}}{2Y} = \frac{7000}{2 \times 1.7} = 2058.8\ (\text{N})$$

$$F_{S2} = \frac{F_{r2}}{2Y} = \frac{14500}{2 \times 1.7} = 4264.7\ (\text{N})$$

F_{S1}、F_{S2} 方向如题 5 答图所示。

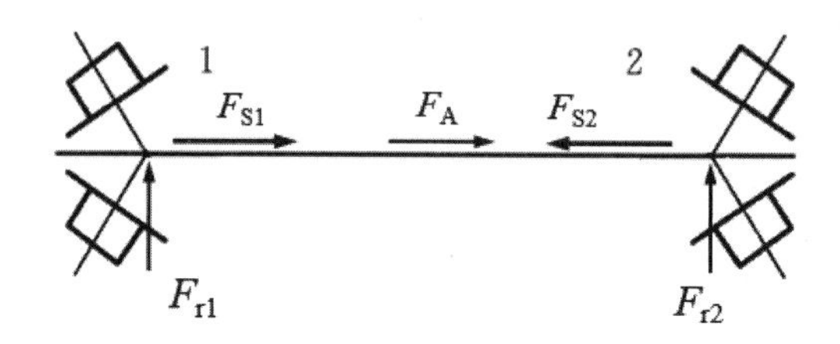

题 5 答图

(2) 计算轴承所受轴向力。

因为 $F_{S1} + F_A = 2058.8 + 2500 = 4558.8(\text{N}) > F_{S2}$

所以 轴承 1“放松”，轴承 2 被“压紧”。

$F_{a1} = F_{S1} = 2058.8\ \text{N}$，$F_{a2} = F_{S1} + F_A = 4558.8\ \text{N}$

(3) 计算当量动载荷。

$\dfrac{F_{a1}}{F_{r1}} = \dfrac{2058.8}{7000} = 0.29 < e$，$X_1=1$，$Y_1=0$

$\dfrac{F_{a2}}{F_{r2}} = \dfrac{4558.8}{14500} = 0.31 < e$，$X_2=1$，$Y_2=0$

$P_1 = X_1 F_{r1} + Y_1 F_{a1} = 7000\ \text{N}$

$P_2 = X_2 F_{r2} + Y_2 F_{a2} = 14500\ \text{N}$

(4) 计算轴承寿命。

$$L_h = \frac{10^6}{60n}\left(\frac{C f_t}{f_p P}\right)^{\varepsilon} = \frac{10^6}{60 \times 1450} \times \left(\frac{130000}{1.1 \times 14500}\right)^{\frac{10}{3}} = 12524.4(\text{h})$$

$L_h > [L_h]$ 用 30310 轴承合适。

6.

解：(1) 计算派生轴向力。

$$F_{S1} = \frac{F_{r1}}{2Y} = \frac{2500}{2 \times 1.9} = 657.9\ (\text{N})$$

$$F_{S2} = \frac{F_{r2}}{2Y} = \frac{5000}{2 \times 1.9} = 1315.8\ (\text{N})$$

该对圆锥滚子轴承反装，F_{S1}、F_{S2} 相背离，方向如题 6 答图所示。

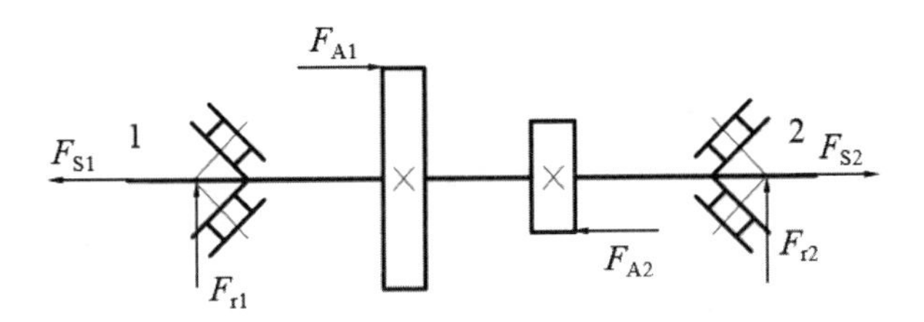

题 6 答图

(2)　计算轴承所受轴向力。

轴向工作载荷 $F_A=F_{A2}-F_{A1}=2400-400=2000$(N)，方向向左。

$F_{S1}+F_A=657.9+2000=2675.9(\text{N})>F_{S2}$

轴承 2 被“压紧”，轴承 1“放松”。

$F_{a1}=F_{S1}=657.9\,\text{N}$，　$F_{a2}=F_{S1}+F_A=2657.9\,\text{N}$

(3)　计算当量动载荷。

$\dfrac{F_{a1}}{F_{r1}}=\dfrac{657.9}{2500}=0.26<e$，$X_1=1$，$Y_1=0$

$\dfrac{F_{a2}}{F_{r2}}=\dfrac{2657.9}{5000}=0.53>e$，$X_2=0.4$，$Y_2=1.9$

$P_1=X_1F_{r1}+Y_1F_{a1}=2500\,\text{N}$

$P_2=X_2F_{r2}+Y_2F_{a2}=0.4\times5000+1.9\times2657.9=7050.01(\text{N})$

(4)　$P_2>P_1$, 右侧 2 轴承寿命短。

第 13 章　轴

13.1　主要内容与学习要求

1. 主要内容

(1) 轴的功用及分类。
(2) 轴的常用材料。
(3) 轴的结构设计。
(4) 轴的强度和刚度计算。

2. 学习要求

(1) 掌握轴的功用及分类。
(2) 掌握轴的常用材料及结构设计。
(3) 掌握轴系零件的定位方法。
(4) 掌握轴的强度计算。

13.2　重点与难点

1. 重点

(1) 轴的结构设计。
(2) 轴系零件的定位方法。
(3) 轴的强度计算。

2. 难点

轴的结构设计与强度计算。

13.3 思维导图

第 13 章思维导图.docx

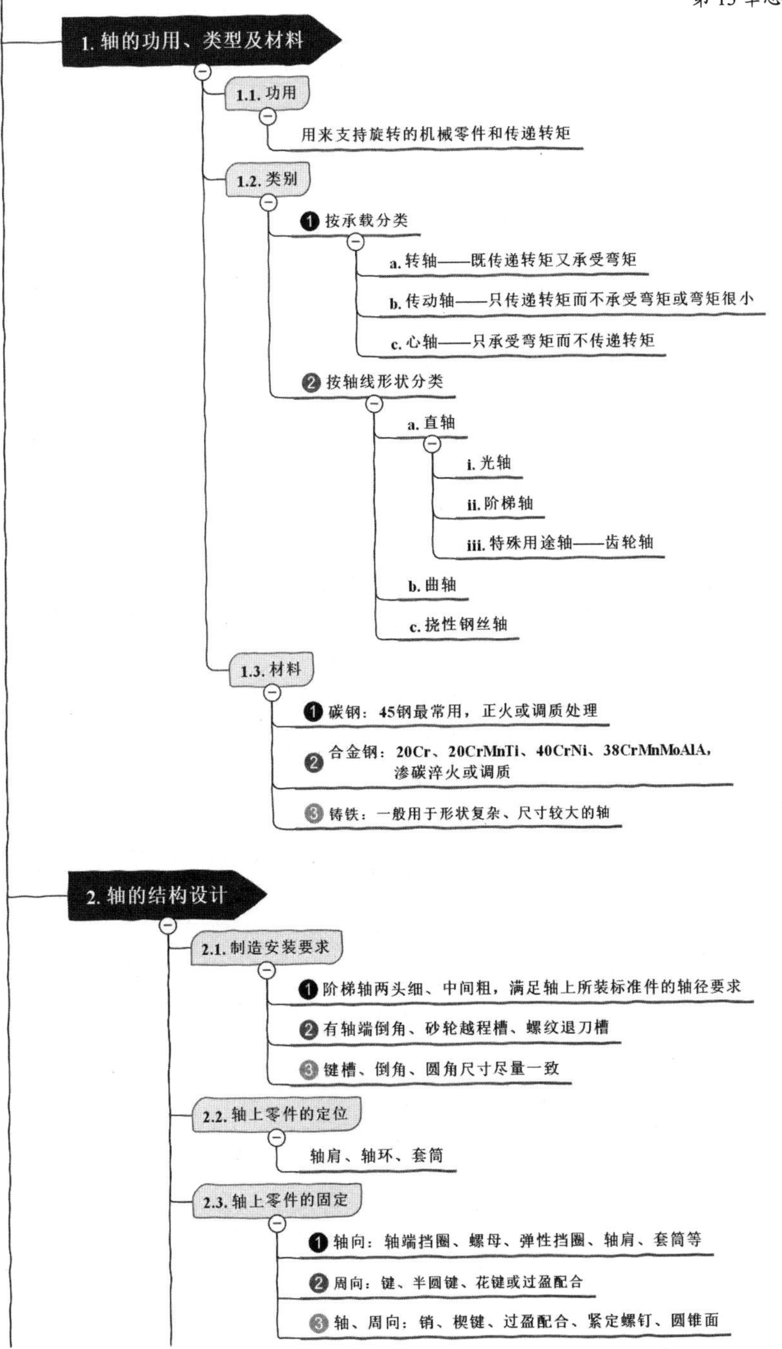

2.4. 轴的各段直径和长度的确定

1. 安装标准件的轴段，尽量采用标准直径
2. 用轴端挡圈、螺母、套筒作轴向固定时，装零件的轴段长度比零件轮毂短2～3mm

2.5. 改善轴的受力状况，减少应力集中

1. 合理布置轴上零件，减小每段轴所受转矩，或结构上使轴只受弯矩，不受转矩
2. 轴段直径变化不宜过大，尽量避免横孔、切槽
3. 采用大的过渡圆角或过渡肩环或凹切圆角
4. 轴上开卸载槽、轮毂上切卸载槽
5. 增大配合处轴径

3. 轴的强度计算

3.1. 按扭转强度计算

1. 适用于传动轴的强度计算
2. 强度条件

$$\tau=\frac{T}{W_T}=\frac{9.55\times10^6P}{0.2d^3n}\leqslant[\tau]\ \text{MPa}$$

3. 设计公式

$$d\geqslant\sqrt[3]{\frac{9.55\times10^6}{0.2[\tau]}}\sqrt[3]{\frac{P}{n}}\geqslant C\sqrt[3]{\frac{P}{n}}\ \text{mm}$$ （最小轴径确定）

3.2. 按弯扭合成强度计算

1. 适用于转轴的强度计算
2. 强度条件

$$\sigma_e=\sqrt{\sigma_b^2+4\tau^2}$$

$$\sigma_e=\sqrt{\left(\frac{M}{W}\right)^2+4\left(\frac{T}{2W}\right)^2}=\frac{1}{W}\sqrt{M^2+T^2}\leqslant[\sigma]_b$$

$$\sigma_e=\frac{M_e}{W}=\frac{1}{W}\sqrt{M^2+(\alpha T)^2}\leqslant[\sigma]_b$$

$$\alpha=\begin{cases}0.3 & T\text{不变}\\0.6 & T\text{脉动变化}\\1 & \text{频繁正反转}\end{cases}$$

3. 计算轴径步骤

a. 将外载荷分解到水平面和垂直面内，求垂直面支承反力F_V 和水平面支承反力F_H

b. 做垂直面弯矩M_V图和水平面弯矩M_H图

c. 作合成弯矩M图，$M=\sqrt{M_H^2+M_V^2}$

d. 作转矩T图

e. 弯扭合成，作当量弯矩M_e图，$M_e=\sqrt{M^2+(\alpha T)^2}$

f. 计算危险界面轴径 $d\geqslant\sqrt[3]{\frac{M_e}{0.1[\sigma]_b}}$

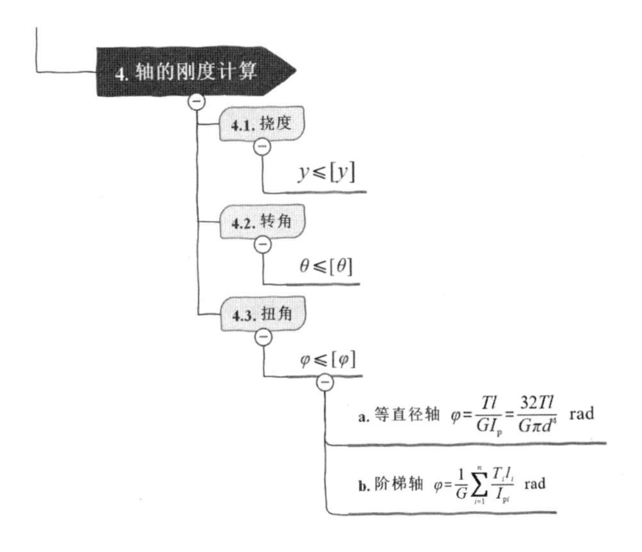

13.4 典型例题解析

例题 13.1 根据所承受的载荷性质轴可分为哪几类？一般如何判断？判断图 13.1 所示传动系统中各轴的类型。

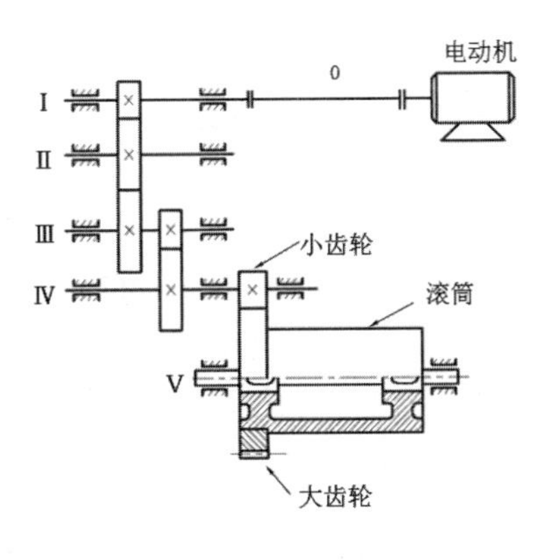

图 13.1

答：根据所承受的载荷性质，轴可分为心轴、转轴和传动轴。心轴只受弯矩作用，传动轴只传递扭矩，转轴既承受弯矩又传递扭矩。若轴上除联轴器、离合器外没有其他传动零件，则轴只传递扭矩为传动轴；若轴上装有带轮、链轮、齿轮、蜗杆、蜗轮等传动零件，传动零件会对轴产生径向力使轴受到弯矩作用；当轴上装有两个或两个以上的传动零件时，传动会在轴上传递一段距离，则轴一般既受弯矩又传递扭矩为转轴；否则为心轴。

图 13.1 中：0 轴上装有两个联轴器，没有其他传动零件，只传递扭矩为传动轴；Ⅰ轴上装有 1 个联轴器和 1 个齿轮，既受弯矩作用又传递扭矩，为转轴；Ⅱ轴只装有一个齿轮，只受弯矩作用，不传递扭矩，为心轴；Ⅲ轴上装有 2 个齿轮，既受弯矩又传递扭矩，为转轴；Ⅳ轴上装有 2 个齿轮，既受弯矩又传递扭矩，为转轴；Ⅴ轴上装有一个与大齿轮一体的滚筒，只受弯矩作用不受扭矩，为心轴。

例题 13.2 图 13.2 所示为轴系结构。

(1) 说明 1～8 代号对应的零件名称。

(2) 说明 1～8 各零件的安装顺序。

(3) 说明 2、6 及齿轮的轴向固定及周向固定方法。

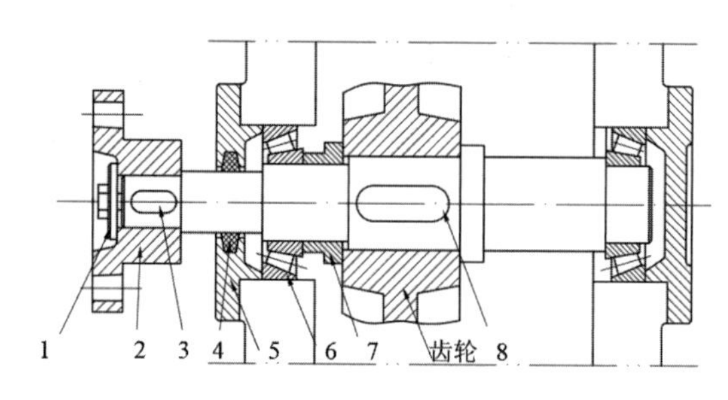

图 13.2

答：(1) 1—轴端挡圈；2—联轴器；3—键；4—密封件；5—轴承端盖；6—轴承；7—套筒；8—键。

(2) 安装的顺序为：先装键 8、齿轮、套筒 7、轴承 6，再将密封件 4 装入端盖 5 并装到轴上，然后装键 3、联轴器 2 和轴端挡圈 1。

(3) 联轴器 2 的轴向定位由轴端挡圈和定位轴肩实现，周向定位由键实现；轴承 4 轴向定位由端盖和套筒实现，周向定位由内圈与轴之间较紧的配合(过盈配合)实现；齿轮轴向定位由套筒和轴环实现，周向定位由键实现。

例题 13.3 轴的结构设计一般需考虑哪些问题？

答：轴的结构设计需考虑以下几点。

(1) 制造安装要求。以便于加工和轴上零件装拆。

(2) 定位和固定要求。以保证轴上零件要有准确的工作位置和可靠的固定。

(3) 强度要求。能改善受力状况，尽量减少应力集中。

例题 13.4 如图 13.3 所示轴系，若已知轴通过联轴器与电动机相连，电机轴径 D=28 mm，转速 $n = 960\ \text{r/min}$，输出功率 $P = 3.8$ kW，工作机为带式输送机，工作平稳。选择联轴器并初步设计①～⑦各轴段的径向尺寸。

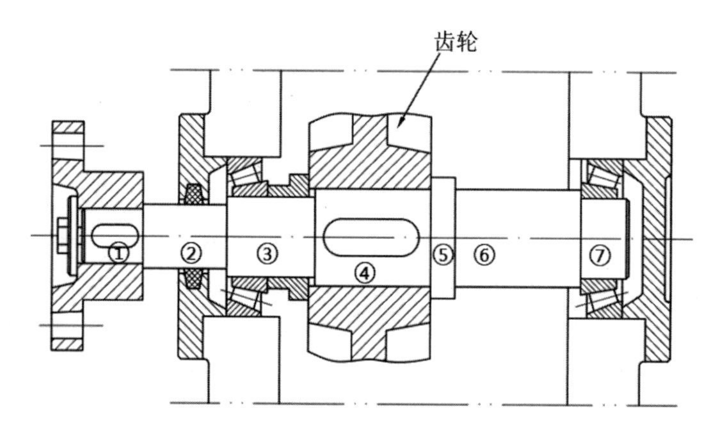

图 13.3

答：(1)　选择联轴器。

为了减小启动载荷、缓和冲击，选用具有较小转动惯量的弹性联轴器，此处选弹性套柱销联轴器。

轴传递的转矩：$T = 9.55\times10^6\times\dfrac{P}{n} = 9.55\times10^6\times\dfrac{3.8}{960} = 37802\,(\mathrm{N\cdot mm})$

计算转矩：$T_{ca} = K_A T$

工作情况系数 K_A 的取值见表 13.1。

表 13.1

工 作 机		K_A 原动机			
分类	工作情况及举例	电动机 汽轮机	四缸和四缸以上内燃机	双缸内燃机	单缸内燃机
Ⅰ	转矩变化很小，如发电机、小型通风机、小型离心泵	1.3	1.5	1.8	2.2
Ⅱ	转矩变化小，如透平压缩机、木工机床、运输机	1.5	1.7	2.0	2.4
Ⅲ	转矩变化中等，如搅拌机、增压泵、有飞轮的压缩机、冲床	1.7	1.9	2.2	2.6
Ⅳ	转矩变化和冲击载荷中等，如织布机、水泥搅拌机、拖拉机	1.9	2.1	2.4	2.8
Ⅴ	转矩变化和冲击载荷大，如造纸机、挖掘机、起重机、碎石机	2.3	2.5	2.8	3.2
Ⅵ	转矩变化大并有极强烈冲击载荷，如压延机、无飞轮的活塞泵、重型初轧机	3.1	3.3	3.6	4.0

根据工作情况系数表(表 13.1)，取 $K_A = 1.5$，$T_{ca} = K_A T = 56703\ \mathrm{N\cdot mm}$。

根据弹性套柱销联轴器参数表(表 13.2)，LT4 型公称转矩大于计算转矩 T_{ca}，而且其轴孔直径有 28 mm 孔径与电机轴匹配，因此联轴器可选 LT4 型。

表 13.2　(《弹性套柱销联轴器》(GB/T 4323—2002)(部分))

型　号	公称转矩(N.m)	许用转速(r/min)	轴孔直径(mm)
LT1	6.3	8800	9
			10，11
			12，14
LT2	16	7600	12，14
			16，18，19
LT3	31.5	6300	16，18，19
			20，22

续表

型 号	公称转矩(N.m)	许用转速(r/min)	轴孔直径(mm)
LT4	63	5700	20，22，24
			25，28
LT5	125	4600	25，28
			30，32，35

(2) 设计各轴段的直径。

轴选用 45 钢调质。径向尺寸设计时由最小直径处①轴段开始设计。

① 轴段直径：因该轴段只受扭矩作用，根据扭转强度理论，代入公式 $d \geqslant C\sqrt[3]{\frac{p}{n}}$ 计算，考虑该轴段有一个键槽会降低轴的强度，直径再放大 5%～7%，并根据该轴段连接的联轴器内孔直径进行圆整。(45 钢对应 C 值为 107～118，该轴段只传递扭矩，C 取最小值 107)

$$d \geqslant C\sqrt[3]{\frac{p}{n}} = 107 \times \sqrt[3]{\frac{3.8}{960}} = 16.93(\text{mm})$$

$$d_1 = 16.93 \times (1 + 6\%) = 17.94(\text{mm})$$

根据 LT4 型联轴器内孔(20,22,24,25,28)圆整，取 $d_1 = 20$ mm。

② 轴段直径：考虑左侧①轴段安装的联轴器轴向固定可采用轴肩固定，②轴段直径应比①轴段直径大 2 个定位轴肩的高度 h=(0.07~0.1)d_1，并考虑其上装有密封件，因此应根据选择的密封件尺寸系列进行圆整。

$$d_2 = 20 + 2 \times 0.1 \times 20 = 24(\text{mm})$$

查手册，毛毡圈对应的轴径系列尺寸有 15、20、25、30、35 等。

取 $d_2 = 25$ mm

③ 轴段直径：该轴段上装有轴承，为了便于轴承的安装并考虑与轴承配合的表面质量要求更高，因此③轴段直径应比②轴段直径大 2 个非定位轴肩(工艺轴肩为 1～2 mm)，并根据轴承系列尺寸圆整，一般为 5 的倍数。

取 $d_3 = 30$ mm。

④ 轴段直径：该轴段上装有齿轮，考虑轴与齿轮的配合性质与轴和轴承的配合性质要求不同，因此④轴段直径应比③轴段直径大 2 个非定位轴肩高度，由于齿轮内孔为非标准值，因此只需圆整即可，一般个位为偶数或 5。

取 $d_4 = 35$ mm。

⑤ 轴段直径：该轴段为给齿轮轴向固定的轴环，可根据定位轴肩的尺寸加以增大并圆整。

$$d_5 = 35 + 2 \times 0.1 \times 35 = 42(\text{mm})$$

取 $d_5 = 45$ mm。

⑥ 轴段直径应考虑轴承内圈固定尺寸的要求，查取对应轴承的安装尺寸圆整即可。轴承可选 30206，查手册轴承内圈安装尺寸 $d_a = 36$ mm。

取 $d_6 = 36$ mm。

⑦ 轴段直径与③轴段直径相同。

$d_7 = 30$ mm。

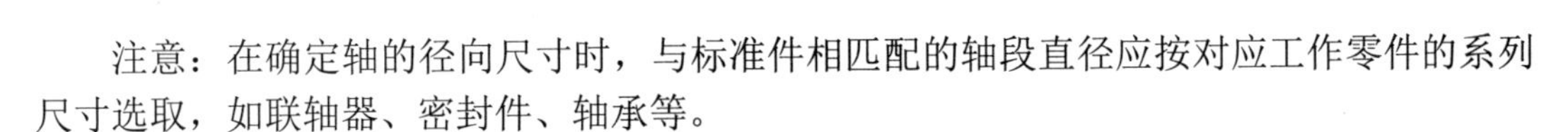

注意：在确定轴的径向尺寸时，与标准件相匹配的轴段直径应按对应工作零件的系列尺寸选取，如联轴器、密封件、轴承等。

例题 13.5 某轴系结构尺寸如图 13.4 所示，已知轴传递的功率 P=3.8 kW，转速 n=960 r/min，斜齿轮分度圆直径 d=90 mm，$\alpha_{\mathrm{n}} = 20°$，$\beta = 20°$，所受各分力方向如图 13.4 所示；轴的材料为 45 钢调质，单方向转动。请校核轴的强度。

答：轴传递的转矩

$$T = 9.55\times10^{6}\frac{p}{n} = 37802\ \mathrm{N\cdot mm}$$

齿轮各分力：

$$F_{\mathrm{t}} = \frac{2T}{d} = \frac{2\times37802}{90} = 840\,(\mathrm{N}),\quad F_{\mathrm{r}} = F_{\mathrm{t}}\tan\beta = 840\times\tan20° = 306\,(\mathrm{N})$$

$$F_{\mathrm{a}} = \frac{F_{\mathrm{t}}\tan\alpha_{\mathrm{n}}}{\cos\beta} = \frac{840\times\tan20°}{\cos20°} = 325\,(\mathrm{N})$$

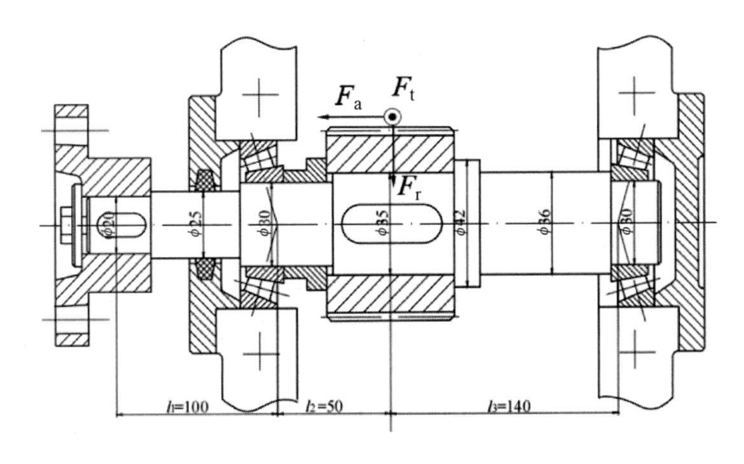

图 13.4

轴系受力简图如图 13.5 所示。

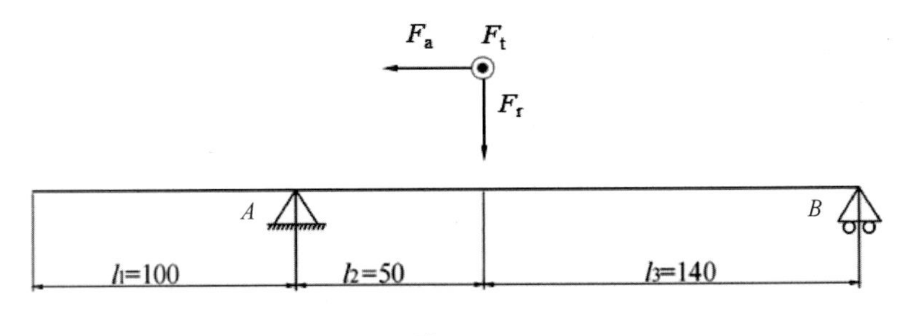

图 13.5

V 面受力简图如图 13.6 所示。

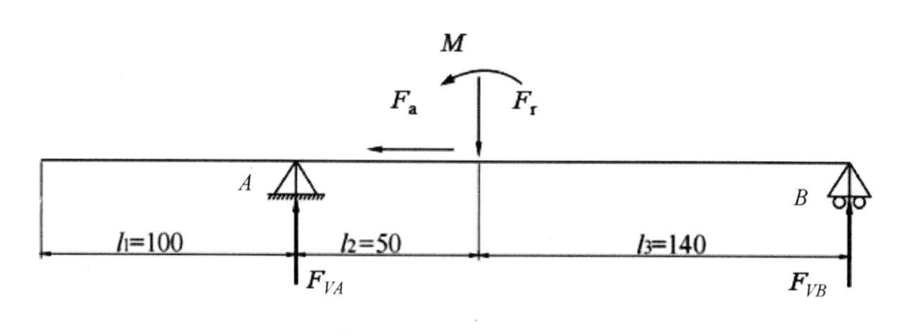

图 13.6

H 面受力简图如图 13.7 所示。

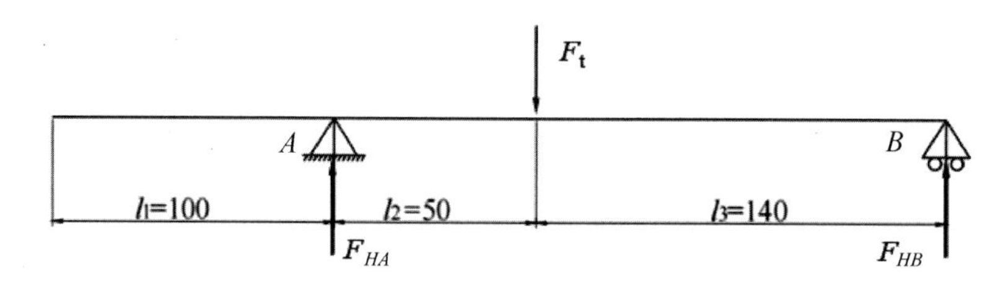

图 13.7

计算 V 面支反力，即

$$M = 0.5F_a d = 14625\ \text{N}\cdot\text{mm}$$

$$F_{VB}(l_2 + l_3) + M - F_r l_2 = 0,\quad F_{VB}(50+140) + 14625 - 306\times 50 = 0,\quad F_{VB} = 3.55\,\text{N}$$

$$M + F_r l_3 - F_{VA}(l_2 + l_3) = 0,\quad 14625 + 306\times 140 - F_{VA}(50+140) = 0,\quad F_{VA} = 302.45\,\text{N}$$

计算 H 面支反力，即

$$F_{HB}(l_2 + l_3) - F_t l_2 = 0,\quad F_{HB}(50+140) - 840\times 50 = 0,\quad F_{HB} = 221.05\,\text{N}$$

$$F_{HA} = F_t - F_{HB} = 618.95\,\text{N}$$

绘制弯矩图和扭矩图如图 13.8 所示。

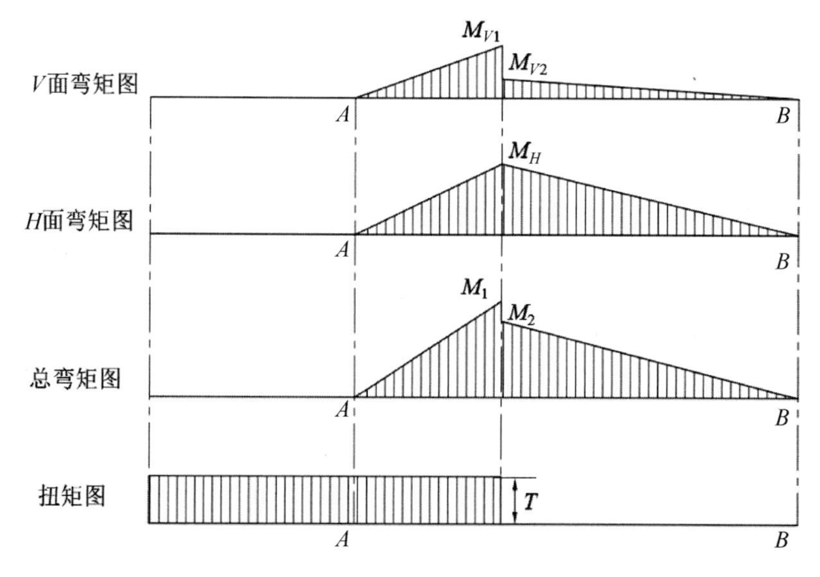

图 13.8

$$M_{V1}=F_{VA}l_2=302.45\times 50=15122.5\,(\mathrm{N\cdot mm})$$
$$M_{V2}=F_{VB}l_3=3.55\times 140=497\,(\mathrm{N\cdot mm})$$
$$M_H=F_{HA}l_2=F_{HB}l_3=30947.5\,(\mathrm{N\cdot mm})$$
$$M_1=\sqrt{M_{V1}^2+M_H^2}=31368.58\,(\mathrm{N\cdot mm}),\quad M_2=\sqrt{M_{V2}^2+M_H^2}=30951.49\,(\mathrm{N\cdot mm})$$

校核危险截面的强度：齿轮宽度中间左侧截面受最大弯矩且受扭矩，为危险截面。

$\sigma_{ca}=\dfrac{\sqrt{M_1^2+(\alpha T)^2}}{W}$，$W=0.1d^3=0.1\times 35^3=4287.5\,(\mathrm{mm}^3)$，$\alpha$取 0.6。

$\sigma_{ca}=\dfrac{\sqrt{31368.58^2+(0.6\times 37802)^2}}{4287.5}=9.03\,(\mathrm{MPa})<[\sigma_{-1}]$，强度足够。

(45 钢调质，$[\sigma_{-1}]=60\,\mathrm{MP}$)

例题 13.6 找出图 13.9 所示轴系结构设计中不合理之处，并说明原因(标序号①②等指明位置，润滑方式、倒角、圆角忽略不计)。

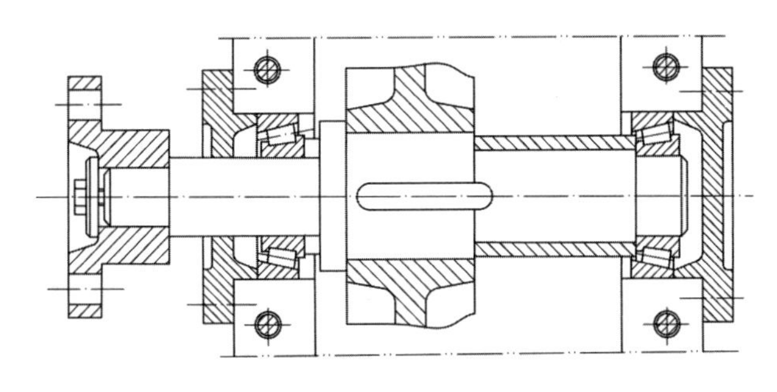

图 13.9

答：如图 13.10 所示。

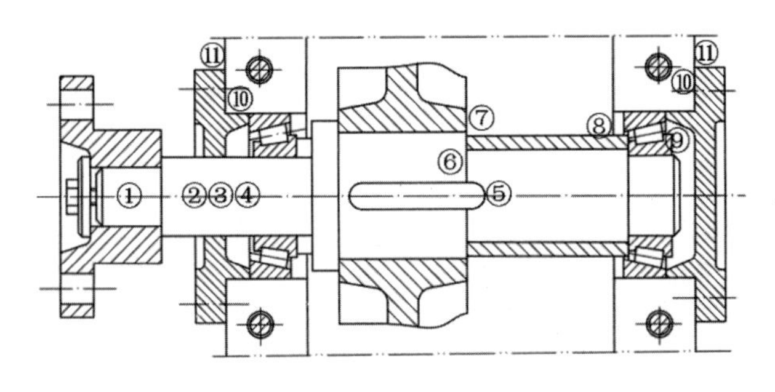

图 13.10

① 联轴器与轴之间缺少周向定位零件键，且应与齿轮处的键布置在同一直线上。

② 轴为转动件，而端盖静止，为避免摩擦，端盖孔与轴之间应留有间隙。

③ 端盖与轴之间应装密封件。

④ 为了便于轴承安装并考虑轴承与轴的配合性质与其他零件不同，装轴承处轴径应比前一轴段增加工艺轴肩高度，并根据轴承内径尺寸系列圆整，一般个位为 0 或 5。

⑤ 键长过长。键长应比对应轴段长度小 5～10 mm，并取标准长度。

⑥ 为保证齿轮轴向可靠定位，安装齿轮的轴段长度应比齿轮轮毂宽度小 2～3 mm。

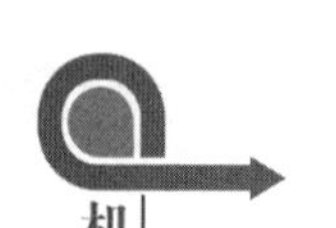

⑦ 套筒直径没有满足定位要求，齿轮右端轴向没有定位。

⑧ 套筒超过轴承内圈外径，轴承内圈不便拆卸。

⑨ 轴承应改为正装。

⑩ 缺少调整垫片。

⑪ 轴承座端面应比轴承突台外侧面突出 3～5 mm，以减少加工面积。

13.5 自 测 题

1. 选择填空

(1) 工作时只承受弯矩，不传递转矩的轴，称为(　　)。

A. 心轴　　B. 转轴　　C. 传动轴　　D. 曲轴

(2) 根据轴的承载情况，(　　)的轴称为转轴。

A. 工作时只承受弯矩，不传递转矩

B. 工作时不承受弯矩，只传递转矩

C. 工作时即承受弯矩，又传递转矩

D. 工作时承受较大轴向载荷

(3) 如图 13.11 所示，自行车前轮轴为(　　)，后轮轴为(　　)。

图 13.11

A. 心轴，转轴　　B. 转轴，心轴

C. 心轴，传动轴　　D. 心轴，心轴

(4) 如图 13.12 所示轴系结构，下列描述正确的是(　　)。

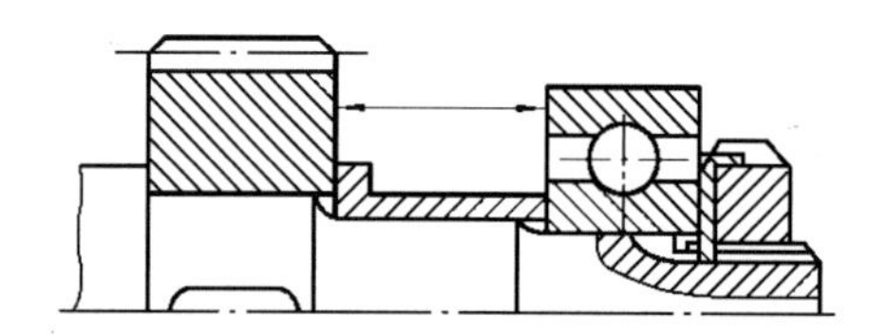

图 13.12

A. 齿轮左端面采用轴肩定位，右端面采用圆螺母定位

B. 齿轮左端面采用轴肩定位，右端面采用套筒定位

C. 齿轮左端面采用轴肩定位，右端面采用轴承定位

D. 齿轮左端面采用轴肩定位，右端面采用轴肩定位

(5)　如图 13.13 所示轴系结构，下列描述正确的是(　　)。

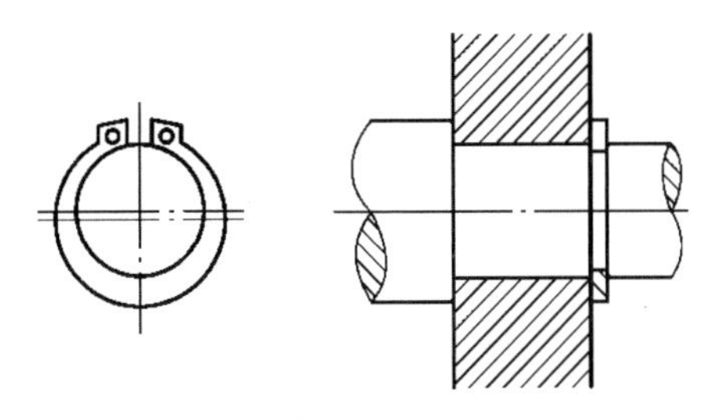

图 13.13

A. 轴上零件左、右端面均采用轴肩定位

B. 轴上零件左端面采用轴肩定位，右端面采用套筒定位

C. 轴上零件左端面采用轴肩定位，右端面采用轴用弹性挡圈定位

D. 轴上零件左端面采用轴肩定位，右端面采用圆螺母定位

(6)　如图 13.14 所示轴系结构中，下列描述正确的是(　　)。

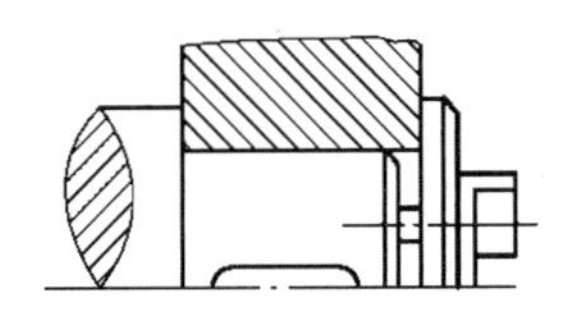

图 13.14

A. 轴上零件左、右端面均采用轴肩定位

B. 轴上零件左端面采用轴肩定位，右端面采用轴端挡圈定位

C. 轴上零件左端面采用轴肩定位，右端面采用轴用弹性挡圈定位

D. 轴上零件左端面采用轴肩定位，右端面采用圆螺母定位

(7)　如图 13.15 所示轴系结构中，下列描述正确的是(　　)。

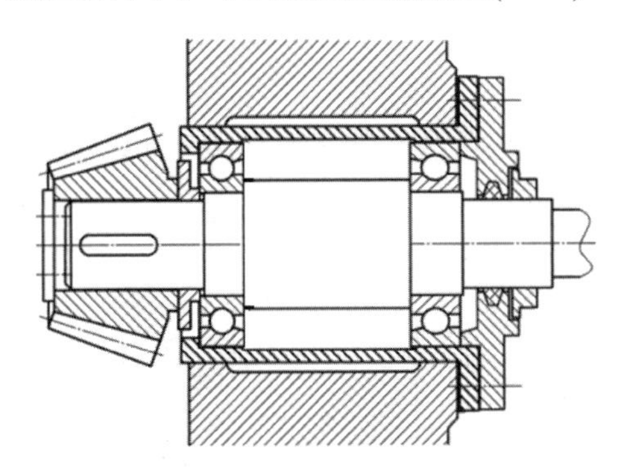

图 13.15

A. 锥齿轮左端面采用圆螺母定位，右端面采用轴肩定位

B. 锥齿轮左端面采用圆螺母定位，右端面采用套筒定位

C. 锥齿轮左端面采用轴端挡圈定位，右端面采用套筒定位

D. 锥齿轮左端面采用轴端挡圈定位，右端面采用轴肩定位

(8) 如图 13.16 所示轴系结构中，下列描述正确的是(　　)。

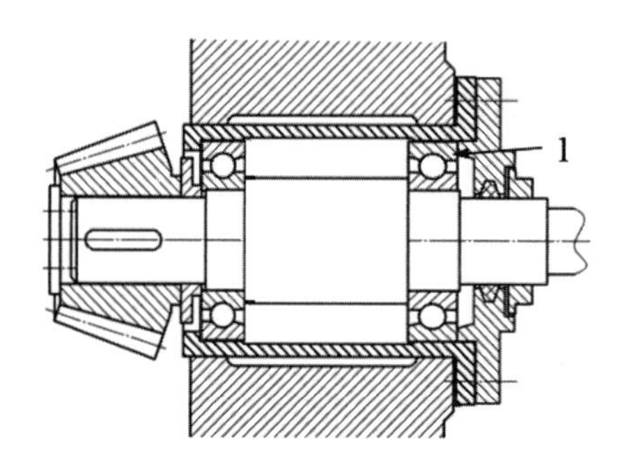

图 13.16

A. 滚动轴承 1 的轴向定位是通过套筒和轴承端盖实现
B. 滚动轴承 1 的轴向定位是通过套筒和过盈配合实现
C. 滚动轴承 1 的轴向定位是通过轴肩和轴承端盖实现
D. 滚动轴承 1 的轴向定位是通过轴肩和过盈配合实现

(9) 下列各零件中不能对轴上零件进行轴向定位的是(　　)。
A. 键　　B. 圆螺母　C. 轴端挡圈　　D. 紧定螺钉

(10) 下列零件中不能承受较大轴向力的是(　　)。
A. 套筒　　B. 圆螺母　C. 轴端挡圈　　D. 紧定螺钉

2. 图 13.17 所示为某轴的受力简图，已知圆锥齿轮平均分度圆直径 $d_m = 50\,\text{mm}$，所受各分力分别为 $F_r = 700\,\text{N}$、$F_a = 1000\,\text{N}$、$F_t = 1500\,\text{N}$，绘制该轴的总弯矩图及扭矩图。

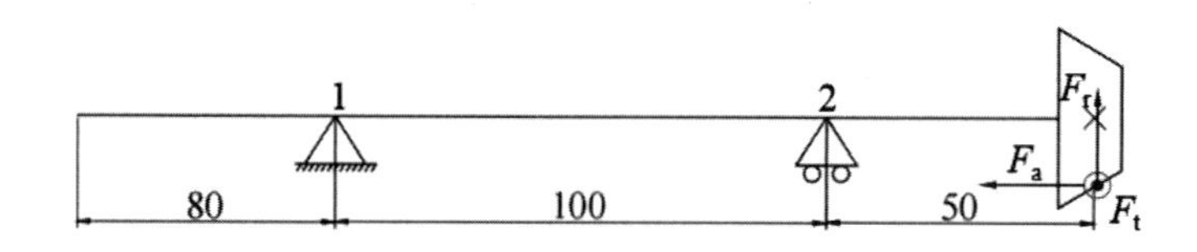

图 13.17

3. 指出图 13.18 所示轴系结构设计中不合理之处，并说明原因(标序号①②等指明位置，润滑方式、倒角、圆角忽略不计)。

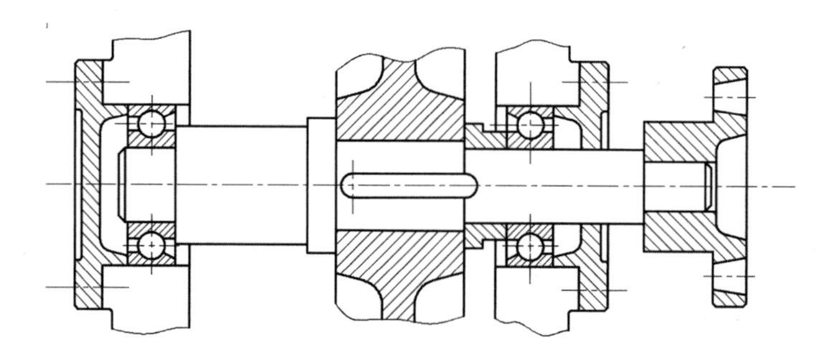

图 13.18

4. 指出图 13.19 所示轴系结构设计中不合理之处，并说明原因(标序号①②等指明位置，

润滑方式、倒角、圆角忽略不计)。

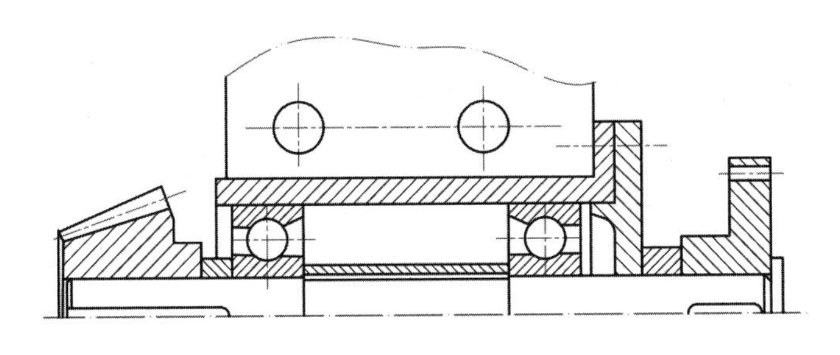

图 13.19

5. 指出图 13.20 所示轴系结构设计中不合理之处,并说明原因(标序号①②等指明位置,润滑方式、倒角、圆角忽略不计)。

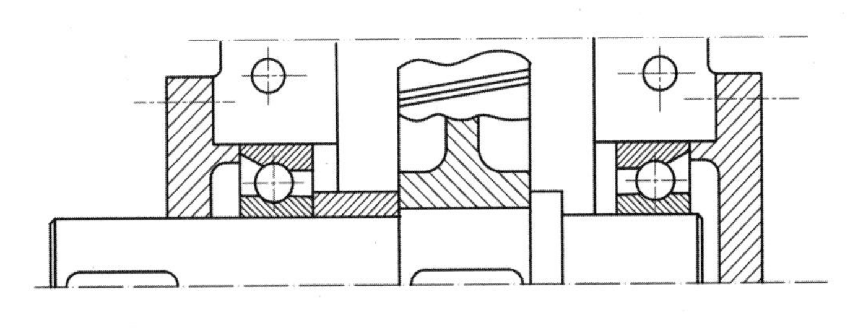

图 13.20

6. 指出图 13.21 所示轴系结构设计中不合理之处,并说明原因(标序号①②等指明位置,润滑方式、倒角、圆角忽略不计)。

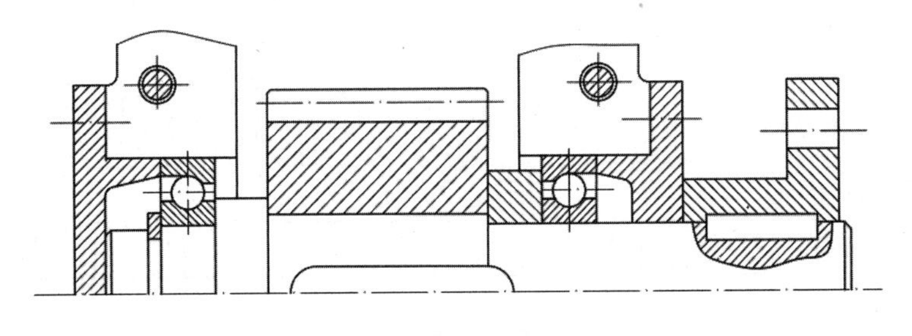

图 13.21

13.6 自测题参考答案

1. 选择填空

(1)A (2)C (3)D (4)B (5)C (6)B (7)C (8)C (9)A (10)D

2.

解: V 面及 H 面受力简图如题 2 答图(a)所示。

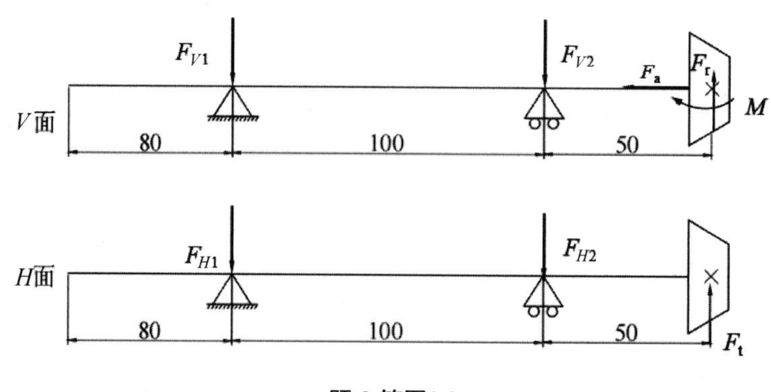

题 2 答图(a)

计算两面支反力：

V 面：$M = 0.5F_a d_m = 25000\ \text{N}\cdot\text{mm}$

$F_r \times (100+50) - F_{V2} \times 100 - M = 0$，$F_{V2} = 800\,\text{N}$

$F_{V1} = F_r - F_{V2} = -100\,\text{N}$

H 面：$F_t \times (100+50) - F_{H2} \times 100 = 0$，$F_{H2} = 2250\,\text{N}$

$F_{H1} = F_t - F_{H2} = -750\,\text{N}$

绘制弯扭矩图如题 2 答图(b)所示。

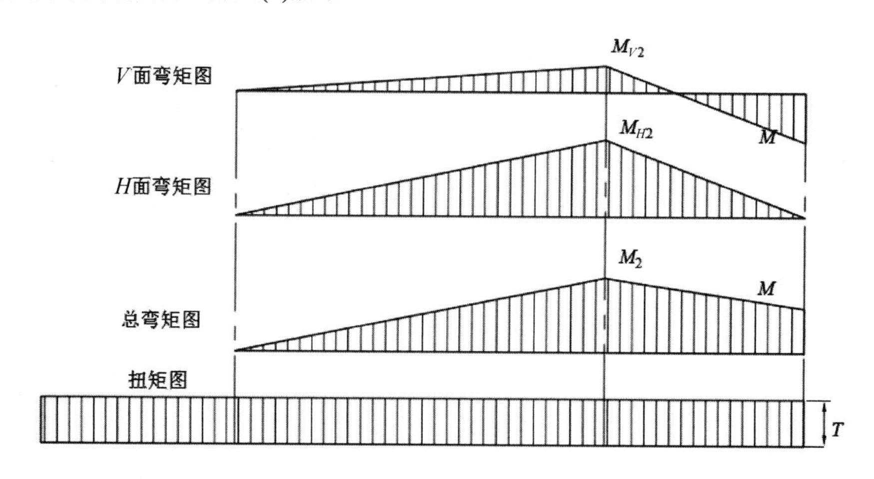

题 2 答图(b)

$M_{V2} = F_{V1}\cdot 100 = F_r \cdot 50 - M = 10000\ \text{N}\cdot\text{mm}$

$M_{H2} = F_{H1}\cdot 100 = F_t \cdot 50 = 75000\ \text{N}\cdot\text{mm}$

$M_2 = \sqrt{M_{V2}^2 + M_{H2}^2} = 75663.7\ \text{N}\cdot\text{mm}$

$T = 0.5F_t d_m = 37500\ \text{N}\cdot\text{mm}$

3.

答：如题 3 答图所示。

① 轴承右侧定位轴肩高度超过内圈外径，不便于轴承拆卸。

② 键长过长。键长应比对应轴段长度小 5～10 mm。

③ 为保证齿轮轴向可靠定位，安装齿轮的轴段长度应比齿轮轮毂宽度短 2～3 mm。

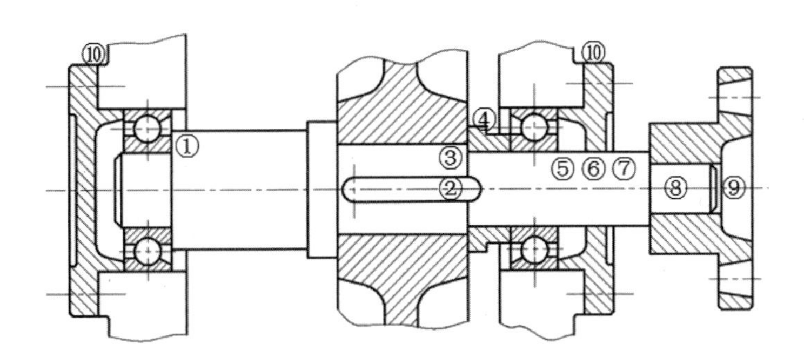

题 3 答图

④ 套筒右侧外径超过轴承内圈外径，轴承不便拆卸。

⑤ 为了便于轴承安装和拆卸，同时为了满足不同表面质量要求，装轴承处轴径应比端盖处轴径增加工艺轴肩高度，做成阶梯形状。

⑥ 端盖孔与轴之间应留有间隙。

⑦ 端盖与轴之间应装密封件。

⑧ 缺少周向定位零件键，且应与齿轮处的键布置在同一直线上。

⑨ 缺少轴向定位元件轴端挡圈。

⑩ 缺少调整垫片。

4.

答：如题 4 答图所示。

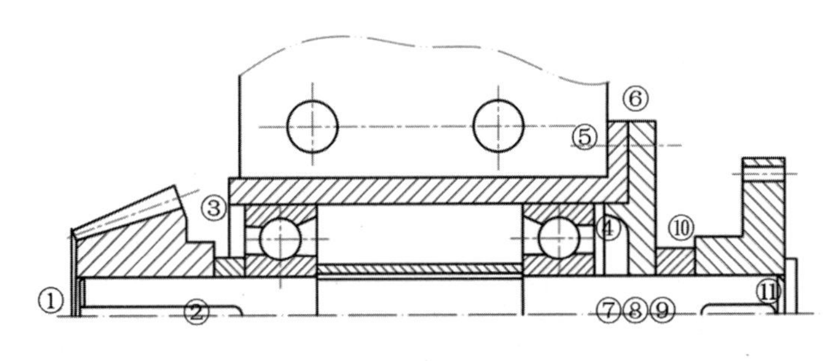

题 4 答图

① 缺少轴端挡圈。

② 键过长。

③ 轴承外圈没有定位。

④ 端盖应顶到轴承外圈。

⑤ 轴承座端面应突出 3～5 mm，以减少加工面积。

⑥ 套杯与轴承座端面、轴承端盖与套杯之间缺少调整垫片。

⑦ 该轴段应设计成阶梯形状，以满足轴承与轴、密封件与轴、联轴器与轴等不同零件装配性质及定位要求。

⑧ 端盖与轴之间应留有间隙。

⑨ 应有密封件。

⑩ 套筒与轴一起转动，不能与端盖接触。

⑪ 轴段长度应减少 2～3 mm。

5.

答：如题 5 答图所示。

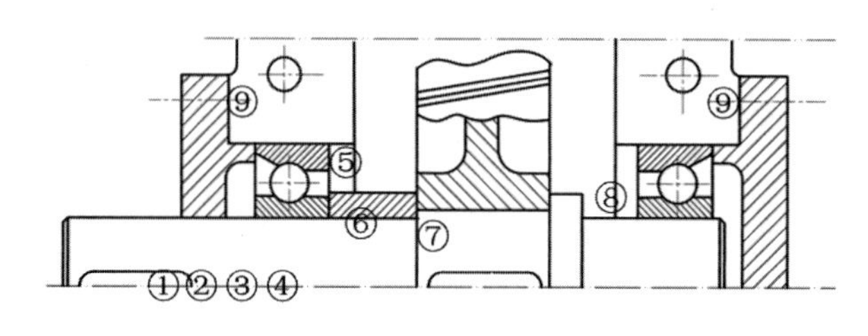

题 5 答图

① 键过长。

② 端盖与轴之间应留有间隙。

③ 应有密封件。

④ 轴应设计成阶梯形状，以便于零件的装拆及传动零件、密封件以及轴承与轴不同配合性质的需求。

⑤ 轴承应改为正装。

⑥ 套筒外径超过轴承内圈外径。

⑦ 轴段长度应比轮毂宽度小 2～3 mm。

⑧ 轴承内圈轴向没有定位。

⑨ 缺少调整垫片。

6.

答：如题 6 答图所示。

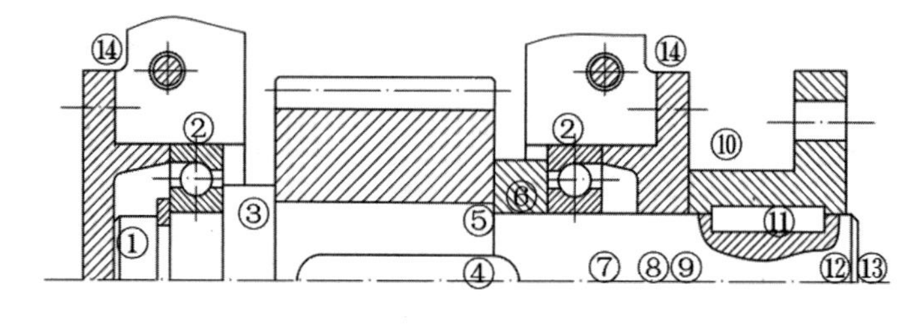

题 6 答图

① 轴过长。

② 轴承应改为正装。

③ 轴肩高度超过轴承内圈。

④ 键过长。

⑤ 轴段长度应比轮毂宽度小 2～3 mm。

⑥ 套筒外径超过轴承内圈外径。

⑦ 轴应设计成阶梯轴，以便于零件的装拆、定位及满足传动零件、密封件以及轴承与轴不同配合性质的需求。

⑧ 端盖与轴之间应留有间隙。

⑨ 应有密封件。

⑩ 联轴器不能与端盖接触。

⑪ 键应与齿轮处的键呈线性布置。

⑫ 轴过长，应比联轴器长度小 2～3 mm。

⑬ 应有轴端挡圈对联轴器轴向定位。

⑭ 缺少调整垫片。

第 14 章　联轴器、离合器和制动器

14.1　主要内容与学习要求

1. 主要内容

(1) 联轴器的类型及应用。

(2) 离合器的类型及应用。

(3) 联轴器、离合器的选择。

(4) 制动器的类型及应用。

2. 学习要求

(1) 掌握联轴器的类型、结构特点、工作原理及应用。

(2) 掌握离合器的类型、结构特点、工作原理及应用。

(3) 掌握制动器的类型、结构特点、工作原理及应用。

14.2　重点与难点

1. 重点

联轴器和离合器的类型、结构特点及其应用。

2. 难点

联轴器和离合器的选择及其计算。

14.3 思维导图

第 14 章思维导图.docx

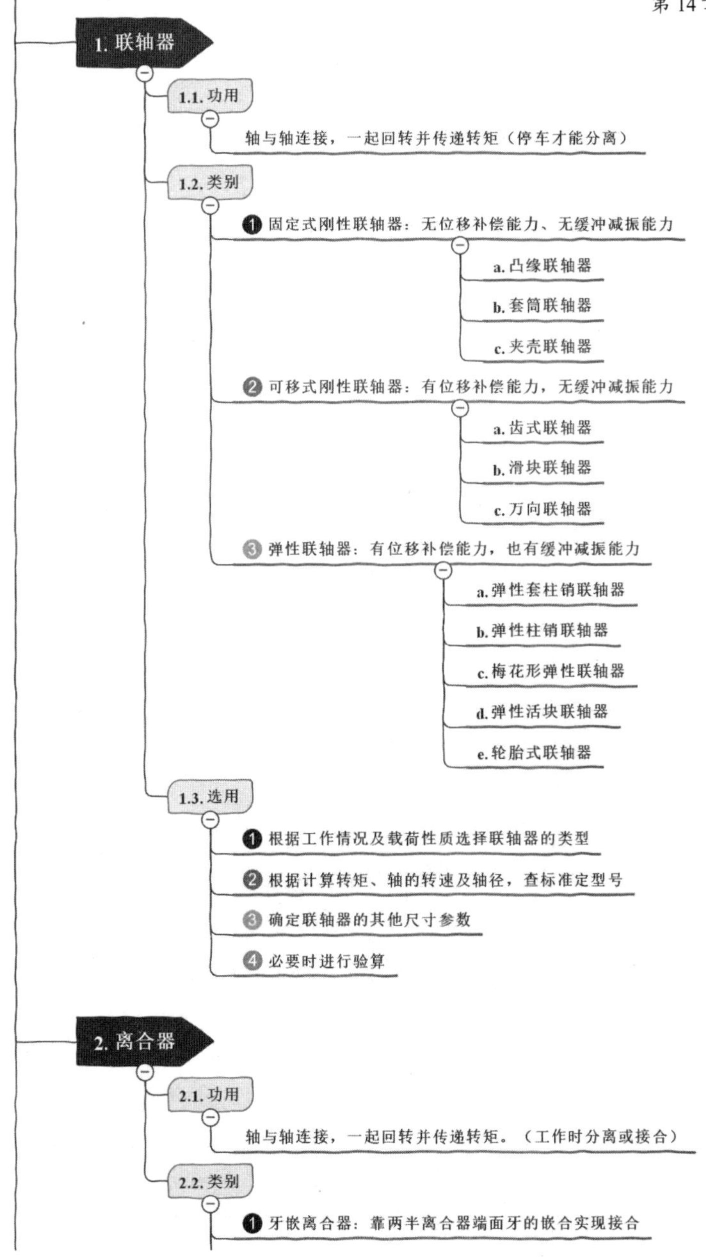

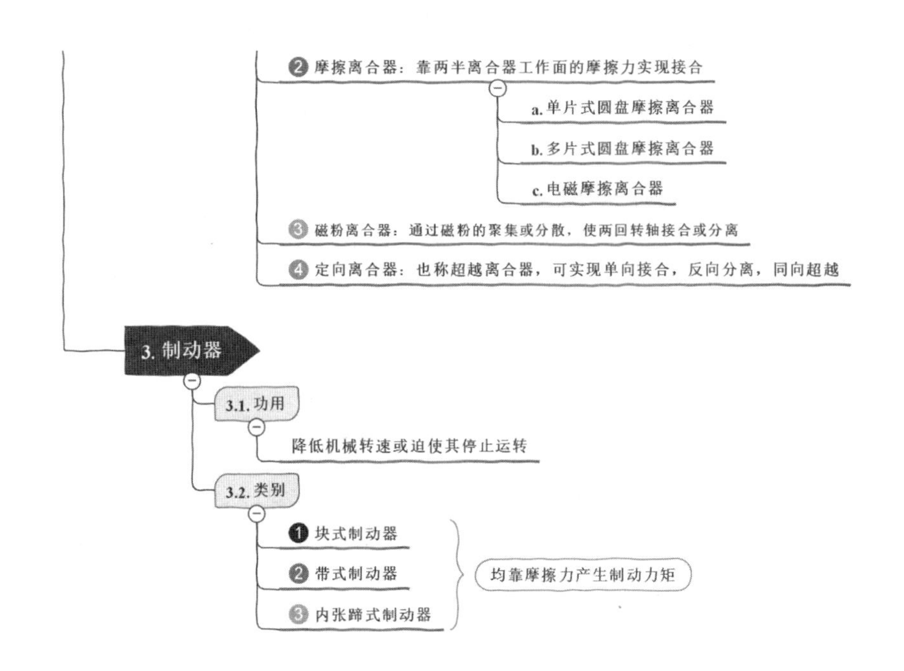

14.4 典型例题解析

例题 14.1 由交流电动机直接带动直流发电机供用直流电。已知所需最大功率为 18～20 kW，转速 3000 r/min，外伸轴轴径 $d = 45$ mm。

(1) 试为电动机与发电机之间选择一个恰当类型的联轴器，并说明理由。

(2) 根据已知条件，定出型号。

解：(1) 选择型号：因为此类机组一般为中小型，所需传递的功率中等，直流发电机载荷平稳，轴的弯曲变形较小，且连接之后不再拆动，故选用传递转矩大、结构简单的固定式刚性联轴器，如凸缘联轴器。

(2) 按照传递最大功率 $P = 20$ kW 计算转矩，则

$$T = 9550\frac{P}{n} = 9550\frac{20}{3000} = 63.67(\mathrm{N\cdot m})$$

根据原动机和工作机的特点，选定工作情况系数 $K_{\mathrm{A}} = 1.3$，则计算转矩为

$$T_{\mathrm{c}} = K_{\mathrm{A}}T = 1.3\times 63.67 = 82.77(\mathrm{N\cdot m})$$

根据计算转矩、轴的转速 $n = 3000$ r/min 及外伸轴直径 $d = 40$ mm 查手册，可用标准《凸缘联轴器》(GB 5843—1986)选用铰制孔型凸缘联轴器 YL9。其许用转矩$[T] = 400$ N·m，最大转速 $n_{\max} = 4100$ r/min。其他主要尺寸：螺栓孔中心所在圆直径 $D_0 = 115$ mm，6 只 M10 螺栓。

例题 14.2 在某发电厂，由高温高压蒸汽驱动汽轮机旋转，并带动发电机供电。在汽轮机与发电机之间，用什么类型的联轴器为宜？并说明理由。试为 3000 kW 的汽轮发电机机组选择联轴器的具体型号，设轴径 $d = 120$ mm，转速 $n = 3000$ r/min。

解：(1) 选择型号。因汽轮发电机机组的转子较重，传递的扭矩较大，轴有一定的弯曲变形，工作环境为高温高压蒸汽，轴有热胀伸长，故选用耐温、耐湿，有综合位移补偿能力的齿式联轴器。

(2) 按 $P = 3000$ kW 计算转矩 T，有

$$T = 9550\frac{P}{n} = 9550\frac{3000}{3000} = 9550(\mathrm{N\cdot m})$$

根据原动机和工作机的特点，选定工作情况系数 $K_A = 1.3$，则计算转矩为

$$T_c = K_A T = 1.3 \times 9550 = 12415(\mathrm{N\cdot m})$$

根据计算转矩 $T_c = 12415$ N·m、轴的转速 $n = 3000$ r/min 及外伸轴直径 $d = 120$ mm 查手册，根据标准《GCLD 鼓型齿式联轴器》(ZB 19012—1989)选用 GCLD7。其许用转矩$[T] =$ 1400 N·m，许用最大转速 $n_{max} = 3000$ r/min。

例题 14.3 如图 14.1 所示，有两只转速相同的电动机，电动机 1 连接在蜗杆轴上，电动机 2 直接连在 O_2 轴上(垂直于图纸平面，图中未标出)，O_2 轴的另一端连接工作机。这样，当开动电动机 1(停止电动机 2)时，电动机 1 经蜗轮蜗杆减速后驱动 O_2 轴，此时为慢速挡；若开动电动机 2(停止电动机 1)直接驱动 O_2 轴，此时为快速挡。该系统要求电动机 1 和电动机 2 可以同时开动，或电动机 2 开动后再停止电动机 1(反之亦然)时，不会产生卡死现象。针对上述需求试选一种离合器(要求用示意图配合文字说明其动作)。

解：可选用超越离合器，如图 14.2 所示。电动机 1 和电动机 2 的转速相同，但电动机 1 经过蜗轮蜗杆传动后，转速降至 ω_1，并有 $\omega_1 < \omega_2$。当两个电动机同时开动时，因 $\omega_1 < \omega_2$，超越离合器松开，ω_1 传动传不到 O_2 轴上，O_2 轴由电动机 2 带动。若电动机 1 开动后，再停止电动机 2，那么当电动机 2 停止转动时，$\omega_2 = 0$，$\omega_1 > \omega_2$，超越离合器被滚珠楔紧带动 O_2 轴旋转，所以任何时间都不会卡死。

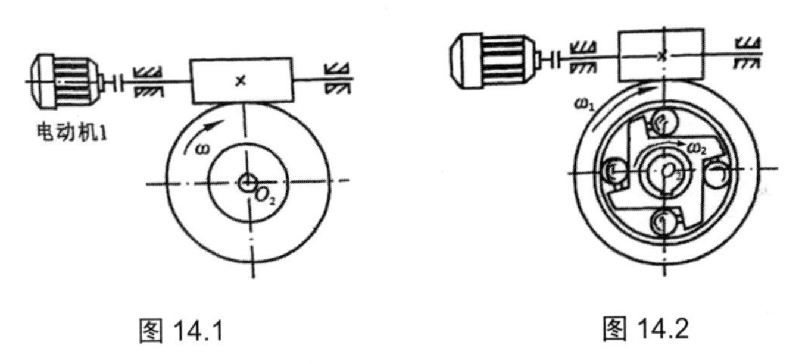

图 14.1　　图 14.2

例 14.4 图 14.3 所示为多片式摩擦离合器，用于车床，传递的功率 $P = 1.7$ kW，转速为 $n = 500$ r/min，若 $D_1 = 80$ mm，$D_2 = 120$ mm，摩擦片材料用淬火钢，摩擦系数 $f = 0.05$，油浴润滑，许用压强$[p] = 0.6$ MPa，摩擦片间的压紧力 $F_a = 2000$ N，问需多少片摩擦片才能实现上述传动要求？(注意区分摩擦面数目和摩擦片片数)

解 (1) 计算转矩。转矩 T 为

$$T = 9550\frac{P}{n} = 9550\frac{1.7}{500} = 32.47(\mathrm{N\cdot m})$$

根据工作机为车床时的系统特点，选定工作情况系数 $K_A = 1.5$，则计算转矩为

$$T_c = K_A T = 1.3 \times 9550 = 12415(\mathrm{N\cdot m})$$

(2) 求摩擦面数量。由

$$T_{max} = \frac{zfF_a(D_1 + D_2)}{4} \geqslant T_c$$

得

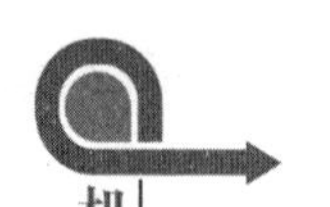

$$z \geqslant \frac{4T_c}{fF_a(D_1+D_2)} = \frac{4\times 48.7}{0.05\times 2000\times(80+120)/1000} = 9.47$$

摩擦面数应为 10。主动摩擦片为 6 片，从动摩擦片为 5 片，摩擦面数 z=6+5−1=10，即可满足传动要求。

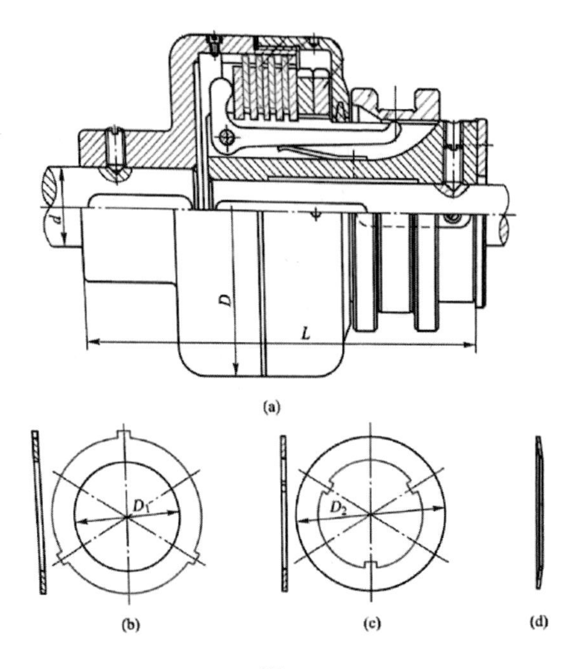

图 14.3

(3) 验算压强。计算工作时实际压强 p 并与许用压强$[p]$比较，有

$$p = \frac{4F_a}{\pi(D_2^2 - D_1^2)} = \frac{4\times 2000}{3.14\times(120^2 - 80^2)} = 0.32\text{MPa} < [p] = 0.60\text{MPa}$$

合适。

14.5 自 测 题

选择填空

(1) 对低速、刚性大的短轴，常选用的联轴器为(　　)。

A. 固定式刚性联轴器　　B. 可移式刚性联轴器

C. 弹性联轴器

(2) 在载荷具有冲击、振动且轴的转速较高、刚度较小时，一般选用(　　)。

A. 固定式刚性联轴器　　B. 可移式刚性联轴器

C. 弹性联轴器

(3) 凸缘联轴器是属于(　　)联轴器。

A. 固定式刚性联轴器　　B. 可移式刚性联轴器

C. 弹性联轴器

(4) 齿式联轴器是属于(　　)联轴器。

A. 固定式刚性联轴器　　B. 可移式刚性联轴器
C. 弹性联轴器

(5) 滑块联轴器主要用于补偿两轴的(　　)。
A. 符合位移　　B. 角位移
C. 轴向位移　　D. 径向位移

(6) (　　)联轴器必须成对使用才能保证主动轴与从动轴角速度随时相等。
A. 凸缘联轴器　　B. 齿式联轴器
C. 万向联轴器　　D. 滑块联轴器

(7) 两轴对中性不好，会使轴(　　)。
A. 使用寿命增加　　B. 产生附加动载荷
C. 受载均匀　　D. 没有影响

(8) 用铰制孔螺栓连接的凸缘联轴器，在传递扭矩时(　　)。
A. 螺栓的横截面受剪切　　B. 螺栓与螺栓孔接触面受挤压
C. 螺栓同时受剪切和挤压　　D. 螺栓受拉伸和扭转

(9) 一般情况下，为了连接电动机轴和减速器轴，要求联轴器有弹性且尺寸较小，下列联轴器中最适宜采用(　　)。
A. 凸缘联轴器　　B. 万向联轴器
C. 轮胎联轴器　　D. 弹性套柱销联轴器

(10) 两轴的偏角位移达 30º，这时宜采用(　　)。
A. 万向联轴器　　B. 齿式联轴器
C. 弹性套柱销联轴器　　D. 凸缘联轴器

(11) 联轴器和离合器的主要作用是(　　)。
A. 缓冲、减振　　B. 传递运动和转矩
C. 防止机器发生过载　　D. 补偿两轴相对位移

(12) 牙嵌离合器中，应用最广泛的牙型是(　　)。
A. 三角形　　B. 梯形
C. 锯齿形　　D. 矩形

(13) 使用(　　)时，只能在停车后或两轴转速差较小时接合；否则会因撞击而损坏离合器。
A. 牙嵌离合器　　B. 摩擦离合器
C. 磁粉离合器　　D. 超越离合器

(14) 下列(　　)特点，不属于摩擦离合器。
A. 结合时有冲击　　B. 在任何转速下均可接合
C. 接合平稳　　D. 过载保护

(15) 当主轴达到一定(　　)时，离心离合器能自动与从动轴接合或分离。
A. 转速　　B. 转矩
C. 功率　　D. 载荷

14.6 自测题参考答案

(1)A (2)C (3)A (4)B (5)D (6)C (7)B (8)C (9)D
(10)A (11)B (12)B (13)A (14)A (15)A

第 15 章　机械设计基础课程设计

15.1　课程设计涉及的内容

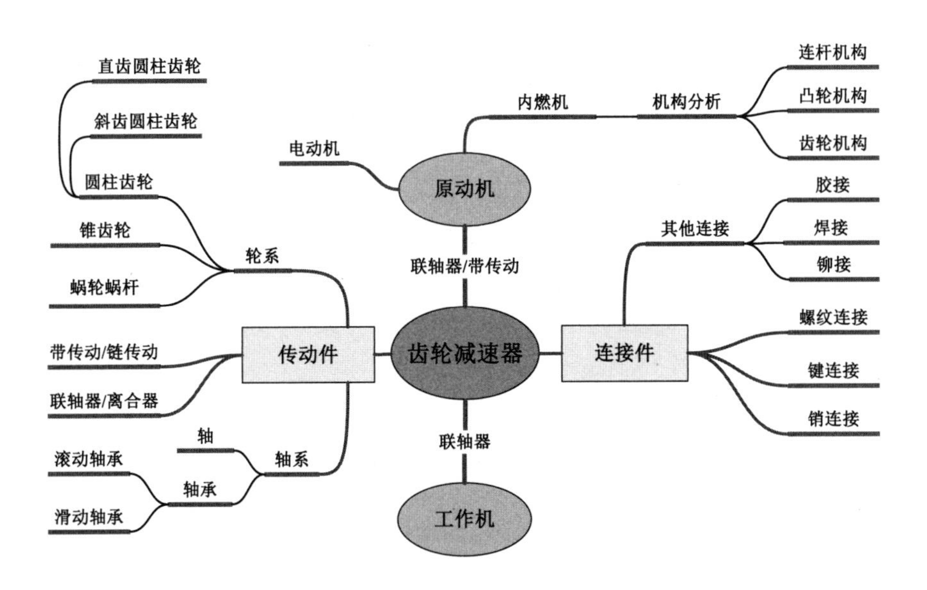

15.2　思 维 导 图

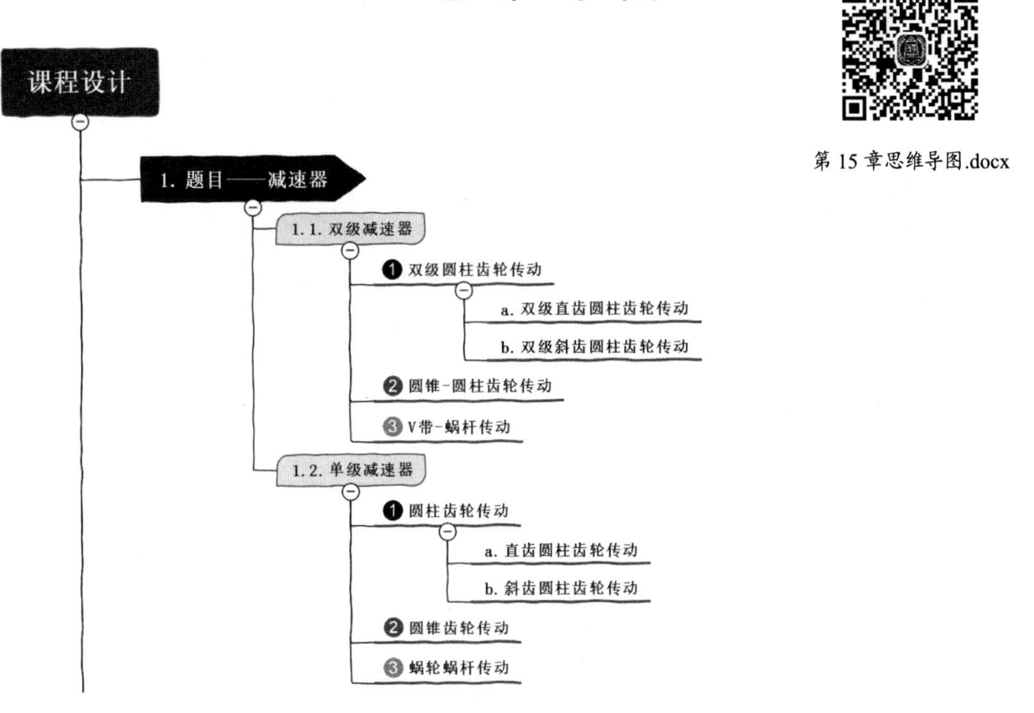

第 15 章思维导图.docx

2. 任务

- 2.1. 减速器装配图1张——A1或A0图纸
- 2.2. 零件工作图2～3张——传动件、轴或箱体等
- 2.3. 设计计算说明书1份——A4，约6000字
- 2.4. 答辩

3. 设计的主要内容

- 3.1. 拟定、分析传动装置的设计方案
- 3.2. 电动机的选择与传动装置运动和动力参数的计算
- 3.3. 传动件的设计计算
- 3.4. 轴的设计与校核
- 3.5. 轴承及其组合部件的设计与校核
- 3.6. 联轴器、键的选择与校核
- 3.7. 润滑、密封设计
- 3.8. 减速器箱体及附件的设计
- 3.9. 装配图的设计与绘制
- 3.10. 零件图的设计与绘制
- 3.11. 编写设计计算说明书

4. 课程设计的步骤

- 4.1. 设计准备工作
  1. 熟悉任务书，明确设计的内容和要求
  2. 熟悉设计指导书、图册和相关资料
  3. 观看录像、实物、模型或进行减速器拆装实验，了解减速器的结构特点与制造过程
- 4.2. 总体设计
  1. 确定传动方案
  2. 选择电动机
  3. 计算传动装置的总传动比，分配各级传动比
  4. 计算各轴的转速、功率和转矩
  5. 理论设计计算
  6. 结构设计
  7. 精确校核
  8. 绘制零件工作图
  9. 编制计算说明书
- 4.3. 传动件的设计计算
  1. 计算齿轮传动（或蜗杆传动）、带传动、链传动的主要参数和几何尺寸
  2. 计算各传动件上的作用力

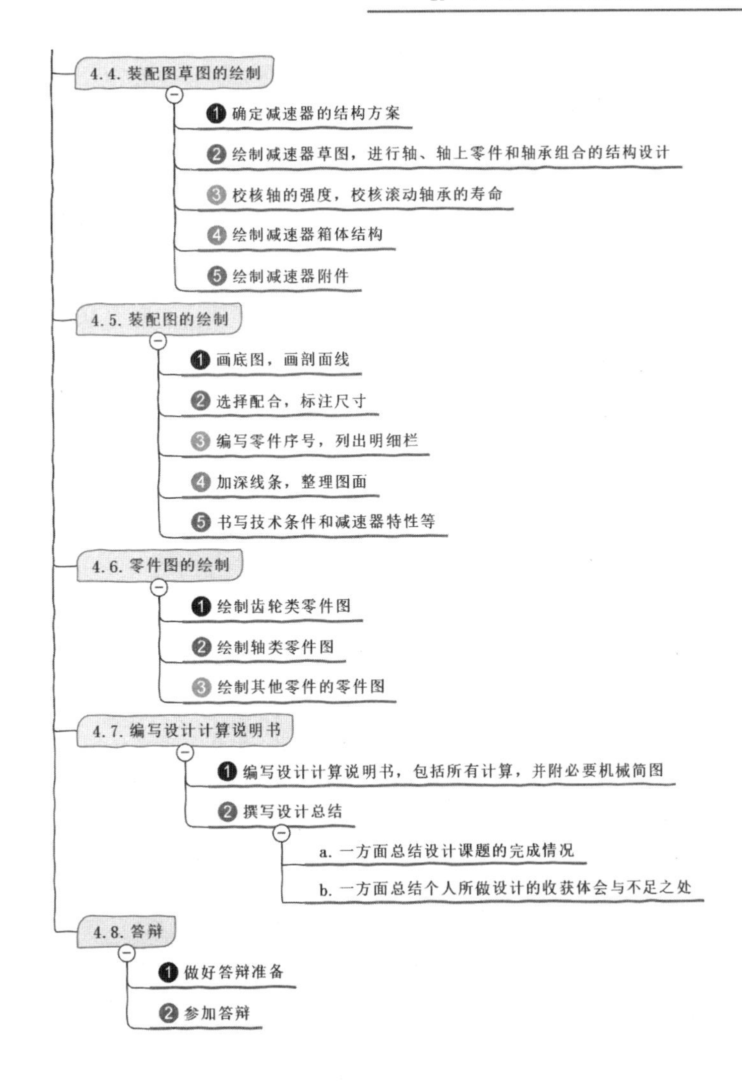

15.3　课程设计任务书

15.3.1　双级减速器设计任务书

设计题目：用于带式运输机的减速器

(a)　双级斜齿圆柱齿轮传动(　　　)

(b)　圆锥-圆柱齿轮传动(　　　)

(c)　V 带-蜗杆传动(　　　)

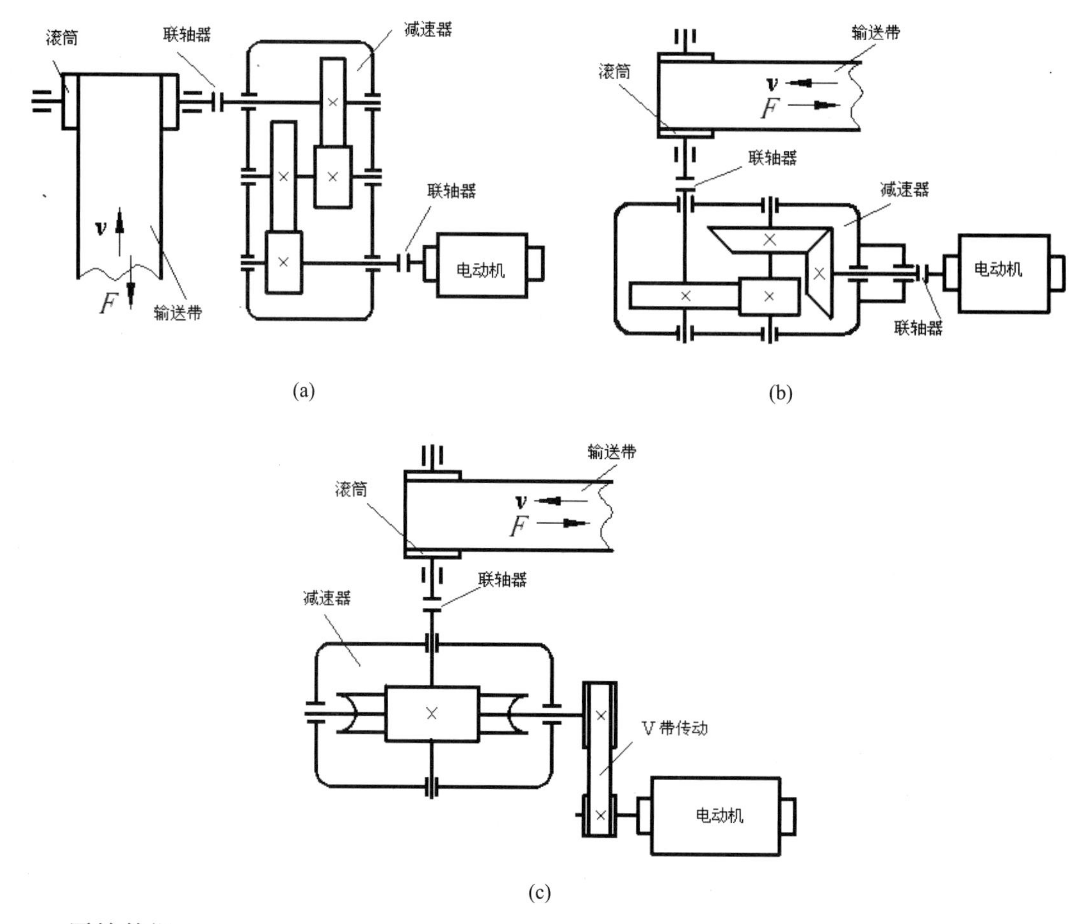

(c)

原始数据:

F/kN	v/(m/s)	D/mm

注：F—输送带工作拉力；v—运输带速；D—卷筒直径。

工作条件：单班制工作(每天工作 8 h)，连续单向运转；载荷较平稳；室内工作，有粉尘。

使用期限：10 年(每年 300 个工作日)，大修期 5 年(大修时可更换轴承)。

生产批量：小批量生产(50 台)；中等规模机械厂，可加工 7～8 级精度齿轮。

允许带速误差：允许运输带速度误差 $\delta \leqslant \pm 5\%$。

动力来源：电力，三相交流。

工作机总效率：0.95(包含滚筒轴承效率)。

设计要求：在规定时间内，在规定设计教室中按要求完成各阶段任务及相应工作量。

设计工作量：

(1)绘制减速器装配图 1 张(A0)	(2)绘制减速器零件图 2 张
(3)编写设计说明书 1 份 (5000～6000 字)	①输出轴零件图 1 张(A3) ②输出轴上传动零件图 1 张(A3)

15.3.2　单级减速器设计任务书

设计题目： 用于带式运输机的减速器

(a)　单级直齿圆锥齿轮减速器(　　　)

(b)　单级斜齿圆柱齿轮减速器(　　　)

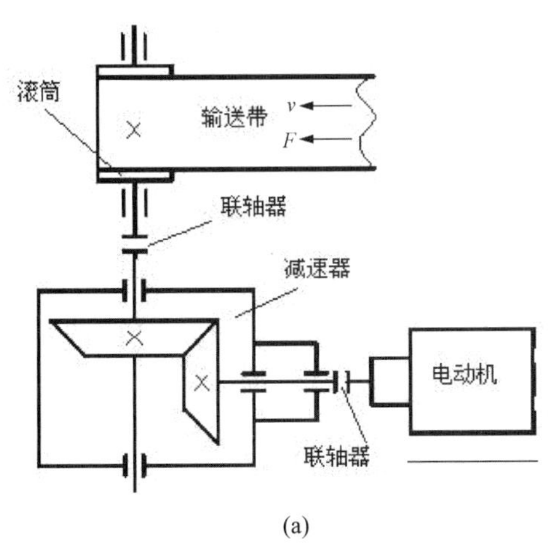

(a)

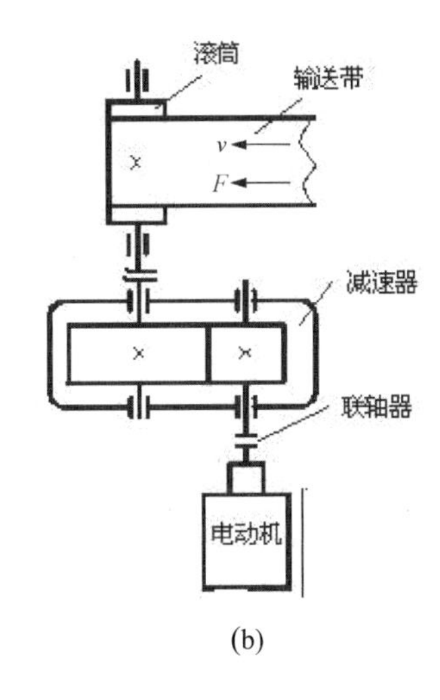

(b)

原始数据:

F/kN	v/(m/s)	D/mm

注：F—输送带工作拉力；v—输送带速度；D—卷筒直径。

工作条件： 单班制工作(每天工作 8 h)，连续单向运转；载荷较平稳；室内工作，有粉尘。

使用期限： 10 年(每年 300 个工作日)，大修期 5 年。

生产批量： 小批量生产(50 台)；中等规模机械厂，可加工 7～8 级精度齿轮。

允许带速误差： 允许输送带速度误差为± 5 %。

工作机总效率： 0.95(包含滚筒轴承效率)。

设计工作量：

<table>
<tr><td>(1)绘制减速器装配图 1 张(A0)</td><td rowspan="2">(2)绘制减速器零件图 2 张
①输出轴零件图 1 张(A3)
②输出轴上传动零件图 1 张(A3)</td></tr>
<tr><td>(3)编写设计说明书 1 份(3000～4000 字)</td></tr>
</table>

15.4　课程设计注意事项与说明书内容要求

15.4.1　课程设计注意事项

“机械设计基础”课程设计是学生第一次接受较全面的设计训练。学生一开始往往不

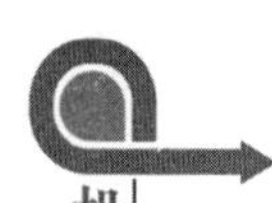

知所措，为了尽快适应设计实践，在课程设计中应注意以下事项。

(1) 掌握设计进度，按时完成设计任务。机械设计基础课程设计是在教师指导下由学生独立完成的，设计中学生要严格按照设计进度进行，认真阅读设计指导书，查阅有关设计资料，勤于思考，发挥主动性，严格要求自己，保质保量地按时完成设计任务。

(2) 认真设计草图是提高课程设计质量的关键。草图也应该按正式图的比例绘制，而且作图的顺序要得当。画草图时应着重注意各零件之间的相对位置，有些细部结构可先以简化画法画出。

(3) 设计过程中要及时检查、及时修正。设计过程是一个边绘图、边计算、边修改的过程(“三边”策略)，应经常进行自查与互查，有错误应及时修改，以免造成大的返工。

(4) 正确处理理论计算与结构设计的关系。机械中零部件的尺寸不可能完全由理论计算确定，应综合考虑零部件的结构、加工、装配及经济性等诸多因素的影响。如在轴的结构设计中，轴外伸端的最小直径 d_{min} 按强度计算为 42 mm，但考虑到相配联轴器的孔径，最后可能 d_{min}=45 mm。总之，确定零件尺寸时，应考虑理论计算、结构和工艺的要求。

(5) 正确使用标准和规范。设计中正确运用标准和规范，有利于零件的互换性和加工工艺性。如设计中采用的滚动轴承、带、联轴器、螺栓、键及销等，其参数和尺寸必须严格遵守标准和规定，绘图时要遵守机械制图的标准和规范。

15.4.2 设计说明书目录

1. 传动方案拟定……………………………………………………………
2. 电动机选择……………………………………………………………
3. 传动装置的运动与动力参数计算……………………………………
4. 传动零件设计计算……………………………………………………
5. 联轴器选择……………………………………………………………
6. 轴的设计和计算………………………………………………………
7. 键连接的选择与计算…………………………………………………
8. 滚动轴承的设计与计算………………………………………………
9. 其他(润滑、密封等)…………………………………………………
10. 参考文献……………………………………………………………
11. 课程设计总结………………………………………………………

参考文献

[1] 杨可桢，程光蕴，李仲生，钱瑞明. 机械设计基础[M]. 七版. 北京：高等教育出版社，2020.

[2] 郭润兰. 机械设计基础[M]. 北京：清华大学出版社，2018.

[3] 焦艳晖. 机械原理(第八版)同步辅导及习题全解[M]. 北京：中国水利水电出版社，2014.

[4] 于红英，闫辉. 机械设计基础同步辅导与习题解析[M]. 哈尔滨：哈尔滨工业大学出版社，2017.

[5] 焦艳晖. 机械设计基础(第六版)同步辅导及习题全解[M]. 北京：中国水利水电出版社，2016.

[6] 郭瑞峰，史丽晨. 机械设计基础导教导学导考[M]. 西安：西北工业大学出版社，2005.

[7] 濮良贵，陈定国，吴立言. 机械设计[M]. 九版. 北京：高等教育出版社，2013.

[8] 孙恒. 机械原理[M]. 八版. 北京：高等教育出版社，2014.

[9] 段用文. 机械设计(第九版)同步辅导及习题全解[M]. 北京：中国水利水电出版社，2014.

[10] 王中雨，郭春洁. 机械设计基础课程指导[M]. 北京：机械工业出版社，2014.

[11] 杨昂岳. 机械设计典型题解析与实战模拟[M]. 长沙：国防科技大学出版社，2002.

[12] 葛文杰. 机械原理常见题型解析及模拟题[M]. 西安：西北工业大学出版社，1998.

[13] 申永胜. 机械原理辅导与习题[M]. 北京：清华大学出版社，1999.

[14] 吴宗泽. 机械设计习题集[M]. 北京：高等教育出版社，1991.